教育部高等学校软件工程专业教学指导委员会
软件工程专业推荐教材
高等学校软件工程专业系列教材

李暾　刘万伟　毛晓光　陈立前 ◎ 编著

清华大学出版社
北京

内 容 简 介

本书在湖南省一流本科课程"离散数学"的基础上，结合十几年针对不同培养类型学生的教学实践经验编写而成。全书共 7 章，系统介绍集合、关系、函数、命题逻辑、谓词逻辑、自然推理系统，以及图论的基本概念、定理、算法和常用证明方法。本书不仅重视离散数学的基础知识，还特别注重通过程序设计展示离散数学基本概念与基本算法；不仅关注每一章知识的应用，还着重展示多章节内容之间的关联与综合应用；不仅介绍离散数学问题基于基本概念与定理的解决方法，还重视这些解决方法的自动化问题。充分展示了离散数学在软件工程和计算机科学与技术中的基础作用和强大应用。

本书体系严谨，内容丰富，配有丰富的习题与在线实训。本书可作为计算学科各专业及其他相关专业的教材，也可作为从事相关专业的工程师和研究人员的参考书籍。

图书在版编目（CIP）数据

离散数学/李暾等编著. -- 北京：清华大学出版社，2025. 2. -- (高等学校软件工程专业系列教材). -- ISBN 978-7-302-68279-0

Ⅰ. O158

中国国家版本馆 CIP 数据核字第 20255RN213 号

责任编辑：黄　芝　李　燕
封面设计：刘　键
责任校对：李建庄
责任印制：刘海龙

出版发行：清华大学出版社
　　　网　　　址：https://www.tup.com.cn，https://www.wqxuetang.com
　　　地　　　址：北京清华大学学研大厦 A 座　　　邮　　编：100084
　　　社 总 机：010-83470000　　　邮　　购：010-62786544
　　　投稿与读者服务：010-62776969，c-service@tup.tsinghua.edu.cn
　　　质 量 反 馈：010-62772015，zhiliang@tup.tsinghua.edu.cn
　　　课 件 下 载：https://www.tup.com.cn，010-83470236
印 装 者：三河市少明印务有限公司
经　　　销：全国新华书店
开　　　本：185mm×260mm　　　印　张：19.25　　　字　数：445 千字
版　　　次：2025 年 2 月第 1 版　　　印　次：2025 年 2 月第 1 次印刷
印　　　数：1～1500
定　　　价：59.80 元

产品编号：088972-01

前　言

习近平总书记在党的二十大报告中指出：教育、科技、人才是全面建设社会主义现代化国家的基础性、战略性支撑。必须坚持科技是第一生产力、人才是第一资源、创新是第一动力，深入实施科教兴国战略、人才强国战略、创新驱动发展战略，这三大战略共同服务于创新型国家的建设。报告同时强调：推动战略性新兴产业融合集群发展，构建新一代信息技术、人工智能、生物技术、新能源、新材料、高端装备、绿色环保等一批新的增长引擎。

计算是推动战略性新兴产业融合集群发展，构建新一代信息技术、人工智能、生物技术、新能源、新材料、高端装备、绿色环保等一批新的增长引擎的必备工具之一。"离散数学"作为计算学科相关各专业的一门重要学科基础课或专业必修课，其重要性已得到广泛的认可。"离散数学"课程为各专业提供理论基础，承担着培养学生严谨思维能力、增强学生应对复杂问题及复杂问题求解能力，以及培养学生创新能力、提高学术素养的重要任务。

因此，我们认为离散数学不应仅仅是一门纯数学课程，还应注重离散数学与各学科间的关系，注重离散数学基础知识在相关课程中的体现与应用，注重借助计算解决离散数学的自身问题。但在实际教学中，本课程的学习与各专业后续课程的教学存在脱节情况，例如，将本课程当作纯数学课程讲授、所学内容难以找到合适的应用加以实践、所学内容与软件开发脱节等。

在湖南省一流本科课程"离散数学"的基础上，结合十几年针对不同培养类型学生的教学实践经验，我们撰写了本书，力求兼顾理论教学与计算学科各专业教学，展示以课程自身内容为载体的应用及实践，链接各专业后续课程。

本书内容覆盖集合论（集合、关系、函数）、数理逻辑基础（命题逻辑、谓词逻辑、自然推理系统）和图论基础。本书共 7 章：集合（第 1 章）、关系（第 2 章）、函数（第 3 章）、命题逻辑（第 4 章）、谓词逻辑（第 5 章）、自然推理系统（第 6 章）、图论基础（第 7 章）。

本书不仅重视离散数学的基础知识，还特别注重通过程序设计展示离散数学的基本概念与基本算法；不仅关注每一章知识的应用，还着重展示多章节内容之间的关联与综合应用；不仅介绍离散数学问题基于基本概念与定理的解决方法，还重视这些解决方法的自动化问题。充分展示了离散数学在软件工程和计算机科学与技术中的基础作用和强大应用。

在应用环节，除展示各章节知识如何用于离散建模外，还以某种程序设计语言为载体（如 Python），以离散数学问题（集合、谓词逻辑、图论基础）或离散建模的问题为对象，实践问题建模、求解、编程，并选取来自"离散数学"课程内容的案例，引导读者进行一定难度的编程实践。

离散数学的相关教材众多，本书在借鉴现有教材特点的基础上，根据编者教学实践的反馈与思考，进行了针对性改进，形成了本书的特点，力求能达到以下效果。

- 适合读者自学：在将基本概念、定理等严格定义的基础上，以通俗易懂的方式进行解读，以示例、例题与程序代码等形式，帮助读者巩固所学知识。
- 支撑多能力融合：通过严谨证明、多章节知识综合建模、自动化问题求解等方式，将数学能力培养与问题求解能力培养融为一体。
- 程序设计不断线：通过适当的实训项目，承接前导程序设计相关课程，为后续课程积累一定的软件开发实践经验，使得程序设计能力的训练不间断。
- 弥补欠缺环节：计算学科涉及的一些重要领域与概念，如函数式编程、电子设计自动化（EDA）算法等，在本科阶段难以用专门的课程进行支撑，通过应用案例可有效补全。

本书适用于计算学科各专业二年级学生学习，在本书的大多数内容中，编者不会假设读者掌握很多超出高中水平的数学知识，读者具备一定的编程基础将能更好地理解本书内容。本书适合于 48/64 学时课程的授课，与本书在"头歌"平台上的配套在线实训配合使用，效果更佳。

希望本书不仅是一本教材，更是读者在离散数学领域探索和成长的良师益友。希望读者能够通过本书的学习，提高自己的数学素养和解决实际问题的能力。愿本书能为您的学习和工作带来帮助，成为您在离散数学领域的得力助手。

本书参考了很多文献资料和网络素材，在此一并表示衷心的感谢。编者根据多年的教学实践，在内容的甄选、全书组织形式等方面既借鉴了同类书的成功经验，也做出了自己的努力。但是改进的空间还很大，热切希望广大读者能够予以斧正。

编　者
2024 年 12 月

目　　录

第 1 章　集　　合

集合既是离散数学中最重要、最基础的基本概念，也是现代数学中最重要的基本概念之一。本章主要介绍朴素集合论中集合的定义、表示、运算、性质等基础知识，还将介绍一些集合的应用，主要是如何用集合定义新的代数结构。

1.1　集合基础

数学理论中的概念分为原始概念和派生概念。原始概念指的是不能严格定义的概念，不能严格定义有可能是因为没有能用于定义该概念的更原始的概念；其余的概念为原始概念的派生概念。

朴素集合论中的集合就是一个原始概念，只能给予直观描述，而不能给出严格定义。

定义 1.1.1　集合是由某些可以相互区分的任意对象汇集在一起所组成的一个整体。某个集合中的各个对象称为该集合的元素或成员。

在定义 1.1.1 中，需要重点关注的词是"相互区分""任意对象""汇集"，这些词体现了集合的主要特性，理解了这些词，集合的性质也就清楚了。

- 相互区分：指的是一个集合中的元素都是独一无二的，若有多个相同的元素，则只保留一个。例如，$\{1,2,3,2,3,3\}$ 只能记作集合 $\{1,2,3\}$，相同的 3 个元素"3"和相同的 2 个元素"2"只能保留一个，即 $\{1,2,3,2,3,3\}=\{1,2,3\}$，该集合只有 3 个元素。
- 任意对象：指的是同一个集合中的元素可以是不同类的，没有强制要求必须为相同种类的对象。例如，对集合 $\{1,2,3,$ 欧洲, 亚洲, 39℃$\}$，该集合的元素为自然数、大洲名和温度值。
- 汇集：指的是集合中元素的排列是无序的，没有哪个元素排前面，哪个元素排后面的强制要求。例如，$\{1,2,3\} = \{2,1,3\} = \{3,2,1\} = \{2,3,1\}$，都代表是同一个集合。

例 1.1.1　此处给出一些集合的示例：
- 所有中文字的集合;
- 10 以内的素数，即 $\{2,3,5,7\}$;
- 前 4 个英文字母的集合，即 $\{'a', 'b', 'c', 'd'\}$;
- 以集合 $\{2\}$ 和 $\{3\}$ 的元素为元素的集合，即 $\{2,3\}$;
- 以集合 $\{2\}$ 和集合 $\{3\}$ 为元素的集合，即 $\{\{2\},\{3\}\}$;

- 以集合 {2} 的元素和集合 {3} 为元素的集合，即 {2, {3}}。 □

从例 1.1.1可知，集合的一般表示形式是用一对花括号 ({}) 将集合中的元素括起来，元素间以逗号 (，) 分隔。

通常，用大写拉丁字母 A，B，C，$\cdots$ 表示集合，用小写拉丁字母 a，b，c，$\cdots$ 表示元素。

对任意对象 a，其与任意集合 A 的关系只有两种，且二者必居其一，而不会都成立：

- a 在集合 A 中，此时称"对象 a 属于集合 A"，记为 $a \in A$；
- a 不在集合 A 中，此时称"对象 a 不属于集合 A"，记为 $a \notin A$。

根据不同标准，可对集合进行分类。以集合内元素个数为依据，可将集合分为空集与非空集合、有限集合与无限集合。

定义 1.1.2 设 A 为任一集合，$|A|$ 表示集合 A 中的元素个数。

(1) 若 $|A| = 0$，则称 A 为空集，即 $A = \{\}$，记为 $\varnothing$；

(2) 若 $|A| \neq 0$，则称 A 为非空集合；

(3) 当 A 为非空集合时，若 $|A| = n$，其中 n 为自然数，则称 A 为有限集合；若 $|A| = \infty$，则称 A 为无限集合。

例 1.1.2 各类集合举例如下。

(1) $\{1, 2, 3\}$、$\{'a', 'b', 'c', \cdots, 'z'\}$ 为有限集合，元素个数分别为 3 和 26；

(2) 自然数集合 $\mathbb{N}$、有理数集合 $\mathbb{Q}$、整数集合 $\mathbb{I}$、实数集合 $\mathbb{R}$、复数集合 $\mathbb{C}$、偶自然数集合 $\mathbb{E}_v$、奇自然数集合 $\mathbb{O}_d$、正整数集合 $\mathbb{I}_+$、负整数集合 $\mathbb{I}_-$、正实数集合 $\mathbb{R}_+$ 与负实数集合 $\mathbb{R}_-$ 都是无限集合；

(3) $\{x | x \in \mathbb{R} 且 x < 0 且 x > 0\}$、$\{x | x \in \mathbb{R} 且 x^2 + x + 1 = 0\}$ 为空集。 □

定义 1.1.3 令 A，B 为任意两个集合：

(1) 若对每个 $a \in A$，都有 $a \in B$，则称 A 为 B 的子集 (A 包含于 B 或 B 包含 A)，记为 $A \subseteq B$ 或 $B \supseteq A$。

(2) 若有 $A \subseteq B$ 且 $B \subseteq A$，则称 A 等于 B，记为 $A = B$；否则，称 A 不等于 B，记为 $A \neq B$。

(3) 若有 $A \subseteq B$ 且 $A \neq B$，则称 A 为 B 的真子集 (A 真包含于 B 或 B 真包含 A)，记为 $A \subset B$ 或 $B \supset A$。

这 3 种关系的描述，是判断集合之间关系的准则，也是证明集合之间关系的依据。根据定义，如要判断某个集合 A 是否为另一个集合 B 的子集，则需考查集合 A 的每个元素，看是否也属于集合 B。

要证明集合 A 是否为集合 B 的子集时，需要结合问题的已知条件，证明集合 A 的每个元素也属于集合 B 即可。要证明集合 A 是否为集合 B 的真子集时，首先可证明 $A \subseteq B$，再证明 B 中至少有一个元素 b，使得 $b \notin A$。而要判断或证明 $A = B$，则要判断或证明它们所包含的元素完全相同，或证明 $A \subseteq B$ 且 $B \subseteq A$。

集合的表示方法有多种，对任意集合 A，常用的表示方法有以下几种。

(1) 列举法：将集合中的所有元素依照任意一种次序不重复地枚举出来，并用一对花括号括起来。例如 $A = \{'a', 'b', 'c', 'd'\}$，以及例 1.1.1 中的示例。

(2) 部分列举法：将集合中的部分元素依照任意一种次序不重复地列举出来，未列举的部分用"$\cdots$"表示。这些未列举出来的元素可以通过部分列举出的元素所依照次序的构造规律推算出来。然后，将列举和未列举的元素用一对花括号括起来。例如 $A = \{0, 1, 2, \cdots, 9\}$，可知未列举出来的元素为 3、4、5、6、7 和 8。又例如 $A = \{0, 3, 6, 9, \cdots\}$，可知未列举出来的元素为 12、15 等后续的 3 的倍数。

(3) 命题法：通过给出一个与集合中元素有关的命题来定义或约束集合中的元素，只有满足命题的对象才是集合中的元素。即对任意对象 a，$a \in A$ 当且仅当 $P(a)$ 为真，其中 $P(a)$ 为关于 a 的命题。所谓命题，指的是有确定真假含义的陈述语句。因此，命题法表示集合通常的格式为 $A = \{a | P(a)\}$ 或 $A = \{a : P(a)\}$。例如 $A = \{a | a \in \mathbb{R} \text{且} a^2 - 2a + 1 = 0\} = \{1\}$。

(4) 归纳定义法：给出集合 A 的一个包含必要且足够的元素的子集 S_0，以及一组规则，从 S_0 的元素出发，依据这些规则所得到的元素仍都是 A 中的元素。即从 S_0 开始，对其中每个元素不断应用这组规则，就能将 A 中所有元素构造出来。归纳定义法通常由以下三部分构成。

① 基本项：已知的 A 中的某些元素构成的集合 S_0，即 $S_0 \subseteq A$，并保证其不为空。这是构造 A 的基础。

② 归纳项：一组规则，从 A 现有元素出发，应用这组规则，能将 A 中所有元素构造出来。这是构造 A 的关键步骤。

③ 极小化：如果集合 $S \subseteq A$ 也满足 (1) 和 (2)，则 $S = A$。这说明 A 中的每个元素都能通过若干次应用 (1) 和 (2) 构造出来，且保证构造出来的 A 是最小集合，既不会遗漏、也不会引入额外的元素。极小化保证了 A 的唯一性。

以前述集合示例 $A = \{0, 3, 6, 9, \cdots\}$ 为例，展示如何用归纳定义法定义该集合。

例 1.1.3 用归纳定义法定义集合 $A = \{0, 3, 6, 9, \cdots\}$ 如下：

(1) $\{0\} \subseteq A$;

(2) 若 $a \in A$，则 $(a + 3) \in A$;

(3) 如果集合 $S \subseteq A$ 也满足 (1) 和 (2)，则 $S = A$。 □

归纳定义法其实是一个动态过程，从基础项开始，不断应用归纳规则，达到构造出 A 所有元素的目的。以例 1.1.3 为例：

(1) 开始时，A 中只有元素 0;

(2) 第 1 次应用归纳规则，有 $0 + 3 = 3 \in A$，则 $A = \{0, 3\}$;

(3) 在更新后的 A 上第 2 次应用归纳规则，有 $0 + 3 = 3 \in A$ 和 $3 + 3 = 6 \in A$，因此有 $A = \{0, 3, 3, 6\} = \{0, 3, 6\}$。

(4) 以此类推，在每次更新后的集合上不断应用归纳规则，即可将 A 构造出来。

对不同的集合，极小化这一步在书写时都是一样的，因此常常可省略不写，但并不表示没有这一环节。

与其他表示方法相比，归纳定义法的优势在于它能够用有限条规则表示包含无穷多元素的集合，这一点非常有利于编程实现。以例 1.1.3为例，可用如下的程序，按需生成集合 A。例如 genA({0}, 12) 可返回由前 13 个元素组成的集合。此处 genA() 函数为递归函数，在第 5 行被调用。第 5 行的 set 将 list 类型的数据转换为集合类型数据，"|"运算符为 Python 集合并运算符。

代码 1.1　生成集合 A 前 $n+1$ 项的 Python 程序

```python
def genA(S, n):
    if n == 0:
        return S
    else:
        return genA(S|set([x+3 for x in S]), n-1)
```

在集合以及集合关系上有一些性质，了解和掌握这些性质，可以有助于集合相关问题的求解。

定理 1.1.1　若 A、B 与 C 为任意集合，则有：

(1) $\varnothing \subseteq A$;

(2) $A \subseteq A$;

(3) 若 $A \subseteq B$ 且 $B \subseteq C$，则 $A \subseteq C$;

(4) 若 $A \subset B$ 且 $B \subset C$，则 $A \subset C$。

证明：

(1) 用反证法。假设 $\varnothing \subseteq A$ 不成立，则必存在某个 $a \in \varnothing$，使得 $a \notin A$。但是，$a \in \varnothing$ 与 $\varnothing$ 为空集矛盾。所以假设不成立，即 $\varnothing \subseteq A$。

(2) 对任意的元素 $a \in A$，有 $a \in A$，所以 $A \subseteq A$ 成立。

(3) 对任意的元素 $a \in A$，因为 $A \subseteq B$，所以有 $a \in B$。又因为 $B \subseteq C$，所以有 $a \in C$，因此，$A \subseteq C$ 成立。

(4) 因为 $A \subset B$ 且 $B \subset C$，所以 $A \subseteq B$ 且 $B \subseteq C$，由 (3) 可知 $A \subseteq C$。因为 $A \subset B$，所以存在 $a \in B$ 但 $a \notin A$，又因 $B \subseteq C$，故 $a \in C$，从而 $A \subset C$。　　　□

证明该定理 $\varnothing \subseteq A$ 成立时，使用了反证法。应用反证法进行证明时，首先通过假设结论不成立，此处即 $\varnothing \not\subseteq A$。然后利用已知条件、问题相关基础知识、定理等，推导出与已知知识相矛盾的结论，表示假设不成立。而这种矛盾是由假设要证明的结论为假导致的，因此，即证明了结论为真。

其他三条性质的证明运用了集合间关系的定义，该定理的证明展示了这些定义的应用方法，读者在今后遇到涉及集合间关系的证明时，可借鉴这种思路。

定理 1.1.2　空集是唯一的。

证明：假设集合 A、B 为任意空集，则由定理 1.1.1的 (1) 可知，$A \subseteq B$ 且 $B \subseteq A$。由集合相等的定义有，$A = B$。所以，空集是唯一的。 □

又可用反证法证明如下。

证明：假设空集不唯一。则至少有两个不相等的空集，设为 A 与 B。由定理 1.1.1的 (1) 可知，A 为空集，B 为集合，则 $A \subseteq B$。又 B 为空集，A 为集合，则 $B \subseteq A$。由集合相等的定义有 $A = B$。与假设 $A \neq B$ 矛盾。 □

该定理的证明是典型的"唯一性"的证明，通常有两种证明"唯一性"的方法。一种方法是假设有多于一个，如两个满足条件的对象，然后根据已知条件、定义和定理等，证明这两个对象是相等的，由此证明是唯一的。另一种方法是反证法，假设不唯一，则至少有两个不相等的满足条件的对象，再由已知条件、定义和定理等，证明这两个对象相等，与假设矛盾，从而证明唯一。

集合 A 的子集也能作为元素构成新的集合。这样的集合中有一个特殊的集合，称为 A 的幂集。

定义 1.1.4 设 A 为任意集合，令 $\mathcal{P}(A) = \{B | B \subseteq A\}$，则称 $\mathcal{P}(A)$ 为 A 的幂集，又记为 2^A，即 $2^A = \mathcal{P}(A)$。

例 1.1.4 易知：
(1) $\mathcal{P}(\varnothing) = \{\varnothing\}$；
(2) $\mathcal{P}(\{a,b\}) = \{\varnothing, \{a\}, \{b\}, \{a,b\}\}$；
(3) $\mathcal{P}(\{\varnothing, \{a,b\}\}) = \{\varnothing, \{\varnothing\}, \{\{a,b\}\}, \{\varnothing, \{a,b\}\}\}$。 □

幂集具有以下一些性质。

定理 1.1.3 设 A、B 为任意两个集合，则有：
(1) $\varnothing \in \mathcal{P}(A)$；
(2) $A \in \mathcal{P}(A)$；
(3) 若 $A \subseteq B$，则 $\mathcal{P}(A) \subseteq \mathcal{P}(B)$；
(4) 若 $A \subset B$，则 $\mathcal{P}(A) \subset \mathcal{P}(B)$。

证明：
(1) 因为对任意集合 A 有 $\varnothing \subseteq A$，所以 $\varnothing \in \mathcal{P}(A)$。
(2) 因为对任意集合 A 有 $A \subseteq A$，所以 $A \in \mathcal{P}(A)$。
(3) 对任意元素 $a \in \mathcal{P}(A)$ 有 $a \subseteq A$，因为 $A \subseteq B$，所以有 $a \subseteq B$，即 $a \in \mathcal{P}(B)$。因此 $\mathcal{P}(A) \subseteq \mathcal{P}(B)$ 成立。
(4) 因为 $A \subset B$，所以 $A \subseteq B$ 且 $A \neq B$。首先，由 (3) 可知，当 $A \subseteq B$ 时，$\mathcal{P}(A) \subseteq \mathcal{P}(B)$。其次 $B \in \mathcal{P}(B)$ 且 $B \notin \mathcal{P}(A)$，即 $\mathcal{P}(A) \neq \mathcal{P}(B)$。综上有 $\mathcal{P}(A) \subset \mathcal{P}(B)$。

□

定理 1.1.4 若 A 为有限集，则 $|\mathcal{P}(A)| = 2^{|A|}$。

证明： 不妨设 $A = \{a_1, a_2, \cdots, a_n\}$，于是 $|A| = n$。确定 A 的一个子集 B，只需对每个 $1 \leqslant i \leqslant n$ 依次确定是否有 $a_i \in B$ 成立即可。显然，对每个元素 a_i 有两种选择。因此 A 有 2^n 个不同的子集。□

习题 1.1

1. 请判断下面的命题是否正确，并说明理由：

(1) $-12 \in \mathbb{N}$;

(2) $0 \in \mathbb{N}$;

(3) $-12 \in \mathbb{R}$;

(4) $\dfrac{1}{123} \in \mathbb{Q}$;

(5) $-1220 \in \mathbb{I}$;

(6) $-9 \in \mathbb{I}_+$;

(7) $-12 \in \mathbb{E}_v$;

(8) $11 \in \mathbb{O}_d$;

(9) $\dfrac{123}{456} \in \mathbb{R}_+$。

2. 用列举法给出下列集合：

(1) 大于 2 且小于 7 的非负数整数的集合；

(2) 小于 20 的素数的集合；

(3) 不超过 65 的 3 与 4 的公倍数之正整数倍的集合；

(4) 元音字母的集合。

3. 用命题法给出下列集合：

(1) 大于 -10 且不超过 100 的整数的集合；

(2) 集合 $\{3, 9, 27, 81, \cdots\}$;

(3) 集合 $\left\{\dfrac{1}{2}, \dfrac{3}{4}, \dfrac{5}{6}, \dfrac{7}{8}, \cdots\right\}$;

(4) 被 5 除余 3 的所有整数的集合；

(5) $\{1, 3, 5, 7, 9\}$。

4. 用归纳定义法定义下列集合：

(1) 允许有前 0 的八进制无符号整数的集合；

(2) 不允许有前 0 的八进制无符号整数的集合；

(3) 允许有前 0 和后 0 的有有限小数部分的十进制无符号实数的集合；

(4) 不允许有前 0 的二进制无符号偶数的集合；

(5) $\mathbb{E}_v$ 和 $\mathbb{O}_d$;

(6) 集合 $\{0, 1, 4, 9, 16, 25, \cdots\}$;

(7) 集合 $\{3, 9, 27, 81, \cdots\}$。

5. 请证明，对任意的集合 A，有 $B = \{x \in \mathbb{R} | x^2 + x + 1 = 0\} \subseteq A$。

6. 确定下列集合中哪些是相等的:

$A = \{x | x$ 为偶数且 x^2 为奇数$\}$;

$B = \{x |$ 有 $y \in \mathbb{I}$ 使 $x = 2y\}$;

$C = \{1, 2, 3\}$;

$D = \{0, 2, -2, 5, -3, 4, -4\}$;

$E = \{2x | x \in \mathbb{I}\}$;

$F = \{3, 3, 2, 1, 2\}$;

$G = \{x | x \in \mathbb{I}$ 且 $x^3 - 6x^2 - 7x - 6 = 0\}$。

7. 确定下列命题中哪些是正确的，并简要说明理由。

(1) $\varnothing = \{\varnothing\}$;

(2) $\varnothing = \{0\}$;

(3) $|\varnothing| = 0$;

(4) $|\mathcal{P}(\varnothing)| = 0$。

8. 确定下列关系中哪些是正确的，并简要说明理由。

(1) $\varnothing \subseteq \varnothing$;

(2) $\varnothing \in \varnothing$;

(3) $\varnothing \subseteq \{\varnothing\}$;

(4) $\varnothing \in \{\varnothing\}$;

(5) $\{a, b\} \subseteq \{a, b, c, \{a, b, c\}\}$;

(6) $\{a, b\} \in \{a, b, c, \{a, b, c\}\}$;

(7) $\{a, b\} \subseteq \{a, b, \{\{a, b\}\}\}$;

(8) $\{a, b\} \in \{a, b, \{\{a, b\}\}\}$。

9. 判断下面所陈述事实的正确性，并简要说明理由。

(1) 集合 $\{y | y = x^2 - 1, \ x \in \mathbb{R}\}$ 与 $\{y | y = x - 1, \ x \in \mathbb{R}\}$ 的公共元素所组成的集合是 $\{0, 1\}$;

(2) 集合 $\{x | x - 1 < 0\}$ 与集合 $\{x | x > a, \ a \in \mathbb{R}\}$ 没有公共元素;

(3) 若集合 $M = \{a, b, c\}$ 中的元素是某个 $\triangle ABC$ 的三边长，则 $\triangle ABC$ 一定不是等腰三角形;

(4) 对任意的集合 A 与 B，若 $A \subset B$，则集合 B 中至少有一个元素;

(5) 对任意的集合 A 与 B，若 $A \subseteq B$，则 $|A| < |B|$。

10. 设 A、B、C 为集合，证明或用反例推翻以下命题:

(1) 若 $A \notin B$ 且 $B \notin C$，则 $A \notin C$;

(2) 若 $A \in B$ 且 $B \notin C$，则 $A \notin C$;

(3) 若 $A \subseteq B$ 且 $B \notin C$，则 $A \notin C$；

(4) 若 $A \in B$ 且 $B \in C$，则 $A \in C$。

11. 若 A、B 为集合，则 $A \subset B$ 与 $A \in B$ 能同时成立吗？请证明你的结论。

12. 列出下列每个集合的所有子集：

(1) $\{1, 2, 3\}$；

(2) $\{1, \{2, 3\}\}$；

(3) $\{\{1, \{2, 3\}\}\}$；

(4) $\{\varnothing\}$；

(5) $\{\varnothing, \{\varnothing\}\}$；

(6) $\{\{1, 2\}, \{2, 1, 1\}, \{2, 1, 1, 2\}\}$；

(7) $\{\{\varnothing, 2\}, \{2\}\}$。

13. 写出下列集合的幂集：

(1) $\{a, \{b\}\}$；

(2) $\{1, \varnothing\}$；

(3) $\{x, y, z\}$；

(4) $\{\varnothing, a, \{a\}\}$；

(5) $\mathcal{P}(\{\varnothing\})$。

1.2　集合运算

通常，在讨论某类问题时，往往会涉及一个固定集合，它含有该类问题所涉及的全部对象。例如，若讨论的某个问题涉及某所学校的学生时，往往会将该校全体学生作为问题涉及的全体对象，构成一个固定集合。这类问题相关的固定集合被称为全集，常用 U 表示。此时，问题中涉及的其他集合就是全集 U 的子集。在前面的例子中，全校学生的集合即为全集，若问题涉及某个班的全体学生，则该班学生构成的集合就是全校学生集合这个全集的子集。

有了全集概念后，可引入集合的图形化表示方法，即文氏图 (Venn 图)。在文氏图表示法中，通常以一个矩形框 (的内部区域) 表示全集，各个集合以圆或椭圆 (的内部区域) 来表示。图 1.1 中，矩形框内部区域表示全集，框内椭圆内部区域表示集合 A。图 1.2 为 $A \subseteq B$ 的文氏图表示。

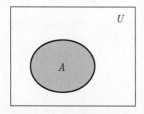

图 1.1　文氏图表示集合示例

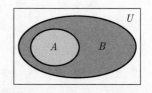

图 1.2　$A \subseteq B$ 的文氏图

有了全集概念后，可定义集合上的运算，主要包括 5 种。

定义 1.2.1 设 A、B 为任意两集合，集合运算如下。

(1) 并运算：$A \cup B = \{x | x \in A \text{或} x \in B\}$;

(2) 交运算：$A \cap B = \{x | x \in A \text{且} x \in B\}$。一般当 $A \cap B = \varnothing$ 时，称 A 与 B 不相交;

(3) 差运算：$A - B = \{x | x \in A \text{且} x \notin B\}$;

(4) 对称差运算：$A \oplus B = \{x | (x \in A \text{且} x \notin B) \text{或} (x \in B \text{且} x \notin A)\} = A \cup B - A \cap B$;

(5) 补集：$\sim A = \{x | x \in U \text{且} x \notin A\} = U - A$。

由上述运算的定义可知，当从运算结果的集合中取元素时，元素应满足集合运算结果对应的集合定义。例如，对任意的 $a \in A \cup B$，有 $a \in A$ 或 $a \in B$。当考查不在集合运算结果中的对象时，该对象其实应满足集合运算结果中元素命题的否定。例如，对任意的 $a \notin A \cup B$，有 $a \notin A$ 且 $a \notin B$。请读者自行写出其他运算结果集合中命题的否定形式。

集合运算的文氏图如图 1.3 所示，阴影部分表示运算结果，白色部分表示不在运算结果内的元素。下面通过简单示例，可进一步理解集合运算。

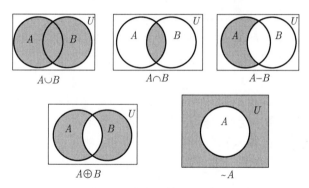

图 1.3　集合运算的文氏图

例 1.2.1　令集合 $A = \{x | x \in \mathbb{N} \text{且} 5 \leqslant x \leqslant 10\}, B = \{x | x \in \mathbb{N} \text{且} (x \leqslant 10 \text{且} x \text{是素数})\}$，全集 $U = \{x | x \in \mathbb{N} \text{且} 1 \leqslant x \leqslant 10\}$。则

(1) $A \cup B = \{2, 3, 5, 6, 7, 8, 9, 10\}$;

(2) $A \cap B = \{5, 7\}$;

(3) $A - B = \{6, 8, 9, 10\}$;

(4) $A \oplus B = \{2, 3, 6, 8, 9, 10\}$;

(5) $\sim A = \{1, 2, 3, 4\}$ 且 $\sim B = \{1, 4, 6, 8, 9, 10\}$。　　　　□

两个集合的并、交运算可以推广到多个集合的并、交运算。令 $A_1, A_2, \cdots, A_n$ 为任意 n 个集合，则 $A_1 \cup A_2 \cup \cdots \cup A_n$ 可记作 $\bigcup\limits_{i=1}^{n} A_i$，$A_1 \cap A_2 \cap \cdots \cap A_n$ 可记作 $\bigcap\limits_{i=1}^{n} A_i$。与两个集合的并、交运算定义类似，$A_1 \cup A_2 \cup \cdots \cup A_n = \{x | \text{有} A_i (1 \leqslant i \leqslant n) \text{使得} x \in A_i\}$，$A_1 \cap A_2 \cap \cdots \cap A_n = \{x | \text{对每个} A_i (1 \leqslant i \leqslant n) \text{有} x \in A_i\}$。

在集合的运算上，有一些常用的性质。

定理 1.2.1 设 A、B 与 C 为任意集合，则

(1) $A \subseteq A \cup B$ 且 $B \subseteq A \cup B$;

(2) $A \cap B \subseteq A$ 且 $A \cap B \subseteq B$;

(3) $A - B = A \cap \sim B$;

(4) $A - B \subseteq A$;

(5) 若 $A \subseteq B$，则 $\sim B \subseteq \sim A$;

(6) 若 $A \subseteq C$ 且 $B \subseteq C$，则 $A \cup B \subseteq C$;

(7) 若 $A \subseteq B$ 且 $A \subseteq C$，则 $A \subseteq B \cap C$。

证明：

(1) 对任意的元素 $a \in A$，若 $a \notin A \cup B$，则有 $a \notin A$ 且 $a \notin B$，与 $a \in A$ 矛盾，所以假设 $a \notin A \cup B$ 不成立，因此 $a \in A \cup B$，即 $A \subseteq A \cup B$。同理可证 $B \subseteq A \cup B$。

(2) 对任意的元素 $a \in A \cap B$，有 $a \in A$ 且 $a \in B$，因此 $A \cap B \subseteq A$ 且 $A \cap B \subseteq B$。

(3) 对任意对象 a，有 $a \in A - B$，当且仅当 $a \in A$ 且 $a \notin B$，当且仅当 $a \in A$ 且 $a \in \sim B$，当且仅当 $a \in A \cap \sim B$。因此有 $A - B = A \cap \sim B$。

(4) 由 (3) 可知，$A - B = A \cap \sim B$，由 (2) 可知 $A \cap \sim B \subseteq A$，即 $A - B \subseteq A$。

(5) 对任意的元素 $b \in \sim B$，则 $b \notin B$。因为 $A \subseteq B$，所以 $b \notin A$，即 $b \in \sim A$。所以 $\sim B \subseteq \sim A$。

(6) 对任意的元素 $a \in A \cup B$，则 $a \in A$ 或 $a \in B$。若 $a \in A$，由 $A \subseteq C$ 可知 $a \in C$，若 $a \in B$，由 $B \subseteq C$ 可知 $a \in C$。无论哪种情况，都有 $a \in C$，因此 $A \cup B \subseteq C$。

(7) 对任意的元素 $a \in A$，因为 $A \subseteq B$ 且 $A \subseteq C$，则 $a \in B$ 且 $a \in C$，即 $a \in B \cap C$，所以有 $A \subseteq B \cap C$。　　　　　　　　　　　　　□

定理 1.2.2 设 A、B 为任意集合，则以下条件互相等价：

(1) $A \subseteq B$;

(2) $A \cup B = B$;

(3) $A = A \cap B$。

证明：

(1) (1) $\Rightarrow$ (2): 首先，由定理 1.2.1 的 (1) 可知 $B \subseteq A \cup B$。其次，对任意元素 $a \in A \cup B$，则 $a \in A$ 或 $a \in B$，因为 $A \subseteq B$，因此无论 $a \in A$ 或 $a \in B$，都有 $a \in B$，所以 $A \cup B \subseteq B$。综上可证 $A \cup B = B$。

(2) (2) $\Rightarrow$ (3): 首先，由定理 1.2.1 的 (2) 可知 $A \cap B \subseteq A$。其次，对任意的元素 $a \in A$，则 $a \in A \cup B$，由已知 $A \cup B = B$ 可得 $a \in B$，即 $a \in A$ 且 $a \in B$，因此有 $a \in A \cap B$，即 $A \subseteq A \cap B$。综上可证 $A \cup B = B$。

(3) (3) $\Rightarrow$ (1): 对任意的元素 $a \in A$，由已知 $A = A \cap B$ 可知 $a \in A$ 且 $a \in B$，所以 $A \subseteq B$。　　　　　　　　　　　　　□

集合的运算上,有一些基本运算定律,如表1.1所示,其中 U 为全集。除表中运算定律外,还有两个定律,为 $\sim U = \varnothing$ 与 $\sim \varnothing = U$。

表 1.1 集合运算定律

名　称	公　式
幂等律	$A \cup A = A$ $A \cap A = A$
结合律	$(A \cup B) \cup C = A \cup (B \cup C)$ $(A \cap B) \cap C = A \cap (B \cap C)$
交换律	$A \cup B = B \cup A$ $A \cap B = B \cap A$
分配律	$A \cup (B \cap C) = (A \cup B) \cap (A \cup C)$ $A \cap (B \cup C) = (A \cap B) \cup (A \cap C)$
同一律	$A \cup \varnothing = A$ $A \cap U = A$
零律	$A \cup U = U$ $A \cap \varnothing = \varnothing$
互补律	$A \cup \sim A = U$ $A \cap \sim A = \varnothing$
吸收律	$A \cup (A \cap B) = A$ $A \cap (A \cup B) = A$
德·摩根律	$\sim (A \cup B) = \sim A \cap \sim B$ $\sim (A \cap B) = \sim A \cup \sim B$
对合律	$\sim (\sim A) = A$

这些定律的证明不难,现以吸收律、德·摩根律、分配律的证明为例,展示集合运算定律的证明。

证明:

(1) 吸收律:由定理1.2.1的 (2) 可知 $A \cap B \subseteq A$,所以由定理1.2.2可得 $A \cup (A \cap B) = A$。由定理1.2.1的 (1) 可知 $A \subseteq A \cup B$,所以由定理1.2.2可得 $A \cap (A \cup B) = A$。

(2) 德·摩根律:对任意的元素 $a \in \sim (A \cup B)$,当且仅当 $a \notin A \cup B$,当且仅当 $a \notin A$ 且 $a \notin B$,即 $a \in \sim A$ 且 $a \in \sim B$,即 $a \in \sim A \cap \sim B$。所以 $a \in \sim (A \cup B)$ 当且仅当 $a \in \sim A \cap \sim B$。表明 $\sim (A \cup B) = \sim A \cap \sim B$。用 $\sim A$ 和 $\sim B$ 分别代替刚才证明的公式中的 A 与 B,可得 $\sim (\sim A \cup \sim B) = \sim (\sim A) \cap \sim (\sim B) = A \cap B$(对合律),因此 $\sim (A \cap B) = \sim (\sim (\sim A \cup \sim B)) = \sim A \cup \sim B$。

(3) 分配律:首先,由定理1.2.1可知 $A \subseteq (A \cup B)$ 且 $A \subseteq (A \cup C)$,所以 $A \subseteq (A \cup B) \cap (A \cup C)$。又因为 $B \cap C \subseteq B \subseteq (A \cup B)$ 且 $B \cap C \subseteq C \subseteq (A \cup C)$,所以 $B \cap C \subseteq (A \cup B) \cap (A \cup C)$。综上有 $A \cup (B \cap C) \subseteq (A \cup B) \cap (A \cup C)$。

其次,对任意的元素 $a \in (A \cup B) \cap (A \cup C)$,有 $a \in A \cup B$ 且 $a \in A \cup C$,即 $a \in A$ 或 $a \in B$ 且 $a \in A$ 或 $a \in C$。若 $a \notin A$,则有 $a \in B$ 且 $a \in C$,即 $a \in B \cap C$。因此必有 $a \in A$ 或 $a \in B \cap C$,即 $a \in A \cup (B \cap C)$,因此 $(A \cup B) \cap (A \cup C) \subseteq A \cup (B \cap C)$。

综上可知 $A \cup (B \cap C) = (A \cup B) \cap (A \cup C)$。

若用 $\sim A$、$\sim B$ 与 $\sim C$ 分别替换上式的 A、B 与 C，可得 $\sim A \cup (\sim B \cap \sim C) = (\sim A \cup \sim B) \cap (\sim A \cup \sim C)$。对等式两边的集合分别求补集，可得

$$\sim (\sim A \cup (\sim B \cap \sim C)) = \sim (\sim A) \cap \sim (\sim B \cap \sim C)$$
$$= A \cap (\sim (\sim B) \cup \sim (\sim C))$$
$$= A \cap (B \cup C)$$

以及

$$\sim ((\sim A \cup \sim B) \cap (\sim A \cup \sim C)) = \sim (\sim A \cup \sim B) \cup \sim (\sim A \cup \sim C)$$
$$= (\sim (\sim A) \cap \sim (\sim B)) \cup (\sim (\sim A) \cap \sim (\sim C))$$
$$= (A \cap B) \cup (A \cap C)$$

所以 $A \cap (B \cup C) = (A \cap B) \cup (A \cap C)$。 □

此处介绍一种可快速判断集合相等的方法，称为成员关系表法。下面以德·摩根律为例展示该方法，如表 1.2 所示。

表 1.2 成员关系表示法 (以德·摩根律为例)

A	B	$\sim A$	$\sim B$	$A \cup B$	$\sim (A \cup B)$	$\sim A \cap \sim B$
$\notin$	$\notin$	$\in$	$\in$	$\notin$	$\in$	$\in$
$\notin$	$\in$	$\in$	$\notin$	$\in$	$\notin$	$\notin$
$\in$	$\notin$	$\notin$	$\in$	$\in$	$\notin$	$\notin$
$\in$	$\in$	$\notin$	$\notin$	$\in$	$\notin$	$\notin$

表 1.2 中第 1 行为德·摩根律涉及的各集合。考查全集中任意一个元素 x 与集合 A、B 的关系，可知共有 4 种组合，如表 1.2 中第 1、2 列所示。表中以 $\in$ 表示元素 x 属于该列第 1 行的集合，以 $\notin$ 表示元素 x 不属于该列第 1 行的集合。考查该表中最后两列，可以看到这两列的每一行完全相同。即表示元素 x 与集合 A、B 的任何一种关系组合 (每一行)，都导致 x 与集合 $\sim (A \cup B)$、$\sim A \cap \sim B$ 的关系完全相同，因此可得 $\sim (A \cup B) = \sim A \cap \sim B$。

在各类集合中，有一类特殊的集合，其元素也是集合，称为集类或集族，常用字母 $\mathcal{A}$、$\mathcal{B}$、$\mathcal{C}$ 等表示。1.1 节中介绍的幂集即为集类。

可将集合并、交运算推广到集类上，分别称为广义并和广义交。

定义 1.2.2 设 $\mathcal{B}$ 为任意集类。

(1) 广义并：集类 $\mathcal{B}$ 中全体元素的元素组成的集合，即 $\{x | 有 B \in \mathcal{B} 使得 x \in B\}$，记为 $\cup \mathcal{B}$；

(2) 广义交 ($\mathcal{B} \neq \varnothing$)：集类 $\mathcal{B}$ 中全体元素的公共元素组成的集合，即 $\{x | 若 B \in \mathcal{B}, 则 x \in B\}$，记为 $\cap \mathcal{B}$。

在公理化的集合论中已证明，定义 1.2.2 给出的 $\cup \mathcal{B}$ 与 $\cap \mathcal{B}$ 都是集合，且附加的条件，如 $\mathcal{B} \neq \varnothing$，也是必不可少的。

若 $\mathcal{B}$ 为有限集合，设 $|\mathcal{B}| = n$ 且 $\mathcal{B} = \{B_0, B_1, \cdots, B_n\}$，则可记：

(1) $\cup\mathcal{B} = B_0 \cup B_1 \cup \cdots \cup B_n = \bigcup_0^n B_i$；

(2) $\cap\mathcal{B} = B_0 \cap B_1 \cap \cdots \cap B_n = \bigcap_0^n B_i$。

若 $\mathcal{B}$ 为可数无限集合，设 $\mathcal{B} = \{B_0, B_1, \cdots\}$，则可记：

(1) $\cup\mathcal{B} = \bigcup_0^\infty B_i$；

(2) $\cap\mathcal{B} = \bigcap_0^\infty B_i$。

若有集合 A 使得 $\mathcal{B} = \{B_\lambda | \lambda \in A\}$，则可记：

(1) $\cup\mathcal{B} = \bigcup_{\lambda \in A} B_\lambda$；

(2) $\cap\mathcal{B} = \bigcap_{\lambda \in A \neq \varnothing} B_\lambda$。

下面通过几个例子来展示集类广义并和广义交运算。

例 1.2.2 下面例子中，任何集合的幂集也是集类，因此：
(1) $\cup\varnothing = \cup\{\varnothing\} = \cap\{\varnothing\} = \varnothing$；
(2) $\cup\mathcal{P}(\{a,b\}) = \cup\{\varnothing, \{a\}, \{b\}, \{a,b\}\} = \{a,b\}$；
(3) $\cap\mathcal{P}(\{a,b\}) = \cap\{\varnothing, \{a\}, \{b\}, \{a,b\}\} = \varnothing$。 □

在集类广义并和广义交上，有一些相关的性质。

定理 1.2.3 若 A 为任意集合，$\mathcal{B}$ 为任意集类，则有：
(1) 若 $B \in \mathcal{B}$，则 $\cap\mathcal{B} \subseteq B$ 且 $B \subseteq \cup\mathcal{B}$；
(2) 若对每个 $B \in \mathcal{B}$ 皆有 $A \subseteq B$，则 $A \subseteq \cap\mathcal{B}(\mathcal{B} \neq \varnothing)$；
(3) 若对每个 $B \in \mathcal{B}$ 皆有 $B \subseteq A$，则 $\cup\mathcal{B} \subseteq A$；
(4) 若 $\mathcal{B} \neq \varnothing$，则 $A \cup (\cup\mathcal{B}) = \cup\{A \cup B | B \in \mathcal{B}\}$；
(5) 若 $\mathcal{B} \neq \varnothing$，则 $A \cap (\cap\mathcal{B}) = \cap\{A \cap B | B \in \mathcal{B}\}$；
(6) (广义分配律) 若 $\mathcal{B} \neq \varnothing$，则 $A \cup (\cap\mathcal{B}) = \cap\{A \cup B | B \in \mathcal{B}\}$；
(7) (广义分配律) $A \cap (\cup\mathcal{B}) = \cup\{A \cap B | B \in \mathcal{B}\}$；
(8) (广义德·摩根律) 若 $\mathcal{B} \neq \varnothing$，则 $\sim (\cap\mathcal{B}) = \cup\{\sim B | B \in \mathcal{B}\}$；
(9) (广义德·摩根律) 若 $\mathcal{B} \neq \varnothing$，则 $\sim (\cup\mathcal{B}) = \cap\{\sim B | B \in \mathcal{B}\}$。

证明：
(1) 对任意元素 $a \in \cap\mathcal{B}$，则对每个 $B \in \mathcal{B}$ 有 $a \in B$，所以 $\cap\mathcal{B} \subseteq B$。
对任意元素 $a \in B$，则依据广义并定义，有 $a \in \cup\mathcal{B}$，所以 $B \subseteq \cup\mathcal{B}$。
(2) 对任意的元素 $a \in A$，因为对每个 $B \in \mathcal{B}$ 皆有 $A \subseteq B$，则对每个 $B \in \mathcal{B}$ 皆有 $a \in B$，即 $a \in \cap\mathcal{B}$。这表明 $A \subseteq \cap\mathcal{B}$。

(3) 对任意的元素 $a \in \cup\mathcal{B}$，则有 $B \in \mathcal{B}$ 使得 $a \in B$，又因为对每个 $B \in \mathcal{B}$ 有 $B \subseteq A$，可得 $a \in A$。这表明 $\cup\mathcal{B} \subseteq A$。

(4) 对任意的元素 $a \in A \cup (\cup\mathcal{B})$，当且仅当 $a \in A$ 或 $a \in \cup\mathcal{B}$，当且仅当有 $B \in \mathcal{B}$ 使得 $a \in B$ 或 $a \in A$，当且仅当有 $B \in \mathcal{B}$ 使得 $a \in A \cup B$，当且仅当 $a \in \cup\{A \cup B | B \in \mathcal{B}\}$。所以有 $A \cup (\cup\mathcal{B}) = \cup\{A \cup B | B \in \mathcal{B}\}$。

(5) 对任意的元素 $a \in A \cap (\cap\mathcal{B})$，当且仅当 $a \in A$ 且 $a \in \cap\mathcal{B}$，当且仅当对每个 $B \in \mathcal{B}$ 有 $a \in B$ 且 $a \in A$，当且仅当对每个 $B \in \mathcal{B}$ 有 $a \in A \cap B$，当且仅当 $a \in \cap\{A \cap B | B \in \mathcal{B}\}$。所以有 $A \cap (\cap\mathcal{B}) = \cap\{A \cap B | B \in \mathcal{B}\}$。

(6) 对任意的元素 $a \in A \cup (\cap\mathcal{B})$，则 $a \in A$ 或 $a \in \cap\mathcal{B}$，由 $a \in \cap\mathcal{B}$ 可知，对每个 $B \in \mathcal{B}$，有 $a \in B$，即对每个 $B \in \mathcal{B}$ 有 $a \in A \cup B$，因此，$a \in \cap\{A \cup B | B \in \mathcal{B}\}$。这表明 $A \cup (\cap\mathcal{B}) \subseteq \cap\{A \cup B | B \in \mathcal{B}\}$。

此外，对任意的元素 $a \in \cap\{A \cup B | B \in \mathcal{B}\}$，则对每个 $B \in \mathcal{B}$ 有 $a \in A \cup B$，所以 $a \in A$ 或对每个 $B \in \mathcal{B}$ 有 $a \in B$，即 $a \in A \cup (\cap\mathcal{B})$，这表明 $\cap\{A \cup B | B \in \mathcal{B}\} \subseteq A \cup (\cap\mathcal{B})$。

综上可得 $A \cup (\cap\mathcal{B}) = \cap\{A \cup B | B \in \mathcal{B}\}$。

(7) 对任意的元素 $a \in A \cap (\cup\mathcal{B})$，则 $a \in A$ 且 $a \in \cup\mathcal{B}$，由 $a \in \cup\mathcal{B}$ 可知，有 $B \in \mathcal{B}$ 使得 $a \in B$，即有 $B \in \mathcal{B}$ 使得 $a \in A \cap B$，因此，$a \in \cup\{A \cap B | B \in \mathcal{B}\}$。这表明 $A \cap (\cup\mathcal{B}) \subseteq \cup\{A \cap B | B \in \mathcal{B}\}$。

此外，对任意的元素 $a \in \cup\{A \cap B | B \in \mathcal{B}\}$，则有 $B \in \mathcal{B}$ 使得 $a \in A \cap B$，即 $a \in A$ 且有 $B \in \mathcal{B}$ 使得 $a \in B$，即 $a \in A \cap (\cup\mathcal{B})$，这表明 $\cup\{A \cap B | B \in \mathcal{B}\} \subseteq A \cap (\cup\mathcal{B})$。

综上可得 $A \cap (\cup\mathcal{B}) = \cup\{A \cap B | B \in \mathcal{B}\}$。

(8) 对任意的元素 $a \in\ \sim (\cap\mathcal{B})$，则 $a \notin \cap\mathcal{B}$，因此，必有 $B \in \mathcal{B}$ 使得 $a \notin B$，即 $a \in\ \sim B$，从而得到 $a \in \cup\{\sim B | B \in \mathcal{B}\}$，这表明 $\sim (\cap\mathcal{B}) \subseteq \cup\{\sim B | B \in \mathcal{B}\}$。

此外，对任意的元素 $a \in \cup\{\sim B | B \in \mathcal{B}\}$，则有 $B \in \mathcal{B}$ 使得 $a \in\ \sim B$，即 $a \notin B$，所以 $a \notin \cap\mathcal{B}$，从而得到 $a \in\ \sim (\cap\mathcal{B})$，这表明 $\cup\{\sim B | B \in \mathcal{B}\} \subseteq\ \sim (\cap\mathcal{B})$。

综上可得 $\sim (\cap\mathcal{B}) = \cup\{\sim B | B \in \mathcal{B}\}$。

(9) 对任意的元素 $a \in\ \sim (\cup\mathcal{B})$，则 $a \notin \cup\mathcal{B}$，因此，对每个 $B \in \mathcal{B}$ 都有 $a \notin B$，即对每个 $B \in \mathcal{B}$ 都有 $a \in\ \sim B$，从而得到 $a \in \cap\{\sim B | B \in \mathcal{B}\}$，这表明 $\sim (\cup\mathcal{B}) \subseteq \cap\{\sim B | B \in \mathcal{B}\}$。

此外，对任意的元素 $a \in \cap\{\sim B | B \in \mathcal{B}\}$，则对每个 $B \in \mathcal{B}$ 都有 $a \in\ \sim B$，即对每个 $B \in \mathcal{B}$ 都有 $a \notin B$，所以 $a \notin \cup\mathcal{B}$，从而得到 $a \in\ \sim (\cup\mathcal{B})$，这表明 $\cap\{\sim B | B \in \mathcal{B}\} \subseteq\ \sim (\cup\mathcal{B})$。

综上可得 $\sim (\cup\mathcal{B}) = \cap\{\sim B | B \in \mathcal{B}\}$。　　　　　　　　　　　□

定理 1.2.3可推广到一般的情况。

定理 1.2.4　若 $\mathcal{A}$、$\mathcal{B}$ 为任意集类，则有

$$\cup(\mathcal{A} \cup \mathcal{B}) = \cup\{A \cup B | A \in \mathcal{A} \text{且} B \in \mathcal{B}\} = (\cup\mathcal{A}) \cup (\cup\mathcal{B})$$

证明：对任意的元素 $a \in \cup(\mathcal{A} \cup \mathcal{B})$，当且仅当 $a \in \cup\{A \cup B | A \in \mathcal{A} \text{且} B \in \mathcal{B}\}$，当且仅当有 $A \in \mathcal{A}$ 且有 $B \in \mathcal{B}$ 使得 $a \in A \cup B$，当且仅当 $a \in A$ 或 $a \in B$，当且仅当 $a \in \cup\mathcal{A}$ 或 $a \in \cup\mathcal{B}$，当且仅当 $a \in (\cup\mathcal{A}) \cup (\cup\mathcal{B})$。这表明 $\cup(\mathcal{A} \cup \mathcal{B}) = (\cup\mathcal{A}) \cup (\cup\mathcal{B})$。　　□

集合是现代数学中最重要的基本概念之一，也是其他重要数学概念、数学结构的基础。集合作为一种无序的代数结构，可用于定义和构造其他类型的结构，如自然数系统、序偶等有序的代数结构。1.3 节和 1.4 节将以这两种有序的代数结构为例展示集合的应用。

习题 1.2

1. 设 $U = \{1,2,3,4,5\}$，$A = \{1,4\}$，$B = \{1,2,5\}$，$C = \{2,4\}$，试求下列集合：

(1) $A \cap \sim B$；

(2) $(A \cap B) \cup \sim C$；

(3) $\sim (A \cap B)$；

(4) $\sim A \cup \sim B$；

(5) $(A - B) - C$；

(6) $A - (B - C)$；

(7) $(A \oplus B) \oplus C$；

(8) $(A \oplus B) \oplus (B \oplus C)$。

2. 设 $A = \{n | n \in \mathbb{I}_+ \ 且 \ n < 12\}$，$B = \{n | n \in \mathbb{I}_+ \ 且 \ n \leqslant 8\}$，$C = \{2n | n \in \mathbb{I}_+\}$，$D = \{3n | n \in \mathbb{I}_+\}$ 且 $E = \{2n - 1 | n \in \mathbb{I}_+\}$，试用 A、B、C、D、E 表达下列集合：

(1) $\{2,4,6,8\}$；

(2) $\{3,6,9\}$；

(3) $\{10\}$；

(4) $\{n | n 为偶数且 n > 10\}$；

(5) $\{n | n 为正偶数且 n \leqslant 10，或 n 为奇数且 n \geqslant 9\}$。

3. 设 A 为有限集合且 $|A| = n$，求 $|\mathcal{P}(A) - \{\{x\} \mid x \in A\}|$。

4. 证明：

(1) 若 $A \subseteq B$ 且 $C \subseteq D$，则 $A \cup B \subseteq B \cup D$ 且 $A \cap C \subseteq B \cap D$；

(2) $A \cap (B - A) = \varnothing$；

(3) $A \cup (B - A) = A \cup B$；

(4) $A - (B \cup C) = (A - B) \cap (A - C)$；

(5) $A - (B \cap C) = (A - B) \cup (A - C)$；

(6) $A - (A - B) = A \cap B$；

(7) $A - (B - C) = (A - B) \cup (A \cap C)$；

(8) $(A - C) \cap (B - C) = (A \cap B) \cap \sim C$；

(9) $\sim (A \cup \sim B \cup C) = \sim A \cap B \cap C$；

(10) $\sim (\sim A \cup B \cup C) = A \cap \sim B \cap \sim C$；

(11) $\sim (A \cup B \cup \sim C) = \sim A \cap \sim B \cap C$；

(12) $(A \cup B) - (C - A) = A \cup (B - C)$。

5. 证明:

(1) $A \cap \varnothing = \varnothing$;

(2) $(B - A) \cap A = \varnothing$;

(3) $A \cap (B - (A \cap B)) = \varnothing$;

(4) $A = (A - B) \cup (A \cap B)$。

6. 证明:

(1) $A = B$当且仅当$A \oplus B = \varnothing$;

(2) $A \oplus B = B \oplus A$;

(3) $(A \oplus B) \oplus C = A \oplus (B \oplus C)$;

(4) $A \cap (B \oplus C) = (A \cap B) \oplus (A \cap C)$;

(5) $(B \oplus C) \cap A = (B \cap A) \oplus (C \cap A)$。

7. 设 A、B 与 C 为集合,请证明: $A \cup B \cup C = (A - B) \cup (B - C) \cup (C - A) \cup (A \cap B \cap C)$。

8. 设 A、B、C 为集合，判断以下结论是否成立。如果成立，就给予证明；如果不成立，就用文氏图加以说明。

(1) 若$A \cap C \subseteq B \cap C$且$A \cap \sim C \subseteq B \cap \sim C$, 则$A \subseteq B$;

(2) 若$A \cap B = A \cap C$且$\sim A \cap B = \sim A \cap C$, 则$B = C$;

(3) 若$A \cup B = A \cup C$, 则$B = C$;

(4) 若$A \cap B = A \cap C$, 则$B = C$;

(5) 若$A \oplus B = A \oplus C$, 则$B = C$;

(6) 若$A \subseteq B \cup C$, 则$A \subseteq B$或$A \subseteq C$;

(7) 若$B \cap C \subseteq A$, 则$B \subseteq A$或$C \subseteq A$;

(8) $(A - B) \cap (B - A) = \varnothing$。

9. 设 A、B 与 C 为集合，若 $A \cup B = A \cup C$ 且 $A \cap B = A \cap C$, 则 $B = C$。

10. 设 A 为集合，若 $a \notin A$, 则 $A \cap \{a\} = \varnothing$。

11. 设 A、B 为集合，$A - B = \varnothing$ 当且仅当 $A \subseteq B$。

12. 给出下列各式成立的充分必要条件，并加以说明。

(1) $(A - B) \cup (A - C) = A$;

(2) $(A - B) \cup (A - C) = \varnothing$;

(3) $(A - B) \cap (A - C) = A$;

(4) $(A - B) \cap (A - C) = \varnothing$;

(5) $(A - B) \oplus (A - C) = A$;

(6) $(A - B) \oplus (A - C) = \varnothing$;

(7) $A \cap B = A \cup B$;

(8) $A - B = B$;

(9) $A - B = B - A$;

(10) $A \oplus B = A$;

(11) $(B - A) \cup A = B$;

(12) $B \subseteq A - C$;

(13) $C \subseteq A \cap B$;

(14) $\mathcal{P}(A) \cup \mathcal{P}(B) = \mathcal{P}(A \cup B)$。

13. 设 A、B 为任意两个集合，证明：

(1) $\mathcal{P}(A) \cup \mathcal{P}(B) \subseteq \mathcal{P}(A \cup B)$;

(2) $\mathcal{P}(A) \cap \mathcal{P}(B) = \mathcal{P}(A \cap B)$。

14. 试求出 $\cup \mathcal{B}$ 和 $\cap \mathcal{B}$，其中 $\mathcal{B}$ 为

(1) $\{\{\varnothing\}\}$;

(2) $\{\varnothing, \{\varnothing\}\}$;

(3) $\{\{a\}, \{b\}, \{a, b\}\}$。

15. 设 A、B 与 C 为集合，证明：$C \in \mathcal{P}(A) \cap \mathcal{P}(B)$ 当且仅当 $C \in \mathcal{P}(A \cap B)$。

16. 设 A 为集合，若 $a \in A$，则 $\mathcal{P}(A) = \mathcal{P}(A - \{a\}) \cup \{C \cup \{a\} | C \in \mathcal{P}(A - \{a\})\}$。

17. 设 A 为集合，若 $a \in A$，则 $\mathcal{P}(A - \{a\}) \cap \{C \cup \{a\} | C \in \mathcal{P}(A - \{a\})\} = \varnothing$。

18. 令 $A_i = \{\cdots, -4, -3, -2, -1, 0, 1, 2, 3, 4, \cdots, i\}$，请问 $\displaystyle\bigcup_{i=1}^{n} A_i$ 与 $\displaystyle\bigcap_{i=1}^{n} A_i$ 的结果分别是什么？

19. 设

$$R_0 = \{a | a \in \mathbb{R} \text{且} a \leqslant 1\},$$

$$R_i = \left\{a \,\middle|\, a \in \mathbb{R} \text{且} a < 1 + \frac{1}{i}\right\}, \ i \in \mathbb{I}_+$$

证明 $\displaystyle\bigcap_{i=1}^{\infty} R_i = R_0$。

20. 设

$$A_n = \{x | x \in \mathbb{R} \text{且} x > n\}, \ n \in \mathbb{N}$$

试求 $\displaystyle\bigcup_{n=0}^{\infty} A_n$ 和 $\displaystyle\bigcap_{n=0}^{\infty} A_n$。

21. 设

$$A_x = \{y | y \in \mathbb{R} \text{且} 0 \leqslant y \leqslant x\}, \ x \in \mathbb{R}$$

试求 $\displaystyle\bigcup_{x \in \mathbb{R}, x > 1} A_x$ 和 $\displaystyle\bigcap_{x \in \mathbb{R}, x > 1} A_x$。

22. 设

$$\bar{A} = \bigcap_{m=0}^{\infty} \bigcup_{i=m}^{\infty} A_i, \quad \underline{A} = \bigcup_{m=0}^{\infty} \bigcap_{i=m}^{\infty} A_i$$

称 $\bar{A}$ 和 $\underline{A}$ 分别为集合序列 $A_0, A_1, A_2, \cdots$ 的上极限和下极限，证明：

(1) $\bar{A}$ 为由一切属于无限多个 A_i 的元素组成的集合;

(2) $\underline{A}$ 为由一切属于"几乎所有"的 A_i 的元素组成的集合。

1.3 自然数与归纳法

引进自然数的方法，一般有公理化方法和构造性方法。当用公理化方法引进自然数时，将把"自然数"视为不能定义的原始概念，通过提供一组说明"自然数"这一原始概念的公理 (如皮亚诺公理) 来定义自然数。而构造性方法通过将"自然数"一个一个地构造出来，然后证明构造出来的"自然数"满足某组公理 (如皮亚诺公理)，从而保证构造出来的"自然数"具有普通自然数的一切性质。

本节借助集合论构造"自然数"。在借助集合论构造"自然数"的各种方案中，具有代表性的是冯·诺依曼提出的利用集合的后继构造自然数的方案。为此，先引入集合的后继概念。

定义 1.3.1 若 A 为集合，则称 $A \cup \{A\}$ 为 A 的后继，记为 A^+。

易知，每个集合都有唯一的后继，且具有以下一些性质。

定理 1.3.1 设 A 为任意集合，则

(1) $\varnothing^+ = \{\varnothing\}$;

(2) $\{\varnothing\}^+ = \{\varnothing, \{\varnothing\}\}$;

(3) $A \in A^+$;

(4) $A \subseteq A^+$;

(5) $A^+ \neq \varnothing$。

证明：

(1) $\varnothing^+ = \varnothing \cup \{\varnothing\} = \{\varnothing\}$;

(2) $\{\varnothing\}^+ = \{\varnothing\} \cup \{\{\varnothing\}\} = \{\varnothing, \{\varnothing\}\}$;

(3) 因为 $A^+ = A \cup \{A\}$，所以 $A \in A^+$;

(4) 因为 $A^+ = A \cup \{A\}$，所以 $A \subseteq A^+$;

(5) 因为 $A^+ = A \cup \{A\}$，即 A^+ 中至少有一个元素 A，所以 $A^+ \neq \varnothing$。 □

冯·诺依曼提出的利用集合的后继构造自然数的方案如下所列：

$$0 = \varnothing$$

$$1 = 0^+ = \{\varnothing\} = \{0\}$$

$$2 = 1^+ = \{\varnothing, \{\varnothing\}\} = \{0, 1\}$$

$$3 = 2^+ = \{\varnothing, \{\varnothing\}, \{\varnothing, \{\varnothing\}\}\} = \{0, 1, 2\}$$

$$\cdots$$

$$n + 1 = n^+ = \{\varnothing, \{\varnothing\}, \{\varnothing, \{\varnothing\}\}, \cdots\} = \{0, 1, 2, \cdots, n-1, n\}$$

　　这样构造的自然数是一个很典型的无穷序列，对应的自然数集合即为无限集合。可考虑用归纳法定义该集合。

定义 1.3.2　用冯·诺依曼方案构造的自然数集合可用归纳法定义如下：

(1) $0 \in \mathbb{N}$(注意, $0 = \varnothing$);

(2) 若 $n \in \mathbb{N}$, 则 $n^+ \in \mathbb{N}$;

(3) 若 $S \subseteq \mathbb{N}$ 满足

① $0 \in S$;

② 若 $n \in S$, 则 $n^+ \in S$。

则 $S = \mathbb{N}$。

　　基于冯·诺依曼方案，可知对每个自然数 $n \in \mathbb{N}$ 皆有 $n \in n^+$ 且 $n \subseteq n^+$。基于这两个显而易见的结论，可定义自然数集合上元素的大小次序关系。

定义 1.3.3　若 $m, n \in \mathbb{N}$ 使得 $m \in n$, 则称 m 小于 n(或 n 大于 m), 记为 $m < n$ (或 $n > m$)。

　　进一步可运用归纳法定义集合 $\mathbb{N}$ 上的加法运算 "+" 与乘法运算 "×"。

定义 1.3.4　对任意的 $n, m \in \mathbb{N}$, 令

(1) $m + 0 = m$, $m \times 0 = 0$;

(2) $m + n^+ = (m + n)^+$, $m \times n^+ = m \times n + m$。

　　集合 $\mathbb{N}$ 上的加法运算和乘法运算举例如下。

例 1.3.1

(1) $3 + 0 = 3$, $5 \times 0 = 0$;

(2) $3 + 2 = 3 + 1^+ = (3 + 1)^+ = (3 + 0^+)^+ = ((3 + 0)^+)^+ = (3^+)^+ = 4^+ = 5$;

(3) $3 \times 2 = 3 \times 1^+ = 3 \times 1 + 3 = 3 \times 0^+ + 3 = 3 \times 0 + 3 + 3 = 3 + 3 = 3 + 2^+ = (3 + 2)^+ = \cdots = 5^+ = 6$ ($\cdots$ 中运算见 (2))。　　　　　　　　　□

　　在前面的讨论中用到了我们熟悉的自然数 $0, 1, 2, \cdots$, 这是因为在我们学习数学时，直接引入了这些数字符号。那么，在一个没有 $0, 1, 2, \cdots$ 的程序系统中，可以更抽象的方式定义自然数为

$$\text{data NaturalNumber} = \text{Zero} \mid \text{Succ NaturalNumber}$$

即一个自然数或者为零，或者是另一个自然数的后继，符号 "|" 表示互斥关系，蕴含了零不是任何自然数后继这一公理。

　　在该更抽象的程序系统上，定义 1.3.4 中的加法可定义为

$$a + \text{Zero} = a$$
$$a + (\text{Succ } b) = \text{Succ}(a + b)$$

以 2+3 来验证该运算规则,其中 2 为 Succ(Succ Zero),而 3 为 Succ(Succ(Succ Zero)),其运算过程如下:

$$\text{Succ(Succ Zero)} + \text{Succ(Succ(Succ Zero))}$$
$$=\text{Succ(Succ(Succ Zero)} + \text{Succ(Succ Zero))}$$
$$=\text{Succ(Succ(Succ(Succ Zero)} + \text{Succ Zero))}$$
$$=\text{Succ(Succ(Succ(Succ(Succ Zero)} + \text{Zero)))}$$
$$=\text{Succ(Succ(Succ(Succ(Succ Zero))))}$$

根据该定义方法可编程实现一个自然数类,例如,以 Python 面向对象编程为例,可实现如上定义的自然数类如下。

代码 1.2   自然数类的实现

```python
class NaturalNumber(object):
    def __init__(self, pre):
        self.pre = pre

    def __repr__(self):
        result = ''
        if self.pre == None:
            result = "Zero"
        elif self.pre.pre == None:
            result = "Succ Zero"
        else:
            pre = self.pre
            result = "Succ(" + pre.__repr__() + ")"
        return result

    def __add__(self, other):
        if self.pre == None and other.pre == None:
            return NaturalNumber(None)
        elif other.pre == None:
            return self
        elif self.pre == None:
            return other
        else:
            return self.pre.__add__(NaturalNumber(other))

    def __mul__(self, other):
        if self.pre == None or other.pre == None:
            return NaturalNumber(None)
        else:
            return self.__add__(self.__mul__(other.pre))

def Succ(n):
    return NaturalNumber(n)
```

利用集合构造了自然数集合 N 及定义了“+”“×”运算后,就得到了一个代数系统 $\langle N, +, \times \rangle$,只要证明该系统满足皮亚诺公理,即可保证这样构造的代数系统就是自然数系统。

定理 1.3.2 代数系统 $\langle \mathbb{N}, +, \times \rangle$ 满足以下的皮亚诺公理:

P_1 $0 \in \mathbb{N}$;

P_2 若 $n \in \mathbb{N}$, 则 n 有唯一的后继 $n^+ \in \mathbb{N}$;

P_3 若 $n \in \mathbb{N}$, 则 $n^+ \neq 0$;

P_4 若 $n, m \in \mathbb{N}$ 且 $n^+ = m^+$, 则 $n = m$;

P_5 若 $S \subseteq \mathbb{N}$ 满足:

① $0 \in S$;

② 如果 $n \in S$, 则 $n^+ \in S$。

则 $S = \mathbb{N}$。

证明: 根据定义 1.3.2易知 P_1、P_2 和 P_5 成立。由定理 1.3.1的 (5) 可知 P_3 成立。下面证明 P_4, 为此先证明: 若 $n \in \mathbb{N}$, 则 $\bigcup n^+ = n$。

首先定义一个 $\mathbb{N}$ 的子集 S, 令 $S = \{n | n \in \mathbb{N}$ 且 $\cup n^+ = n\}$。接下来只需要验证 S 满足定义 1.3.2的 (3) 的条件①、②即可。

① 因为 $\bigcup 0^+ = \cup \varnothing^+ = \bigcup \{\varnothing\} = \varnothing = 0$, 所以 $0 \in S$。

② 若 $n \in S$, 则根据 S 的定义, 有 $n \in \mathbb{N}$ 且 $\bigcup n^+ = n$。由 $\mathbb{N}$ 的定义可知 $n^+ \in \mathbb{N}$。并且有 $\bigcup (n^+)^+ = \bigcup (n^+ \cup \{n^+\}) = (\bigcup n^+) \cup (\bigcup \{n^+\}) = n \cup n^+ = n^+$, 所以 $n^+ \in S$。

因此, 由定义 1.3.2的 (3) 的条件①、②即知 $S = \mathbb{N}$。由此证明了若 $n \in \mathbb{N}$, 则 $\bigcup n^+ = n$。

由该结论可知, 若 $n^+ = m^+$, 则有 $\bigcup n^+ = n = \bigcup m^+ = m$, 即 P_4 成立。

综上可知, $\langle \mathbb{N}, +, \times \rangle$ 即为自然数系统。 $\square$

通常称皮亚诺公理中的 P_5 为归纳原理, 因为它是归纳法的基础。P_4 的证明就利用了归纳原理。首先构造一个集合 $\mathbb{N}$ 的子集 S, 再利用自然数系统归纳原理, 证明 $S = \mathbb{N}$, 以达到证明每个自然数具有某种性质的目的。当要证明每个自然数都具有某种性质时, 这是一种常用的证明思路。

归纳法又称为数学归纳法, 是数学中常用的一种重要证明方法。一般有两种形式的数学归纳法, 分别称为第一归纳法和第二归纳法。在定义这两种归纳法之前, 先定义一个符号 $\overline{\mathbb{N}}_n = \mathbb{N} - \mathbb{N}_n = \{n, n+1, n+2, \cdots\}$, 其中 $n \in \mathbb{N}$, $\overline{\mathbb{N}}_n$ 即为所有大于或等于 n 的自然数的集合。

定理 1.3.3 (第一归纳法) 设 $n_0 \in \mathbb{N}$, 若命题 $P(n)$ 满足:

(1) $P(n_0)$ 真;

(2) 对任意的 $n \in \overline{\mathbb{N}}_{n_0}$, 若 $P(n)$ 真, 则 $P(n^+)$ 也真。

则对任意的 $n \in \overline{\mathbb{N}}_{n_0}$, $P(n)$ 皆真。

对第一归纳法的证明可以借鉴皮亚诺公理中的 P_4 的证明思路, 即构造一个集合 $\mathbb{N}$ 的子集 S, 由所有 $P(n)$ 为真的自然数构成, 再利用归纳原理, 证明 $S = \mathbb{N}$。

证明: 首先定义一个 $\mathbb{N}$ 的子集 S, 令 $S = \{n | n \in \mathbb{N}$ 且 $P(n_0 + n)$ 为真$\}$。显然有 $S \subseteq \mathbb{N}$。此外, 根据归纳原理, 还有:

(1) 因为 $0 \in \mathbb{N}$, $n_0 = n_0 + 0$ 且 $P(n_0)$ 为真, 所以 $0 \in S$。

(2) 若 $n \in S$，则根据 S 的定义，有 $n \in \mathbb{N}$ 且 $P(n_0 + n)$ 为真。因为 $n_0 + n^+ = (n_0 + n)^+ \in \mathbb{N}$ 且 $n_0 + n \geqslant n_0$，所以由题设 (2) 可知 $P((n_0 + n)^+)$ 也为真，所以 $n^+ \in S$。因此，由归纳原理即知 $S = \mathbb{N}$。由此证明了第一归纳法。 $\qquad\square$

在应用第一归纳法时，一般分两步，常用模式是：

(1) (基础步) 直接验证当 $n = n_0$ 时命题为真；

(2) (归纳假设步) 对任意的自然数 $k \geqslant n_0$，假定当 $n = k$ 时命题为真，证明当 $n = k + 1$ 时命题也真。

例 1.3.2 证明前 n 个正奇数之和为 n^2，即证明：对任意的 $n \geqslant 1$，$\sum\limits_{i=1}^{n}(2i-1) = n^2$。

证明： 用第一归纳法证明。根据题意，此时 $n_0 = 1$，因此

(1) 当 $n = 1$ 时等式右边 $= 1$，等式左边 $= 1$，因此命题为真；

(2) 对任意的自然数 $k \geqslant 1$，假定当 $n = k$ 时命题为真。则当 $n = k + 1$ 时，$\sum\limits_{i=0}^{k+1}(2i-1) = \sum\limits_{i=0}^{k}(2i-1) + (2(k+1) - 1) = k^2 + 2k + 1 = (k+1)^2$。因此当 $n = k + 1$ 时命题也真。 $\qquad\square$

在例 1.3.2 关于 $n = k + 1$ 的证明中，用到了当 $n = k$ 时的归纳假设，可直接使用 $\sum\limits_{i=0}^{k}(2i-1) = k^2$ 这个结论。

例 1.3.3 证明：若 $n \in \mathbb{N}$，则 $2^{n+1} > n(n+1)$。

证明： 用第一归纳法证明。根据题意，此时 $n_0 = 0$，因此：

(1) 因为，$2^{0+1} = 2 > 0 = 0(0+1)$，$2^{1+1} = 4 > 2 = 1(1+1)$，以及 $2^{2+1} = 8 > 6 = 2(2+1)$，因此当 $n = 0, 1, 2$ 时，命题为真；

(2) 对任意的自然数 $k \geqslant 2$，假定当 $n = k$ 时命题为真，则当 $n = k + 1$ 时，$2^{(k+1)+1} = 2 \times 2^{k+1} > 2k(k+1) \geqslant (k+2)(k+1)$。因此当 $n = k + 1$ 时命题也真。 $\qquad\square$

请注意，在例 1.3.3 的证明过程中，在第一步验证当 $n = 0$ 时，命题成立，但一般不会想到要验证 $n = 1, 2$ 时的情形。而是在第二步利用归纳假设证明当 $n = k + 1$ 时，不等式左边为 $2^{(k+1)+1} = 2 \times 2^{k+1} > 2k(k+1)$。经证明只有当 $n \geqslant 2$ 时，才能保证 $2 \times 2^{k+1} > 2k(k+1) \geqslant (k+2)(k+1)$ 一定成立。因此，需要在第一步中添加 $n = 1, 2$ 的情形，这是一种"回填"基础步，保证归纳链条不断的技术。可能一开始想不到要多验证一些基础项，但如果一旦在证明过程中发现基础项不够，则必须补充。

由这几个例子可知，第一归纳法利用 $n = k$ 的归纳假设去证明 $n = k + 1$ 时的结论，因此，当 k 与 $k + 1$ 有直接联系或有可利用的定理时，可采用第一归纳法进行证明。但是，在很多问题中，k 与 $k + 1$ 没有直接联系，此时需扩大归纳假设的范围，利用更大范围内的联系进行证明，此即第二归纳法的核心思想。

定理 1.3.4 (第二归纳法)　设 $n_0 \in \mathbb{N}$, 若命题 $P(n)$ 满足:

(1) $P(n_0)$ 真;

(2) 对任意自然数 $n \in \overline{\mathbb{N}}_{n_0+1}$, 若当 $k \in \mathbb{N}$ 且 $n_0 \leqslant k < n$ 时, $P(k)$ 皆真, 则 $P(n)$ 也真.
则对任意的 $n \in \overline{\mathbb{N}}_{n_0}$, $P(n)$ 皆真.

第二归纳法的证明可利用第一归纳法. 为此, 对每个 $n \in \overline{\mathbb{N}}_{n_0}$, 定义 $Q(n)$ 代表如下命题: 若 $k \in \mathbb{N}$ 且 $n_0 \leqslant k \leqslant n$, 则 $P(k)$ 皆真.

这样, 就将证明第二归纳法转换为证明 $Q(n)$ 为真的问题.

证明: 用第一归纳法证明 $Q(n)$ 为真.

(1) 因为 $Q(n_0)$ 就是 $P(n_0)$, 由题设 (1) 可知 $Q(n_0)$ 为真.

(2) 对任意自然数 $n \in \overline{\mathbb{N}}_{n_0}$, 假设 $Q(n)$ 为真. 根据 $Q(n)$ 的定义, 当 $k \in \mathbb{N}$ 且 $n_0 \leqslant k \leqslant n$ 时 $P(k)$ 皆真. 因为没有 $m \in \mathbb{N}$ 使得 $n < m < n^+$, 因此当 $n_0 \leqslant k < n^+$ 时, $P(k)$ 皆真. 从而由题设 (2) 可知, $P(n^+)$ 为真, 这表明 $Q(n^+)$ 为真.

根据第一归纳法, 由 (1) 与 (2) 可知, 对任意 $n \in \overline{\mathbb{N}}_{n_0}$, $Q(n)$ 皆真. 从而由 $Q(n)$ 的定义可知, 对任意的 $n \in \overline{\mathbb{N}}_{n_0}$, $P(n)$ 皆真.　　　　□

在应用第二归纳法时, 一般分两步, 常用模式如下:

(1) (基础步) 直接验证当 $n = n_0$ 时命题为真;

(2) (归纳假设步) 对自然数 $m > n_0$, 假定对任意的自然数 $k(n_0 \leqslant k < m)$, 当 $n = k$ 时命题为真, 证明当 $n = m$ 时命题也真.

当我们以后学习了"良基"与"偏序"的概念后, 就会了解第二归纳法比第一归纳法具有普适性.

例 1.3.4　证明: 对每一个 $n > 1$ 的自然数, n 能由一组素数 (s 个) 的乘积表示. 即 $n = p_1 p_2 \cdots p_s$ 成立. 用 $P(n)$ 表示 n 的上述性质.

证明: 用第二归纳法证明. 根据题意, 此时 $n_0 = 2$, 因此:

(1) $n = 2$ 时, 令 $s = 1$, $p_1 = 2$, 命题为真.

(2) 令 $m > 2$, 假设对任意的自然数 $k(2 \leqslant k < m)$, 当 $n = k$ 时, $P(k)$ 成立. 则当 $n = m$ 时:

① 如果 m 本身为素数, 则可令 $s = 1$, $p_1 = m$, 命题为真;

② 如果 n 不为素数, 则有 $n = a \cdot b$, 其中 $2 \leqslant a < n$ 且 $2 \leqslant b < n$, 由归纳假设, a 与 b 都能表示成若干素数的乘积, 即 $a = p_1 p_2 \cdots p_t$, $b = q_1 q_2 \cdots q_u$, 因此 $n = p_1 p_2 \cdots p_t q_1 q_2 \cdots q_u$ 为 $s = t + u$ 个素数的乘积.
即当 $n = m$ 时命题也真.　　　　□

例 1.3.5　请试证明任何大于或等于 12 元的邮资, 都可由 4 元和 5 元的邮票构成.

证明: 令命题 $P(k)$ 为任何等于 $k(k \geqslant 12)$ 元的邮资, 都可由 4 元和 5 元的邮票构成. 用第二归纳法证明.

(1) $n = 12$ 时, $12 = 4 \times 3$; $n = 13$ 时, $13 = 4 \times 2 + 5$; $n = 14$ 时, $14 = 5 \times 2 + 4$; $n = 15$ 时, $15 = 5 \times 3$. 命题为真.

(2) 令 $m > 15$，假设对任意的自然数 $k(15 \leqslant k < m)$，当 $n = k$ 时，$P(k)$ 成立。则当 $n = m$ 时，因为 $n - 4 \geqslant 12$，因此命题 $P(n-4)$ 成立，因此令 $n - 4 = i \times 4 + j \times 5$，因此有 $n = (i+1) \times 4 + j \times 5$，即 $P(n)$ 成立。 $\qquad\square$

请注意，例 1.3.5 的证明过程中，在第一步验证当 $n = 12$ 时，命题成立，但一般不会想到要验证 $n = 13 \sim 15$ 时的情形。而是在第二步利用归纳假设证明当 $n = m$ 时，用到了 $n - 4$ 这个归纳假设，为保证 $n - 4 \geqslant 12$，需保证 $n \geqslant 16$，即 $n > 15$。因此，需要"回填"基础步添加 $n = 13 \sim 15$ 的情形，保证归纳链条不断。可能一开始想不到要多验证一些基础项，但如果一旦在证明过程中发现基础项不够，则必须补充。

归纳法与递归算法有一定的联系，递归在处理规模为 n 的问题时，将 n 减小为 $n-1$ 或 $n-2$，而数学归纳法在证明规模为 n 的命题时，先假设 $n-1$ 成立，再从 $n-1$ 推演到 n 成立。

这种对称性对算法设计有启发作用：将求解规模为 n 的问题转换为证明解决规模为 n 的问题的算法是存在的，利用数学归纳法进行证明，而在构造具体的计算的解时，逆向地利用归纳法的证明过程，即可方便地得到问题解的递归算法。

归纳法使得人们在解决问题时首先聚焦于小规模的问题，然后利用在小规模问题中的求证和假设，将解决方法推广到更大规模的同类问题上。利用归纳法设计递归算法的优势在于：

(1) 提供了一种系统化的算法设计方法；

(2) 在设计算法的同时就证明了算法的正确性。

以排序问题为例，对 $n(n \geqslant 1)$ 个无序排列的整数按照从小到大顺序进行排序的问题，可在不知道如何设计算法时，先假设这样的排序算法是存在的。然后用归纳法证明这个命题的正确性。

例 1.3.6 试证明：如何将 $n \geqslant 1$ 个无序排列的整数按从小到大的顺序进行排序的算法是存在的。

证明： 用第一归纳法证明。根据题意，此时 $n_0 = 1$，因此：

(1) 当 $n = 1$ 时，即只有一个整数，则不需要排序，命题为真。

(2) 对任意的自然数 $k \geqslant 1$，假设当 $n = k$ 时，对 k 个整数如何排序的算法是存在的。则当 $n = k+1$ 时，从这 $k+1$ 个整数中取出 1 个整数，根据归纳假设，剩余的 k 个整数的排序算法是存在的，因此，用该算法对 k 个整数进行排序。此后，则只要将取出的那个整数放到已排好序的 k 个整数序列中适当位置即可。

- 如果取出来的那个整数是随机的，假设为 i，则在将整数 i 放回到 k 个排好序的整数序列中时，需要将 i 插入适当的位置，保证其大于前一个数，且小于后一个数。这就是插入排序。

- 如果取出的那个整数是特殊的，如 $k+1$ 个整数中最大 (最小) 的那个，则在将其放回到 k 个排好序的整数序列中时，只要将其放于序列最后面 (最前面) 即可，这就是选择排序。 $\qquad\square$

对此证明从后往前解析，在证明 $k+1$ 个整数排序算法也存在时，利用了"排序算法已有"的归纳假设。若将该已有的算法视为一个函数，则对 $k+1$ 个整数的排序与对 k 个整数的排序算法是一样的，只是将算法分解为先以 k 为参数调用该函数，再处理多出来的那个整数。

这种设计算法的思路恰好是递归算法的思路：将一个问题向下分解为具有同样的解决方法但规模不断缩小的子问题，不断分解，直到分解出的子问题有一个已知的解。此处，"已知的解"就是归纳法的第一步，即对 n_0 的验证。

基于上述证明过程，很自然地可得到插入排序和选择排序的算法，如图 1.4 所示。

InsertSort(seq, n)算法	**SelectSort(seq, n)算法**
输入：	输入：
整数序列 seq;	整数序列 seq;
整数个数 n;	整数个数 n;
输出：	输出：
排好序的整数序列 seq;	排好序的整数序列 seq;
1: if 只有 1 个整数 then	1: if 只有 1 个整数 then
2: return	2: return
3: InsertSort(seq, n−1)	3: 从 n 个整数中选择最大的整数，设为 k;
4: 将第 n 个整数依次与前 n−1 个已排好序的整数比较	4: 将整数 k 与 seq 最后一个元素交换位置;
5: if 其数值介于两个相邻整数之间，then	5: SelectSort(seq, n−1)
6: 将第 n 个整数插入这两个整数之间	
(a) 插入排序	(b) 选择排序

图 1.4 归纳法设计的插入排序与选择排序的递归算法

上述递归算法可用 Python 编程实现，如表 1.3 所示。

表 1.3 插入排序与选择排序的递归算法的 Python 编程实现

插 入 排 序	选 择 排 序

```def InsertSort(seq,n):```
```   if n==0:```
```   return seq```
```   InsertSort(seq,n-1)```
```   j=n-1```
```   while j>0 and seq[j-1]>seq[j]:```
```   seq[j-1],seq[j]=seq[j],seq[j-1]```
```   j=j-1```
```   return seq```
	```def SelectSort(seq,n):```
	``` if n==0:```
	``` return seq```
	``` max_j=n-1```
	``` for j in range(n):```
	``` if seq[j]>seq[max_j]:```
	``` max_j=j```
	``` seq[n-1],seq[max_j]=seq[max_j],seq[n-1]```
	``` return SelectSort(seq,n-1)```

大部分组合问题都可参照排序问题，基于归纳法证明"解决……问题的算法是存在的"的逆向过程，设计出递归算法。有兴趣的读者可自行查阅相关资料。

习题 1.3

1. 用归纳法证明：

(1) $\dfrac{1}{1\times 2}+\dfrac{1}{2\times 3}+\cdots+\dfrac{1}{n(n+1)}=\dfrac{n}{n+1}$；

(2) $2+2^2+2^3+\cdots+2^n=2^{n+1}-2$；

(3) $2^n\geqslant 2n$；

(4) $3\,|\,n^3+2n$；

(5) $1\times 2\times 3+2\times 3\times 4+\cdots+n(n+1)(n+2)=\dfrac{n(n+1)(n+2)(n+3)}{4}$；

(6) 任意三个相邻整数的立方和能被 9 整除；

(7) $11^{n+2}+12^{2n+1}$ 是 133 的倍数；

(8) 若 $n\in\mathbb{I}_+$ 则

$$\frac{1}{\sqrt{1}}+\frac{1}{\sqrt{2}}+\cdots+\frac{1}{\sqrt{n}}\geqslant\sqrt{n}$$

2. 一套量杯包括 4 个量杯，容量分别为 4 杯量、9 杯量、11 杯量和 14 杯量。证明这套量杯可以用来量出大于或等于 11 杯量的任意数量的液体。

3. 假设对给定的某个 $x\in\mathbb{R}$，有 $x+\dfrac{1}{x}$ 是整数，请证明，对任意的 $n\in\mathbb{N}$ 且 $n\geqslant 0$，$x^n+\dfrac{1}{x^n}$ 是整数。

4. 设 $a_0,a_1,a_2,\cdots$ 为由自然数组成的严格单调递增序列。证明：若 $n\in\mathbb{N}$，则 $n\leqslant a_n$。

5. 斐波那契 (Fibonacci) 数列定义为

$$F_0=0$$
$$F_1=1$$
$$F_{n+1}=F_n+F_{n-1},\ n\in\mathbb{I}_+$$

证明：

(1) 若 $n\in\mathbb{I}_+$，则 $\left(\dfrac{1+\sqrt{5}}{2}\right)^{n-2}\leqslant F_n\leqslant\left(\dfrac{1+\sqrt{5}}{2}\right)^{n-1}$。

(2) 若 $n\in\mathbb{I}_+$，则 $F_{n-1}\times F_{n+1}-F_n^2=(-1)^n$。

6. 证明：对 $n\in\mathbb{N}$ 有 $n\leqslant 3^{\frac{n}{3}}$。

7. 试证明任何大于或等于 18 元的邮资，可由 4 元和 7 元的邮票构成。

8. 设 $n,m\in\mathbb{I}_+$ 且 $n>m$。假定有 n 个直立的大头针，甲、乙两人轮流把这些直立的大头针扳倒。规定每人每次可扳倒 $1\sim m$ 根，且扳倒最后一根直立的大头针者为获胜者。试证明：如果甲先扳且 $(m+1)\nmid n$，则甲总能获胜。

9. 请用数学归纳法证明并设计快速排序算法。

10. 令 S 是字符串集合，其中的元素递归的定义如下：

(1) 字符串 a、$b \in S$；

(2) 如果有字符串 $x \in S$，$y \in S$，则字符串 $(x+y) \in S$。

请注意，上述定义 (2) 中，左右括号、"+" 都是字符串的组成部分。试证明 S 的每个元素中，括号字符的数目是 "+" 字符数目的 2 倍 (在统计括号次数时，"(" 和 ")" 都计算为括号)。

11. 证明以下的二重归纳原理的正确性。

设 $i_0, j_0 \in \mathbb{N}$。假定对任意自然数 $i \geqslant i_0$，$j \geqslant j_0$，皆有一个命题 $P(i,j)$ 满足：

(1) $P(i_0, j_0)$ 为真；

(2) 对任意自然数 $k \geqslant i_0$ 及 $l \geqslant j_0$，若 $P(k,l)$ 为真，则 $P(k+1,l)$ 和 $P(k,l+1)$ 皆真。

则对任意自然数 $i \geqslant i_0$ 及 $j \geqslant j_0$，$P(i,j)$ 皆真。

12. 证明：若 $n \in \mathbb{N}$，则 $n \notin n$。

13. 证明：若 $n, m \in \mathbb{N}$，则 $n \subset m$ 当且仅当 $n \in m$。

14. 证明：若 $n, m \in \mathbb{N}$，则 $n \in m$ 当且仅当 $n^+ \in m^+$。

15. 证明：若 $n, m \in \mathbb{N}$，则 $n < m$ 当且仅当有 $x \in \mathbb{N}$ 使 $m = n + x^+$。

16. 证明：若 $n \in \mathbb{N}$，则不可能有 $m \in \mathbb{N}$ 使 $n < m < n^+$。

17. 称一个集合 A 为传递的，如果 A 的元素的元素都仍然是 A 的元素。证明每个 $n \in \mathbb{N}$ 都是传递的。

18. 证明 $\mathbb{N}$ 为传递的。

1.4　笛卡儿乘积

除自然数外，坐标作为一种常见的结构，也是有序的。例如笛卡儿坐标系中，$\langle 3,2 \rangle$ 和 $\langle 2,3 \rangle$ 虽然都由 2 和 3 构成，但是却代表坐标系上不同的两个点。这样的偶集称为有序偶，并记为 $\langle x,y \rangle$。

此处，采用库拉托夫斯基 (K. Kuratovski) 在 1921 年给出的定义有序偶 $\langle x,y \rangle$ 的方法。

定义 1.4.1　若 x、y 为任意两个元素，令

$$\langle x,y \rangle = \{\{x\},\{x,y\}\}$$

称 $\langle x,y \rangle$ 为由 x 与 y 组成的二元序偶，简称有序偶或序偶。

请注意，类似的用集合定义有序偶的方法有很多，例如维纳 (N. Wiener) 的定义方法 $\langle x,y \rangle = \{\{\{x\},\varnothing\},\{\{y\}\}\}$。有兴趣的读者也可尝试给出自己的定义方法。但是，各种定义方法是否合理、是否正确，将由定理 1.4.1 来衡量。即若给出的定义方法满足定理 1.4.1，则定义方法是合理的、正确的。

定理 1.4.1 若 x、y、u、v 为任意 4 个元素，则 $\langle x,y \rangle = \langle u,v \rangle$ 当且仅当 $x=u$ 且 $y=v$。

证明： 充分性：显然当 $x=u$ 且 $y=v$ 时，有 $\langle x,y \rangle = \langle u,v \rangle$。

必要性：而当 $\langle x,y \rangle = \langle u,v \rangle$ 时，即 $\{\{x\},\{x,y\}\} = \{\{u\},\{u,v\}\}$ 时，考虑可能的组合，必有 $\{x\}=\{u\}$ 或 $\{x\}=\{u,v\}$。

(1) 若 $\{x\}=\{u\}$，则有 $x=u$ 且 $\{x,y\}=\{u,v\}$，因此必有 $y=v$。

(2) 若 $\{x\}=\{u,v\}$，则有 $x=u=v$ 且 $\{x,y\}=\{u\}$，因此必有 $x=y=u=v$。

总之，皆有 $x=u$ 且 $y=v$。 □

读者可依据定理 1.4.1 自行判断二元序偶定义 $\langle x,y \rangle = \{\{x,0\},\{y,1\}\}(x,y \in \mathbb{I})$ 的合理性。

基于二元序偶的定义，可归纳定义 n 元序偶。

定义 1.4.2 设 $n \in \mathbb{I}_+$ 且 x_1，x_2，$\cdots$，x_n 为 n 个任意的元素。

(1) 若 $n=1$，则令 $\langle x_1 \rangle = x_1$；

(2) 若 $n=2$，则令 $\langle x,y \rangle = \{\{x\},\{x,y\}\}$；

(3) 若 $n>2$，则令 $\langle x_1,x_2,\cdots,x_n \rangle = \langle \langle x_1,x_2,\cdots,x_{n-1} \rangle, x_n \rangle$。

称由该方法定义的序偶 $\langle x_1,x_2,\cdots,x_n \rangle$ 为 n 元序偶，称 $x_i(1 \leqslant i \leqslant n)$ 为 n 元序偶的第 i 维分量。

显然，定义 1.4.1 是定义 1.4.2 的特例。类似地，也需要一种方法来衡量 n 元序偶定义的合理性，与定理 1.4.1 类似，给出 n 元序偶定义合理性、正确性的判定定理。

定理 1.4.2 设 $n \in \mathbb{I}_+$ 且 x_1，x_2，$\cdots$，x_n 和 y_1，y_2，$\cdots$，y_n 为任意元素，则 $\langle x_1,x_2,\cdots,x_n \rangle = \langle y_1,y_2,\cdots,y_n \rangle$ 当且仅当 $x_i=y_i(i=1,2,\cdots,n)$。

证明： 充分性是显然的，下面用第一归纳法证明必要性。令命题 $P(n)$ 为 "若 $\langle x_1,x_2,\cdots,x_n \rangle = \langle y_1,y_2,\cdots,y_n \rangle$ 则 $x_i=y_i(i=1,2,\cdots,n)$"。

(1) 当 $n=1$ 时，若 $\langle x_1 \rangle = \langle y_1 \rangle$，则根据定义，有 $x_1=y_1$，命题成立。当 $n=2$ 时，由定理 1.4.1 可知命题成立。

(2) 对任意的自然数 $k \geqslant 2$，假定当 $n=k$ 时命题为真，则当 $n=k+1$ 时，$\langle x_1,x_2,\cdots,$ $x_k,x_{k+1} \rangle = \langle \langle x_1,x_2,\cdots,x_k \rangle, x_{k+1} \rangle = \langle \langle y_1,y_2,\cdots,y_k \rangle, y_{k+1} \rangle = \langle y_1,y_2,\cdots,y_k,y_{k+1} \rangle$。则由定理 1.4.1 可知，有 $\langle x_1,x_2,\cdots,x_k \rangle = \langle y_1,y_2,\cdots,y_k \rangle$ 且 $x_{k+1}=y_{k+1}$。由归纳假设可知，若 $\langle x_1,x_2,\cdots,x_k \rangle = \langle y_1,y_2,\cdots,y_k \rangle$，则 $x_i=y_i(i=1,2,\cdots,k)$。因此，当 $n=k+1$ 时，命题成立。 □

有了 n 元序偶的概念后，可基于其给出笛卡儿乘积的定义。笛卡儿乘积是集合上的运算，也是第 2 章的前导。

定义 1.4.3 设 $n \in \mathbb{I}_+$ 且 A_1，A_2，$\cdots$，A_n 为 n 个任意集合。若令

$$A_1 \times A_2 \times \cdots \times A_n = \{\langle x_1, x_2, \cdots, x_n \rangle | x_i \in A_i, 1 \leqslant i \leqslant n\}$$

则称 $A_1 \times A_2 \times \cdots \times A_n$ 为 A_1，A_2，$\cdots$，A_n 的笛卡儿乘积，简记为 $\prod\limits_{i=1}^{n} A_i$ 或 $\bigtimes\limits_{i=1}^{n} A_i$，称 n 为 $A_1 \times A_2 \times \cdots \times A_n$ 的维数。特别地，当 $A_1 = A_2 = \cdots = A_n = A$ 时，$A_1 \times A_2 \times \cdots \times A_n$ 简记为 A^n。

笛卡儿乘积的运算结果为 n 维序偶构成的集合，每个序偶的第 i 维分量来自于笛卡儿乘积对应位置的集合 A_i。因此，每一维分量都要遍历对应位置集合中的所有元素。所以，对有限集合的笛卡儿乘积，其元素个数是由各集合元素个数计算得出的。

定理 1.4.3 若 A、B 为任意有限集合，则

$$|A \times B| = |A| \times |B|$$

证明：若 $A = \{a_1, a_2, \cdots, a_n\}$，$B = \{b_1, b_2, \cdots, b_m\}$，由笛卡儿乘积定义可知，$A \times B$ 中二元序偶的第一维分量将取遍 $a_i(i = 1, 2, \cdots, n)$，而第二维分量将取遍 $b_i(i = 1, 2, \cdots, m)$，因此 $A \times B$ 中共有 $n \cdot m = |A| \times |B|$ 个元素。 □

由定理 1.4.3 的证明可知笛卡儿乘积的计算过程。

例 1.4.1 若 $A = \{1, 2\}$，$B = \{a, b\}$，则有：

$$A^2 = \{\langle 1, 1 \rangle, \langle 1, 2 \rangle, \langle 2, 1 \rangle, \langle 2, 2 \rangle\}$$
$$A \times B = \{\langle 1, a \rangle, \langle 1, b \rangle, \langle 2, a \rangle, \langle 2, b \rangle\}$$
$$B \times A = \{\langle a, 1 \rangle, \langle a, 2 \rangle, \langle b, 1 \rangle, \langle b, 2 \rangle\}$$
$$B^2 = \{\langle a, a \rangle, \langle a, b \rangle, \langle b, a \rangle, \langle b, b \rangle\}$$
□

由例 1.4.1 可知，显然 $A \times B \neq B \times A$，即笛卡儿乘积不满足交换律。

根据笛卡儿乘积的定义，可方便地编程实现自动化计算。例如，利用 Python 的列表推导式可很方便地实现上述例子的计算。

代码 1.3 笛卡儿乘积示例程序

```python
def cartesian_product(A, B):
    return frozenset([(x,y) for x in A for y in B])

A = {1,2}
B = {'a','b'}
AprodA=cartesian_product(A, A)
AprodB=cartesian_product(A, B)
BprodA=cartesian_product(B, A)
BprodB=cartesian_product(B, B)
```

例 1.4.2 n 维欧氏空间是实数集 $\mathbb{R}$ 的 n 维笛卡儿乘积 $\mathbb{R}^n = \{\langle x_1, x_2, \cdots, x_n\rangle | x_i \in \mathbb{R}, 1 \leqslant i \leqslant n\}$。 □

定理 1.4.3 可推广到 n 个有限集合的笛卡儿乘积上。

定理 1.4.4 若 $A_1, A_2, \cdots, A_n$ 为 n 个任意有限集合，则

$$\left|\prod_{i=1}^{n} A_i\right| = |A_1| \times |A_2| \times \cdots \times |A_n|$$

证明： 用第一归纳法证明。

(1) 当 $n = 1$ 时，有 $|A_1| = |A_1|$。当 $n = 2$ 时，由定理 1.4.3 可知有 $|A_1 \times A_2| = |A_1| \times |A_2|$。

(2) 对任意的自然数 $k \geqslant 2$，假定当 $n = k$ 时命题为真，即 $\left|\prod_{i=1}^{k} A_i\right| = |A_1| \times |A_2| \times \cdots \times |A_k| = |A_1| \times |A_2| \times \cdots \times |A_k|$。当 $n = k+1$ 时，$\left|\prod_{i=1}^{k+1} A_i\right| = \left|\prod_{i=1}^{k} A_i \times A_{k+1}\right| = \left|\prod_{i=1}^{k} A_i\right| \times |A_{k+1}| = |A_1| \times |A_2| \times \cdots \times |A_k| \times |A_{k+1}|$。因此，当 $n = k+1$ 时，命题成立。

□

下面引入一些与笛卡儿乘积相关的性质。首先，在定义笛卡儿乘积时，各集合是任意集合，现在考查当某个集合为空集时，笛卡儿乘积的属性。

定理 1.4.5 若 A、B 为任意集合，则

$$A \times B = \varnothing \text{ 当且仅当 } A = \varnothing \text{ 或 } B = \varnothing$$

证明：

(1) 首先证明充分性，即当 $A = \varnothing$ 或 $B = \varnothing$ 时，$A \times B = \varnothing$。用反证法，假设 $A \times B \neq \varnothing$，则有 $\langle a, b\rangle \in A \times B$，从而可得 $a \in A$ 且 $b \in B$，所以 $A \neq \varnothing$ 且 $B \neq \varnothing$，这与已知矛盾，因此假设 $A \times B \neq \varnothing$ 不成立，必有 $A \times B = \varnothing$。

(2) 再证明必要性，即当 $A \times B = \varnothing$ 时，$A = \varnothing$ 或 $B = \varnothing$。用反证法，假设 $A \neq \varnothing$ 且 $B \neq \varnothing$，则必有 $a \in A$ 且 $b \in B$，使得 $\langle a, b\rangle \in A \times B$，即 $A \times B \neq \varnothing$，与已知矛盾，所以假设 $A \neq \varnothing$ 且 $B \neq \varnothing$ 不成立，必有 $A = \varnothing$ 或 $B = \varnothing$。 □

定理 1.4.6 若 A、B、C 与 D 为任意 4 个非空集合，则
(1) $A \times B \subseteq C \times D$ 当且仅当 $A \subseteq C$ 且 $B \subseteq D$;
(2) $A \times B = C \times D$ 当且仅当 $A = C$ 且 $B = D$。

定理 1.4.6 表明，笛卡儿乘积会保持原集合的子集关系。证明如下。

证明：

(1) 一方面，对任意的二元序偶 $\langle a, b\rangle \in A \times B$，必有 $a \in A$ 且 $b \in B$，由已知 $A \subseteq C$ 且 $B \subseteq D$ 可得 $a \in C$ 且 $b \in D$，即 $\langle a, b\rangle \in C \times D$，所以 $A \times B \subseteq C \times D$。另一

方面，对任意的元素 $a \in A$ 且 $b \in B$，必有 $\langle a,b \rangle \in A \times B$，又已知 $A \times B \subseteq C \times D$ 可得 $\langle a,b \rangle \in C \times D$，即 $a \in C$ 且 $b \in D$，所以 $A \subseteq C$ 且 $B \subseteq D$。

(2) 可由 (1) 直接推出。 □

定理 1.4.7 若 A、B 与 C 为任意 3 个集合，则

(1) $A \times (B \cup C) = (A \times B) \cup (A \times C)$；

(2) $(A \cup B) \times C = (A \times C) \cup (B \times C)$；

(3) $A \times (B \cap C) = (A \times B) \cap (A \times C)$；

(4) $(A \cap B) \times C = (A \times C) \cap (B \times C)$；

(5) $A \times (B - C) = (A \times B) - (A \times C)$；

(6) $(A - B) \times C = (A \times C) - (B \times C)$。

定理 1.4.7 的 (1) 与 (2)、(3) 与 (4)、(5) 与 (6) 分别为笛卡儿乘积对并、交、差运算的分配律。由于笛卡儿乘积不满足交换律，所以须分为从左边和从右边分别做笛卡儿乘积两种情况。该定理的证明如下，对每一个分配律，只证左分配，右分配可自行完成。

证明：

(1) 证明 $A \times (B \cup C) = (A \times B) \cup (A \times C)$。首先，由定理 1.4.6 可知，$A \times B \subseteq A \times (B \cup C)$ 且 $A \times C \subseteq A \times (B \cup C)$，由定理 1.2.1 可知 $(A \times B) \cup (A \times C) \subseteq A \times (B \cup C)$。此外，对任意的元素 $\langle a,b \rangle \in A \times (B \cup C)$，有 $a \in A$ 且 $b \in (B \cup C)$，即 $a \in A$ 且 $b \in B$ 或 $b \in C$，从而可得 $a \in A$ 且 $b \in B$ 或 $a \in A$ 且 $b \in C$。无论何种情况，必有 $\langle a,b \rangle \in A \times B$ 或 $\langle a,b \rangle \in A \times C$，即 $\langle a,b \rangle \in (A \times B) \cup (A \times C)$，所以 $A \times (B \cup C) \subseteq (A \times B) \cup (A \times C)$。综上可得 $A \times (B \cup C) = (A \times B) \cup (A \times C)$。

(2) 证明 $A \times (B \cap C) = (A \times B) \cap (A \times C)$。首先，由定理 1.4.6 可知，$A \times (B \cap C) \subseteq A \times B$ 且 $A \times (B \cap C) \subseteq A \times C$，由定理 1.2.1 可知 $A \times (B \cap C) \subseteq (A \times B) \cap (A \times C)$。此外，对任意的元素 $\langle a,b \rangle \in (A \times B) \cap (A \times C)$，即有 $\langle a,b \rangle \in A \times B$ 且 $\langle a,b \rangle \in A \times C$，因此有 $a \in A$ 且 $b \in B$ 且 $b \in C$，即 $a \in A$ 且 $b \in B \cap C$。从而可得 $\langle a,b \rangle \in A \times (B \cap C)$，所以 $(A \times B) \cap (A \times C) \subseteq A \times (B \cap C)$。综上可得 $A \times (B \cap C) = (A \times B) \cap (A \times C)$。

(3) 证明 $A \times (B - C) = (A \times B) - (A \times C)$。对差运算进行变换可得 $A \times (B - C) = A \times (B \cap \sim C)$，$(A \times B) - (A \times C) = (A \times B) \cap \sim (A \times C)$，即要证 $A \times (B \cap \sim C) = (A \times B) \cap \sim (A \times C)$。可参照 (2) 证明推出。 □

习题 1.4

1. 设 $A = \{0,1\}$，$B = \{1,2\}$。试确定下列集合：

(1) $A \times \{1\} \times B$；

(2) $A^2 \times B$；

(3) $(B \times A)^2$。

2. 试确定下列集合:

(1) $\{1,3,5\} \times \varnothing$;

(2) $\{1,2,3\} \times \{0\}$;

(3) $\mathcal{P}(\{0\}) \times \mathcal{P}(\{1\})$。

3. 假设 A 和 B 是有限集, 比较两个量 $|\mathcal{P}(A \times B)|$ 和 $|\mathcal{P}(A)| \times |\mathcal{P}(B)|$, 在什么情况下一个比另一个大, 它们的比例是多少? 在什么情况下二者相等?

4. 证明或用反例推翻下列命题:

(1) $(A \cup B) \times (C \cup D) = (A \times C) \cup (B \times D)$;

(2) $(A \cap B) \times (C \cap D) = (A \times C) \cap (B \times D)$;

(3) $(A - B) \times (C - D) = (A \times C) - (B \times D)$;

(4) $(A \oplus B) \times (C \oplus D) = (A \times C) \oplus (B \times D)$。

5. 如果 $B \cup C \subseteq A$, 则 $(A \times A) - (B \times C) = (A - B) \times (A - C)$。这个命题对吗? 如果对, 则给予证明; 如果不对, 则举出反例。

6. 证明: 若 $x \in C$ 且 $y \in C$, 则 $\langle x, y \rangle \in \mathcal{P}(\mathcal{P}(C))$。

7. 证明: $a \in \bigcup \langle a, b \rangle$ 且 $b \in \bigcup \langle a, b \rangle$。

8. 把三元序偶 $\langle a, b, c \rangle$ 定义为 $\{\{a\}, \{a, b\}, \{a, b, c\}\}$ 合适吗? 说明理由。

9. 为了给出序偶的另一定义, 选取两个不同集合 A 和 B(例如取 $A = \varnothing$, $B = \{\varnothing\}$), 并定义

$$\langle a, b \rangle = \{\{a, A\}, \{b, B\}\}$$

证明这个定义的合理性。

10. 证明: 若 $A \cap B \neq \varnothing$, 则

(1) $(A \cup B) \times (A \cap B) \subseteq (A \times A) \cup (B \times B)$

(2) $(A \cap B) \times (A \cup B) \subseteq (A \times A) \cup (B \times B)$

1.5 小结

本章主要介绍了集合相关的基础知识, 包括集合的表示方法、元素与集合以及集合间的关系、集合的运算及其性质等内容。在此基础上, 通过构造自然数系统、有序偶展示了如何用无序的集合结构去定义有序的代数结构。

集合是离散数学知识体系的基础, 本章的知识将贯穿全书。深刻理解并掌握本章知识将为后续章节的学习奠定基础。

第 2 章 关　　系

"关系"这个词，在日常生活中使用得非常频繁，例如"我与他关系好""你和他是什么关系？"等。在数学中，关系一词用于描述对象之间的联系，在计算机科学中也有重要的实际意义，如关系数据库。

在第 1 章讨论集合的基础上，本章利用关系这个数学概念，讨论集合元素之间的联系，并进一步探讨如何用集合来表达关系这一重要概念。

2.1　关系基础

考查集合 $S = \{-1, 0, 1, 2\}$ 上的 $a = |b|$ 这一简单关系，显然，该关系为 S 中每个元素与 S 中其他元素建立起了一种"等于其绝对值"的关系。可以枚举出所有具有这种关系的元素对：

$$1 = |-1|, 1 = |1|, 0 = |0|, 2 = |2|$$

上面的这些元素对，交换一下顺序就不一定还具备"等于其绝对值"的关系，例如 $-1 \neq |1|$。如果要用一种统一的方式来表示这种带有顺序的元素对，回顾目前所学知识可知，二元序偶是一种很合适的表示方法。因此，可以将集合 S 上的 $a = |b|$ 关系表示为

$$\langle 1, -1 \rangle, \langle 1, 1 \rangle, \langle 0, 0 \rangle, \langle 2, 2 \rangle$$

如果只是这样零散地列出可能的二元序偶，难以集中展现集合 S 上的 $a = |b|$ 关系。进一步回顾前述知识，可知二元序偶是两个集合的笛卡儿乘积中的元素。因此，借助集合，可集中地将元素间的关系表达出来，即

$$R = \{\langle 1, -1 \rangle, \langle 1, 1 \rangle, \langle 0, 0 \rangle, \langle 2, 2 \rangle\}$$

这样，集合 R 就把集合 S 上的 $a = |b|$ 关系全部概括了。又由引入集合 R 所涉及的所学知识，显然有 $R \subseteq S \times S = S^2$。因此，可给出关系的正式定义如下。

定义 2.1.1　设 $n \in \mathbb{I}_+$ 且 $A_1, A_2, \cdots, A_n$ 为 n 个任意集合，$R \subseteq \underset{i=1}{\overset{n}{\times}} A_i$，则：

(1) 称 R 为 $A_1, A_2, \cdots, A_n$ 间的 n 元关系；

(2) 称 $\underset{i=1}{\overset{n}{\times}} A_i$ 为全关系；

(3) 若 $R = \varnothing$ 则称 R 为空关系；

(4) 若 $n = 2$ 则称 R 为从 A_1 到 A_2 的二元关系；

(5) 若 $A_1 = A_2 = \cdots = A_n = A$ 则称 R 为集合 A 上的 n 元关系。

关系的例子很常见, 例如自然数集合上的 "<" 关系、集合之间的 "⊆" 关系等, 又如:

(1) $R_1 = \{\langle i,j \rangle | i,j \in \mathbb{N} 且 i < j\}$ 为自然数集合上的小于关系;

(2) $R_2 = \{\langle i,j,k \rangle | i,j,k \in \mathbb{N} 且 i+j > k 且 i+k > j 且 k+j > i\}$ 为自然数集合上能构成三角形三条边的自然数间的三元关系;

(3) $R_3 = \{\langle A,A \rangle, \langle B,B \rangle, \langle O,O \rangle, \langle AB,AB \rangle, \langle O,A \rangle, \langle O,AB \rangle, \langle O,B \rangle, \langle A,AB \rangle, \langle B,AB \rangle\}$ 为血型集合 $\{O,A,AB,B\}$ 上的可输血关系 ($\langle X,Y \rangle$ 表示血型 X 可输血给血型 Y)。

除了这些关系的例子, 其实日常生活中很多活动都涉及关系。以某校某班新生入学时统计个人信息为例, 一般需填写个人信息采集表, 假设表设计为表 2.1 所示的样式, 且采集了部分信息。若将表中的每一行视为一个四元序偶, 则表中数据可用一个集合组织起来, 即

$$R = \{\langle 20220101, 张三, 17, 湖南长沙 \rangle, \langle 20220102, 李四, 18, 湖北武汉 \rangle,$$
$$\langle 20220103, 王五, 18, 山东青岛 \rangle, \cdots \}$$

表 2.1 个人信息采集表示例

学 号	姓 名	年 龄	籍 贯
20220101	张三	17	湖南长沙
20220102	李四	18	湖北武汉
20220103	王五	18	山东青岛
⋮	⋮	⋮	⋮

假设该班有 30 人, 年龄为 17 ~ 19 岁, 来自 5 个城市, 那么将学号、姓名、年龄、籍贯组织成集合, 令其分别为

$$学号 = \{20220101, 20220102, \cdots, 20220130\}$$
$$姓名 = \{张三, 李四, 王五, \cdots\}$$
$$年龄 = \{17, 18, 19\}$$
$$籍贯 = \{湖南长沙, 湖北武汉, 山东青岛, 四川成都, 江苏南京\}$$

则易知:

$$R \subseteq 学号 \times 姓名 \times 年龄 \times 籍贯$$

可见, 日常生活中填写的各种表格, 其实就是一种关系, 填入的每一行数据, 即为该关系的一个元素。

由 n 元序偶的定义可知, 其可定义为 $n-1$ 元序偶与第 n 维分量构成的二元序偶。因此, 不失一般性, 本书重点讨论二元序偶。由此, 本书中后续仅讨论二元关系, 并约定将二元关系简称为 "关系"。

将关系视为集合, 则前述的很多集合性质及集合的运算在关系上仍成立。但是关系作为特殊的数学概念, 又不能仅将其视为集合, 因此, 集合的性质及运算在应用之前, 需

加上一些前提条件。其中很重要的前提条件是构成全关系的集合数相同，且对应维集合相同，只有满足这些前提的关系，讨论其集合性质、集合运算才有意义。

定义 2.1.2 设 R_1 为 A_1，A_2，$\cdots$，A_n 间的 n 元关系，R_2 为 B_1，B_2，$\cdots$，B_m 间的 m 元关系，如果：

(1) $n = m$；

(2) 若 $1 \leqslant i \leqslant n$，则 $A_i = B_i$；

(3) 作为集合时有 $R_1 = R_2$。

则称关系 R_1 与 R_2 相等，记为 $R_1 = R_2$。

例 2.1.1 设 $R_1 \subseteq \mathbb{N} \times \mathbb{I}_+$，$R_2, R_3 \subseteq \mathbb{I} \times \mathbb{I}$，并且：

$$R_1 = \{\langle n, 2n+1 \rangle | n \in \mathbb{N}\}$$
$$R_2 = \{\langle n, 2n+1 \rangle | n \in \mathbb{I} \text{且} n \geqslant 0\}$$
$$R_3 = \{\langle |n|, 2|n|+1 \rangle | n \in \mathbb{I}\}$$

尽管作为集合来看，$R_1 = R_2 = R_3$，但作为二元关系看，却是 $R_1 \neq R_2$ 且 $R_1 \neq R_3$，只有 $R_2 = R_3$。因为关系 R_1 与关系 R_2 不满足定义 2.1.2 的条件 (2)。 □

同理，只有在满足定义 2.1.2 三个条件的关系间讨论子集、真子集等概念，性质和集合运算才有意义。因此，若 R_1 与 R_2 都是从集合 A 到集合 B 的二元关系，则集合 $R_1 \cup R_2$、$R_1 \cap R_2$、$R_1 - R_2$ 与 $R_1 \oplus R_2$ 仍是从 A 到 B 的二元关系，分别称为二元关系 R_1 与 R_2 的并、交、差和对称差。同时可以定义从 A 到 B 的二元关系 R 的补关系为 $\sim R = A \times B - R$。

例 2.1.2 令 $A = \{1, 2, 3\}$，$B = \{1, 2, 3, 4\}$，$R_1, R_2 \subseteq A \times B$，且 $R_1 = \{\langle 1, 1 \rangle, \langle 2, 2 \rangle, \langle 3, 3 \rangle\}$，$R_2 = \{\langle 1, 1 \rangle, \langle 1, 2 \rangle, \langle 1, 3 \rangle, \langle 1, 4 \rangle\}$，则：

(1) $R_1 \cap R_2 = \{\langle 1, 1 \rangle\}$；

(2) $R_1 \cup R_2 = \{\langle 1, 1 \rangle, \langle 1, 2 \rangle, \langle 1, 3 \rangle, \langle 1, 4 \rangle, \langle 2, 2 \rangle, \langle 3, 3 \rangle\}$；

(3) $R_1 - R_2 = \{\langle 2, 2 \rangle, \langle 3, 3 \rangle\}$；

(4) $R_2 - R_1 = \{\langle 1, 2 \rangle, \langle 1, 3 \rangle, \langle 1, 4 \rangle\}$；

(5) $R_1 \oplus R_2 = R_1 \cup R_2 - R_1 \cap R_2 = \{\langle 1, 2 \rangle, \langle 1, 3 \rangle, \langle 1, 4 \rangle, \langle 2, 2 \rangle, \langle 3, 3 \rangle\}$；

(6) $\sim R_1 = \{\langle 1, 2 \rangle, \langle 1, 3 \rangle, \langle 1, 4 \rangle, \langle 2, 1 \rangle, \langle 2, 3 \rangle, \langle 2, 4 \rangle, \langle 3, 1 \rangle, \langle 3, 2 \rangle, \langle 3, 4 \rangle\}$。 □

例 2.1.3 令 $R_1, R_2 \subseteq \mathbb{I} \times \mathbb{I}$，且 $R_1 = \{\langle x, y \rangle | x < y\}$，$R_2 = \{\langle x, y \rangle | x > y\}$，则：

(1) $R_1 \cap R_2 = \varnothing$；

(2) $R_1 \cup R_2 = \{\langle x, y \rangle | x \neq y\}$；

(3) $R_1 - R_2 = R_1$；

(4) $R_2 - R_1 = R_2$；

(5) $R_1 \oplus R_2 = R_1 \cup R_2 - R_1 \cap R_2 = \{\langle x, y \rangle | x \neq y\}$；

(6) $\sim R_1 = \{\langle x, y \rangle | x \geqslant y\}$；

(7) $\sim R_2 = \{\langle x, y \rangle | x \leqslant y\}$。 □

除了作为集合，关系有其特殊的相关概念、性质和运算，本章将重点讨论。

定义 2.1.3 设集合 A、B 为任意集合，$R \subseteq A \times B$，令：

$$\mathrm{dom}R = \{x | x \in A \text{且有} y \in B \text{使} \langle x, y \rangle \in R\}$$
$$\mathrm{ran}R = \{y | y \in B \text{且有} x \in A \text{使} \langle x, y \rangle \in R\}$$

分别称 $\mathrm{dom}R$ 和 $\mathrm{ran}R$ 为关系 R 的定义域和值域。

由定义可知，对任意的二元关系 $R \subseteq A \times B$，$\mathrm{dom}R$ 是 R 中所有序偶的第 1 维分量所构成的集合，而 $\mathrm{ran}R$ 是 R 中所有序偶的第 2 维分量所构成的集合。

遵循该操作，可很容易地编程实现 $\mathrm{dom}R$ 和 $\mathrm{ran}R$ 的自动计算。代码 2.1 定义了两个函数，分别返回所给关系的定义域与值域。

代码 2.1　计算关系定义域与值域的代码片段

```
1  domR=lambda R:{x for (x,y) in R}
2  ranR=lambda R:{y for (x,y) in R}
```

例 2.1.4 关系 $R = \{\langle A, A \rangle, \langle B, B \rangle, \langle O, O \rangle, \langle AB, AB \rangle, \langle O, A \rangle, \langle O, AB \rangle, \langle O, B \rangle, \langle A, AB \rangle, \langle B, AB \rangle\}$ 为血型集合 $\{O, A, AB, B\}$ 上的可输血关系，$\langle X, Y \rangle$ 表示血型 X 可输血给血型 Y。则 $\mathrm{dom}R = \{A, B, O, AB\}$，$\mathrm{ran}R = \{A, B, O, AB\}$。　　□

对任意的二元关系 $R \subseteq A \times B$ 中的任意元素 $\langle x, y \rangle$，既可以用集合与元素的关系表示成 $\langle x, y \rangle \in R$，也可用更能表达 x 与 y 具有关系 R 的形式来表示，即 xRy。若 $\langle x, y \rangle \notin R$，则表示为 $x\cancel{R}y$。例如，对关系 $R = \{\langle i, j \rangle | i, j \in \mathbb{N} \text{且} i < j\}$，$\langle 1, 2 \rangle \in R$ 可表示为 $1R2$，$\langle 3, 2 \rangle \notin R$ 可表示为 $3\cancel{R}2$。

对二元关系来说，无论其是什么集合间的关系，都具有一些共性的性质。特别是某个集合上的二元关系，在不考虑集合及集合元素的具体形式后，可进一步抽象出一些集合上二元关系的特性。这些特性反映了关系的本质特征，并可根据这些特性从更抽象层面来研究关系。

定义 2.1.4 设关系 R 为集合 A 上的二元关系。

(1) 若对每个 $a \in A$，皆有 $\langle a, a \rangle \in R$，则称 R 为自反的；

(2) 若对每个 $a \in A$，皆有 $\langle a, a \rangle \notin R$，则称 R 为反自反的；

(3) 对任意的 $a, b \in A$，若当 $\langle a, b \rangle \in R$ 时皆有 $\langle b, a \rangle \in R$，则称 R 为对称的；

(4) 对任意的 $a, b \in A$，若当 $\langle a, b \rangle \in R$ 且 $\langle b, a \rangle \in R$ 时皆有 $a = b$，则称 R 为反对称的；

(5) 对任意的 $a, b, c \in A$，若当 $\langle a, b \rangle \in R$ 且 $\langle b, c \rangle \in R$ 时皆有 $\langle a, c \rangle \in R$，则称 R 为传递的。

下面结合例子对关系性质的判定进行解读。

例 2.1.5　试判断集合 $\{1,2,3,4\}$ 上以下关系的属性:

(1) $R_1 = \{\langle 2,2 \rangle, \langle 2,3 \rangle, \langle 2,4 \rangle, \langle 3,2 \rangle, \langle 3,3 \rangle, \langle 3,4 \rangle\}$;

(2) $R_2 = \{\langle 1,1 \rangle, \langle 1,2 \rangle, \langle 2,1 \rangle, \langle 2,2 \rangle, \langle 3,3 \rangle, \langle 4,4 \rangle\}$;

(3) $R_3 = \{\langle 2,4 \rangle, \langle 4,2 \rangle\}$;

(4) $R_4 = \{\langle 1,2 \rangle, \langle 2,3 \rangle, \langle 3,4 \rangle\}$;

(5) $R_5 = \{\langle 1,1 \rangle, \langle 2,2 \rangle, \langle 3,3 \rangle, \langle 4,4 \rangle\}$;

(6) $R_6 = \{\langle 1,3 \rangle, \langle 1,4 \rangle, \langle 2,3 \rangle, \langle 2,4 \rangle, \langle 3,1 \rangle, \langle 3,4 \rangle\}$。

根据定义判断可知:

(1) 自反关系: R_2, R_5;

(2) 反自反关系: R_3, R_4, R_6;

(3) 对称关系: R_2, R_3, R_5;

(4) 反对称关系: R_4, R_5;

(5) 传递关系: R_1, R_2, R_5。　　　　　　　　　　　　　　　　　　□

解读:

(1) 在进行自反关系 (反自反关系) 的判定时, 根据定义对每个 $a \in A$, 都要判断 $\langle a,a \rangle$ 是否是关系的元素。只要有一个 $a \in A$ 不满足 $\langle a,a \rangle \in R(\langle a,a \rangle \notin R)$, 该关系就不是自反的 (反自反的)。例如关系 R_1, 虽然有 $\langle 2,2 \rangle, \langle 3,3 \rangle \in R_1$, 但是 $\langle 1,1 \rangle, \langle 4,4 \rangle \notin R_1$, 所以 R_1 不是自反的。此外, 虽然有 $\langle 1,1 \rangle, \langle 4,4 \rangle \notin R_1$, 但是有 $\langle 2,2 \rangle, \langle 3,3 \rangle \in R_1$, 所以 R_1 也不是反自反的。因此, 自反与反自反的判定, A 中的元素均需考查, 缺一不可。

(2) 对称关系: 对称关系的判定需遍历关系中每个 $\langle a,b \rangle$, 以判断其对应的 $\langle b,a \rangle$(称为逆序偶) 是否也在关系中, 缺一不可。并且, 只要有一个在关系中的序偶找不到其逆序偶, 该关系就不是对称的。例如关系 R_1 中 $\langle 2,4 \rangle$ 没有对应的 $\langle 4,2 \rangle$, 因此它不是对称的。

此外, 对称关系的定义中隐含了 $a = b$ 和 $a \neq b$ 两种情形下的序偶。因此, R_2 中序偶 $\langle 1,1 \rangle$ 及其逆序偶 $\langle 1,1 \rangle$ 是同一个序偶, 都属于 R_2, 满足对称关系对序偶的要求, 但是有其他序偶不满足对称的定义, 因此 R_2 不是对称的。

(3) 反对称关系: 反对称关系的判定需遍历关系中每个 $\langle a,b \rangle$, 缺一不可。首先要考查其对应的逆序偶 $\langle b,a \rangle$ 是否在关系中, 如在, 则必须有 $a = b$, 如关系 R_5。此时, 若 $\langle a,b \rangle$ 与 $\langle b,a \rangle$ 都在关系中, 但 $a \neq b$, 则立即可知不满足反对称定义, 如关系 R_1, $\langle 2,3 \rangle, \langle 3,2 \rangle \in R_1$, 但是 $2 \neq 3$。

其次, 逻辑中 "若……则……" 形式的命题, 如果 "若……" 不成立, 则不关心 "则……" 是否成立, 整个命题 "若……则……" 是成立的, 这种命题为真在逻辑上称为空虚的真。因此, 当在关系中找不到某个序偶 $\langle a,b \rangle$ 对应的 $\langle b,a \rangle$ 时, 即 "若当 $\langle a,b \rangle \in R$ 且 $\langle b,a \rangle \in R$ 时" 不成立时, $\langle a,b \rangle$ 这个序偶是满足反对称的定义的。例如, 关系 R_4 中每个序偶都找不到对应的 $\langle b,a \rangle$, 则每个序偶都满足定义, 因此整个关系是反对称的。

(4) 传递关系: 传递关系的判定需遍历关系中的每个 $\langle a,b \rangle$, 缺一不可。首先要考查 $\langle b,c \rangle$ 是否在关系中, 如在, 对每个 $\langle b,c \rangle$ 都要考查对应的 $\langle a,c \rangle$ 是否在关系中, 缺一个

$\langle a,c\rangle$ 都不满足传递的定义，如关系 R_1。请注意 $a=b=c$ 的情形，也是满足定义的，如关系 R_5。

其次，逻辑中"若……则……"形式的命题，如果"若……"不成立，则不关心"则……"是否成立，整个命题"若……则……"是成立的。因此，当在关系中找不到某个序偶 $\langle a,b\rangle$ 对应的 $\langle b,c\rangle$ 时，$\langle a,b\rangle$ 这个序偶是满足传递的定义的。例如，关系 R_1 中 $\langle 3,4\rangle$、$\langle 2,4\rangle$ 找不到以 4 作为第 1 个分量的序偶 $\langle 4,\_\rangle$，因此 $\langle 2,4\rangle$、$\langle 3,4\rangle$ 满足定义。

基于上述解读，可以编程实现自动化判断有限集合上关系性质的程序。代码 2.2 定义了 5 个函数，分别基于所给的参数 A 与 R，判断集合 A 上的二元关系 R 是否为自反、反自反、对称、反对称和传递的。

代码 2.2　判断关系性质的代码片段

```
1  is_reflexiveR = lambda A, R: all((a, a) in R for a in A)
2  is_irreflexiveR = lambda A, R: all((a, a) not in R for a in A)
3  is_symmetricR = lambda A, R: all((b,a) in R for (a,b) in R if a in A and b in A)
4  is_antisymmetricR = lambda A, R: all((b,a) not in R or (a==b)\
5                                      for (a,b) in R if a in A and b in A)
6  is_transitiveR = lambda A, R: all((a,d) in R for (a,b) in R for (c,d) in R \
7                                    if a in A and b in A and c in A and d in A \
8                                    and b==c)
```

例 2.1.6　对一些特殊关系，其性质的判定需深刻理解关系性质的定义。考查以下两个空关系：

(1) 空集上的二元空关系是自反、反自反、对称、反对称、传递的；

(2) 非空集上的二元空关系是反自反、对称、反对称、传递的。

解读：

(1) 空集上的二元空关系，根据逻辑中"若……则……"形式的命题，如果"若……"不成立，则不关心"则……"是否成立，整个命题"若……则……"是成立的原则进行考查。考查自反、反自反定义中"若对每个 $a\in\varnothing$"不成立，那么无论"$\langle a,a\rangle\in\varnothing$"成立与否，自反、反自反的整个定义是成立的，因此是自反、反自反的。而对称、反对称、传递的判定，可参考例 2.1.5 中的解释，即"若当 $\langle a,b\rangle\in\varnothing$…"不成立时，导致整个定义是成立的，因此，是对称、反对称、传递的。

(2) 非空集上的二元空关系，参照 (1) 的解释，只有自反不满足，是反自反、对称、反对称、传递的。　　　　　　　　　　　　　　　　　□

前述关系性质的判定是针对具体、有限集合的关系，运用关系性质的定义进行判定。而对较为抽象或无限集合的关系，需要运用关系性质定义进行证明，以确定其具有何种性质。

例 2.1.7　试证明自然数集合 $\mathbb{N}$ 上的关系 "$\geqslant$" 是自反、反对称、传递的。

请注意，此处 "$\geqslant$" 代表的是集合 $\{\langle 1,1\rangle,\langle 2,1\rangle,\langle 3,1\rangle,\cdots,\langle 2,2\rangle,\langle 3,2\rangle,\cdots\}$。证明如下。

证明:

(1) 对任意的 $n \in \mathbb{N}$, 因为 $n \geqslant n$, 即 $\langle n, n \rangle \in$ "$\geqslant$", 所以关系 "$\geqslant$" 是自反的;

(2) 对任意的 $m, n \in \mathbb{N}$, 若 $m \geqslant n$ 且 $n \geqslant m$, 则 $m = n$, 即若 $\langle m, n \rangle \in$ "$\geqslant$" 且 $\langle n, m \rangle \in$ "$\geqslant$", 则 $m = n$, 所以关系 "$\geqslant$" 是反对称的;

(3) 对任意的 $l, m, n \in \mathbb{N}$, 若 $l \geqslant m$ 且 $m \geqslant n$, 则 $l \geqslant n$, 即若 $\langle l, m \rangle \in$ "$\geqslant$" 且 $\langle m, n \rangle \in$ "$\geqslant$", 则 $\langle l, n \rangle \in$ "$\geqslant$", 所以关系 "$\geqslant$" 是传递的。 □

在关系上, 经常使用的一个操作是只看某些位置的值为某些特殊值的序偶。例如, 在表 2.1 中, 若只想查看来自"湖南长沙"的学生, 在电子表格中, 可以对"籍贯"那一列进行筛选, 只保留值为"湖南长沙"的学生。这种操作对应着关系的压缩操作。

定义 2.1.5 设 R 为集合 A 上的二元关系且 $S \subseteq A$, 则称 S 上的二元关系 $R \cap (S \times S)$ 为 R 在 S 上的压缩, 记为 $R|_S$, 并称 R 为 $R|_S$ 在 A 上的延拓。

例 2.1.8 令集合 $A = \{1, 2, 3, 4\}$, $S \subseteq A$ 且 $S = \{1, 2\}$, 则:

(1) 关系 $R_1 = \{\langle 2, 2 \rangle, \langle 2, 3 \rangle, \langle 2, 4 \rangle, \langle 3, 2 \rangle, \langle 3, 3 \rangle, \langle 3, 4 \rangle\}$ 在 S 上的压缩 $R_1|_S = \{\langle 2, 2 \rangle\}$;

(2) 关系 $R_2 = \{\langle 1, 1 \rangle, \langle 1, 2 \rangle, \langle 2, 1 \rangle, \langle 2, 2 \rangle, \langle 3, 3 \rangle, \langle 4, 4 \rangle\}$ 在 S 上的压缩 $R_2|_S = \{\langle 1, 1 \rangle, \langle 1, 2 \rangle, \langle 2, 1 \rangle, \langle 2, 2 \rangle\}$;

(3) 关系 $R_3 = \{\langle 2, 4 \rangle, \langle 4, 2 \rangle\}$ 在 S 上的压缩 $R_3|_S = \varnothing$;

(4) 关系 $R_4 = \{\langle 1, 2 \rangle, \langle 2, 3 \rangle, \langle 3, 4 \rangle\}$ 在 S 上的压缩 $R_4|_S = \{\langle 1, 2 \rangle\}$;

(5) 关系 $R_5 = \{\langle 1, 1 \rangle, \langle 2, 2 \rangle, \langle 3, 3 \rangle, \langle 4, 4 \rangle\}$ 在 S 上的压缩 $R_5|_S = \{\langle 1, 1 \rangle, \langle 2, 2 \rangle\}$;

(6) 关系 $R_6 = \{\langle 1, 3 \rangle, \langle 1, 4 \rangle, \langle 2, 3 \rangle, \langle 2, 4 \rangle, \langle 3, 1 \rangle, \langle 3, 4 \rangle\}$ 在 S 上的压缩 $R_6|_S = \varnothing$。 □

对于关系的压缩, 存在下列性质。

定理 2.1.1 设 R 为集合 A 上的二元关系且 $S \subseteq A$。

(1) 若 R 是自反的, 则 $R|_S$ 也是自反的;

(2) 若 R 是反自反的, 则 $R|_S$ 也是反自反的;

(3) 若 R 是对称的, 则 $R|_S$ 也是对称的;

(4) 若 R 是反对称的, 则 $R|_S$ 也是反对称的;

(5) 若 R 是传递的, 则 $R|_S$ 也是传递的。

证明: 由压缩的定义可知, $R|_S$ 为集合 S 上的二元关系。因此:

(1) 对每个元素 $s \in S$, 由于 $S \subseteq A$, 则 $s \in A$。由 R 是自反的可得 $\langle s, s \rangle \in R$, 且 $\langle s, s \rangle \in S \times S$, 由此可得 $\langle s, s \rangle \in R \cap (S \times S) = R|_S$, 所以 $R|_S$ 为自反的。

(2) 对每个元素 $s \in S$, 由于 $S \subseteq A$, 则 $s \in A$。由 R 是反自反的可得 $\langle s, s \rangle \notin R$, 因此 $\langle s, s \rangle \notin R \cap (S \times S) = R|_S$, 所以 $R|_S$ 是反自反的。

(3) 对任意的元素 $s, t \in S$, 由于 $S \subseteq A$, 则 $s, t \in A$。若 $\langle s, t \rangle \in R|_S$, 则 $\langle s, t \rangle \in R$ 且 $\langle s, t \rangle \in S \times S$。由 R 是对称的可得 $\langle t, s \rangle \in R$, 且显然 $\langle t, s \rangle \in S \times S$, 因此必有 $\langle t, s \rangle \in R \cap (S \times S) = R|_S$, 所以 $R|_S$ 是对称的。

(4) 对任意的元素 $s,t \in S$, 由于 $S \subseteq A$, 则 $s,t \in A$. 当 $\langle s,t \rangle \in R|_S$ 且 $\langle t,s \rangle \in R|_S$ 时, 则有①$\langle s,t \rangle \in R$ 且 $\langle t,s \rangle \in R$, 以及②$\langle s,t \rangle \in S \times S$ 且 $\langle t,s \rangle \in S \times S$. 因为 R 是反对称的, 由①可得 $s = t$. 由②设若 $s \neq t$, 则 $\langle s,t \rangle \in R$ 且 $\langle t,s \rangle \in R$ 且 $s \neq t$, 与 R 是反对称的矛盾. 因此, 只有 $s = t$ 时有 $\langle s,t \rangle \in S \times S$ 且 $\langle t,s \rangle \in S \times S$. 因此, 当 $\langle s,t \rangle \in R|_S$ 且 $\langle t,s \rangle \in R|_S$ 时必有 $s = t$, 所以 $R|_S$ 是反对称的.

(5) 对任意的元素 $r,s,t \in S$, 由于 $S \subseteq A$, 则 $r,s,t \in A$. 若当 $\langle r,s \rangle \in R|_S$ 且 $\langle s,t \rangle \in R|_S$ 时, 有①$\langle r,s \rangle \in R$ 且 $\langle s,t \rangle \in R$, 以及②$\langle r,s \rangle \in S \times S$ 且 $\langle s,t \rangle \in S \times S$. 由于 R 是传递的, 由①可知有 $\langle r,t \rangle \in R$. 又显然有 $\langle r,t \rangle \in S \times S$. 因此必有 $\langle r,t \rangle \in R|_s$, 所以 $R|_S$ 也是传递的. □

习题 2.1

1. 列出从 A 到 B 的关系 R 中的所有序偶.

(1) $A = \{0,1,2\}$, $B = \{0,2,4\}$, $R = \{\langle x,y \rangle | x,y \in A \cap B\}$;

(2) $A = \{1,2,3,4,5\}$, $B = \{1,2,3\}$, $R = \{\langle x,y \rangle | x \in A, y \in B$ 且 $x = y^2\}$.

2. 长江沿岸城市集合为 $A = \{$成都, 重庆, 宜昌, 岳阳, 黄石, 武汉, 荆州, 九江, 南昌, 南京, 上海$\}$, 请写出该集合上的 "在……下游" 关系.

3. 设 R_1 和 R_2 都是从 $\{1,2,3,4\}$ 到 $\{2,3,4\}$ 的二元关系, 并且:

$$R_1 = \{\langle 1,2 \rangle, \langle 2,4 \rangle, \langle 3,3 \rangle\}$$

$$R_2 = \{\langle 1,3 \rangle, \langle 2,4 \rangle, \langle 4,2 \rangle\}$$

求 $R_1 \cup R_2$, $R_1 \cap R_2$, $\mathrm{dom}R_1$, $\mathrm{dom}R_2$, $\mathrm{ran}R_1$, $\mathrm{ran}R_2$, $\mathrm{dom}(R_1 \cup R_2)$ 和 $\mathrm{ran}(R_1 \cap R_2)$.

4. 设 R_1 和 R_2 都是从集合 A 到集合 B 的二元关系. 证明:

(1) $\mathrm{dom}(R_1 \cup R_2) = \mathrm{dom}R_1 \cup \mathrm{dom}R_2$;

(2) $\mathrm{ran}(R_1 \cap R_2) \subseteq \mathrm{ran}R_1 \cap \mathrm{ran}R_2$.

5. 用 L 和 D 分别表示集合 $\{1,2,3,6\}$ 上的普通的小于关系和整除关系, 试列出 L、D 和 $L \cap D$ 中的所有序偶.

6. 给出满足下列要求的二元关系的实例:

(1) 既是自反的, 又是反自反的;

(2) 既不是自反的, 又不是反自反的;

(3) 既是对称的, 又是反对称的;

(4) 既不是对称的, 又不是反对称的.

7. 试判断下面的论断正确与否. 若正确, 请加以证明; 若不正确, 请给出反例.

设 R 和 S 都是集合 A 上的二元关系. 若 R 和 S 都是自反的 (反自反的、对称的、反对称的、传递的), 则 $R \cap S$, $R \cup S$, $R - S$, $R \oplus S$ 也是自反的 (反自反的、对称的、反对称的、传递的).

8. 描述 $\mathbb{R}$ 上的下列二元关系 S 的性质：

(1) $S = \{\langle x, y\rangle | x, y \in \mathbb{R} 且 xy > 0\}$；

(2) $S = \{\langle x, y\rangle | x, y \in \mathbb{R}, \ 4整除|x - y|且|x - y| < 10\}$；

(3) $S = \{\langle x, y\rangle | x, y \in \mathbb{R}, \ x^2 = 1且y > 0\}$；

(4) $R = \{\langle a, b\rangle | a, b, k \in \mathbb{I}且a - b = 2k + 1\}$；

(5) $S = \{\langle x, y\rangle | x, y \in \mathbb{R}, \ 4|x| \leqslant 1且|y| \geqslant 1\}$。

9. 定义 $\mathbb{I}$ 上的二元关系 R 为

$$R = \{\langle a, b\rangle | a, b, k \in \mathbb{I}且a - b = 2k\}$$

请证明 R 是自反、对称和传递的。

10. 定义 $\mathbb{N}$ 上的二元关系 R 为

$$R = \{\langle a, b\rangle | a, b, i \in \mathbb{N}且a, b > 0且b^i = a\}$$

请证明 R 是自反、传递的。

11. 设 A 与 S 为集合且 $A \subseteq S$，定义 $\mathcal{P}(S)$ 上的二元关系 R 为

$$R = \{\langle B, C\rangle | B, C \subseteq S且B - C = A\}$$

判断下列命题哪些是正确的，哪些不是正确的，给出证明或反例。

(1) R 是对称的；

(2) R 是传递的；

(3) 若 $A = \varnothing$，则 R 是自反的；

(4) 若 $A = \varnothing$，则 R 是对称的；

(5) 若 $A = \varnothing$，则 R 是传递的；

(6) 若 $A \neq \varnothing$，则 R 是对称的；

(7) 若 $A \neq \varnothing$，则 R 是传递的。

12. 设 $n, m \in \mathbb{I}_+$。若集合 $|A| = n$，则在 A 上能有多少个不同的 m 元关系？证明你的结论。

13. 设 A、B 为集合，$R \subseteq A \times B$，定义 $a \in A$ 关于 R 的像为

$$\mathcal{I}_R(a) = \{b \in B | \langle a, b\rangle \in R\}$$

令 S 为集合 $\mathbb{N}$ 上的整除关系，证明：对任意的 $x, y \in \mathbb{N}$，若 $\langle x, y\rangle \in S$，则 $\mathcal{I}_S(y) \subseteq \mathcal{I}_S(x)$。

14. 设 $\mathcal{A}$ 和 $\mathcal{B}$ 都是由从集合 A 到集合 B 的二元关系构成的集类，并且 $\mathcal{B} \neq \varnothing$。证明：

(1) $\mathrm{dom}(\bigcup \mathcal{A}) = \bigcup\{\mathrm{dom}R | R \in \mathcal{A}\}$；

(2) $\mathrm{ran}(\bigcup \mathcal{A}) = \bigcup\{\mathrm{ran}\,R | R \in \mathcal{A}\}$；

(3) $\mathrm{dom}(\bigcap \mathcal{B}) \subseteq \bigcap\{\mathrm{dom}R | R \in \mathcal{B}\}$；

(4) $\mathrm{ran}(\bigcap \mathcal{B}) \subseteq \bigcap\{\mathrm{ran}\,R \mid R \in \mathcal{B}\}$。

15. 设 R 为集合 A 上的一个二元关系。证明如果 R 是反自反的和传递的，则 R 一定是反对称的。

16. 设 R 为集合 A 上的一个二元关系，若令 $\text{fld}R = \text{dom}R \cup \text{ran}R$，则 $\text{fld}R = \bigcup(\bigcup R)$。

17. 若 R 为集合 A 上的二元关系，则 R 也是 $\bigcup(\bigcup R)$ 上的二元关系。

2.2 关系图与关系矩阵

关系除了可用集合表示，还可类似于用文氏图表示集合那样，用一些直观而形象的表示方法展现元素间的联系、关系的性质等特性，以及有助于在关系上的计数等操作。本节主要介绍两种表示方法：关系图和关系矩阵。

既然是图和矩阵，那么对无限集合上的关系就不适用了。因此，本节只讨论有限集合到有限集合的二元关系的关系图和关系矩阵。

定义 2.2.1 设 A 和 B 为任意的非空有限集，R 为任意一个从 A 到 B 的二元关系。以 $A \cup B$ 中的每个元素为一个节点，对每个 $\langle x, y \rangle \in R$，皆画一条从 x 到 y 的有向边，称上述操作得到的有向图 G_R 为 R 的关系图。

以集合 $A = \{2, 3, 6, 9\}$ 到集合 $B = \{6, 7, 8\}$ 的二元关系 R 为例，对定义 2.2.1 进行解读。

例 2.2.1 设集合 $A = \{2, 3, 6, 9\}$ 到集合 $B = \{6, 7, 8\}$ 的二元关系 R 定义如下：

$$iRj \text{ 当且仅当 } i \in A \text{ 且 } j \in B \text{ 且 } i \leqslant j$$

则关系 R 的关系图如图 2.1 所示。

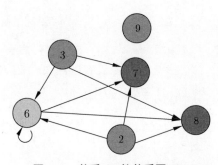

图 2.1 关系 R 的关系图 G_R   □

由例 2.2.1 可知，所谓图 G，就是由有限个节点和有限条节点间连线构成的结构，节点间的连线称为图 G 的"边"。如果每条边都带箭头，即为有向边，则称图 G 为有向图。如果每条边都不带箭头，即为无向边，则称图 G 为无向图。图 2.1 中每条边都是有向边，因此 G_R 为有向图。从某个节点发出又回到该节点的边称为"自圈"，如图 2.1 中连接同一个节点 6 的有向边就是一个自圈。

除了能将关系表示为关系图之外，还应能从给定的关系图中还原出关系来。例如，基于图 2.1 可写出从 $A = \{2, 3, 6, 9\}$ 到集合 $B = \{6, 7, 8\}$ 的关系：

$$R = \{\langle 2, 6 \rangle, \langle 2, 7 \rangle, \langle 2, 8 \rangle, \langle 3, 6 \rangle, \langle 3, 7 \rangle, \langle 3, 8 \rangle, \langle 6, 6 \rangle, \langle 6, 7 \rangle, \langle 6, 8 \rangle\}$$

当将关系表示为图后，根据所学知识可知，图可用矩阵表示，表示为矩阵后非常利于计算机存储和处理。因此，可自然引入关系的矩阵表示方法。

定义 2.2.2 设 $n, m \in \mathbb{I}_+$，$A = \{x_1, x_2, \cdots, x_n\}$，$B = \{y_1, y_2, \cdots, y_m\}$。对任意的从 A 到 B 的二元关系 R，令：

$$M_R = \begin{pmatrix} a_{11} & a_{12} & \cdots & a_{1m} \\ \vdots & \vdots & \ddots & \vdots \\ a_{n1} & a_{n2} & \cdots & a_{nm} \end{pmatrix}$$

其中：

$$a_{ij} = \begin{cases} 1, & x_i R y_j \\ 0, & \text{否则} \end{cases}, \ 1 \leqslant i \leqslant n \text{ 且 } 1 \leqslant j \leqslant m$$

关系矩阵的构造过程可用图 2.2 进行展示。矩阵中每一行对应着集合 A 的一个元素，从上到下分别为 $x_1, x_2, \cdots, x_n$；每一列对应着集合 B 的一个元素，从左到右分别为 $y_1, y_2, \cdots, y_m$。根据定义，若 $\langle x_i, y_j \rangle \in R$，则在第 x_i 行与第 y_j 列交叉的位置写一个 1，否则写一个 0。

$$M_R = \begin{array}{c} \begin{matrix} y_1 & y_2 & \cdots & y_m \end{matrix} \\ \begin{pmatrix} a_{11} & a_{12} & \cdots & a_{1m} \\ a_{21} & a_{22} & \cdots & a_{2m} \\ \vdots & \vdots & \ddots & \vdots \\ a_{n1} & a_{n2} & \cdots & a_{nm} \end{pmatrix} \begin{matrix} x_1 \\ x_2 \\ \vdots \\ x_n \end{matrix} \end{array}$$

图 2.2　关系矩阵 M_R 的构造示意图

以例 2.2.1 定义的关系 R 为例，其关系矩阵如图 2.3 所示。此处矩阵外围的 $2, 3, 6, 9$ 和 $6, 7, 8$ 只是便于读者理解该例的关系矩阵，真正书写关系的关系矩阵时，不需要写出来。

$$M_R = \begin{array}{c} \begin{matrix} 6 & 7 & 8 \end{matrix} \\ \begin{pmatrix} 1 & 1 & 1 \\ 1 & 1 & 1 \\ 1 & 1 & 1 \\ 0 & 0 & 0 \end{pmatrix} \begin{matrix} 2 \\ 3 \\ 6 \\ 9 \end{matrix} \end{array}$$

图 2.3　例 2.2.1 中关系 R 的关系矩阵 M_R

由关系图和关系矩阵的定义及其构造过程易知，若从集合 A 到 B 的两个关系 R_1 与 R_2 相等，则当且仅当 $G_{R_1} = G_{R_2}$ 且 $M_{R_1} = M_{R_2}$。所谓两个图相等，指的是节点集合、边集合及边的连接关系完全相同。本书将在图论部分给出图相等的正式定义。

利用关系图和关系矩阵，可以很直观地将关系的性质展现出来，且可进行关系数量的计数。

定理 2.2.1 设 $n \in \mathbb{I}_+$，R 为有限集合 $A = \{x_1, x_2, \cdots, x_n\}$ 上的二元关系，$a_{ij}(1 \leqslant i, j \leqslant n)$ 为 R 的关系矩阵 M_R 中第 i 行第 j 列的元素。

(1) 以下条件等价：

① R 是自反的；

② M_R 的对角线元素全为 1；

③ G_R 中每个节点都有自圈。

(2) 以下条件等价：

① R 是反自反的；

② M_R 的对角线元素全为 0；

③ G_R 中每个节点都无自圈。

(3) 以下条件等价：

① R 是对称的；

② M_R 是对称矩阵；

③ G_R 中任意两个节点间若有边关联，则必为成对出现的反向有向边。

(4) 以下条件等价：

① R 是反对称的；

② 在 M_R 中，若 $1 \leqslant i$，$j \leqslant n$ 且 $i \neq j$，则 $a_{ij} \cdot a_{ji} = 0$；

③ G_R 中任意两个节点间都无成对出现的反向有向边。

(5) 以下条件等价：

① R 是传递的；

② 在 M_R 中，若有正整数 $k \leqslant n$ 使 $a_{ik} \cdot a_{kj} = 1$，则 $a_{ij} = 1$；

③ 对 G_R 中任意两个节点 x_i 和 x_j，若有从 x_i 到 x_j 的有向通路，则必有一条从 x_i 到 x_j 的有向边，即 G_R 中处处有捷径 (从 x_i 到 x_j 的有向通路指的是从 x_i 出发，沿着有向边箭头方向，经过若干节点后能到达 x_j)。

定理 2.2.1 的证明比较简单，基于关系图和关系矩阵的构造方法，可很容易得到证明思路和方法，此处只给出对称关系等价条件的证明，其余请读者自行完成。

证明： 要证明对称关系 3 个条件是等价的，只需要证明①⇒②且②⇒③且③⇒①即可。

(1) ①⇒②：由于 R 为对称的，即对任意的 $x_i, x_j \in A$，若 $\langle x_i, x_j \rangle \in R$，则必有 $\langle x_j, x_i \rangle \in R$。由关系矩阵的构造方法可知，矩阵中第 x_i 行第 x_j 列位置与第 x_j 行第 x_i 列位置的值必同时为 1 或同时为 0，即有 $a_{ij} = a_{ji}$，所以矩阵为对称矩阵。

(2) ②⇒③：由关系矩阵与关系图的对应关系可知，矩阵中第 x_i 行第 x_j 列位置为 1，则表示关系图中有一条从节点 x_i 到节点 x_j 的有向边。由于矩阵是对称的，因此有

$a_{ij} = a_{ji}$，即若 $a_{ij} = 1$，则 $a_{ji} = 1$，因此关系图上为若从节点 x_i 到节点 x_j 有一条有向边，则必有从节点 x_j 到节点 x_i 的一条有向边，必为成对出现的反向有向边。

（3）③⇒①：从关系图还原关系的集合表示形式可知，G_R 中任意两个节点间若有边关联，设为从节点 x_i 到节点 x_j 有一条有向边，则对应的序偶为 $\langle x_i, x_j \rangle \in R$。由已知，$G_R$ 中任意两个节点间若有边关联，则必为成对出现的反向有向边，即若有 $\langle x_i, x_j \rangle \in R$，则必有 $\langle x_j, x_i \rangle \in R$，因此，$R$ 是对称关系。□

图 2.4 形象地展示了定理 2.2.1 的前 4 条性质。首先，可知利用关系图和关系矩阵判定某个关系是否是自反的、反自反的、对称的或反对称的，是一目了然的。但传递关系的判定较为复杂，需要在关系图和关系矩阵上进行细致的搜寻。其次，对称关系和反对称关系的关系图上，自圈可以解释为成对出现的反向边，也可解释为单条有向边。

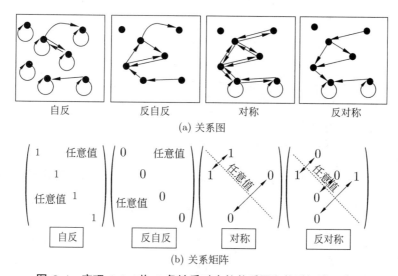

图 2.4 定理 2.2.1 前 4 条性质对应的关系图和关系矩阵示意图

基于具有某种性质关系的关系矩阵，还可进行计数运算。

例 2.2.2 设 A 为非空有限集合且 $|A| = n(n \in \mathbb{I}_+)$，请问 A 上共有多少个不同的自反关系？

解： 考查 A 上任意自反关系 R 的关系矩阵，为一个 $n \times n$ 的 $0-1$ 矩阵，且对角线上的 n 个元素必须固定全为 1。除这 n 个位置必须全为 1 外，其余 $n^2 - n$ 个位置可为 0 或 1 的任意值，即每个位置有两种取值可能，因此，有 2^{n^2-n} 个不同的，且对角线元素全为 1 的 $n \times n$ 矩阵。由此可得，A 上共有 2^{n^2-n} 个不同的自反关系。□

习题 2.2

1. 请画出下面几个集合 $\{a_1, a_2, a_3\}$ 上二元关系的关系图，求出其关系矩阵，并指出每个关系所具有的性质。

(1) $R_1 = \{\langle a_1, a_2 \rangle, \langle a_1, a_3 \rangle, \langle a_2, a_3 \rangle, \langle a_3, a_2 \rangle\}$;

(2) $R_2 = \{\langle a_1, a_1 \rangle, \langle a_2, a_2 \rangle, \langle a_3, a_3 \rangle, \langle a_3, a_1 \rangle, \langle a_1, a_3 \rangle\}$。

2. 请画出从集合 $\{a_1, a_2, a_3\}$ 到集合 $\{b_1, b_2, b_3, b_4\}$ 的二元关系 $R = \{\langle a_1, b_1 \rangle, \langle a_1, b_2 \rangle,$ $\langle a_2, b_3 \rangle, \langle a_3, b_3 \rangle, \langle a_3, b_4 \rangle, \langle a_2, b_4 \rangle\}$ 的关系图，求出其关系矩阵。

3. 设集合 $A = \{1, 2, 3, 4, 5, 6\}$ 上的二元关系 R 为 $R = \{\langle 1, 1 \rangle, \langle 2, 2 \rangle, \langle 3, 3 \rangle, \langle 4, 4 \rangle,$ $\langle 5, 5 \rangle, \langle 6, 6 \rangle, \langle 1, 2 \rangle, \langle 2, 1 \rangle, \langle 1, 3 \rangle, \langle 3, 1 \rangle, \langle 2, 3 \rangle, \langle 3, 2 \rangle, \langle 4, 5 \rangle, \langle 5, 4 \rangle\}$，试画出 R 的关系图 G_R，求出 R 的关系矩阵 M_R，并指出 R 所具有的性质。

4. 对图 2.5 给出的集合 $A = \{1, 2, 3\}$ 上的 12 个二元关系的关系图，写出每个关系对应的关系矩阵，并指出各个关系所具有的性质。

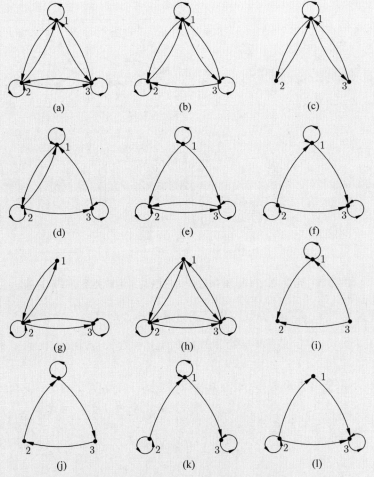

图 2.5　集合 $A = \{1, 2, 3\}$ 上的 12 个二元关系之关系图

5. 对习题 2.1 中第 2 题所给的"在……的下游"关系，画出该关系的关系图，并写出其关系矩阵。

6. 对习题 2.1 中第 5 题所给的二元关系 L、D 和 $L \cap D$，画出它们的关系图，并写出它们的关系矩阵。

7. 设 A 为有限集合且 $|A| = n$。

(1) 共有多少个 A 上的不相同的反自反关系？

(2) 共有多少个 A 上的不相同的对称关系？

(3) 共有多少个 A 上的不相同的反对称关系？

(4) 共有多少个 A 上的不相同的既是对称又反对称的关系？

8. 设关系 R 为集合 A 上的二元关系。对任意 $a, b \in A$，若当 $\langle a, b \rangle \in R$ 时则 $\langle b, a \rangle \notin R$，则称 R 为非对称的。

(1) 请列出非对称关系的关系图的特征；

(2) 请列出非对称关系的关系矩阵的特征；

(3) 设 A 为有限集合且 $|A| = n$，共有多少个 A 上的不相同的非对称关系？

9. 设 A 为有限集合，$R_1, R_2 \subseteq A^2$，请给出从关系矩阵 $\boldsymbol{M}_{R_1}$ 和 $\boldsymbol{M}_{R_2}$ 出发，求 $\boldsymbol{M}_{R_1 \cap R_2}$，$\boldsymbol{M}_{R_1 \cup R_2}$，$\boldsymbol{M}_{R_1 - R_2}$，$\boldsymbol{M}_{R_1 \oplus R_2}$ 以及 $\boldsymbol{M}_{\sim R_1}$ 的算法。

2.3　关系的运算

关系除了作为集合所具有的交、并、差、对称差、补运算外，还有逆关系、关系的合成，以及关系的闭包这三种重要运算，本节主要讨论前两种运算。

2.3.1　逆关系

定义 2.3.1　设 R 为从集合 A 到 B 的二元关系。如果从 B 到 A 的二元关系 R' 满足

$$\langle y, x \rangle \in R' \text{当且仅当} \langle x, y \rangle \in R$$

就称 R' 为 R 的逆关系，并记为 R^{-1}。

由定义可知，所谓关系 R 的逆关系，就是由集合 R 中每个元素的第 1 维分量与第 2 维分量互换后的二元序偶构成的集合。

例 2.3.1　两个逆关系的示例。

(1) 令 R_1、R_2 为集合 $A = \{1, 2, 3\}$ 到集合 $B = \{1, 2, 3, 4\}$ 的二元关系，且 $R_1 = \{\langle 1, 1 \rangle, \langle 2, 2 \rangle, \langle 3, 3 \rangle\}$，$R_2 = \{\langle 1, 1 \rangle, \langle 1, 2 \rangle, \langle 1, 3 \rangle, \langle 1, 4 \rangle\}$，则：

$$R_1^{-1} = \{\langle 1, 1 \rangle, \langle 2, 2 \rangle, \langle 3, 3 \rangle\}$$
$$R_2^{-1} = \{\langle 1, 1 \rangle, \langle 2, 1 \rangle, \langle 3, 1 \rangle, \langle 4, 1 \rangle\}$$

(2) 令关系 $R = \{\langle a, b \rangle | a > b, a, b \in \mathbb{I}_+\}$ 为 $\mathbb{I}_+$ 上的二元关系，则：

$$R^{-1} = \{\langle b, a \rangle | a > b, a, b \in \mathbb{I}_+\}$$

　　　□

也可用程序实现自动求逆关系，如代码 2.3 中定义的函数，将对给定的关系返回其逆关系。

代码 2.3　求逆关系的 Python 代码

```
1  inverseRel=lambda R:{(y,x) for (x,y) in R}
```

根据有限集合上二元关系的关系图和关系矩阵的构造方法，可以直接得出定理 2.3.1。

定理 2.3.1　设 A、B 为非空有限集合，R 为从 A 到 B 的二元关系。
(1) $M_{R^{-1}} = M_R^{\mathrm{T}}$（$M_R^{\mathrm{T}}$ 为 M_R 的转置）;
(2) 把 G_R 的每个有向边反向后，就得到 R^{-1} 的关系图 $G_{R^{-1}}$。

证明：

(1) 矩阵的转置运算是将矩阵的行列互换，因此，原矩阵中表示是否有序偶 $\langle x_i, y_j \rangle$ 的元素 a_{ij}，在转置后变为 a_{ji}，即变为表示是否有序偶 $\langle y_j, x_i \rangle$。因此，若 $a_{ij} = 1$，转置后 $a_{ji} = 1$，即将序偶 $\langle x_i, y_j \rangle$ 第 1 维分量与第 2 维分量进行了互换，得到逆关系中的序偶 $\langle y_j, x_i \rangle$。因此关系矩阵的转置即为逆关系的矩阵。

(2) 由关系图的构造方法可知，将有向边反向，即将原来表示的序偶的第 1 维分量与第 2 维分量进行互换，因此将代表逆关系中对应的序偶。因此，把关系图中每个有向边反向后，即得到逆关系的关系图。　　　　　　　　　　　□

例 2.3.2　设集合 $A = \{2, 3, 6, 9\}$ 到集合 $B = \{6, 7, 8\}$ 的二元关系

$$R = \{\langle 2,6 \rangle, \langle 2,7 \rangle, \langle 2,8 \rangle, \langle 3,6 \rangle, \langle 3,7 \rangle, \langle 3,8 \rangle, \langle 6,6 \rangle, \langle 6,7 \rangle, \langle 6,8 \rangle\}$$

则其逆关系 R^{-1} 的关系图和关系矩阵如图 2.6 所示。请注意与图 2.1 和图 2.3 进行对比。

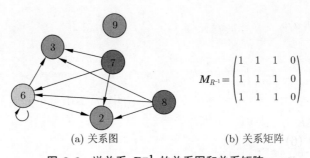

(a) 关系图　　　　　　　　　　(b) 关系矩阵

图 2.6　逆关系 R^{-1} 的关系图和关系矩阵　　　　　　　　　□

在逆关系上有一些相关的性质，由下述几个定理给出。

定理 2.3.2　若 R 和 $R_i (i = 0, 1, 2, \cdots)$ 都为从集合 A 到集合 B 的二元关系，$K \subset \mathbb{N}$ 且 $K \neq \varnothing$，则有：
(1) $(R^{-1})^{-1} = R$，即一个二元关系的逆的逆等于它本身；
(2) $(\sim R)^{-1} = \sim R^{-1}$，即一个二元关系补的逆等于它逆的补；

(3) 如果 $R_1 \subseteq R_2$，则 $R_1^{-1} \subseteq R_2^{-1}$，即关系逆保持集合的包含关系；

(4) 如果 $R_1 = R_2$，则 $R_1^{-1} = R_2^{-1}$，即关系逆保持集合的相等关系；

(5) $\left(\bigcup\limits_{n \in K} R_n \right)^{-1} = \bigcup\limits_{n \in K} R_n^{-1}$，即一组关系并的逆等于它们逆的并；

(6) $\left(\bigcap\limits_{n \in K} R_n \right)^{-1} = \bigcap\limits_{n \in K} R_n^{-1}$，即一组关系交的逆等于它们逆的交；

(7) $(R_1 - R_2)^{-1} = R_1^{-1} - R_2^{-1}$，即两个关系差的逆等于它们逆的差；

(8) $(R_1 \oplus R_2)^{-1} = R_1^{-1} \oplus R_2^{-1}$，即两个关系对称差的逆等于它们逆对称差。

证明：

(1) 对任意的 $a, b \in A$，$\langle a, b \rangle \in (R^{-1})^{-1}$，当且仅当 $\langle b, a \rangle \in R^{-1}$，当且仅当 $\langle a, b \rangle \in R$，所以有 $(R^{-1})^{-1} = R$。

(2) 对任意的 $a, b \in A$，$\langle a, b \rangle \in (\sim R)^{-1}$，当且仅当 $\langle b, a \rangle \in \sim R$，当且仅当 $\langle b, a \rangle \notin R$，当且仅当 $\langle a, b \rangle \notin R^{-1}$，当且仅当 $\langle a, b \rangle \in \sim R^{-1}$，所以有 $(\sim R)^{-1} = \sim R^{-1}$。

(3) 对任意的 $a, b \in A$，$\langle b, a \rangle \in R_1^{-1}$，则 $\langle a, b \rangle \in R_1$，由 $R_1 \subseteq R_2$ 可得 $\langle a, b \rangle \in R_2$，所以 $\langle b, a \rangle \in R_2^{-1}$，由此可得 $R_1^{-1} \subseteq R_2^{-1}$。

(4) 对任意的 $a, b \in A$，$\langle b, a \rangle \in R_1^{-1}$，当且仅当 $\langle a, b \rangle \in R_1 = R_2$，当且仅当 $\langle b, a \rangle \in R_2^{-1}$，可得如果 $R_1 = R_2$，则 $R_1^{-1} = R_2^{-1}$。

(5) 对任意的 $a, b \in A$，$\langle b, a \rangle \in \left(\bigcup\limits_{n \in K} R_n \right)^{-1}$，当且仅当 $\langle a, b \rangle \in \bigcup\limits_{n \in K} R_n$，当且仅当有 $n \in K$ 使得 $\langle a, b \rangle \in R_n$，当且仅当 $\langle b, a \rangle \in R_n^{-1}$，当且仅当 $\langle b, a \rangle \in \bigcup\limits_{n \in K} R_n^{-1}$，所以 $\left(\bigcup\limits_{n \in K} R_n \right)^{-1} = \bigcup\limits_{n \in K} R_n^{-1}$。

(6) 对任意的 $a, b \in A$，$\langle b, a \rangle \in \left(\bigcap\limits_{n \in K} R_n \right)^{-1}$，当且仅当 $\langle a, b \rangle \in \bigcap\limits_{n \in K} R_n$，当且仅当对每个 $n \in K$ 有 $\langle a, b \rangle \in R_n$，即 $\langle b, a \rangle \in R_n^{-1}$，当且仅当 $\langle b, a \rangle \in \bigcap\limits_{n \in K} R_n^{-1}$，所以 $\left(\bigcap\limits_{n \in K} R_n \right)^{-1} = \bigcap\limits_{n \in K} R_n^{-1}$。

(7) 由 (2) 和 (6) 可得，$(R_1 - R_2)^{-1} = (R_1 \cap \sim R_2)^{-1} = R_1^{-1} \cap (\sim R_2)^{-1} = R_1^{-1} \cap \sim (R_2)^{-1} = R_1^{-1} - R_2^{-1}$。

(8) 由 (2)、(5) 和 (6) 可得，$(R_1 \oplus R_2)^{-1} = (R_1 \cup R_2 - R_1 \cap R_2)^{-1} = (R_1 \cup R_2)^{-1} - (R_1 \cap R_2)^{-1} = (R_1^{-1} \cup R_2^{-1}) - (R_1^{-1} \cap R_2^{-1}) = R_1^{-1} \oplus R_2^{-1}$。 $\square$

定理 2.3.3 若二元关系 $R \subseteq A^2$，则：

(1) R 是自反的当且仅当 R^{-1} 是自反的；

(2) R 是反自反的当且仅当 R^{-1} 是反自反的；

(3) R 是对称的当且仅当 R^{-1} 是对称的；

(4) R 是反对称的当且仅当 R^{-1} 是反对称的;

(5) R 是传递的当且仅当 R^{-1} 是传递的。

证明:

(1) 对任意的 $a \in A$, 由 R 是自反的可知 $\langle a, a \rangle \in R$, 由此有 $\langle a, a \rangle \in R^{-1}$, 即 R^{-1} 是自反的。又对任意的 $a \in A$, 由 R^{-1} 是自反的可知 $\langle a, a \rangle \in R^{-1}$, 由此有 $\langle a, a \rangle \in R$, 即 R 是自反的。所以 R 是自反的当且仅当 R^{-1} 是自反的。

(2) 对任意的 $a \in A$, 由 R 是反自反的可知 $\langle a, a \rangle \notin R$, 由此有 $\langle a, a \rangle \notin R^{-1}$, 即 R^{-1} 是反自反的。又对任意的 $a \in A$, 由 R^{-1} 是反自反的可知 $\langle a, a \rangle \notin R^{-1}$, 由此有 $\langle a, a \rangle \notin R$, 即 R 是反自反的。所以 R 是反自反的当且仅当 R^{-1} 是反自反的。

(3) 对任意的 $a, b \in A$, 若 $\langle a, b \rangle \in R^{-1}$, 则有 $\langle b, a \rangle \in R$, 由 R 是对称的可知必有 $\langle a, b \rangle \in R$, 即有 $\langle b, a \rangle \in R^{-1}$, 所以 R^{-1} 是对称的。又对任意的 $a, b \in A$, 若 $\langle a, b \rangle \in R$, 则有 $\langle b, a \rangle \in R^{-1}$, 由 R^{-1} 是对称的可知必有 $\langle a, b \rangle \in R^{-1}$, 即有 $\langle b, a \rangle \in R$, 所以 R 是对称的。由此可得 R 是对称的当且仅当 R^{-1} 是对称的。

(4) 对任意的 $a, b \in A$, 若 $\langle a, b \rangle \in R^{-1}$ 且 $\langle b, a \rangle \in R^{-1}$, 则必有 $\langle b, a \rangle \in R$ 且 $\langle a, b \rangle \in R$, 由 R 是反对称的可得 $a = b$, 所以 R^{-1} 是反对称的。又对任意的 $a, b \in A$, 若 $\langle a, b \rangle \in R$ 且 $\langle b, a \rangle \in R$, 则必有 $\langle b, a \rangle \in R^{-1}$ 且 $\langle a, b \rangle \in R^{-1}$, 由 R^{-1} 是反对称的可得 $a = b$, 所以 R 是反对称的。综上可得 R 是反对称的当且仅当 R^{-1} 是反对称的。

(5) 对任意的 $a, b, c \in A$, 若 $\langle a, b \rangle \in R^{-1}$ 且 $\langle b, c \rangle \in R^{-1}$, 则必有 $\langle b, a \rangle \in R$ 且 $\langle c, b \rangle \in R$, 由 R 是传递的可得 $\langle c, a \rangle \in R$, 因此必有 $\langle a, c \rangle \in R^{-1}$, 所以 R^{-1} 是传递的。又对任意的 $a, b, c \in A$, 若 $\langle a, b \rangle \in R$ 且 $\langle b, c \rangle \in R$, 则必有 $\langle b, a \rangle \in R^{-1}$ 且 $\langle c, b \rangle \in R^{-1}$, 由 R^{-1} 是传递的可得 $\langle c, a \rangle \in R^{-1}$, 因此必有 $\langle a, c \rangle \in R$, 所以 R 是传递的。综上可得 R 是传递的当且仅当 R^{-1} 是传递的。 □

定理 2.3.4 二元关系 $R \subseteq A^2$ 是对称的当且仅当 $R = R^{-1}$。

证明: 先证必要性。对任意的 $a, b \in A$ 且 $\langle a, b \rangle \in R$, 由 R 是对称的可得 $\langle b, a \rangle \in R$, 所以可得 $\langle a, b \rangle \in R^{-1}$, 因此 $R \subseteq R^{-1}$。此外, 对任意的 $a, b \in A$ 且 $\langle a, b \rangle \in R^{-1}$, 则 $\langle b, a \rangle \in R$, 由 R 是对称的可得 $\langle a, b \rangle \in R$, 因此 $R^{-1} \subseteq R$。综上可得 $R = R^{-1}$。

再证充分性。对任意的 $a, b \in A$, 若 $\langle a, b \rangle \in R$, 则 $\langle b, a \rangle \in R^{-1}$, 由 $R = R^{-1}$ 可得 $\langle b, a \rangle \in R$, 由此可得 R 是对称的。 □

定理 2.3.4为我们判定或证明某个关系是对称的, 提供了定义之外的新方法, 类似的判断关系其他性质的方法还有几个, 如本节习题中的第 18 题。

2.3.2　关系的合成

定义 2.3.2 设二元关系 $R_1 \subseteq A \times B$, $R_2 \subseteq B \times C$, 则称从 A 到 C 的二元关系

$$\{\langle x, z \rangle | \text{有} y \in B \text{使} \langle x, y \rangle \in R_1 \text{且} \langle y, z \rangle \in R_2\}$$

为 R_1 与 R_2 的合成, 并记为 $R_1 \circ R_2$。

从定义可知，关系合成的运算是遍历 R_1 中每个序偶，对每个序偶 $\langle x, y \rangle$，看在 R_2 中是否有以该序偶第 2 维分量作为第 1 维分量的序偶 $\langle y, z \rangle$，若有，则将 $\langle x, y \rangle$ 的第 1 维分量与 $\langle y, z \rangle$ 的第 2 维分量分别作为第 1 维和第 2 维分量，构成一个新的序偶 $\langle x, z \rangle$，作为合成结果中的元素。

例 2.3.3 设 $R_1, R_2 \subseteq \{1, 2, 3, 4\}^2$，且 $R_1 = \{\langle 2, 4 \rangle, \langle 3, 3 \rangle, \langle 4, 2 \rangle, \langle 4, 4 \rangle\}$，$R_2 = \{\langle 2, 1 \rangle, \langle 3, 2 \rangle, \langle 4, 3 \rangle\}$，则：

(1) $R_1 \circ R_2 = \{\langle 2, 3 \rangle, \langle 3, 2 \rangle, \langle 4, 1 \rangle, \langle 4, 3 \rangle\}$；

(2) $R_2 \circ R_1 = \{\langle 3, 4 \rangle, \langle 4, 3 \rangle\}$；

(3) $R_1 \circ R_1 = \{\langle 2, 2 \rangle, \langle 2, 4 \rangle, \langle 4, 4 \rangle, \langle 4, 2 \rangle, \langle 3, 3 \rangle\}$；

(4) $R_2 \circ R_2 = \{\langle 3, 1 \rangle, \langle 4, 2 \rangle\}$。 □

由例 2.3.3 可知 $R_1 \circ R_2 \neq R_2 \circ R_1$，即关系的合成不满足交换律。

可用程序实现自动计算关系合成，如代码 2.4 中定义的函数，将对给定的两个关系返回其合成关系。

代码 2.4 关系合成的 Python 代码

```
1  composeRel=lambda R1,R2: {(x,z) for (x,y1) in R1 for (y2,z) in R2 if y1==y2}
```

合成运算的结果 $R_1 \circ R_2$ 与原关系 R_1、R_2 之间的联系可用图 2.7 简单示意。从图中可见，A 中元素 x 要与 C 中元素 z 构成合成结果中的序偶 $\langle x, z \rangle$，必须要有 B 中的元素 y"搭桥"，否则无法构成序偶。

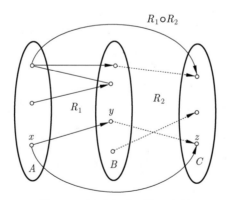

图 2.7 关系合成运算示意图

关系合成的定义与传递关系的定义有相似之处，但这是两个完全不同的概念，请注意区分，不要混为一谈。

- 概念不一样：传递关系是关系的性质，而关系合成是关系的运算；
- 涉及的对象不一样：传递关系只涉及单个关系，而关系合成涉及多个关系 (可以是关系与自己做合成)；

- 解题思路不一样：判断或证明关系是否传递时，先从假设 $\langle x,y\rangle \in R$ 和 $\langle y,z\rangle \in R$ 入手，再证明 $\langle x,z\rangle \in R$ 是否成立。而涉及关系合成的问题时，先从假设 $\langle x,z\rangle \in R_1 \circ R_2$ 入手，由假设必有 $\langle x,y\rangle \in R_1$ 且 $\langle y,z\rangle \in R_2$，再依此进一步开展证明。

对有限集合上的二元关系，其合成还可用关系矩阵完成。首先定义关系矩阵 $(0-1$ 矩阵) 上的一个⊛运算：

$$
\begin{pmatrix} a_{11} & a_{12} & \cdots & a_{1m} \\ \vdots & \vdots & \ddots & \vdots \\ a_{n1} & a_{n2} & \cdots & a_{nm} \end{pmatrix} ⊛ \begin{pmatrix} b_{11} & b_{12} & \cdots & b_{1p} \\ \vdots & \vdots & \ddots & \vdots \\ b_{m1} & b_{m2} & \cdots & b_{mp} \end{pmatrix} = \begin{pmatrix} c_{11} & c_{12} & \cdots & c_{1p} \\ \vdots & \vdots & \ddots & \vdots \\ c_{n1} & c_{n2} & \cdots & c_{np} \end{pmatrix}
$$

其中：

$$
c_{ij} = \bigvee_{k=1}^{m} (a_{ik} \wedge b_{kj}), \ 1 \leqslant i \leqslant n \, 且 \, 1 \leqslant j \leqslant p
$$

其中，$\vee$ 和 $\wedge$ 为定义在 0、1 上的二元运算，运算规则如表 2.2所示，其中 a 和 b 为两个运算数，下面每一行代表一种取值。最右边分别为 $\vee$ 与 $\wedge$ 在不同取值下的运算结果。

表 2.2 ∨ 与 ∧ 的运算表

a	b	$\vee$	$\wedge$
0	0	0	0
0	1	1	0
1	0	1	0
1	1	1	1

显然，$c_{ij} = 1$ 当且仅当有 $k(1 \leqslant k \leqslant m)$ 使得：

$$
a_{ik} = b_{kj} = 1
$$

在定义了 $0-1$ 矩阵的⊛运算后，关系合成运算可用关系对应的关系矩阵上的⊛运算来实现。

定理 2.3.5 令 A、B 和 C 为非空有限集合，二元关系 $R_1 \subseteq A \times B$ 且 $R_2 \subseteq B \times C$，则 $M_{R_1 \circ R_2} = M_{R_1} ⊛ M_{R_2}$。

证明： 设非空有限集合 $A = \{x_1, x_2, \cdots, x_n\}$、$B = \{y_1, y_2, \cdots, y_m\}$ 和 $C = \{z_1, z_2, \cdots, z_p\}$ 分别有 n、m 和 p 个元素。考查⊛运算中每个 c_{ij} 的计算结果是如何产生的。其计算公式为

$$
c_{ij} = \bigvee_{k=1}^{m} (a_{ik} \wedge b_{kj}), \ 1 \leqslant i \leqslant n \, 且 \, 1 \leqslant j \leqslant p
$$

其中，a_{ik} 代表了所有第 1 维分量为 x_i，第 2 维分量为 $y_k(1 \leqslant k \leqslant m)$ 的序偶在 R_1 中

的情况, 而 b_{kj} 代表了所有第 1 维分量为 y_k, 第 2 维分量为 $z_j(1 \leqslant k \leqslant m)$ 的序偶在 R_2 中的情况。因此, 若 $c_{ij} = 1$ 当且仅当有 $k(1 \leqslant k \leqslant m)$ 使得 $a_{ik} = b_{kj} = 1$。

这种情形对应到关系序偶中, 则表示有某个 y_k, 分别与 x_i 和 z_j 构成了序偶, 且必有 $\langle x_i, y_k \rangle \in R_1$ 与 $\langle y_k, z_j \rangle \in R_2$, 因此, 根据关系合成的运算规则, 必有 $\langle x_i, z_j \rangle \in R_1 \circ R_2$。当有多个 k 使 $a_{ik} = b_{kj} = 1$ 时, 合成的结果也只会有一个 $\langle x_i, z_j \rangle$。因此, 在合成结果的关系矩阵中, $c_{ij} = 1$ 也成立。

因此, 关系矩阵的 $\circledast$ 运算结果与关系合成结果的关系矩阵是相等的。$\qquad\square$

关系的合成有一些运算定律, 陈述如下。

定理 2.3.6 设 A、B、C 和 D 为任意 4 个集合, 二元关系 $R_1 \subseteq A{\times}B, R_2, R_3 \subseteq B{\times}C$, $R_4 \subseteq C \times D$。

(1) 若 $R_2 \subseteq R_3$, 则 $R_1 \circ R_2 \subseteq R_1 \circ R_3$ 且 $R_2 \circ R_4 \subseteq R_3 \circ R_4$;

(2) $R_1 \circ (R_2 \cup R_3) = (R_1 \circ R_2) \cup (R_1 \circ R_3)$;

(3) $(R_2 \cup R_3) \circ R_4 = (R_2 \circ R_4) \cup (R_3 \circ R_4)$;

(4) $R_1 \circ (R_2 \cap R_3) \subseteq (R_1 \circ R_2) \cap (R_1 \circ R_3)$;

(5) $(R_2 \cap R_3) \circ R_4 \subseteq (R_2 \circ R_4) \cap (R_3 \circ R_4)$;

(6) $(R_1 \circ R_2)^{-1} = (R_2^{-1} \circ R_1^{-1})$;

(7) $(R_1 \circ R_2) \circ R_4 = R_1 \circ (R_2 \circ R_4)$。

证明:

(1) 对任意的 $\langle a, c \rangle \in R_1 \circ R_2$(其中 $a \in A$ 且 $c \in C$), 则必有 $b \in B$ 使得 $\langle a, b \rangle \in R_1$ 且 $\langle b, c \rangle \in R_2$。因为 $R_2 \subseteq R_3$, 所以有 $\langle b, c \rangle \in R_3$, 由此可得 $\langle a, c \rangle \in R_1 \circ R_3$, 所以 $R_1 \circ R_2 \subseteq R_1 \circ R_3$。同理可证 $R_2 \circ R4 \subseteq R_3 \circ R_4$。

(2) 对任意的 $\langle a, c \rangle \in R_1 \circ (R_2 \cup R_3)$(其中 $a \in A$ 且 $c \in C$), 当且仅当有 $b \in B$ 使得 $\langle a, b \rangle \in R_1$ 且 $\langle b, c \rangle \in (R_2 \cup R_3)$, 当且仅当 $\langle a, b \rangle \in R_1$, 且 $\langle b, c \rangle \in R_2$ 或 $\langle b, c \rangle \in R_3$, 当且仅当 $\langle a, c \rangle \in R_1 \circ R_2$ 或 $\langle a, c \rangle \in R_1 \circ R_3$, 当且仅当 $\langle a, c \rangle \in (R_1 \circ R_2) \cup (R_1 \circ R_3)$。所以 $R_1 \circ (R_2 \cup R_3) = (R_1 \circ R_2) \cup (R_1 \cup R_3)$。

(3) 该定律的证明与 (2) 类似, 此处用另一种方法进行证明。

一方面, 因为 $R_2 \subseteq R_2 \cup R_3$ 且 $R_3 \subseteq R_2 \cup R_3$, 所以由 (1) 有 $R_2 \circ R_4 \subseteq (R_2 \cup R_3) \circ R_4$ 且 $R_3 \circ R_4 \subseteq (R_2 \cup R_3) \circ R_4$, 因此有 $(R_2 \circ R_4) \cup (R_3 \circ R_4) \subseteq (R_2 \cup R_3) \circ R_4$。

另一方面, 对任意的 $\langle b, d \rangle \in (R_2 \cup R_3) \circ R_4$(其中 $b \in B$ 且 $d \in D$), 必有 $c \in C$ 使得 $\langle b, c \rangle \in R_2 \cup R_3$ 且 $\langle c, d \rangle \in R_4$, 即 $\langle b, c \rangle \in R_2$ 或 $\langle b, c \rangle \in R_3$。因此有 $\langle b, d \rangle \in R_2 \circ R_4$ 或 $\langle b, d \rangle \in R_3 \circ R_4$, 由此可得 $\langle b, d \rangle \in (R_3 \circ R_4) \cup (R_2 \circ R_4)$, 所以 $(R_2 \cup R_3) \circ R_4 \subseteq (R_2 \circ R_4) \cup (R_3 \circ R_4)$。

综上可得 $(R_2 \cup R_3) \circ R_4 = (R_2 \circ R_4) \cup (R_3 \circ R_4)$。

(4) 对任意的 $\langle a, c \rangle \in R_1 \circ (R_2 \cap R_3)$(其中 $a \in A$ 且 $c \in C$), 则必有 $b \in B$ 使得 $\langle a, b \rangle \in R_1$ 且 $\langle b, c \rangle \in (R_2 \cap R_3)$, 即 $\langle a, b \rangle \in R_1$ 与 $\langle b, c \rangle \in R_2$ 且 $\langle b, c \rangle \in R_3$, 因

此有 $\langle a,c\rangle \in R_1 \circ R_2$ 且 $\langle a,c\rangle \in R_1 \circ R_3$，即 $\langle a,c\rangle \in (R_1 \circ R_2) \cap (R_1 \circ R_3)$，所以有 $R_1 \circ (R_2 \cap R_3) \subseteq (R_1 \circ R_2) \cap (R_1 \circ R_3)$。

(5) 该定律的证明与 (4) 类似，此处用另一种方法进行证明。因为 $R_2 \cap R_3 \subseteq R_2$ 且 $R_2 \cap R_3 \subseteq R_3$，由 (1) 可得 $(R_2 \cap R_3) \circ R_4 \subseteq R_2 \circ R_4$ 且 $(R_2 \cap R_3) \circ R_4 \subseteq R_3 \circ R_4$，因此有 $(R_2 \cap R_3) \circ R_4 \subseteq (R_2 \circ R_4) \cap (R_3 \circ R_4)$。

(6) 对任意的 $\langle c,a\rangle \in (R_1 \circ R_2)^{-1}$(其中 $a \in A$ 且 $c \in C$)，当且仅当 $\langle a,c\rangle \in (R_1 \circ R_2)$，当且仅当必有 $b \in B$ 使得 $\langle a,b\rangle \in R_1$ 且 $\langle b,c\rangle \in R_2$，当且仅当 $\langle b,a\rangle \in R_1^{-1}$ 且 $\langle c,b\rangle \in R_2^{-1}$，当且仅当 $\langle c,a\rangle \in R_2^{-1} \circ R_1^{-1}$，所以有 $(R_1 \circ R_2)^{-1} = (R_2^{-1} \circ R_1^{-1})$。

(7) 对任意的 $\langle a,d\rangle \in (R_1 \circ R_2) \circ R_4$(其中 $a \in A$ 且 $d \in D$)，当且仅当必有 $c \in C$ 使得 $\langle a,c\rangle \in (R_1 \circ R_2)$ 且 $\langle c,d\rangle \in R_4$，当且仅当必有 $b \in B$ 使得 $\langle a,b\rangle \in R_1$ 且 $\langle b,c\rangle \in R_2$ 且 $\langle c,d\rangle \in R_4$，当且仅当 $\langle a,b\rangle \in R_1$ 且 $\langle b,d\rangle \in (R_2 \circ R_4)$，当且仅当 $\langle a,d\rangle \in R_1 \circ (R_2 \circ R_4)$。所以 $(R_1 \circ R_2) \circ R_4 = R_1 \circ (R_2 \circ R_4)$。$\qquad\square$

定理 2.3.6的 (2) 和 (3) 是合成运算关于并运算的分配律，因为合成运算不可交换，所以分为左分配律和右分配律。(4) 和 (5) 是合成运算关于交运算的分配律，请注意只有包含关系，而无相等关系。因为存在 $R_2 \cap R_3 = \varnothing$ 而 $(R_1 \circ R_2) \cap (R_1 \circ R_3)$ 或 $(R_2 \circ R_4) \cap (R_3 \circ R_4)$ 都不为 $\varnothing$ 的情形，所以等式不成立。请读者自行列举这样的例子。(6) 为合成的逆等于逆的换序合成，而 (7) 为合成的结合律。

由定理 2.3.6的 (7) 可知，多个关系可连续做合成运算。当这多个关系是同一个关系时，就产生了基于关系合成运算的"幂"的概念。

定义 2.3.3 设二元关系 $R \subseteq A^2$，令：

(1) $R^0 = I_A$；

(2) $R^{n+1} = R \circ R^n$，$n \in \mathbb{N}$。

其中 $I_A = \{\langle x,x\rangle | x \in A\}$ 为 A 上的恒等关系。称 $R^n (n \in \mathbb{N})$ 为 R 的 n 次幂。

易知，对任意的 $R \subseteq A^2$，有 $R \circ I_A = I_A \circ R$，即 I_A 为关系合成运算的单位元。由此可得到 R 的 n 次幂上类似于四则运算上乘法幂的运算定律。

定理 2.3.7 设 $n,m \in \mathbb{N}$，二元关系 $R \subseteq A^2$，则：

(1) $R^n \circ R^m = R^{n+m}$；

(2) $(R^m)^n = R^{mn}$；

(3) $(R^n)^{-1} = (R^{-1})^n$。

证明：

(1) 对 (1) 和 (2) 用第一归纳法证明，对 n 进行归纳。

① 当 $n = 0$ 时，因为：

$$R^0 \circ R^m = I_A \circ R^m = R^m = R^{0+m}$$

$$(R^m)^0 = I_A = R^0 = R^{0 \cdot m}$$

所以此时命题都为真。

② 假设当 $n = k(k \geqslant 0)$ 时，命题皆真，即 $R^k \circ R^m = R^{k+m}$ 且 $(R^m)^k = R^{mk}$。则当 $n = k+1$ 时，

$$R^{k+1} \circ R^m = (R \circ R^k) \circ R^m = R \circ (R^k \circ R^m) = R \circ R^{k+m} = R^{(k+m)+1} = R^{(k+1)+m}$$

$$(R^m)^{k+1} = R^m \circ (R^m)^k = R^m \circ R^{mk} = R^{m+mk} = R^{m(k+1)}$$

所以当 $n = k+1$ 时命题也皆真。

(2) 结论 (3) 是定理 2.3.6 的 (6) 的推广，也可用第一归纳法证明，对 n 进行归纳。

① 当 $n = 0$ 时，有 $(R^0)^{-1} = I_A^{-1} = (R^{-1})^0 = I_A$，命题为真。

② 假设当 $n = k(k \geqslant 0)$ 时，$(R^k)^{-1} = (R^{-1})^k$。则当 $n = k+1$ 时，$(R^{k+1})^{-1} = (R \circ R^k)^{-1}$，由定理 2.3.6 的 (6) 可知，$(R \circ R^k)^{-1} = (R^k)^{-1} \circ R^{-1} = (R^{-1})^k \circ R^{-1} = (R^{-1})^{k+1}$。所以当 $n = k+1$ 时命题也真。 □

本节最后一个合成运算的性质是关于有限集合上二元关系的合成次数的，即在某个关系上的合成进行到一定次数后，合成结果会重复出现。

定理 2.3.8 设有限集 A 恰有 n 个元素 $(n \in \mathbb{N})$，二元关系 $R \subseteq A^2$，则有 $s, t \in \mathbb{N}$ 使得 $s < t \leqslant 2^{n^2}$ 且 $R^s = R^t$。

只要根据关系的定义，即关系是笛卡儿乘积的子集，分析清楚笛卡儿乘积子集的个数，即 2^{n^2} 个，就能很好地理解该定理。

证明： 因为 A^2 有 n^2 个元素，根据关系的定义易知 A 上共有 2^{n^2} 个不同的二元关系。因此，在以下的 $2^{n^2} + 1$ 个 A 上的二元关系

$$R^0, R^1, R^2, \cdots, R^{2^{n^2}}$$

中，必有相等者。而这些关系的幂为 $0, 1, \cdots, 2^{n^2}$ 为严格递增序列，所以其中相等的关系的幂必不相同，必有 $s, t \in \mathbb{N}$ 使得 $s < t \leqslant 2^{n^2}$ 且 $R^s = R^t$。 □

习题 2.3

1. 设 R 为非空有限集 A 上的二元关系。如果 R 是反对称的，则 $R \cap R^{-1}$ 的关系矩阵 $M_{R \cap R^{-1}}$ 中最多能有多少个元素为 1？

2. 请证明若 R 为集合 A 上的二元关系，则 $R \cup R^{-1}$ 为 A 上包含 R 的最小对称关系，$R \cap R^{-1}$ 为 A 上的包含在 R 中的最大对称关系。

3. 请证明若 I_A 为集合 A 上的恒等关系，即 $I_A = \{\langle x, x \rangle | x \in A\}$，则对 A 上的任意二元关系 R，A 上的二元关系 $I_A \cup R \cup R^{-1}$ 必是自反的和对称的。

4. 设 R 为任意二元关系，证明：

(1) $\mathrm{dom}R^{-1} = \mathrm{ran}R$

(2) $\mathrm{ran}R^{-1} = \mathrm{dom}R$

5. 设集合 $\{a,b,c,d\}$ 上的二元关系 R_1 和 R_2 分别为

$$R_1 = \{\langle a,a\rangle, \langle a,b\rangle, \langle b,d\rangle\}$$
$$R_2 = \{\langle a,d\rangle, \langle b,c\rangle, \langle b,d\rangle, \langle c,b\rangle\}$$

试求 $R_2 \circ R_1$, $R_1 \circ R_2$, R_1^2 及 R_2^2。

6. 设关系 $R = \{\langle 3,2\rangle, \langle 7,7\rangle, \langle 2,7\rangle, \langle 5,3\rangle\}$, 请计算 R^n, 其中 $n = 2,3,\cdots,+\infty$。

7. 设 R 为如图 2.8所示的集合 $\{a,b,c,d,e,f,g,h\}$ 上的二元关系。试求出满足 $m < n$ 与 $R^m = R^n$ 的最小正整数 m 和 n。

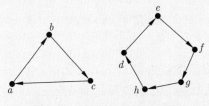

图 2.8　习题 2.3 中 7 题图

8. 若 R 为任意集合 A 上的空关系或全关系, 则 $R^2 = R$。

9. 举出分别使 $R_1 \circ (R_2 \cap R_3) \subset (R_1 \circ R_2) \cap (R_1 \circ R_3)$ 以及 $(R_2 \cap R_3) \circ R_4 \subset (R_2 \circ R_4) \cap (R_3 \circ R_4)$ 成立的二元关系 R_1, R_2, R_3 和 R_4 的实例。

10. 设 R_1 和 R_2 都是集合 A 上的二元关系, 证明或用反例推翻以下的论断:

(1) 如果 R_1 和 R_2 都是自反的, 则 $R_1 \circ R_2$ 也是自反的;

(2) 如果 R_1 和 R_2 都是反自反的, 则 $R_1 \circ R_2$ 也是反自反的;

(3) 如果 R_1 和 R_2 都是对称的, 则 $R_1 \circ R_2$ 也是对称的;

(4) 如果 R_1 和 R_2 都是反对称的, 则 $R_1 \circ R_2$ 也是反对称的;

(5) 如果 R_1 和 R_2 都是传递的, 则 $R_1 \circ R_2$ 也是传递的。

11. 设 $A = \{0,1,2,3\}$ 上的二元关系 R_1 和 R_2 分别为

$$R_1 = \{\langle i,j\rangle \mid j = i+1 \text{ 或 } j = i/2\}$$
$$R_2 = \{\langle i,j\rangle \mid i = j+2\}$$

试求 M_{R_1}, M_{R_2}, $M_{R_1 \circ R_2}$, $M_{R_1 \circ R_2 \circ R_1}$ 以及 $M_{R_1^3}$。

12. 设 $A = \{1,2,3,4,5,6\}$ 上的二元关系 R 的关系图 G_R 如图 2.9所示。试从 M_R 出发, 求出 M_{R^5} 及 M_{R^8}, 并画出 R^5 和 R^8 的关系图加以验证。

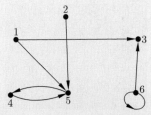

图 2.9　二元关系 R 的关系图 G_R

13. 设 R 为集合 A 上的二元关系，$s,t \in \mathbb{N}$，$s < t$ 且 $R^s = R^t$。证明：

(1) 若 $k \in \mathbb{N}$，则 $R^{s+k} = R^{t+k}$；

(2) 若 $k,i \in \mathbb{N}$，则 $R^{s+kp+i} = R^{s+i}$，其中 $p = t-s$；

(3) 若 $k \in \mathbb{N}$，则 $R^k \in \{R^0, R^1, \cdots, R^{t-1}\}$。

14. 定义关系 $R = \{\langle x,y \rangle | x^2 + y^2 = 1\} \subseteq \mathbb{R}^2$，请求出 R^{-1}。

15. 基于习题 2.1 中第 13 题定义的像，证明：若 $R \subseteq A^2$，$a \in A$ 且 $\mathcal{I}(a) \neq \varnothing$，则 $a \in \mathcal{I}_{R^{-1}}(\mathcal{I}_R(a))$。

16. "$<$" 为集合 $\mathbb{R}$ 上的小于关系，请证明：$< \ = \ < \circ <$。

17. "$|$" 为集合 $\mathbb{N}$ 上的整除关系，请证明：$| \ = \ | \circ |$。

18. 设 I_A 为集合 A 上的恒等关系，R 为 A 上的任意二元关系。证明：

(1) R 是自反的，当且仅当 $I_A \subseteq R$；

(2) R 是反自反的，当且仅当 $R \cap I_A = \varnothing$；

(3) R 是对称的，当且仅当 $R = R^{-1}$；

(4) R 是反对称的，当且仅当 $R \cap R^{-1} \subseteq I_A$；

(5) R 是传递的，当且仅当 $R \circ R \subseteq R$。

19. 请证明如果集合 A 上的二元关系 R 既是自反的，又是传递的，则 $R^2 = R$。

20. 设 R_1 为从集合 A 到集合 B 的二元关系，R_2 为从集合 B 到集合 C 的二元关系。试求 $\mathrm{dom}(R_1 \circ R_2)$ 和 $\mathrm{ran}(R_1 \circ R_2)$。

21. 设 A 为一集合，$R,S \subseteq A^2$。请证明：若 R 与 S 都是对称的，则 $(R \circ S) \cup (S \circ R)$ 也是对称的。

22. 设 R 为从集合 A 到集合 B 的二元关系，且对每个 $X \subseteq A$，皆令

$$R(X) = \{y \in B \mid \text{有} \ x \in X \text{使} \langle x,y \rangle \in R\}.$$

请证明若 $X_1 \subseteq A$ 且 $X_2 \subseteq A$，则有：

(1) $R(X_1 \cup X_2) = R(X_1) \cup R(X_2)$；

(2) $R(X_1 \cap X_2) \subseteq R(X_1) \cap R(X_2)$；

(3) $R(X_1 - X_2) \supseteq R(X_1) - R(X_2)$。

23. 设 R_1 为从集合 A 到集合 B 的二元关系，R_2 为从 B 到集合 C 的二元关系。若 $X \subseteq A$，则 $(R_1 \circ R_2)(X) = R_2(R_1(X))$。

2.4 关系的闭包

对集合 A 上的二元关系 R，当其可能不具备关系 5 种性质中的某些性质时，我们关心的是如何将不具备某种性质的关系变为具备某种性质。一般来说，根据关系性质的定义，关系不具备某种性质，常常是因为缺失某些序偶，导致其不满足特定性质的定义。因此，常用的方法是在关系中添加缺失的序偶来使其具备某种性质。

但是，并不意味着可以随意添加序偶，一方面，随意添加序偶会导致新得到的关系

太多，不具备研究的价值；另一方面，我们重点讨论的是自反、对称、传递这三种性质。因此，我们特别关心的是仅添加"必需"的序偶，使 R 变为具有性质 P(自反、对称、传递) 的最小关系 S。

定义 2.4.1 设二元关系 $R \subseteq A^2$，如果二元关系 $R' \subseteq A^2$ 满足:

(1) R' 是自反的 (对称的或传递的);

(2) $R \subseteq R'$;

(3) 若 A 上的二元关系 R'' 也满足 (1) 和 (2)，则 $R' \subseteq R''$。

就称 R' 为 R 的自反 (对称或传递) 闭包，记为 $r(R)(s(R)$ 或 $t(R))$。

定义 2.4.1的 (1) 和 (2) 表达的是向 R 中添加序偶得到的 R' 是自反的 (对称的或传递的)，(3) 表达的是添加必需的序偶使 R' 是最小的。

那么，接下来需要讨论的是如何添加序偶，从一个关系 R 得到其 $r(R)(s(R)$ 或 $t(R))$。首先，一种特殊情况是如果 R 就是自反的 (对称的或传递的)，则不需要再添加序偶了。

定理 2.4.1 设二元关系 $R \subseteq A^2$ 则:

(1) R 是自反的当且仅当 $r(R) = R$;

(2) R 是对称的当且仅当 $s(R) = R$;

(3) R 是传递的当且仅当 $t(R) = R$。

证明：设二元关系 $R \subseteq A^2$。

(1) 首先由定义 2.4.1的 (2) 有 $R \subseteq r(R)$，其次因为 R 是自反的且 $R \subseteq R$，因此由定义 2.4.1的 (3) 有 $r(R) \subseteq R$，所以 $r(R) = R$。

(2) 首先由定义 2.4.1的 (2) 有 $R \subseteq s(R)$，其次因为 R 是对称的且 $R \subseteq R$，因此由定义 2.4.1的 (3) 有 $s(R) \subseteq R$，所以 $s(R) = R$。

(3) 首先由定义 2.4.1的 (2) 有 $R \subseteq t(R)$，其次因为 R 是传递的且 $R \subseteq R$，因此由定义 2.4.1的 (3) 有 $t(R) \subseteq R$，所以 $t(R) = R$。 □

定理 2.4.1 的证明用到了闭包的定义，在应用闭包定义时，需要特别注意问题中的哪些关系对应定义中的 R'，哪些关系对应定义中的 R''，才能用好并发挥闭包定义的作用。

其次，对更一般的情况，我们讨论如何得到闭包的问题。

例 2.4.1 请结合下面的例子及其思考题，尝试自行给出计算 $r(R)(s(R)$ 或 $t(R))$ 的方法。

(1) 设 $R = \{\langle 1,1 \rangle, \langle 1,2 \rangle, \langle 2,1 \rangle, \langle 3,2 \rangle\}$ 为集合 $A = \{1,2,3\}$ 上的关系，如何得到 R 的自反闭包?

可知 R 中缺乏 A 中元素 2 和 3 对应的 $\langle a,a \rangle$ 序偶，导致其不是自反的，因此，可添加序偶 $\langle 2,2 \rangle$ 和 $\langle 3,3 \rangle$ 得到 $r(R)$。

请进一步思考，$\langle 2,2 \rangle$ 和 $\langle 3,3 \rangle$ 来自哪个关系?

(2) 设 $R = \{\langle 1,1 \rangle, \langle 1,2 \rangle, \langle 2,2 \rangle, \langle 2,3 \rangle, \langle 3,1 \rangle, \langle 3,2 \rangle\}$ 为集合 $A = \{1,2,3\}$ 上的关系，如何得到 R 的对称闭包？

可知 R 不是对称的，因为 $\langle 1,2 \rangle$ 和 $\langle 3,1 \rangle$ 缺乏对应的 $\langle b,a \rangle$ 序偶，因此考虑添加序偶 $\langle 2,1 \rangle$ 和 $\langle 1,3 \rangle$，易知，新关系是对称的，即为 $s(R)$。

请进一步思考，$\langle 2,1 \rangle$ 和 $\langle 1,3 \rangle$ 来自哪个关系？

(3) 设 $R = \{\langle 1,3 \rangle, \langle 1,4 \rangle, \langle 2,1 \rangle, \langle 3,2 \rangle\}$ 为集合 $A = \{1,2,3,4\}$ 的关系，如何得到 R 的传递闭包？

可知 R 中因为缺乏 $\langle 1,2 \rangle$ 等序偶而不满足传递关系定义，因此可添加 $\langle 1,2 \rangle$、$\langle 2,3 \rangle$、$\langle 2,4 \rangle$ 和 $\langle 3,1 \rangle$。那么，此时得到了 $t(R)$ 吗？考查新得到的关系，可知还不是传递的，需继续添加 $\langle 1,1 \rangle$、$\langle 2,2 \rangle$、$\langle 3,4 \rangle$ 和 $\langle 3,3 \rangle$，才最终得到 $t(R)$。

请进一步思考，第一次和第二次添加的 4 个序偶分别来自哪个关系？ □

从例 2.4.1 中可以看出，求关系闭包的原则是"缺啥补啥"，进一步由示例可大致进行猜想：(1)中新增的序偶来自 I_A；(2)中新增的序偶来自 R^{-1}；(3)中第一次和第二次新增的序偶分别来自 R^2 和 R^3。下面的定理表明这个猜想是正确的。

定理 2.4.2 设二元关系 $R \subseteq A^2$，则：

(1) $r(R) = R \cup I_A$；

(2) $s(R) = R \cup R^{-1}$；

(3) $t(R) = R^+ = \bigcup\limits_{n=1}^{\infty} R^n$。

证明：

(1) 首先，显然 $R \cup I_A$ 是自反的，且 $R \subseteq R \cup I_A$，所以由定义 2.4.1的 (3) 有 $r(R) \subseteq R \cup I_A$。其次，因为 $r(R)$ 是自反的，易知有 $I_A \subseteq r(R)$(为什么？请读者思考) 且 $R \subseteq r(R)$，因此有 $R \cup I_A \subseteq r(R)$。综上有 $r(R) = R \cup I_A$。

(2) 首先，因为 $(R \cup R^{-1})^{-1} = R^{-1} \cup R$，所以由定理 2.3.4可知 $R \cup R^{-1}$ 是对称的，且 $R \subseteq (R \cup R^{-1})$，所以 $s(R) \subseteq (R \cup R^{-1})$。其次，因为 $s(R)$ 是对称的，且 $R \subseteq s(R)$，因此由定理 2.3.2的 (3) 有 $R^{-1} \subseteq (s(R))^{-1} = s(R)$，由此可得 $R \cup R^{-1} \subseteq s(R)$。综上可得 $s(R) = R \cup R^{-1}$。

(3) 先证 $t(R) \subseteq R^+$，若 $\langle a,b \rangle \in R^+$ 且 $\langle b,c \rangle \in R^+$，则必有 $n,m \in \mathbb{I}_+$ 使得 $\langle a,b \rangle \in R^n$ 且 $\langle b,c \rangle \in R^m$，因此必有 $\langle a,c \rangle \in R^{n+m} \subseteq R^+$，即 R^+ 是传递的，且有 $R \subseteq R^+$，因此由定义 2.4.1的 (3) 有 $t(R) \subseteq R^+$。

接下来证明 $R^+ \subseteq t(R)$，只需根据定理 1.2.1证明对每个 $n \in \mathbb{I}_+$ 皆有 $R^n \subseteq t(R)$ 即可。用第一归纳法证明，对 n 进行归纳。

① 当 $n=1$ 时，由闭包定义可知命题为真；

② 假设当 $n=k(k \geqslant 1)$ 时命题为真，即 $R^k \subseteq t(R)$。则当 $n=k+1$ 时，对任意的 $\langle a,c \rangle \in R^{k+1} = R \circ R^k$，必有 $b \in A$ 使得 $\langle a,b \rangle \in R$ 且 $\langle b,c \rangle \in R^k$，即 $\langle a,b \rangle \in t(R)$ 且 $\langle b,c \rangle \in t(R)$，由 $t(R)$ 是传递的，所以必有 $\langle a,c \rangle \in t(R)$，由此可得 $R^{k+1} \subseteq t(R)$。即当 $n=k+1$ 时命题也真。 □

在定理 2.4.2给出的直接计算法中，$t(R)$ 的计算是不可操作的，因为要计算 R^∞，所以有待改进。现实世界中与无限集合相关的情形很少，因此，当只考虑有限集合上关系的 $t(R)$ 时，其计算过程可进一步改进为可操作的。

定理 2.4.3 设 A 为有限集合且 $|A| = n$，二元关系 $R \subseteq A^2$，则

$$t(R) = \bigcup_{i=1}^{n} R^i$$

证明： 首先，当 $A = \varnothing$ 时，有 $t(R) = \bigcup_{i=1}^{0} R^i = \varnothing$，公式成立。

当 $n > 0$ 时，考查该公式，其实只要证明对每个 $k \in \mathbb{N}$，有 $R^{n+k} \subseteq \bigcup_{i=1}^{n} R^i$ 即可。用第二归纳法证明，对 k 进行归纳。

(1) 当 $k = 0$ 时，$R^{n+k} = R^n \subseteq \bigcup_{i=1}^{n} R^i$，命题为真；

(2) 对任意的整数 $m \geqslant 0$，假设当 $0 \leqslant k < m$ 时皆有 $R^{n+k} \subseteq \bigcup_{i=1}^{n} R^i$。则当 $k = m$ 时，对任意的 $\langle a, c \rangle \in R^{n+m}$，则有 $x_1, x_2, \cdots, x_{n+m-1} \in A$，使得 $\langle x_i, x_{i+1} \rangle \in R(i = 0, 1, \cdots, n+m-1$ 且 $x_0 = a$，$x_{n+m} = c)$。因为 $n + m > n$，所以在 $x_1, x_2, \cdots, x_{n+m}$ 这 $n + m$ 个元素中，必有两个相同，设 $x_l = x_j (1 \leqslant l < j \leqslant n+m)$，因此有 $\langle x_0, x_1 \rangle, \langle x_1, x_2 \rangle, \cdots, \langle x_{l-1}, x_j \rangle, \langle x_j, x_{j+1} \rangle, \cdots, \langle x_{n+m-1}, x_{n+m} \rangle \in R$，即 $\langle x_0, x_{n+m} \rangle = \langle a, c \rangle \in R^{n+m-(j-l)}$。

从而由 $R^{n+m-(j-l)} \subseteq \bigcup_{i=1}^{n} R^i$ 可得 $\langle a, c \rangle \in \bigcup_{i=1}^{n} R^i$，即 $R^{n+m} \subseteq \bigcup_{i=1}^{n} R^i$。即当 $k = m$ 时命题也真。 □

根据闭包的计算公式，可直接写出自动化求关系闭包的 Python 程序。代码 2.5 中定义了 3 个函数 reflexive_closure()、symmetric_closure() 和 transitive_closure()，分别计算给定集合 A 上关系 R 的自反、对称和传递闭包。

代码 2.5 求关系闭包的程序

```
1  reflexive_closure = lambda R, A: R|{(a,a) for a in A}
2  symmetric_closure = lambda R: R|{(b,a) for a,b in R}
3
4  def transitive_closure(relation):
5      closure = relation
6      while True:
7          new_relations = set((a, c) for a, b in closure \
8                              for d, c in closure if b == d)
9          closure_until_now = closure | new_relations
10         if closure_until_now == closure:
```

```
11              break
12          else:
13              closure = closure_until_now
14      return list(closure)
```

其中传递闭包的计算使用了循环，即每次将新的传递关系添加到原集合中，再用新的集合继续计算缺失的序偶，直到没有新的序偶产生为止。这个过程称为 Warshall 算法。而自反闭包与对称闭包的程序直接实现了对应的公式。

由此，我们得到了直接计算 $r(R)$、$s(R)$ 和 $t(R)$ 的实用方法。当然，对有限集合上的二元关系，也可在其关系图上通过对边进行操作，直观地得到对应闭包的关系图，即可由关系图求 $r(R)$、$s(R)$ 和 $t(R)$。

设 A 为有限集合，二元关系 $R \subseteq A^2$，G_R 为 R 的关系图，则：

(1) 可通过为 G_R 中每个无自圈的节点都增加一个自圈，得到 $r(R)$ 的关系图 $G_{r(R)}$；

(2) 可通过为 G_R 中每条不同节点间的单向边增加一条反向边，得到 $s(R)$ 的关系图 $G_{s(R)}$；

(3) 可通过在 G_R 中添加上所有的 "捷径"，得到 $t(R)$ 的关系图 $G_{t(R)}$。图中若沿着有向边能从节点 i 经过多于 1 个节点到达节点 j，则从节点 i 直达节点 j 的边即为 "捷径"。

最后给出闭包上的若干性质并加以证明。

定理 2.4.4 设 A 为任意集合，二元关系 $R_1, R_2 \subseteq A^2$，且 $R_1 \subseteq R_2$，则：

(1) $r(R_1) \subseteq r(R_2)$;

(2) $s(R_1) \subseteq s(R_2)$;

(3) $t(R_1) \subseteq t(R_2)$。

证明：

(1) 因为 $R_1 \subseteq R_2 \subseteq r(R_2)$，且 $r(R_2)$ 是自反的，由定义 2.4.1的 (3) 可知有 $r(R_1) \subseteq r(R_2)$。

(2) 因为 $R_1 \subseteq R_2 \subseteq s(R_2)$，且 $s(R_2)$ 是对称的，由定义 2.4.1的 (3) 可知有 $s(R_1) \subseteq s(R_2)$。

(3) 因为 $R_1 \subseteq R_2 \subseteq t(R_2)$，且 $t(R_2)$ 是传递的，由定义 2.4.1的 (3) 可知有 $t(R_1) \subseteq t(R_2)$。 □

定理 2.4.5 设 A 为任意集合，二元关系 $R \subseteq A^2$。

(1) 若 R 是自反的，则 $s(R)$ 和 $t(R)$ 也是自反的；

(2) 若 R 是对称的，则 $r(R)$ 和 $t(R)$ 也是对称的；

(3) 若 R 是传递的，则 $r(R)$ 也是传递的。

证明：

(1) 可知 R 是自反的当且仅当 $I_A \subseteq R$(为什么？请读者思考)。因此，若 R 是自反的，则有 $I_A \subseteq R$，由此可得 $I_A \subseteq R \subseteq s(R)$ 和 $I_A \subseteq R \subseteq t(R)$，所以 $s(R)$ 和 $t(R)$ 也是自反的。

(2) 由定理 2.3.4可知若 R 是对称的当且仅当 $R = R^{-1}$。由 $(r(R))^{-1} = (R \cup I_A)^{-1} = R^{-1} \cup I_A^{-1} = R \cup I_A = r(R)$，以及 $(t(R))^{-1} = \left(\bigcup_{i=1}^{\infty} R^i \right)^{-1} = \bigcup_{i=1}^{\infty} (R^i)^{-1} = \bigcup_{i=1}^{\infty} (R^{-1})^i = \bigcup_{i=1}^{\infty} R^i = t(R)$，可得 $r(R)$ 和 $t(R)$ 也是对称的。

(3) 可知若 R 是传递的当且仅当 $R \circ R \subseteq R$(为什么? 请读者思考)。由 $r(R) \circ r(R) = (R \cup I_A) \circ (R \cup I_A) = R \circ R \cup R \circ I_A \cup I_A \circ R \cup I_A \circ I_A = R \circ R \cup R \cup I_A = R \cup I_A = r(R)$，可得 $r(R)$ 也是传递的。 $\square$

请注意，若 R 是传递的，则 $s(R)$ 不一定是传递的。例如集合 $A = \{a, b\}$ 上的二元关系 $R = \{\langle a, b \rangle\}$ 是传递的，而 $s(R) = \{\langle a, b \rangle, \langle b, a \rangle\}$ 显然不是传递的。

定理 2.4.6 设 A 为任意集合，二元关系 $R \subseteq A^2$。
(1) $\mathrm{rs}(R) = \mathrm{sr}(R)$;
(2) $\mathrm{rt}(R) = \mathrm{tr}(R)$;
(3) $\mathrm{st}(R) \subseteq \mathrm{ts}(R)$。

定理 2.4.6中的公式为闭包的嵌套，其运算顺序是从内到外的，例如 $\mathrm{rs}(R)$ 为先得到 R 的对称闭包，再在此基础上求 $s(R)$ 的自反闭包。可利用闭包的定义证明该定理。

证明:

(1) 首先，由 $R \subseteq r(R)$ 以及定理 2.4.4可得 $s(R) \subseteq \mathrm{sr}(R)$，又根据定理 2.4.5的 (1) 可得 $\mathrm{sr}(R)$ 是自反的，因此根据定义 2.4.1的 (3) 有 $\mathrm{rs}(R) \subseteq \mathrm{sr}(R)$。其次，由 $R \subseteq s(R)$ 以及定理 2.4.4可得 $r(R) \subseteq \mathrm{rs}(R)$，又根据定理 2.4.5的 (2) 可得 $\mathrm{rs}(R)$ 是对称的，因此根据定义 2.4.1的 (3) 有 $\mathrm{sr}(R) \subseteq \mathrm{rs}(R)$。综上有 $\mathrm{rs}(R) = \mathrm{sr}(R)$。

(2) 首先，由 $R \subseteq r(R)$ 以及定理 2.4.4可得 $t(R) \subseteq \mathrm{tr}(R)$，又根据定理 2.4.5的 (1) 可得 $\mathrm{tr}(R)$ 是自反的，因此根据定义 2.4.1的 (3) 有 $\mathrm{rt}(R) \subseteq \mathrm{tr}(R)$。其次，由 $R \subseteq t(R)$ 以及定理 2.4.4可得 $r(R) \subseteq \mathrm{rt}(R)$，又根据定理 2.4.5的 (3) 可得 $\mathrm{rt}(R)$ 是传递的，因此定义 2.4.1的 (3) 有 $\mathrm{tr}(R) \subseteq \mathrm{rt}(R)$。综上有 $\mathrm{rt}(R) = \mathrm{tr}(R)$。

(3) 由 $R \subseteq s(R)$ 以及定理 2.4.4可得 $t(R) \subseteq \mathrm{ts}(R)$，又根据定理 2.4.5的 (2) 可得 $\mathrm{ts}(R)$ 是对称的，因此根据定义 2.4.1的 (3) 有 $\mathrm{st}(R) \subseteq \mathrm{ts}(R)$。 $\square$

从 2.5 节开始将讨论任意集合 A 上的三种特殊关系，即相容关系、等价关系和序关系。

习题 2.4

1. 关系 $R = \{\langle 1, 1 \rangle, \langle 2, 3 \rangle, \langle 3, 3 \rangle\} \subseteq \{1, 2, 3\}^2$，求 $r(R)$、$s(R)$ 与 $t(R)$。

2. 对图 2.10所示的集合 $A = \{a, b, c\}$ 上的三个关系，求出各自的自反闭包、对称闭包和传递闭包，并画出各闭包的关系图。

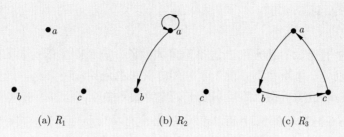

(a) R_1　　　　　(b) R_2　　　　　(c) R_3

图 2.10　关系 R_1、R_2 与 R_3 的关系图

3. 设 R_1 和 R_2 都是集合 A 上的二元关系，试证明：

(1) $r(R_1 \cup R_2) = r(R_1) \cup r(R_2)$;

(2) $s(R_1 \cup R_2) = s(R_1) \cup s(R_2)$;

(3) $t(R_1 \cup R_2) \supseteq t(R_1) \cup t(R_2)$.

并给出使 $t(R_1) \cup t(R_2) \supseteq t(R_1 \cup R_2)$ 不成立的 R_1 和 R_2 的具体实例。

4. 设 R_1 和 R_2 都是集合 A 上的二元关系，试证明：

(1) $r(R_1 \cap R_2) = r(R_1) \cap r(R_2)$;

(2) $s(R_1 \cap R_2) \subseteq s(R_1) \cap s(R_2)$;

(3) $t(R_1 \cap R_2) \subseteq t(R_1) \cap t(R_2)$.

并分别给出使 $s(R_1) \cap s(R_2) \subseteq s(R_1 \cap R_2)$ 和 $t(R_1) \cap t(R_2) \subseteq t(R_1 \cap R_2)$ 不成立的 R_1 和 R_2 的具体实例。

5. 设 $A = \{a, b, c, d, e, f, g, h\}$，$R$ 为 A 上的二元关系，其关系图 G_R 如图 2.11 所示。试画出 $t(R)$ 和 $\mathrm{ts}(R)$ 的关系图。

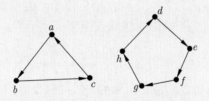

图 2.11　关系 R 的关系图 G_R

6. 请证明关系的自反闭包、对称闭包、传递闭包都是唯一的。

7. 设 A 为任一集合，$R \subseteq A^2$，$S \subseteq A^2$ 为传递关系。请证明：若 $R \subseteq S$，则 $R^i \subseteq S(i \in \mathbb{I}_+)$。

8. 给出一个二元关系 R 使 $\mathrm{st}(R) \neq \mathrm{ts}(R)$。

9. 设 R 为集合 A 上的二元关系，$R^* = \bigcup\limits_{n=0}^{\infty} R^n$，试证明：

(1) $R \circ R^* = R^+ = R^* \circ R$;

(2) $(R^+)^+ = R^+$;

(3) $(R^*)^* = R^*$.

2.5 相容关系

相容关系是对诸如"朋友圈"这类现象的抽象，一个圈里的对象彼此都是"朋友"，但一个对象可以处于多个"朋友圈"里。相容关系的应用较为广泛，例如数字逻辑设计中非确定有限自动机的状态化简，本质上是相容关系中极大相容类的求取。

定义 2.5.1 如果集合 A 上的二元关系 R 是自反的和对称的，则称 R 为 A 上的相容关系。若 xRy，则称 x 和 y 相容；否则称 x 和 y 不相容。

例 2.5.1 集合 $A = \{1, 2, 3, 4, 5, 6\}$ 上的二元关系 $R = \{\langle 1,1 \rangle, \langle 1,2 \rangle, \langle 1,3 \rangle, \langle 2,1 \rangle,$ $\langle 2,2 \rangle, \langle 2,3 \rangle, \langle 2,4 \rangle, \langle 2,5 \rangle, \langle 3,1 \rangle, \langle 3,2 \rangle, \langle 3,3 \rangle, \langle 3,4 \rangle, \langle 4,4 \rangle, \langle 4,2 \rangle, \langle 4,3 \rangle, \langle 4,5 \rangle, \langle 5,2 \rangle,$ $\langle 5,4 \rangle, \langle 5,5 \rangle, \langle 6,6 \rangle\}$ 是自反、对称的，因此 R 是相容关系。 □

例 2.5.2 集合 $A = \{\text{SPIT}, \text{NOT}, \text{SO}, \text{FAT}, \text{FOP}, \text{AS}, \text{IF}, \text{IN}, \text{PAN}\}$ 上的二元关系 $R = \{\langle a,b \rangle | a \in A$ 且 $b \in A$ 且 a 和 b 包含相同的字母$\}$，可知 A 中任意一个单词自己与自己包含相同的字母，且若 A 中单词 a 与 b 包含相同的字母，则 b 与 a 也包含相同的字母。因此，R 是自反的和对称的，因此 R 是相容关系。 □

由关系闭包中定理 2.4.1可知相容关系有以下性质。

定理 2.5.1 若 R 为集合 A 上的二元关系，则 R 为 A 上的相容关系，当且仅当 $r(R) = s(R) = R$。

定理 2.5.2 若 R 为集合 A 上的二元关系，则 $rs(R)$ 和 $sr(R)$ 都是 A 上的相容关系。

实际上，定理 2.5.2可由定理 2.4.5直接推出。

在现实世界中，主要讨论有限集合上的相容关系，因此，可结合相容关系的关系图和关系矩阵开展讨论。关系图和关系矩阵在一定程度上能体现关系的性质，但仍存在干扰因素较多的情形。当将这些干扰因素排除或简化后，更能暴露出关系的本质特性。

设非空有限集合 $A = \{x_1, x_2, \cdots, x_n\}$，首先，考查 A 上相容关系的关系图，因为相容关系是自反的，因此每个节点上有自圈，这种每个节点都有的特征对区分节点没有帮助，因此可以去除。又因为相容关系是对称的，任意两个节点之间都不会仅有单向边，因此，可将任意两个节点间成对出现的反向边合并成一条无向边。经过化简后的关系图称为简化关系图。

其次，考查 A 上相容关系的关系矩阵，因为相容关系是自反的和对称的，因此其矩阵是一个对角线元素全为 1 的对称矩阵，因此，只需要保留矩阵对角线以下的下三角元素即可。经过简化后的矩阵称为简化关系矩阵。如果 $n > 1$，且以 a_{ij} 表示矩阵的第 i 行第 j 列元素时，简化关系矩阵可表示为

$$
\begin{array}{c|cccc}
x_2 & a_{21} & & & \\
x_3 & a_{31} & a_{32} & & \\
\vdots & \vdots & \vdots & \ddots & \\
x_n & a_{n1} & a_{n2} & \cdots & a_{n(n-1)} \\
\hline
 & x_1 & x_2 & \cdots & x_{n-1}
\end{array}
$$

以例 2.5.1为例，其简化关系矩阵为

$$
\begin{array}{c|ccccc}
2 & 1 \\
3 & 1 & 1 \\
4 & 0 & 1 & 1 \\
5 & 0 & 1 & 0 & 1 \\
6 & 0 & 0 & 0 & 0 & 0 \\
\hline
 & 1 & 2 & 3 & 4 & 5
\end{array}
$$

其简化关系图如图 2.12所示。

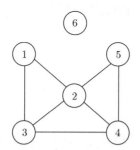

图 2.12　例 2.5.1的简化关系图

下面讨论如何运用相容关系建模"朋友圈"，即如何把"志趣相投"的对象分在一组。

定义 2.5.2 设 R 为集合 A 上的相容关系。

(1) 若 $S \subseteq A$ 且 $S \neq \varnothing$，如果对任意 $x, y \in S$ 皆有 xRy，则称 S 为相容关系 R 产生的一个相容类。

(2) 设 S 为 R 产生的相容类，若当 $y \notin S$ 时，皆有 $x \in S$ 使得 $x\mathcal{R}y$，则称 S 为 R 的一个极大相容类。

极大相容类也可表述为 R 为集合 A 上的相容关系，且 $S \subseteq A$，如果对任意的 $x, y \in S$ 皆有 xRy，而对任意的 $z \in A - S$ 至少与 S 中某个元素设为 u 有 $z\mathcal{R}u$，则 S 为 A 上关于 R 的一个极大相容类。

例 2.5.1中的相容类有 $\{1\}$、$\{2\}$、$\{3\}$、$\{4\}$、$\{5\}$、$\{6\}$、$\{1,2\}$、$\{1,3\}$、$\{2,3\}$、$\{4,5\}$ 等，而极大相容类有 $\{1,2,3\}$、$\{6\}$ 和 $\{2,4,5\}$ 等。由此可以观察到每个元素自身是一个相容类，在此基础上可通过不断添加其他元素，并保证添加进来的元素与原有元素都相容来构造极大相容类。

对观察到的相容类和极大相容类的产生过程进行归纳，可给出规范的求极大相容类的方法。一种是基于简化关系图的，另一种是基于简化关系矩阵的。前者直观、简单、实用，但不适合于计算机处理。

(1) 关系图法。

首先定义完全多边形为其中任意两点之间都有一条无向边的多边形。极大完全多边形为只要再给该完全多边形添加一个另外的节点，它就不再是完全多边形了的多边形。

相容关系 R 的简化关系图中相容类的判定方法如下。

① 完全多边形的顶点集合；

② 任一连线上的两个节点构成的集合；

③ 任意一个节点构成的单个元素的集合。

而极大相容类的判定方法如下。

① 极大完全多边形的顶点集合；

② 任一条不是完全多边形的边的连线上的两个节点构成的集合；

③ 任意一个孤立节点构成的单个元素的集合。

(2) 关系矩阵法。

利用关系矩阵法求极大相容类的具体步骤如下。

① 列出 R 的简化关系矩阵；

② R 的所有第 n 级相容类为 $\{x_1\}$，$\{x_2\}$，$\cdots$，$\{x_n\}$；

③ 若 $n=1$，则停止；

④ 若 $n>1$，则 $i \leftarrow n-1$；

⑤ $A \leftarrow \{x_j | a_{ji} = 1$且$i < j \leqslant n\}$；

⑥ 对每个 $i+1$ 级相容类 S，若 $S \cap A \neq \varnothing$，则添加一个新的相容类 $\{x_i\} \cup (S \cap A)$；

⑦ 对于已得到的任意两个相容类 S 和 S'，若 $S' \subseteq S$，则删去 S'(称这样合并后的相容类为第 i 级相容类)；

⑧ 若 $i>1$，则 $i \leftarrow i-1$，并转到步骤⑤；

⑨ 若 $i=1$，则终止。

最后所得到的相容类就是 R 的所有极大相容类。

以关系矩阵法求例 2.5.1 的所有极大相容类。

(1) 列出 R 的简化关系矩阵：

$$
\begin{array}{c|ccccc}
2 & 1 & & & & \\
3 & 1 & 1 & & & \\
4 & 0 & 1 & 1 & & \\
5 & 0 & 1 & 0 & 1 & \\
6 & 0 & 0 & 0 & 0 & 0 \\
\hline
 & 1 & 2 & 3 & 4 & 5
\end{array}
$$

(2) 因为 $n=6$，所以第 6 级的所有相容类为 $\{1\}$、$\{2\}$、$\{3\}$、$\{4\}$、$\{5\}$、$\{6\}$；

(3) 因为 $n=6>1$，所以 i 为 $n-1=5$；

(4) 扫描第 5 列，因为 $a_{65}=0$，所以相容类不改变，即第 5 级的所有相容类就是原来第 6 级的所有相容类，仍为 $\{1\}$、$\{2\}$、$\{3\}$、$\{4\}$、$\{5\}$、$\{6\}$；

(5) 因为 $i=5>1$，所以 i 为 $i-1=4$；

(6) 扫描第 4 列，因为 $a_{54}=1$，所以 $A = \{x_j | a_{j4} = 1$且$1 < j \leqslant 6\} = \{5\}$；

(7) 对于每个 $4+1=5$ 级相容类 S，因为 $\{5\} \cap A = \{5\} \neq \varnothing$，所以添加一个新的相容类 $\{x_4\} \cup \{5\} = \{4\} \cup \{5\} = \{4,5\}$，同时删去相容类 $\{4\}$ 和 $\{5\}$，此时相容类为 $\{1\}$、$\{2\}$、$\{3\}$、$\{4,5\}$、$\{6\}$；

(8) 因为 $i=4>1$，所以 i 为 $i-1=3$；

(9) 扫描第 3 列，因为 $a_{43}=1$，所以 $A = \{x_j | a_{j3} = 1$ 且 $1 < j \leqslant 6\} = \{4\}$；

(10) 对于每个 $3+1=4$ 级相容类 S，因为 $\{4,5\} \cap A = \{4\} \neq \varnothing$，所以添加一个新的相容类 $\{x_3\} \cup (\{4\}) = \{3\} \cup \{4\} = \{3,4\}$，同时删去相容类 $\{3\}$，此时相容类为 $\{1\}$、$\{2\}$、$\{3,4\}$、$\{4,5\}$、$\{6\}$；

(11) 因为 $i=3>1$，所以 i 为 $i-1=2$；

(12) 扫描第 2 列，因为 $a_{32}=a_{42}=a_{52}=1$，所以 $A = \{x_j | a_{j2} = 1$ 且 $1 < j \leqslant 6\} = \{3,4,5\}$；

(13) 对于每个 $2+1=3$ 级相容类 S，因为 $\{4,5\} \cap A = \{4,5\} \neq \varnothing$ 且 $\{3,4\} \cap A = \{3,4\} \neq \varnothing$，所以添加一个新的相容类 $\{x_2\} \cup (\{4,5\}) = \{2\} \cup \{4,5\} = \{2,4,5\}$，以及 $\{x_2\} \cup (\{3,4\}) = \{2\} \cup \{3,4\} = \{2,3,4\}$，同时删去相容类 $\{3,4\}$ 与 $\{4,5\}$，此时相容类为 $\{1\}$、$\{2,3,4\}$、$\{2,4,5\}$、$\{6\}$；

(14) 因为 $i=2>1$，所以 i 为 $i-1=1$；

(15) 扫描第 1 列，因为 $a_{21}=a_{31}=1$，所以 $A = \{x_j | a_{j1} = 1$ 且 $1 < j \leqslant 6\} = \{2,3\}$；

(16) 对于每个 $1+1=2$ 级相容类 S，因为 $\{2,3,4\} \cap A = \{2,3\} \neq \varnothing$，所以添加一个新的相容类 $\{x_1\} \cup (\{2,3\}) = \{1\} \cup \{2,3\} = \{1,2,3\}$，同时删去相容类 $\{1\}$，此时相容类为 $\{1,2,3\}$、$\{2,3,4\}$、$\{2,4,5\}$、$\{6\}$；

(17) 因为 $i=1$，所以终止。此时第 1 级的所有相容类为 $\{1,2,3\}$、$\{2,3,4\}$、$\{2,4,5\}$、$\{6\}$。

所以得到 R 的所有极大相容类 $\{1,2,3\}$、$\{2,3,4\}$、$\{2,4,5\}$、$\{6\}$。

由关系矩阵法构造极大相容类的过程，可知有如下定理。

定理 2.5.3 若 R 为有限集合 A 上的相容关系，C 是一个相容类，则一定存在一个极大相容类 C_R，使得 $C \subseteq C_R$。

证明： 设集合 $A = \{x_1, x_2, \cdots, x_n\}$，构造相容类序列

$$C_0 \subset C_1 \subset C_2 \cdots$$

其中，$C_0 = C$ 且 $C_{i+1} = C_i \cup \{x_j\}$，其中 j 满足 $x_j \notin C_i$，且对任意的 $x_i \in C_i$ 有 $x_i R x_j$，并且 j 是满足上述条件的最大下标。这个过程即为关系矩阵法求极大相容类的过程。

由 $|A| = n$ 可知，至多经过 $n - |C|$ 步就能使这个过程结束，而这个序列的最后一个相容类就是所要找的极大相容类。 $\square$

由前述两种求极大相容类的方法和定理 2.5.3 可知，集合 A 中任一元素 x_i 自身就是一个相容类 $\{x_i\}$，因此必包含在某个极大相容类中。因此，以所有极大相容类为元素构造一个集类 $\mathcal{B} \subseteq \mathcal{P}(A)$，则对 A 中任一元素 x_i，至少有一个 $B \in \mathcal{B}$，使得 $x_i \in B$。所以可知必有 $\bigcup \mathcal{B} = A$。

定义 2.5.3 设 A 为非空有限集合，若 $\mathcal{B} \subseteq \mathcal{P}(A)$ 且 $\mathcal{B} = \{A_i | 1 \leqslant i \leqslant n$ 且 $A_i \subseteq A\}$ 满足：

(1) $A_i \neq \varnothing (1 \leqslant i \leqslant n)$；

(2) $\bigcup \mathcal{B} = A$。

则称 $\mathcal{B}$ 为集合 A 的覆盖，称 $A_i \in \mathcal{B}$ 为分块。

例 2.5.1的所有极大相容类的集合为 $\mathcal{B} = \{\{1,2,3\}, \{2,3,4\}, \{2,4,5\}, \{6\}\}$，且 $\bigcup \mathcal{B} = \{1, 2, 3, 4, 5, 6\}$。但是，由若干相容关系构成的集合虽然也能覆盖 A，却不是唯一的。例 2.5.1中由相容类构成的覆盖可以有 $\{\{1\}, \{2\}, \{3\}, \{4\}, \{5\}, \{6\}\}$，也可以是 $\{\{1\}, \{2\}, \{3,4\}, \{4,5\}, \{6\}\}$，不唯一。

定义 2.5.4 如果 $\mathcal{B} = \{A_i | 1 \leqslant i \leqslant n$ 且 $A_i \subseteq A\}$ 为集合 A 的覆盖，若对任意的 $A_i \in \mathcal{B}$，不存在 $A_j \in \mathcal{B}(i \neq j)$ 使得 $A_i \subset A_j$，则称 $\mathcal{B}$ 为集合 A 的完全覆盖。

定理 2.5.4 设 R 为集合 A 上的相容关系，则 R 所有极大相容类的集合为集合 A 的一个完全覆盖，记为 $C_R(A)$，且 $C_R(A)$ 是唯一的。

证明： 设 R 所有极大相容类的集合为 $\mathcal{B} = \{A_i | 1 \leqslant i \leqslant n$ 且 $A_i \subseteq A\}$。则首先 R 的每个极大相容类不为空集。其次，因为 $A_i \subseteq A$，则 $\bigcup_{i=1}^{n} A_i \subseteq A$；又对任意的 $x \in A$，因为 $\langle x, x \rangle \in R$，则必有 $k(1 \leqslant k \leqslant n)$ 使得 $x \in A_k$，即 $A \subseteq \bigcup_{i=1}^{n} A_i$，所以有 $A = \bigcup_{i=1}^{n} A_i$。可知 $\mathcal{B}$ 为 A 的一个覆盖。

对任意的 $A_i, A_j \in \mathcal{B}(1 \leqslant i, j \leqslant n)$，如果 $A_i \neq A_j$，则必有 $A_i \not\subset A_j$。用反证法证明该结论：假设 $A_i \subset A_j$，则必有 $y \in A_j$ 且 $y \notin A_i$。一方面，对任意的 $x \in A_i \subset A_j$，x 与 A_j 中的每个元素相容；另一方面，因为 $y \in A - A_i$ 且 A_i 为极大相容类，所以 y 至少与 A_i 中一个元素不相容，这与 x 与 A_j 中每个元素相容相矛盾。因此，假设不成立，必有 $A_i \not\subset A_j (1 \leqslant i, j \leqslant n)$。因此，$\mathcal{B}$ 为 A 的一个完全覆盖。

现设 $\mathcal{C} = \{C_i | 1 \leqslant i \leqslant m$ 且 $C_i \subseteq A\}$ 是 A 上关于同一个相容关系 R 的另一个完全覆盖，则对任意的 $C_i \in \mathcal{C}$，必有 $k(1 \leqslant k \leqslant m)$ 使得 $C_i = A_k$；否则若 $C_i \neq A_k (k = 1, 2, \cdots, m)$，则 $\mathcal{B} \cup \{C_i\}$ 为 A 的一个完全覆盖，与 $\mathcal{B}$ 为 R 的所有极大相容类的集合相矛盾，因此有 $\mathcal{C} \subseteq \mathcal{B}$ 且 $n \leqslant m$。同理可证 $\mathcal{B} \subseteq \mathcal{C}$ 且 $m \leqslant n$。所以可得 $\mathcal{B} = \mathcal{C}$。

综上可得，R 所有极大相容类的集合是集合 A 上的一个完全覆盖，且是唯一的。□

反过来，给定集合 A 上的一个覆盖，可以得到一个 A 上的一个相容关系。

定理 2.5.5 若 $\mathcal{C} = \{C_1, C_2, \cdots, C_m\}$ 是集合 A 的覆盖，由 $\mathcal{C}$ 决定的关系

$$R = \bigcup_{i=1}^{m} (C_i \times C_i)$$

是 A 上的一个相容关系。

证明: 对任意的 $x \in A$，因为 $\mathcal{C}$ 是 A 的覆盖，即 $\bigcup\limits_{i=1}^{m} C_i = A$，所以必存在某个 $i(1 \leqslant i \leqslant m)$ 使得 $x \in C_i$，因此必有 $\langle x, x \rangle \in C_i \times C_i$，即 $\langle x, x \rangle \in R$，所以 R 是自反的。

对任意的 $x, y \in A$，若 $\langle x, y \rangle \in R$，则必存在某个 $i(1 \leqslant i \leqslant m)$ 使得 $x, y \in C_i$，因此有 $\langle y, x \rangle \in C_i \times C_i \subseteq R$，所以 R 是对称的。

综上，R 是相容关系。 □

定理 2.5.5 说明集合 A 上的一个覆盖可以确定一个相容关系，这些相容关系可能是不同的，例 2.5.1 的两个覆盖 $\{\{1\}, \{2\}, \{3\}, \{4,5\}, \{6\}\}$ 和 $\{\{1\}, \{2\}, \{3\}, \{4\}, \{5\}, \{6\}\}$，分别产生两个不同的相容关系。

不同覆盖也可能产生相同的相容关系，例如集合 $A = \{1,2,3,4\}$ 上的覆盖 $\{\{1,2,3\}, \{3,4\}\}$ 和 $\{\{1,2\}, \{2,3\}, \{1,3\}, \{3,4\}\}$ 产生的相容关系都为

$$\{\langle 1,1 \rangle, \langle 1,2 \rangle, \langle 2,1 \rangle, \langle 2,2 \rangle, \langle 2,3 \rangle, \langle 3,2 \rangle, \langle 1,3 \rangle, \langle 3,1 \rangle, \langle 3,3 \rangle, \langle 4,4 \rangle, \langle 3,4 \rangle, \langle 4,3 \rangle\}$$

对集合 A 上相容关系 R 确定的完全覆盖 $C_R(A)$，因为 $C_R(A)$ 是唯一的，所以由 $C_R(A)$ 产生的相容关系也是唯一的，且就是 R。因此可得:

(1) 一个相容关系可唯一对应一个完全覆盖;

(2) 一个完全覆盖可唯一对应一个相容关系。

定理 2.5.6 集合 A 上的相容关系 R 与完全覆盖 $C_R(A)$ 存在一一对应。

证明: 该命题可表述为，若 R 和 R' 是 A 上的相容关系，集合 $C_R(A)$ 和 $C_{R'}(A)$ 是集合 A 的两个完全覆盖，那么 $R = R'$ 当且仅当 $C_R(A) = C_{R'}(A)$。

(1) 必要性。

设 $R = R'$，下证 $C_R(A) = C_{R'}(A)$，先证 $C_R(A) \subseteq C_{R'}(A)$。对于任意的 $C \in C_R(A)$:

① 对于 A 中任意的元素 $a \in C$ 且 $b \in C$，则有 $\langle a, b \rangle \in R = R'$，即 $\langle a, b \rangle \in R'$，所以 C 是 R' 形成的相容类。

② 对于 A 中任意的元素 $a \in A - C$，由于 C 是 R 形成的极大相容类，因此至少有 $b \in A$ 使得 $\langle a, b \rangle \notin R = R'$，即 $\langle a, b \rangle \notin R'$。故 C 是 R' 形成的极大相容类，即 $C \in C_{R'}(A)$。于是 $C_R(A) \subseteq C_{R'}(A)$; 同理可证 $C_{R'}(A) \subseteq C_R(A)$。

所以 $C_R(A) = C_{R'}(A)$。

(2) 充分性。

设 $C_R(A) = C_{R'}(A)$，下证 $R = R'$。

对于任意的 $\langle a, b \rangle \in R$，必存在 $C \in C_R(A)$ 使得 $a, b \in C$，由于 $C_R(A) = C_{R'}(A)$，因此 $C \in C_{R'}(A)$ 且 $\langle a, b \rangle \in R'$，即 $R \subseteq R'$; 同理可证 $R' \subseteq R$。

所以 $R = R'$。 □

请注意，定理 2.5.6 只保证了相同的完全覆盖与相同的相容关系间的一一对应。而不能理解成: 一个完全覆盖可以得到一个相容关系，该相容关系又可得到原完全覆盖。因为这种相互转换不能保证是一一对应的。

例如，集合 $\{1,2,3\}$ 上的完全覆盖 $\{\{1,2\},\{2,3\},\{3,1\}\}$ 可以得到相容关系 $\{\langle 1,1\rangle,$ $\langle 1,2\rangle,\langle 2,1\rangle,\langle 2,2\rangle,\langle 3,1\rangle,\langle 1,3\rangle,\langle 3,3\rangle,\langle 3,2\rangle,\langle 2,3\rangle\}$，但由该相容关系得到的完全覆盖为 $\{\{1,2,3\}\} \neq \{\{1,2\},\{2,3\},\{3,1\}\}$。

习题 2.5

1. 集合 $A = \{a,b,c,d,e,f\}$ 上相容关系 R 的简化关系图如图 2.13 所示。

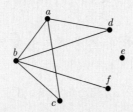

图 2.13 关系 R 的简化关系图

(1) 请写出集合 A 上的两个不同的覆盖；

(2) 求由 R 确定的完全覆盖。

2. 设 R_1 和 R_2 都是集合 A 上的相容关系。证明或用反例推翻下列命题：

(1) $R_1 \cap R_2$ 是集合 A 上的相容关系；

(2) $R_1 \cup R_2$ 是集合 A 上的相容关系；

(3) $R_1 - R_2$ 是集合 A 上的相容关系；

(4) $R_1 \oplus R_2$ 是集合 A 上的相容关系；

(5) $R_1 \circ R_2$ 是集合 A 上的相容关系；

(6) R_1^2 是集合 A 上的相容关系。

3. 请证明对集合 A 上的任意二元关系 R，A 上的二元关系 $I_A \cup R \cup R^{-1}$ 必为相容关系。

4. 设 $A = \{x_1,x_2,x_3,x_4,x_5,x_6\}$，$R$ 为集合 A 上的相容关系，其简化关系矩阵如下所示：

	x_1	x_2	x_3	x_4	x_5
x_2	1				
x_3	1	1			
x_4	0	0	1		
x_5	0	0	1	1	
x_6	1	0	1	0	1

请用两种方法求出 R 的所有极大相容类。

5. 基于第 4 题求出的极大相容类，写出其所决定的相容关系，并判断是否与第 4 题所给的相容关系相等。

6. 如果 A 为恰含 n 个元素的有限集，则 A 上有多少个不同的相容关系？

2.6　等价关系

等价关系是对"人以群分，物以类聚"现象的抽象，是在相容关系基础上新增一个性质而产生的一种关系。与相容关系类似，可以用如下两句话概括等价关系所涉及的知识点：

(1) 一个等价关系唯一确定一个划分；

(2) 一个划分唯一确定一个等价关系。

定义 2.6.1　如果集合 A 上的二元关系 R 是自反的、对称的和传递的，则称 R 为 A 上的等价关系。

约定若 xRy，则称 x 和 y 等价，记为 $x \approx_R y$ 或 $x \approx y$。

与相容关系类似，由定理 2.4.1可知，等价关系与关系闭包之间有以下性质。

定理 2.6.1　若 R 为集合 A 上的二元关系，则 R 为 A 上的等价关系，当且仅当 $r(R) = s(R) = t(R) = R$。

定理 2.6.2　若 R 为集合 A 上的二元关系，则 $\mathrm{tsr}(R)$、$\mathrm{trs}(R)$ 和 $\mathrm{str}(R)$ 都是 A 上的等价关系。

实际上，定理 2.6.2可由定理 2.4.5直接推出，请读者自行完成证明。

例 2.6.1　以下关系都是等价关系：

(1) 集合 $A = \{1, 2, 3, 4\}$ 上的关系 $R = \{\langle 1,1 \rangle, \langle 1,2 \rangle, \langle 2,1 \rangle, \langle 2,2 \rangle, \langle 3,4 \rangle, \langle 4,3 \rangle, \langle 3,3 \rangle, \langle 4,4 \rangle\}$；

(2) 实数集 $\mathbb{R}$ 上的普通的相等关系 "="；

(3) 学校中同班同学的关系；

(4) 平面上的三角形的集合上的三角形全等关系和三角形相似关系。　　　　□

例 2.6.2　请证明：整数集 $\mathbb{I}$ 上的模 $m(m \in \mathbb{I}_+)$ 同余关系 $\equiv_m$ 是等价关系。

证明： 对任意的 $a, b \in \mathbb{I}$，$a \equiv_m b$ 指的是 $m|(a-b)$，由此可知有

$$\equiv_m = \{\cdots, \langle -m, -m \rangle, \langle -m, 0 \rangle, \langle 0, -m \rangle, \langle 0, 0 \rangle, \langle 0, m \rangle, \langle m, 0 \rangle, \langle m, m \rangle, \cdots\}$$

(1) 对任意 $a \in \mathbb{I}$，都有 $m|(a-a)$，因此 $a \equiv_m a$，即 $\langle a, a \rangle \in \equiv_m$，所以 $\equiv_m$ 是自反的；

(2) 对任意 $a, b \in \mathbb{I}$，若 $a \equiv_m b$，即 $m|(a-b)$，则 $m|(b-a)$，因此 $b \equiv_m a$，即若 $\langle a, b \rangle \in \equiv_m$，则 $\langle b, a \rangle \in \equiv_m$，所以 $\equiv_m$ 是对称的；

(3) 对任意 $a, b, c \in \mathbb{I}$, 当 $a \equiv_m b$ 且 $b \equiv_m c$ 时, 有 $m|(a - b)$ 且 $m|(b - c)$, 故 $m|((a - b) + (b - c))$, 即 $m|(a - c)$, 从而有 $a \equiv_m c$, 即若 $\langle a, b \rangle \in \equiv_m$ 且 $\langle b, c \rangle \in \equiv_m$ 时有 $\langle a, c \rangle \in \equiv_m$, 所以 $\equiv_m$ 是传递的.

综上, $\equiv_m$ 是等价关系. □

可见, 等价关系是在相容关系基础上多了一个传递关系. 因此, 首先, 等价关系是相容关系, 但相容关系不一定是等价关系. 其次, 传递性将打通极大相容类之间的 "壁垒", 不同极大相容类之间若有公共元素, 则传递性将融合这些极大相容类. 因此, 对集合 A 的分块将由完全覆盖变为划分.

定义 2.6.2 设 A 为任意集合且 $\Pi \subseteq \mathcal{P}(A)$, 如果满足:

(1) 若 $S \in \Pi$, 则 $S \neq \varnothing$;

(2) $\bigcup \Pi = A$;

(3) 若 $S_1, S_2 \in \Pi$ 且 $S_1 \cap S_2 \neq \varnothing$, 则 $S_1 = S_2$.

就称 Π 为 A 的划分.

图 2.14 为集合划分的示意图, 图 2.14(a) 为原来的集合, 图 2.14(b) 为一个划分. 可见划分是在完全覆盖的基础上增加了每个元素只在一个分块中的约束条件.

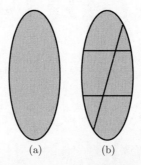

(a)　　　　(b)

图 2.14　集合划分的示意图

例 2.6.3 以下是一些划分的例子:

(1) $\Pi = \{\{0, 6, 12, \cdots\}, \{1, 7, 13, \cdots\}, \cdots, \{5, 11, 17, \cdots\}\} \subseteq \mathcal{P}(\mathbb{N})$ 是自然数集合的一个划分;

(2) 设 $S = \{1, 2, 3, 4, 5, 6\}$, $A_1 = \{1, 2, 3\}$, $A_2 = \{4, 5\}$ 和 $A_3 = \{6\}$, 则 $\{A_1, A_2, A_3\}$ 就是 S 的一个划分;

(3) $\{\mathbb{E}_v, \mathbb{O}_d\}$ 为自然数集合 $\mathbb{N}$ 的一个划分. □

例 2.6.4 设 $A = \{a, b, c, d, e, f, g, h\}$ 及 A 的子集: $A_1 = \{a, b, c, d\}$, $A_2 = \{a, c, e, f, g, h\}$, $A_3 = \{a, c, e, g\}$, $A_4 = \{b, d\}$, $A_5 = \{f, h\}$. 请问下列集合哪些是 A 的划分? 如不是, 请说明原因.

(1) $\{A_1, A_2\}$;

(2) $\{A_1, A_5\}$;

(3) $\{A_3, A_4, A_5\}$。

解:

(1) $\{A_1, A_2\}$ 不是 A 的划分, 因为 $A_1 \cap A_2 \neq \varnothing$;

(2) $\{A_1, A_5\}$ 不是 A 的划分, 因为 $A_1 \cup A_5 \neq A$;

(3) $\{A_3, A_4, A_5\}$ 是 A 的划分。　　　　　　　　　　　　　　□

由划分的定义可知, 相容关系划分 "朋友圈", 某个对象可处于多个 "朋友圈" 中。但相容关系没有传递性, 因此若 a 与 b 是 "朋友", b 与 c 是 "朋友", 但 a 与 c 不一定是 "朋友"。等价关系增加了传递性, 因此会导致 a 与 c 是 "朋友", 由此可知, 每个元素必在 A 的某个分块内且仅在一个分块内。

与一个相容关系确定 A 上唯一一个完全覆盖类似, 一个等价关系能确定 A 上唯一的一个划分。确定划分的方法首先需要构造等价类。

定义 2.6.3 设 R 为集合 A 上的等价关系。对每个 $x \in A$, 令

$$[x]_R = \{y | y \in A \text{且} xRy\}$$

称 $[x]_R$ 为 x 关于 R 的等价类。当不强调 R 时, 就把 $[x]_R$ 简记为 $[x]$, 并称为 x 的等价类。

显然, $[x]_R$ 就是关系 R 中所有以 x 为第 1 维分量序偶的第 2 维分量的集合。易知, 因为等价关系是自反的, 所以对每个 $x \in A$, 皆有 $x \in [x]_R$。此外, 显然有 $[x]_R \subseteq A$。

例 2.6.5 设关系 R 为集合 $A = \{1, 2, 3, 4\}$ 上的关系:

$$R = \{\langle 1,1 \rangle, \langle 1,2 \rangle, \langle 2,1 \rangle, \langle 2,2 \rangle, \langle 3,4 \rangle, \langle 4,3 \rangle, \langle 3,3 \rangle, \langle 4,4 \rangle\}$$

求每个元素的等价类。

解: $[1]_R = [2]_R = \{1, 2\}$ 且 $[3]_R = [4]_R = \{3, 4\}$。　　　　　　□

在求得了集合 A 上每个元素关于某个等价关系 R 的等价类后, 即可得到该等价关系确定的唯一一个划分。

定理 2.6.3 设 R 为集合 A 上的等价关系, 则

$$\Pi_R = \{[x]_R | x \in A\}$$

为 A 的划分。

证明: 只要证明 Π_R 满足划分定义的 3 个条件即可。

(1) 对任意的 $S \in \Pi_R$ 有 $S \subseteq A$, 此外皆有 $x \in A$ 使得 $S = [x]_R$, 即必有 $x \in S$, 因此 $S \neq \varnothing$;

(2) 对每个 $x \in A$ 皆有 $x \in [x]_R \subseteq A$, 所以 $\bigcup \Pi_R \subseteq A \subseteq \bigcup \Pi_R$, 即 $\bigcup \Pi_R = A$;

(3) 若 $S_1, S_2 \in \Pi_R$ 且 $S_1 \cap S_2 \neq \varnothing$, 则必有 $a, b, c \in A$ 使得 $S_1 = [a]_R$, $S_2 = [b]_R$ 且 $c \in S_1 \cap S_2$。因此 aRc 且 bRc。因为 R 是对称的, 所以有 cRb, 又由于 R 是传递

的，所以有 aRb，任取 $x \in [a]_R$，则有 aRx，再由 R 是对称的和传递的，从而必有 bRx，即 $x \in [b]_R$。这表明 $[a]_R \subseteq [b]_R$，即 $S_1 \subseteq S_2$。同理可证 $[b]_R \subseteq [a]_R$，即 $S_2 \subseteq S_1$，所以 $S_1 = S_2$。

综上可证 Π_R 确实是 A 的一个划分。 □

进一步为等价关系确定的划分进行命名。

定义 2.6.4 设 R 为集合 A 上的等价关系。称集合 $\Pi_R = \{[x]_R | x \in A\}$ 为 A 关于 R 的商集，记为 A/R。

例 2.6.6 令集合 $A = \{1,2,3,4,5\}$ 上的二元关系 $R = \{\langle 1,1 \rangle, \langle 1,5 \rangle, \langle 2,2 \rangle, \langle 2,3 \rangle, \langle 3,2 \rangle, \langle 3,3 \rangle, \langle 4,4 \rangle, \langle 5,1 \rangle, \langle 5,5 \rangle\}$，求 A/R。

解: 首先可判断 R 为集合 A 上的等价关系，因此，可分别求每个元素的等价类。可知有 $[1]_R = \{1,5\}$。接下来求不在 $[1]_R$ 中元素的等价类，有 $[2]_R = \{2,3\}$。最后求未出现在已有等价类中的元素 4 的等价类，有 $[4]_R = \{4\}$。因此可得 $A/R = \{\{1,5\},\{2,3\},\{4\}\}$。 □

例 2.6.7 考查本节前述几个例子，可知：

(1) 例 2.6.2中 $\equiv_m$ 等价关系确定的 $\mathbb{I}_+$ 上的商集为

$$\mathbb{I}_+ / \equiv_m = \{[0]_{\equiv_m}, [1]_{\equiv_m}, \cdots, [m-1]_{\equiv_m}\} = \{\{0, m, \cdots\}, \{1, m+1, \cdots\}, \cdots, \{m-1, 2m-1, \cdots\}\}$$

(2) 例 2.6.5中等价关系确定的 A 的划分为

$$A/R = \{\{1,2\},\{3,4\}\}$$ □

最后是等价关系与划分的一一对应关系，即一个划分唯一确定一个等价关系，而该等价关系唯一确定的划分即为原划分。对给定的集合 A 上的划分 Π 生成唯一确定的等价关系 R_Π 的方法与定理 2.5.5的方法是一样的。

定理 2.6.4 设 Π 为集合 A 的划分。若令

$$R_\Pi = \{\langle x,y \rangle | \text{有} S \in \Pi \text{使} x,y \in S\} = \bigcup_{S \in \Pi} S \times S$$

则 R_Π 为 A 上的等价关系且 $A/R_\Pi = \Pi$。

证明: 首先，对任意的 $\langle x,y \rangle \in R_\Pi$，都有 $S \in \Pi$ 且 $S \subseteq A$ 使得 $x,y \in S$，因此 $x,y \in A$，所以 R_Π 为 A 上的二元关系。

接下来证明 R_Π 是等价关系：

(1) 对任意的 $x \in A$，因为 Π 为 A 的划分，因此有 $S \in \Pi$ 使得 $x \in S$ 使得 $\langle x,x \rangle \in S \times S$，所以有 $\langle x,x \rangle \in R_\Pi$，即 R_Π 是自反的；

(2) 对任意的 $\langle x,y \rangle \in R_\Pi$，则必有 $S \in \Pi$ 使得 $x,y \in S$ 且 $\langle x,y \rangle \in S \times S$，因此有 $\langle y,x \rangle \in S \times S \subseteq R_\Pi$，即 R_Π 是对称的；

(3) 对任意的 $\langle x,y \rangle, \langle y,z \rangle \in R_\Pi$，则根据 R_Π 的定义，可知只有处于同一个分块 S 内的元素才会构成 R_Π 中的序偶，因此必有 $S \in \Pi$ 使得 $x,y,z \in S$ 且 $\langle x,z \rangle \in S \times S$，所以必有 $\langle x,z \rangle \in R_\Pi$，即 R_Π 是传递的。

综上，R_Π 是等价关系。

最后证明 $A/R_\Pi = \Pi$：

(1) 对任意的 $[x]_{R_\Pi} \in A/R_\Pi$，因为 Π 为 A 的划分，因此必有 $S \in \Pi$ 使得 $x \in S$，若 $y \in S$，则有 $\langle x,y \rangle \in R_\Pi$，即有 $y \in [x]_{R_\Pi}$，因此有 $S \subseteq [x]_{R_\Pi}$。此外，若 $y \in [x]_{R_\Pi}$，则有 $\langle x,y \rangle \in R_\Pi$，由 R_Π 的定义可知必有 $S' \in \Pi$ 使得 $x,y \in S'$。因为 $x \in S$ 且 $x \in S'$，因此 $S \cap S' \neq \varnothing$，由 Π 为集合 A 的划分可知有 $S = S'$，即 $y \in S$，即 $[x]_{R_\Pi} \subseteq S$，所以 $S = [x]_{R_\Pi}$。即 $[x]_{R_\Pi} \in \Pi$，所以 $A/R_\Pi \subseteq \Pi$。

(2) 对任意的 $S \in \Pi$ 及 $x \in S$，若 $y \in S$，则由 R_Π 的定义可知有 $\langle x,y \rangle \in R_\Pi$，所以 $y \in [x]_{R_\Pi}$，因此 $S \subseteq [x]_{R_\Pi}$。此外，若 $y \in [x]_{R_\Pi}$，则有 $\langle x,y \rangle \in R_\Pi$，从而由 R_Π 的定义可知，必有 $S' \in \Pi$ 使得 $x,y \in S'$。因为 $x \in S$ 且 $x \in S'$，因此 $S \cap S' \neq \varnothing$，由 Π 为集合 A 的划分可知有 $S = S'$，即 $y \in S$，即 $[x]_{R_\Pi} \subseteq S$，所以 $S = [x]_{R_\Pi}$。即 $S \in A/R_\Pi$，所以 $\Pi \subseteq A/R_\Pi$。

综上可得 $A/R_\Pi = \Pi$。 $\square$

由前述讨论可知，等价关系也是相容关系，因此，对非空有限集合 A 上的等价关系 R，其关系图和关系矩阵也可化简为简化关系图和简化关系矩阵。

类似于相容关系求极大相容类，等价关系也将涉及基于简化关系图和简化关系矩阵求划分的操作。首先，若极大相容类对应于一个完全多边形，则由等价关系的传递性，完全多边形中任意两个节点间都会有直接相连的边。其次，若两个极大相容类对应的关系图的一部分有公共节点，则由等价关系的传递性，这两个极大相容类会合并在划分的同一个分块中。因此，引入一些专门的概念来描述简化关系图上的划分。请注意，简化关系图是无向图，即边不带箭头。

若图 G_1 的每个节点和每条边分别为图 G 的节点和边，则称 G_1 为 G 的子图。在图 G 中，若 $u_1, u_2, \cdots, u_n, u_{n+1}$ 为节点，$e_1, e_2, \cdots, e_n$ 为边，且对 $i = 1, 2, \cdots, n$，e_i 为连接 u_i 与 u_{i+1} 的边，则称 $u_1 e_1 u_2 e_2 u_3 \cdots u_n e_n u_{n+1}$ 为一条从节点 u_1 到节点 u_{n+1} 的路径。若对图 G 的任意两个不同的节点 a 和 b，都有一条从 a 到 b 的路径，则称图 G 为连通的。图 2.15(a) 为一幅完全图，图 2.15(b) 为图 2.15(a) 的子图，两幅图都是连通图。

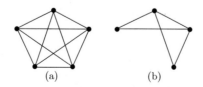

图 2.15 图、子图、连通图与完全图示例

图 G 的极大连通子图称为图 G 的分支。所谓极大，指的是它与该子图外的任意一个节点均不连通。若图 G 中任意两个不同的节点之间都有一条边连接它们，则称图 G 为完全图。图 2.16 中的图由 3 个分支构成。

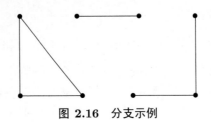

图 2.16　分支示例

基于这些概念，等价关系的简化关系图和简化关系矩阵将呈现下面的性质。

定理 2.6.5　设 R 为非空有限集 A 上的二元关系，R 为 A 上等价关系的充要条件为 R 有简化关系图，且其每个分支都是完全图。

证明：先证必要条件。设 R 为 A 上的等价关系，因为 R 是自反和对称的，所以 R 有简化关系图。此外，在 G_R 的任意一个分支中任取两个节点 a 与 b，则由分支是连通的可知从 a 到 b 有一条路径，由于 R 为传递的，则 G_R 上应"处处有捷径"，因此，必有一条连接 a 与 b 的边，即 G_R 的每个分支中任意两节点都有一条边相连，所以为完全图。

再证充分条件。设 R 有简化关系图，则 R 是自反和对称的。此外，对任意的 $a,b,c \in A$，若 $\langle a,b \rangle, \langle b,c \rangle \in R$，则在 G_R 中 a,b,c 对应的节点在同一个分支中，由每个分支都是完全图可知，必有一条连接 a 与 c 的边，即 $\langle a,c \rangle \in R$。因此，$R$ 是传递的。□

定理 2.6.6　设 R 为非空有限集 A 上的二元关系，R 为 A 上的等价关系之充要条件如下：

（1）M_R 的对角线上的元素全为 1；

（2）M_R 是对称矩阵；

（3）M_R 可以经过有限次地把行与行及相应的列与列对调，化为主对角型分块矩阵，且对角线上每个子块都是全 1 方阵。

证明：首先，R 是自反的当且仅当 M_R 的对角线上的元素全为 1，R 是对称的当且仅当 M_R 为对称矩阵。

其次，因为把 M_R 的第 i 行与第 j 行对调，并同时将第 i 列与第 j 列对调，仅相当于把集合 A 中第 i 个元素与第 j 个元素的序号进行了对调。所以，由定理 2.6.5 可知，首先，G_R 的每个分支为完全图，分支对应的关系矩阵为全 1 方阵。其次，对 A 中元素按 G_R 的分支分组，并按分支逐个进行编号时，M_R 为主对角型分块矩阵，且对角线上每个子块都是全 1 方阵。□

图 2.17 为集合 $\{1,2,3,4,5,6\}$ 上某等价关系的关系矩阵，通过互换第 2、5 行与列后，得到一个对角线上每个子块都是全 1 方阵的示意。

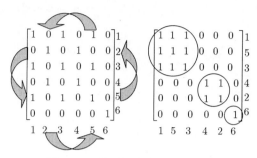

图 2.17 关系矩阵行列互换示例

习题 2.6

1. 试判断下列 $\mathbb{I}$ 上的二元关系是不是 $\mathbb{I}$ 上的等价关系，并说明理由。

(1) $\{\langle i,j\rangle | i,j \in \mathbb{I} 且 i \times j > 0\}$；

(2) $\{\langle i,j\rangle | i,j \in \mathbb{I}, i \times j \geqslant 0 且 i 与 j 不同时为 0\}$；

(3) $\{\langle i,j\rangle | i,j \in \mathbb{I} 且 i \leqslant 0\}$；

(4) $\{\langle i,j\rangle | i,j \in \mathbb{I} 且 i \times j \geqslant 0\}$；

(5) $\{\langle i,j\rangle | i,j \in \mathbb{I} 且 i|j\}$；

(6) $\{\langle i,j\rangle | i,j \in \mathbb{I} 且有 x \in \mathbb{I} 使 10x \leqslant i \leqslant j \leqslant 10(x+1)\}$；

(7) $\{\langle i,j\rangle | i,j \in \mathbb{I} 且 |i-j| \leqslant 10\}$；

(8) $\{\langle i,j\rangle | i,j \in \mathbb{I} 且有 x,y \in \mathbb{I} 使 10x \leqslant i \leqslant 10(x+1) 及 10y \leqslant j \leqslant 10(y+1)\}$；

(9) $\{\langle i,j\rangle | i,j \in \mathbb{I} 且有 x \in \mathbb{I} 使 10x < i < 10(x+1)\}$。

2. 设关系 $R = \{\langle r,s\rangle | r-s \in \mathbb{I}\} \subseteq \mathbb{R}^2$，请证明 R 是等价关系。

3. 设 A 为所有非空英文单词的集合，单词中字母可为大写或小写。令集合 A 上的关系：

$R = \{\langle x,y\rangle | x,y \in A, x 和 y 长度相同，且 x 和 y 对应位置上的字母都相同 (大小写无关)\}$

(1) 试证明 R 是等价关系；

(2) 求单词 nudt 的等价类。

4. 设关系 $R = \{\langle r,s\rangle | |r-s| < 1\} \subseteq \mathbb{R}^2$，请问 R 是不是等价关系，并说明理由。

5. 有人说："如果集合 A 上的二元关系 R 是对称的和传递的，则 R 必是自反的"。并给出了如下的证明：

如果 $\langle x,y\rangle \in R$，则由 R 是对称的可知 $\langle y,x\rangle \in R$，从而由 R 是传递的得到 $\langle x,x\rangle \in R$ 和 $\langle y,y\rangle \in R$。因此 R 是自反的。

请你想一想，他的看法和证明对吗？为什么？

6. 设集合 A 上的二元关系 R 是自反的。证明 R 为等价关系的充要条件是：若 $\langle a,b\rangle, \langle a,c\rangle \in R$，则 $\langle b,c\rangle \in R$。

7. 如果集合 A 上的二元关系 R 满足：若 $\langle x,y\rangle, \langle y,z\rangle \in R$，则 $\langle z,x\rangle \in R$。就称 R

为循环的。试证明集合 A 上的二元关系 R 为 A 上的等价关系，当且仅当 R 是自反的和循环的。

8. 设 R_1 和 R_2 都是集合 A 上的等价关系。试判断下列 A 上的二元关系是不是 A 上的等价关系，为什么？

(1) $A^2 - R_1$；

(2) $R_1 - R_2$；

(3) R_1^2；

(4) $r(R_1 - R_2)$；

(5) $R_2 \circ R_1$；

(6) $R_1 \cup R_2$；

(7) $t(R_1 \cup R_2)$；

(8) $t(R_1 \cap R_2)$。

9. 设 Π_1 和 Π_2 都是集合 A 的划分。试判断下列集类是不是 A 的划分，为什么？

(1) $\Pi_1 \cup \Pi_2$；

(2) $\Pi_1 \cap \Pi_2$；

(3) $\Pi_1 - \Pi_2$；

(4) $(\Pi_1 \cap (\Pi_2 - \Pi_1)) \cup \Pi_1$。

10. 如果 R_1 和 R_2 都是集合 A 上的等价关系，则 $R_1 = R_2$ 当且仅当 $A/R_1 = A/R_2$。

11. 设 Π_1 和 Π_2 都是集合 A 的划分，若对每个 $S_1 \in \Pi_1$，皆有 $S_2 \in \Pi_2$ 使 $S_1 \subseteq S_2$，就称 Π_1 为 Π_2 的加细，记为 $\Pi_1 \leqslant \Pi_2$。如果 $\Pi_1 \leqslant \Pi_2$ 且 $\Pi_1 \neq \Pi_2$，就称 Π_1 为 Π_2 的真加细，并记为 $\Pi_1 < \Pi_2$。

设 R_1 和 R_2 是集合 A 上的等价关系，证明：

(1) $R_1 \subseteq R_2$ 当且仅当 $A/R_1 \leqslant A/R_2$；

(2) $R_1 \subset R_2$ 当且仅当 $A/R_1 < A/R_2$。

12. 设 A 和 B 都是非空集，$\{A_1, A_2, \cdots, A_n\}$ 为 A 的划分。试证明 $\{A_1 \cap B, A_2 \cap B, \cdots, A_n \cap B\}$ 并不总是集合 $A \cap B$ 的划分。

13. 若 R 为集合 A 上的等价关系，则称 $|A/R|$ 为 R 的秩。试证明，如果 $i, j \in \mathbb{I}_+$ 且集合 A 上的等价关系 R_1 与 R_2 的秩分别为 i 和 j，则 $R_1 \cap R_2$ 也是 A 上的等价关系且 $\max\{i, j\} \leqslant |A/(R_1 \cap R_2)| \leqslant i \times j$。

14. 设 A 为恰含 n 个元素的非空有限集，请问有多少个不同的 A 上的等价关系？其中秩为 2 的又有多少？

15. 试证明，如果 $n, m \in \mathbb{I}_+$，则 $\mathbb{I}/\equiv_n$ 为 $\mathbb{I}/\equiv_m$ 的加细当且仅当 $m \mid n$。

2.7 序关系

序关系是对“可比较”现象的抽象，特别是一个集合上，使得元素之间具有一定次序的各种关系，都可归类为序关系。根据各种序关系的特性，又可进行细分。本节先从较为基本的拟序关系开始讨论。

定义 2.7.1 设 R 是集合 A 上的二元关系。

(1) 如果 R 是反自反的和传递的，则称 R 为 A 上的拟序关系，简称拟序，一般用 "$\prec$" 表示，并称 $\langle A, R \rangle$ 为拟序结构。

(2) 如果 R 是自反的、反对称的和传递的，则称 R 为 A 上的半序关系，简称半序(也称偏序、部分序)，一般用 "$\preccurlyeq$" 表示，并称 $\langle A, R \rangle$ 为半序结构。

例 2.7.1 考查下面的关系，可知：

(1) 实数集合上的 "$<$"（"$>$"）关系是拟序，"$\leqslant$"（"$\geqslant$"）关系是半序。

(2) 任意集合 A 的幂集上的 "$\subset$" 关系为拟序，"$\subseteq$" 关系为半序。

(3) 一个单位里，不同职位之间的管理关系是半序。

(4) 整数集合上的整除关系是半序。 □

从例 2.7.1 可看出来，拟序都是反对称的，这不是偶然的现象，可由下面的定理保证。

定理 2.7.1 拟序都是反对称的。

证明： 用反证法。设 R 为 A 上的拟序且 R 不是反对称的，即对任意的 $a, b \in A$，若 $\langle a, b \rangle, \langle b, a \rangle \in R$，则 $a \neq b$。但由于拟序是传递的，因此当 $\langle a, b \rangle, \langle b, a \rangle \in R$ 时，有 $\langle a, a \rangle \in R$，这与 R 是反自反的矛盾。因此，假设不成立，即拟序是反对称的。 □

但是拟序的定义中没有要求是反对称的，这说明给对象下定义时要精炼，给出必要信息即可，其他可由这些必要信息推导出来的信息无须明确写出。因为拟序定义中的反自反的和传递的，可以推导出反对称的，因此，无须明确给出拟序是反对称的。

基于定理 2.7.1可知，拟序与半序的差别在于反自反的和自反的，由自反闭包可知，两者之间有紧密联系。

定理 2.7.2 设 R 是集合 A 上的二元关系。

(1) 若 R 为 A 上的拟序，则 $r(R)$ 是 A 上的半序；

(2) 若 R 为 A 上的半序，则 $R - I_A$ 是 A 上的拟序。

证明：

(1) 因为 $r(R)$ 是自反的，又由于 R 是传递的，由定理 2.4.5可知 $r(R)$ 是传递的。又由 R 是反对称的，当且仅当 $R \cap R^{-1} \subseteq I_A$(为什么？请读者思考) 可知，若 R 为 A 上的拟序，则 $R \cap R^{-1} \subseteq I_A$。因此 $r(R) \cap r(R)^{-1} = (R \cup I_A) \cap (R^{-1} \cup I_A^{-1}) = (R \cap R^{-1}) \cup (I_A \cap R^{-1}) \cup (R \cap I_A^{-1}) \cup (I_A \cap I_A^{-1}) = (R \cap R^{-1}) \cup I_A \subseteq I_A$，因此 $r(R)$ 也是反对称的。综上 $r(R)$ 是半序。

(2) 若 R 为 A 上的半序，则 $R - I_A$ 是反自反的。对任意的 $\langle a, b \rangle, \langle b, c \rangle \in R - I_A$，可知有 $\langle a, b \rangle, \langle b, c \rangle \in R$ 且 $a \neq b$ 且 $b \neq c$，由 R 是传递的，可知有 $\langle a, c \rangle \in R$。若 $a = c$，则 $\langle a, b \rangle, \langle b, c \rangle \in R$ 即为 $\langle a, b \rangle, \langle b, a \rangle \in R$ 且 $a \neq b$，与 R 为反对称矛盾，因此必有 $a \neq c$，即 $\langle a, c \rangle \in R - I_A$，所以，$R - I_A$ 是传递的。综上可知 $R - I_A$ 是拟序。 □

由于半序关系的特殊性质,与相容关系、等价关系类似,在非空有限集合上的序关系,其关系图也可进行化简。考查有限集合上半序关系的关系图,可知每个节点都有自圈,图中"处处有捷径"。因此,可据此对半序关系的关系图进行化简。

对半序关系的关系图的化简可按以下步骤进行:

(1) 由于半序是自反的,可以化简每个节点的自圈。去掉关系图中每个节点的自圈。

(2) 由于半序是传递的,可以化简那些因为传递性而必然出现的边,即捷径。例如,如果有 $\langle a,b\rangle$、$\langle b,c\rangle$ 和 $\langle c,d\rangle$ 边,则可以去掉 $\langle a,d\rangle$ 边。

(3) 对关系图进行调整,使所有的有向边箭头都向上。最后将有向边改为无向边。

图 2.18 给出了一个半序关系的关系图化简示例,R 为集合 $\{1,2,3,4\}$ 上的"$\leqslant$"关系。

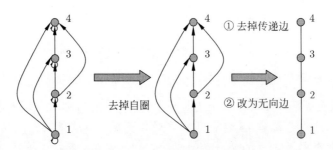

图 2.18　半序关系的关系图化简示例

化简后的半序关系的关系图称为哈斯图,在去掉无关信息后,更能体现半序关系的本质特性,即覆盖。

定义 2.7.2 设 R 是集合 A 上的半序且 $a \in A$,若 $b \in A$ 满足:

(1) $b \neq a$ 且 aRb;

(2) 若 $x \in A$ 使 aRx 且 xRb,则必有 $x = a$ 或 $x = b$。

就称 b 为 a 关于 R 的覆盖。在不特别强调关系时,也往往简称"b 为 a 的覆盖"。

所谓元素 a 的覆盖 b,指的是在半序关系下,b 是 a 的"直接上级",即在半序关系下,元素 a 和 b 之间没法再插入其他元素。例如半序结构 $\langle \mathbb{N}, \leqslant \rangle$ 中,每个自然数的覆盖就是其后继。而半序结构 $\langle \mathbb{R}, \leqslant \rangle$ 中,任何实数都没有覆盖,因为在任意两个不同的实数之间都还存在着其他实数。

在哈斯图上,每个元素的覆盖是一目了然的,比原始关系图更加直观。基于覆盖,可以给出哈斯图的正式定义。

定义 2.7.3 设 R 是集合 A 上的半序,如果无向图 H_R 满足:

(1) H_R 仅以 A 的所有元素为节点;

(2) 若 $b \in A$ 为 $a \in A$ 关于 R 的覆盖,则节点 a 在 H_R 中就处于节点 b 的下一级,且有一条连接 a 与 b 的无向边。

就称 H_R 为 R 的哈斯图。

图 2.19 给出了 $\mathcal{P}(\{a, b, c\})$ 上的半序 $\subseteq$ 的哈斯图 $H_\subseteq$。从图 2.19 可知，元素的覆盖是不唯一的，$\varnothing$ 的覆盖有 $\{a\}$、$\{b\}$ 与 $\{c\}$。此外，一个元素还可以是多个元素的覆盖，如 $\{b, c\}$ 是 $\{b\}$ 与 $\{c\}$ 的覆盖。而图 2.18 是一种特殊情况，每个元素的覆盖是唯一的，每个元素也仅是一个元素的覆盖。

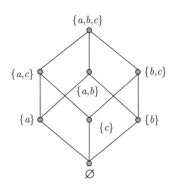

图 2.19　$\mathcal{P}(\{a, b, c\})$ 上的半序 $\subseteq$ 的哈斯图 $H_\subseteq$

定义 2.7.4　如果集合 A 上的半序 R 满足：若 $x, y \in A$，则 xRy 或 yRx。就称 R 为 A 上的全序关系，简称全序 (或线性序)，并称 $\langle A, R \rangle$ 为链或全序结构 (或线性有序集)。

对全序概念的理解，可结合半序定义的约定，即用 "$\preccurlyeq$" 来表示任意的半序，因此定义 2.7.4 中的 xRy 或 yRx 可表示为 $x \preccurlyeq y$ 或 $y \preccurlyeq x$，即集合 A 中任意两个元素都是 "可比较" 的。因此，全序是任意两个元素都 "可比较" 的半序。对有限集合上的全序，其哈斯图就是一条链，如图 2.18 所示。

对半序，我们关心的是几个关键概念，这些概念体现了序关系的一些特质。

定义 2.7.5　设 $\preccurlyeq$ 为非空集合 A 上的半序，$S \subseteq A$ 且 $S \neq \varnothing$。

(1) 若有 $a \in S$，使得当 $x \in S$ 且 $a \preccurlyeq x$(或 $x \preccurlyeq a$) 时皆有 $x = a$，就称 S 有极大 (或极小) 元，并称 a 为 S 的一个极大 (或极小) 元；

(2) 若有 $a \in S$，使得对每个 $x \in S$ 皆有 $x \preccurlyeq a$(或 $a \preccurlyeq x$)，就称 S 有最大 (或最小) 元，并称 a 为 S 的一个最大 (或最小) 元。

定义 2.7.5 内涵丰富，对其进行解读，才能深刻理解：

(1) 要注意的是极大 (极小) 元、最大 (最小) 元只能在集合 S 中，在 S 之外的满足条件的元素不是极大 (极小) 元、最大 (最小) 元；

(2) 极大 (极小) 元、最大 (最小) 元有可能存在，也有可能不存在；

(3) 定义中的 "一个"，需要思考是 "只有一个"，还是有 "很多个" 而目前只找到 "一个"；

(4) 要注意区分极大/最大元、极小/最小元。通俗来说，极大 (极小) 元指的是集合 S 中 "没有比它大 (小)" 的元素 (不关心是否有元素与它 "平级")，而最大 (最小) 元指的是集合 S 中 "比所有元素都大 (小)" 的元素 (没有跟它平级的元素)。

结合哈斯图，能更好地理解极大 (极小) 元、最大 (最小) 元的概念。

例 2.7.2　令图 2.20 中从左至右分别为集合 $\{a,b,c,d,e\}$ 上 4 个不同半序在不同子集上的哈斯图，分别编号为 (1)、(2)、(3) 和 (4)，则：

(1) 极大元为 b,c,d；极小元为 a；无最大元；最小元为 a。

(2) 极大元为 d；极小元为 a,b；最大元为 d；无最小元。

(3) 极大元为 d,e；极小元为 a,b；无最大、最小元。

(4) 极大元为 d；极小元为 a；最大元为 d；最小元为 a。

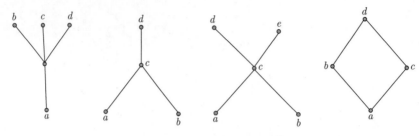

图 2.20　4 个序关系的哈斯图　　　　　　　　□

接下来是另外 4 个重要概念。

定义 2.7.6　设 $\preccurlyeq$ 为非空集合 A 上的半序，$S \subseteq A$ 且 $S \neq \varnothing$。

(1) 若有 $a \in A$，使得对每个 $x \in S$ 皆有 $x \preccurlyeq a$(或 $a \preccurlyeq x$)，就称 S 有上 (或下) 界，并称 a 为 S 的一个上 (或下) 界；

(2) 若有 S 的上 (或下) 界 a，使得对 S 的每个上 (或下) 界 y 皆有 $a \preccurlyeq y$(或 $y \preccurlyeq a$)，就称 S 有上 (或下) 确界，并称 a 为 S 的一个上 (或下) 确界，记为 $a = \sup S$(或 $a = \inf S$)。

通过与定义 2.7.5 类比，可更好地理解定义 2.7.6。首先，上 (或下) 界、上 (或下) 确界在集合 A 中，而 $S \subseteq A$，因此，可能在 S 中，也可能在 S 外。通过对比上 (或下) 界和最大 (或最小) 元的定义，可知最大 (或最小) 元就是一个上 (或下) 界。其次，通俗来说，S 的上 (或下) 确界是所有上 (或下) 界中最小 (或最大) 的那个。最后，要理解上 (或下) 界、上 (或下) 确界定义中的"一个"的含义，是"只有一个"，还是有"很多个"而目前只找到"一个"。

结合哈斯图能更好地理解上 (或下) 界、上 (或下) 确界的概念。

例 2.7.3　令图 2.21 为集合 $\{a,b,\cdots,h,j\}$ 上一个半序的哈斯图，则：

(1) 子集 $S = \{a,b,c\}$ 的下界为 a，上界为 e,f,j,h；

(2) 子集 $S = \{j,h\}$ 的下界为 a,b,c,d,e,f，却没有上界；

(3) 子集 $S = \{a,c,d,f\}$ 的下界为 a，上界为 f,j,h；

(4) 子集 $S = \{b,d,g\}$ 的上确界为 g，下确界为 b。　　　　　　　　□

在前面的讨论中，定义 2.7.5 和定义 2.7.6 中都涉及"一个"，从前面的示例可知，极大 (或极小) 元、上 (或下) 界的个数可能不止一个，而最大 (或最小) 元、上 (或下) 确界存在的话，则可能只有一个。这个猜测可由定理 2.7.3 明确。

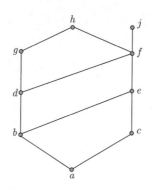

图 2.21 集合 $\{a, b, \cdots, h, j\}$ 上半序的哈斯图

定理 2.7.3 设 $\preccurlyeq$ 是集合 A 上的半序，$S \subseteq A$ 且 $S \neq \varnothing$。

(1) 若 S 的上 (或下) 确界存在，则它必是唯一的；

(2) 若 S 的最大 (或最小) 元存在，则它必是唯一的。

证明：

(1) 假设当 S 的上 (或下) 确界存在且不唯一，则可令 a 和 b 都为上 (或下) 确界。根据上 (或下) 确界的定义可知有 $a \preccurlyeq b(b \preccurlyeq a)$ 且 $b \preccurlyeq a(a \preccurlyeq b)$，由 $\preccurlyeq$ 是反对称的，可知必有 $a = b$，因此，若 S 的上 (或下) 确界存在，则它必是唯一的。

(2) 假设当 S 的最大 (或最小) 元存在且不唯一时，则可令 a 和 b 都为最大 (或最小) 元。根据最大 (或最小) 元的定义可知有 $b \preccurlyeq a(a \preccurlyeq b)$ 且 $a \preccurlyeq b(b \preccurlyeq a)$，由 $\preccurlyeq$ 是反对称的，可知必有 $a = b$，因此，若 S 的最大 (或最小) 元存在，则它必是唯一的。 $\square$

定理 2.7.3的证明是一种典型的利用反对称性质证明元素相等的方法。

基于最小元，可定义出一类特殊的半序。

定义 2.7.7 设 R 为非空集合 A 上的半序，如果 A 的每个非空子集都有最小元，就称 R 为 A 上的良序关系，简称良序，并称 $\langle A, R \rangle$ 为良序结构。也称集合 A 为良序集合。

此外，如果 A 的每个非空子集都有极小元，就称 R 为 A 的良基关系，简称良基，称 $\langle A, R \rangle$ 为良基结构。

针对 A 的非空子集元素个数考查定义 2.7.7，可以发现一些有趣的现象。当 A 的非空子集只有一个元素时，较为平凡，可以跳过。当 A 的非空子集有两个元素时，因为每个非空子集必有最小元，所以，这两个元素是可以比较的。进一步考虑到元素选取的任意性，可得如果 A 的每个非空子集都有最小元，那么 A 中任意元素之间都是可以比较的，这恰好是全序。由此可得定理 2.7.4。

定理 2.7.4 设 $\preccurlyeq$ 是集合 A 上的半序，则 $\preccurlyeq$ 为 A 上的良序之充要条件如下：

(1) $\preccurlyeq$ 为 A 上的全序；

(2) A 的每个非空子集都有极小元。

证明：

(1) 先证必要性。设 $\preccurlyeq$ 为 A 上的良序，任取 $a, b \in A$ 构成集合 $S = \{a, b\}$，则 S 必有最小元，无论最小元为哪个元素，都必有 $a \preccurlyeq b$ 或 $b \preccurlyeq a$，这表明 $\preccurlyeq$ 为全序。此外，若 A 的任意非空子集都有最小元，则该最小元即为极小元。

(2) 再证充分性。设 $\preccurlyeq$ 满足条件 (1) 和 (2)，如果 S 为 A 的非空子集，则 S 必有极小元，设为 a。对任意的 $x \in S$，因为 $\preccurlyeq$ 为全序，所以必有 $a \preccurlyeq x$ 或 $x \preccurlyeq a$。若 $x \preccurlyeq a$，则由 a 为极小元可得 $x = a$，所以，总有 $a \preccurlyeq x$，这表明 a 就是 S 的最小元，从而可知 $\preccurlyeq$ 为 A 上的良序。 $\square$

易知，$\langle \mathbb{I}, \leqslant \rangle$ 不是良序结构，因为当子集 $S = \mathbb{I}$ 时，$\mathbb{I}$ 无最小元。而 $\langle \mathbb{N}, \leqslant \rangle$ 是良序结构，证明如下。

证明： 任取 $\mathbb{N}$ 的非空子集 A 及 $m \in A$，令

$$S = \{i | i \in A 且 i \leqslant m\}$$

则 $S \subseteq \mathbb{N}$ 且 $m \in S$，因此 $S \neq \varnothing$ 且 $|S| \leqslant m^+$。这表明 S 为 $\mathbb{N}$ 的非空有限子集。此外，若 S 有最小元 a，则 a 也必为 A 的最小元。所以只需证明 S 有最小元。这可用第一归纳法证明，对 $|S|$ 进行归纳。

(1) 当 $|S| = 1$ 时，S 恰含一个元素，这个元素就是 S 的最小元，所以此时命题为真。

(2) 对任意的 $k \in \mathbb{I}_+$，假定当 $|S| = k$ 时命题为真，即 $\mathbb{N}$ 的每个恰含 k 个元素的子集均有最小元。如果 S 为 $\mathbb{N}$ 的恰含 $k+1$ 个元素的子集，任取 $i \in S$，因为 $|S| = k+1 > 2$，所以 $S - \{i\} \neq \varnothing$ 且 $|S - \{i\}| = k$，从而知道 $S - \{i\}$ 必有最小元，设为 b，则 b 与 i 的小者显然就是 S 的最小元。这表明当 $|S| = k+1$ 时命题也为真。 $\square$

由 $\langle \mathbb{I}, \leqslant \rangle$ 和 $\langle \mathbb{N}, \leqslant \rangle$ 这两个示例可知，对无限集合的全序结构，如果其要为良序或良基结构，通俗来说，就是其"链"不能向下无限生长。

定理 2.7.5 设 $\langle A, \prec \rangle$ 为全序结构，则 $\langle A, \prec \rangle$ 是良序结构的充要条件是：不存在 A 中元素的无穷序列 $a_0, a_1, a_2, \cdots$，使得对每个 $i \in N$ 皆有 $a_{i+1} \prec a_i$。

证明： 用反证法。

(1) 先证必要性。已知 $\langle A, \prec \rangle$ 是良序结构，假定存在 A 中元素的无穷序列 $a_0, a_1, a_2, \cdots$，使得对每个 $i \in N$ 皆有 $a_{i+1} \prec a_i$。令 $S = \{a_i | i \in \mathbb{N}\}$，则 S 为 A 的非空子集，且 S 显然没有最小元。从而知道 $\langle A, \prec \rangle$ 不是良序结构。与已知矛盾，因此假设不成立，即良序结构 $\langle A, \prec \rangle$ 中不存在 A 中元素的无穷序列 $a_0, a_1, a_2, \cdots$，使得对每个 $i \in N$ 皆有 $a_{i+1} \prec a_i$。

(2) 再证充分性。假定 $\langle A, \prec \rangle$ 不是良序结构，则必有 A 的一个非空子集 S 无最小元。任取 $a_0 \in S$，因为 a_0 不是 S 的最小元且 $\prec$ 为 A 上的全序，所以必有 $a \in S$ 使得 $a \prec a_0$。一般说来，若对任意的 $n \in \mathbb{N}$，已有 $a_0, a_1, a_2, \cdots, a_n \in S$ 使

$$a_n \prec a_{n-1} \prec \cdots \prec a_1 \prec a_0$$

因为 a_n 不是 S 的最小元且 $\prec$ 为 A 上的全序，所以必有 $a_{n+1} \in S$ 使 $a_{n+1} \prec a_n$，这样一来，根据归纳法，就得到了一个 A 中元素的无穷序列

$$a_0, a_1, a_2, \cdots$$

使得对每个 $i \in \mathbb{N}$ 皆有 $a_{i+1} \prec a_j$。这与已知矛盾，因此假设不成立，即当不存在 A 中元

素的无穷序列 $a_0, a_1, a_2, \cdots$，使得对每个 $i \in \mathbb{N}$ 皆有 $a_{i+1} \prec a_i$ 时，$\langle A, \prec \rangle$ 是良序结构。□

定理 2.7.5 又称为良序原理，可等价表述为：任何非空子集都有一个最小元。

良序原理的使用方法一般都相似，常与反证法结合。例如，要证明对所有的自然数 n，命题 $P(n)$ 为真，一般的模式如下：

(1) 令 $C = \{n | P(n)\text{不为真}\}$；

(2) 假设 $C \neq \varnothing$；

(3) 由良序原理，$\exists n_0 \in C$ 为 C 中最小元；

(4) 推出矛盾——一般是通过说明 $P(n_0)$ 为真或 C 中有比 n_0 更小的元素；

(5) 得出结论：必有 $C = \varnothing$，即没有反例存在。

下面，对第 1 章中用第二归纳法证明过的命题"大于 1 的自然数能由一组素数的乘积表示"用良序原理进行证明。

证明：

(1) 设存在集合 C，C 中的元素为大于 1 的自然数，且不能表示为一组素数的乘积。

(2) 假设 $C \neq \varnothing$。

(3) 由良序原理，$\exists n_0 \in C$ 为 C 的最小元 (最小自然数)，且 n_0 不能表示为一组素数的乘积。

(4) 由 C 的性质，n_0 不能是一个素数，因为若 n_0 为素数，则 $n_0 = n_0$，可表示为一组素数的乘积。所以 n_0 只能为合数，因此可表示为 $a \times b$。则必有 $n_0 > a > 1$ 且 $n_0 > b > 1$，即 a、b 不属于集合 C(因为 n_0 是 C 的最小元)，则 a 和 b 都可由一组素数的乘积表示。令 $a = p_1 \times p_2 \times \cdots \times p_n, b = q_1 \times q_2 \times \cdots \times q_m$，所以 $n_0 = p_1 \times p_2 \times \cdots \times p_n \times q_1 \times q_2 \times \cdots \times q_m$，即 n_0 可以表示为一组素数的乘积。矛盾。

(5) 得出结论：必有 $C = \varnothing$，即大于 1 的自然数能由一组素数的乘积表示。□

在计算机科学中，良序的概念通常被用作证明计算会停止——例如证明循环不会陷入无限循环——的方法。其思想是为计算的连续步骤分配一个值，使这些值在每个步骤中都会变小。如果这些值都来自一个良序集合，那么计算就不可能永远运行下去。因为如果它确实将永远运行下去，分配给其连续步骤的值将定义一个没有最小元素的子集，与良序集合矛盾。

下面以代码 2.6 所示的循环代码片段为例，展示良序原理的应用。

代码 2.6　循环代码示例

```
1  i = 1
2  while i <= n:
3      print(i)
4      i = i * 3
```

(1) 定义自然数函数 $f(i) = n - \lfloor \log_3 i \rfloor$，其中 $\lfloor \log_3 i \rfloor$ 表示以 3 为底的对数，且向下取整；

(2) 假设该循环程序不终止，即存在一个无限递减的下标集合 $S = \{i_1, i_2, \cdots\}$，满足 $i_1 > i_2 > \cdots$，且在程序的第 i_k 次迭代中，i_k 仍然满足 $i_k \leqslant n$；

(3) 由 $f(i)$ 的定义可知，对于任意正整数 i，$f(i)$ 的取值范围为 $\{0, 1, \cdots, n-1\}$，因此根据良序原理，$f(i_k)$ 中必定存在最小元素 $f(i_m)$，即 $f(i_m) = \min(f(i_1), f(i_2), \cdots)$；

(4) 在程序的第 i_{m+1} 次迭代前，根据程序的循环控制条件，i 的值将经过一系列乘以 3 的操作而递增，即 $i_{m+1} = 3 \times i_m$；

(5) 因此，根据 $f(i)$ 的定义，有

$$f(i_{m+1}) = n - \lfloor \log_3(3 \times i_m) \rfloor = n - 1 - \lfloor \log_3 i_m \rfloor < n - \lfloor \log_3 i_m \rfloor = f(i_m)$$

这与 $f(i_m)$ 是 $f(i_k)$ 中的最小元素相矛盾；

(6) 因此，假设不成立，原命题得证，即循环程序在有限步内终止。

习题 2.7

1. 对图 2.22 中所示的各关系图，指出哪些表示拟序关系，哪些表示半序关系，哪些表示全序关系，哪些表示良序关系。

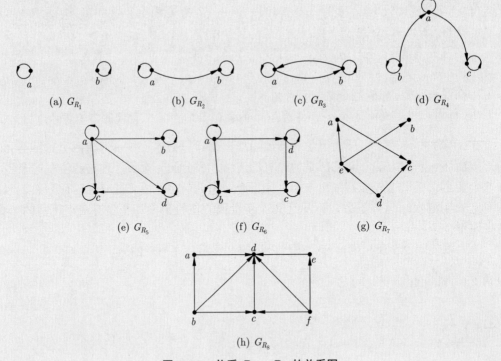

图 2.22　关系 $R_1 \sim R_8$ 的关系图

2. 画出下列集合上的整除关系的哈斯图。

(1) $\{1, 2, 3, 4, 6, 8, 12, 24\}$；

(2) $\{i|i \in \mathbb{N} \text{且} 1 \leqslant i \leqslant 14\}$;

(3) $\{i|i \in \mathbb{N} 5 \leqslant i \leqslant 20\}$。

3. 设 R 为集合 A 上的二元关系且 $S \subseteq A$, 证明或用反例推翻下述断言:

(1) 若 R 是 A 上的半序, 则 $R|_S$ 是 S 上的半序;

(2) 若 R 是 A 上的拟序, 则 $R|_S$ 是 S 上的拟序;

(3) 若 R 是 A 上的全序, 则 $R|_S$ 是 S 上的全序;

(4) 若 R 是 A 上的良序, 则 $R|_S$ 是 S 上的良序。

4. 设 R 是集合 A 上的二元关系。证明:

(1) R 是 A 上的半序, 当且仅当 $R \cap R^{-1} = I_A$ 且 $R = R^*$;

(2) R 是 A 上的拟序, 当且仅当 $R \cap R^{-1} = \varnothing$ 且 $R = R^+$。

5. 证明:

(1) 半序关系的逆关系仍然是半序关系;

(2) 全序关系的逆关系仍然是全序关系;

(3) 良序关系的逆关系未必是良序关系。

6. 设集合 $P = \{x_1, x_2, x_3, x_4, x_5\}$ 上的半序 R 的哈斯图 H_R 如图 2.23 所示。

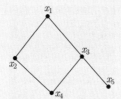

图 2.23　集合 P 上半序 R 的哈斯图 H_R

(1) 下列断言中哪些为真?

$$x_1Rx_2, \quad x_4Rx_1, \quad x_3Rx_5, \quad x_2Rx_5, \quad x_1Rx_1, \quad x_2Rx_3, \quad x_4Rx_5$$

(2) 求 P 的最小元、最大元、极小元和极大元 (如果存在的话)。

(3) 求 $\{x_2, x_3, x_4\}$、$\{x_3, x_4, x_5\}$ 和 $\{x_1, x_2, x_3\}$ 的上界、下界、上确界和下确界 (如果存在的话)。

7. 举出满足下列条件的半序结构 $\langle A, \preccurlyeq \rangle$ 的实例。

(1) $\langle A, \preccurlyeq \rangle$ 为全序结构, 且 A 的某些非空子集无最小元;

(2) $\langle A, \preccurlyeq \rangle$ 不是全序结构, 且 A 的某些非空子集无最大元;

(3) A 的某些非空子集有下确界, 但无最小元;

(4) A 的某些非空子集有上界, 但无上确界。

8. 设 $\langle A, \preccurlyeq \rangle$ 为半序结构。证明 A 的每个非空有限子集都至少有一个极小元和极大元。

9. 设 $\langle A, \preccurlyeq \rangle$ 为全序结构。证明 A 的每个非空有限子集都有最大元和最小元。

10. 设 $\langle A_i, \preccurlyeq_i \rangle (i \in \mathbb{N} \text{且} i = 1, 2, \cdots, n)$ 都是全序结构，定义 $A_1 \times A_2 \times \cdots \times A_n$ 上的二元关系 $\preccurlyeq_l$ 为

$$\langle a_1, a_2, \cdots, a_n \rangle \preccurlyeq_l \langle b_1, b_2, \cdots, b_n \rangle \text{当且仅当} a_1 \preccurlyeq_1 b_1, a_2 \preccurlyeq_2 b_2, \cdots, a_n \preccurlyeq_n b_n$$

请证明 $\preccurlyeq_l$ 是半序。请问这个关系是全序吗？

11. 试判断下列定义在二维欧氏空间 $\mathbb{R} \times \mathbb{R}$ 上的二元关系 T 是不是 $\mathbb{R} \times \mathbb{R}$ 上的拟序、半序、全序和良序？$\mathbb{R} \times \mathbb{R}$ 的每个有下界的非空子集 (关于拟序或半序 T) 是否有下确界？并给出证明。

(1) 若 $x_1, x_2, y_1, y_2 \in \mathbb{R}$，则 $\langle x_1, y_1 \rangle T \langle x_2, y_2 \rangle$ 当且仅当 $x_1 \leqslant x_2$ 且 $y_1 \leqslant y_2$；

(2) 若 $x_1, x_2, y_1, y_2 \in \mathbb{R}$，则 $\langle x_1, y_1 \rangle T \langle x_2, y_2 \rangle$ 当且仅当 $x_1 \leqslant x_2$；

(3) 若 $x_1, x_2, y_1, y_2 \in \mathbb{R}$，则 $\langle x_1, y_1 \rangle T \langle x_2, y_2 \rangle$ 当且仅当 $x_1 < x_2$，或者 $x_1 = x_2$ 且 $y_1 \leqslant y_2$；

(4) 若 $x_1, x_2, y_1, y_2 \in \mathbb{R}$，则 $\langle x_1, y_1 \rangle T \langle x_2, y_2 \rangle$ 当且仅当 $x_1 < x_2$。

12. 设 R 为集合 S 上的全序关系。证明 R 和 R^{-1} 同时为 S 上的良序，当且仅当 S 为有限集。

13. 在 $\mathbb{I}_+$ 上定义二元关系 R 如下：

$$nRm \text{ 当且仅当 } f(n) < f(m), \text{ 或 } f(n) = f(m) \text{ 且 } n \leqslant m$$

其中 $f(n)$ 表示 n 的不同素因子的个数。

证明 $\langle \mathbb{I}_+, R \rangle$ 为良序结构。

14. 设 S 为集合且 $\mathcal{B} \subseteq \mathcal{P}(S)$。证明在半序结构 $\langle \mathcal{P}(S), \subseteq \rangle$ 中有 $\sup \mathcal{B} = \bigcup \mathcal{B}$；$\inf \mathcal{B} = \bigcap \mathcal{B}$。

15. 设 π 为集合 A 的所有划分组成的集合，并在 π 上定义二元关系 R 如下：对任意的 $\Pi_1, \Pi_2 \in \pi$，则 $\Pi_1 R \Pi_2$ 当且仅当 Π_1 为 Π_2 的加细。证明 R 是 π 上的半序。

16. 请用良序原理证明：对 $n \in \mathbb{N}$ 有

$$\sum_{k=0}^{n} k^2 = \frac{n(n+1)(2n+1)}{6}$$

17. 请用良序原理证明：每个有限非空集合 $A \subseteq \mathbb{R}$ 都有极小元。

2.8 小结

本章在笛卡儿乘积的基础上定义了关系，主要介绍了二元关系的 5 种性质、关系的运算、关系的闭包，以及 3 种特殊的二元关系。这些特殊关系对现实世界的很多现象进行了建模，引入了很多重要的概念，如覆盖、划分、良序原理等。本章的重点在于关系性质相关的问题解决及证明，核心是对关系 5 种性质定义的理解和应用。深刻理解并掌握本章知识将为后续章节的学习奠定基础。

第 3 章　函　　数

函数是数学中一个很重要的基本概念，在初高中数学、高等数学等课程中已学习过。在离散数学中，从关系的角度来讨论，将函数看作一种特殊的二元关系——"单值"的二元关系，在此基础上讨论其与关系的联系与区别、函数的性质与运算，以及函数的特殊应用，由此引出无限集合与有限集合的最本质区别。

3.1　函数基础

在高等数学中，函数的定义是将其描述为一种规则：对一个集合 (它的定义域) 中的每一个元素，按照这个规则，都对应于另外一个集合 (它的值域) 中唯一的一个元素。例如对下面定义在自然数集合上的函数：

$$f(x) = 2x, \ x \in \mathbb{N}$$

若用符号 "$\mapsto$" 表示 "将自然数 x 与自然数 $2x$ 建立联系"，则 f 在每个自然数上的作用就可以描述为

$$0 \mapsto 0, 1 \mapsto 2, 2 \mapsto 4, \cdots$$

将 "$\mapsto$" 视为一种关系 R，则上述表示方法又能表示为

$$0R0, 1R2, 2R4, \cdots$$

则可用以序偶为元素的集合表示该关系，即 $f(x) = 2x$ 为

$$f(x) = \{\langle 0, 0 \rangle, \langle 1, 2 \rangle, \langle 2, 4 \rangle, \cdots\}$$

由此，将函数与关系建立了联系。

但是，函数的规则要求一个集合中的一个元素对应于另一个集合中唯一的一个元素。也就是说，虽然可用关系来表示函数，但函数不仅仅是关系，还有其特殊性——"单值"。可用定义 3.1.1 来描述这种约束。

定义 3.1.1　如果从集合 X 到集合 Y 的二元关系 f 是 "单值" 的，即 f 满足以下条件：

$$若 \langle x, y_1 \rangle \in f 且 \langle x, y_2 \rangle \in f, \ 则 y_1 = y_2$$

就称 f 为从 X 到 Y 的部分函数。

为与以前学过的函数表示法相容，约定当 $\langle x, y \rangle \in f$ 时，称 y 为 f 在 x 处的值，记为 $y = f(x)$。

要理解"部分函数",需从以下几方面探讨。

(1) "部分"的含义,即能有 y 与之对应的 x,只是 X 的一部分,即 $x \in S$ 且 $S \subseteq X$;

(2) "单值"的含义,即定义中的条件表示每个 x 只对应唯一一个 y,不能对应多个 y,通俗来说,不允许出现"一对多"。例如,$\exp = \{\langle x, \mathrm{e}^x \rangle | x \in \mathbb{R}\}$ 是函数,而 $\arcsin = \{\langle x, y \rangle | x, y \in \mathbb{R} 且 \sin y = x\}$ 不是函数。请注意与高等数学中函数概念的差异,因为在高等数学中,一直把 $\arcsin$ 视为函数。

(3) 定义中的二元关系表示多元函数的能力,例如对形如 $f(x, y, z) = x^2 + 2y + z^2$ 的函数,可以用二元关系表示为 $f = \{\langle \langle x, y, z \rangle, x^2 + 2y + z^2 \rangle | x, y, z \in \mathbb{R}\}$,即将多元函数视为从笛卡儿乘积到某个集合的二元关系。

根据定义 3.1.1,可直接得到自动化判断一个二元关系是否为部分函数的程序,以 Python 实现为例,代码 3.1 中定义了 is_function() 函数,用于自动判断所给关系是否满足函数的定义。

代码 3.1 判断关系是否为部分函数的程序

```
1  is_function = lambda R: all([len({e for d,e in R if d==x})==1 \
2                              for x in {a for a,b in R}])
```

函数作为一种特殊的二元关系,关系上的很多概念、性质可以直接沿用。

定义 3.1.2 设 f 是从集合 X 到集合 Y 的部分函数,则 f 的定义域和值域分别为

$$\mathrm{dom}f = \{x | x \in X 且有 y \in Y 使 y = f(x)\}$$
$$\mathrm{ran}f = \{y | y \in Y 且有 x \in X 使 f(x) = y\}$$

例 3.1.1 假设函数 f 将本班每位同学的离散数学成绩映射到 {优,良,中,及格,不及格}5 个档次。最后发现没有同学的成绩为不及格。则函数 f 的定义域和值域分别为

$$定义域 = \{本班所有同学的离散数学成绩\}$$
$$值域 = \{优,良,中,及格\} \qquad \square$$

将 $y = f(x)$ 与 $f(x) = y$ 改为 $\langle x, y \rangle \in f$,定义 3.1.2 就是关系定义域与值域的定义了。我们约定,若 $x \in \mathrm{dom}f$,就称 f 在 x 处有定义,记为"$f(x) \downarrow$";否则称 f 在 x 处无定义,记为"$f(x) \uparrow$"。进一步,由定义 3.1.2 显然有 $\mathrm{dom}f \subseteq X$,$\mathrm{ran}f \subseteq Y$。

关系的压缩与延拓在函数上称为限制与延拓。

定义 3.1.3 设 f 是从集合 X 到集合 Y 的部分函数且 $A \subseteq X$。定义 f 在 A 上的限制 $f \upharpoonright_A$ 为从 A 到 Y 的部分函数,并且

$$f \upharpoonright_A = f \cap (A \times Y)$$

也称 f 为 $f \upharpoonright_A$ 到 X 上的延拓。

除此之外,函数作为特殊的二元关系,也有特别的概念和性质。首先,函数的图形化表示方面有多种表示方式,如图 3.1 所示,从左至右分别为类文氏图法、二分图法和

点线法，其中点线法在初高中数学中已遇到过。这些表示方法都非常有助于我们理解各种函数的概念与性质，启发思考涉及函数问题的求解思路。

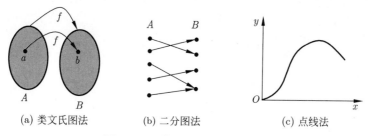

(a) 类文氏图法　　　　(b) 二分图法　　　　(c) 点线法

图 3.1　函数的图形化表示方法

其次是在函数上定义的一些关系上没有的概念。

定义 3.1.4 设 f 为从集合 X 到 Y 的部分函数，$A \subseteq X$ 且 $B \subseteq Y$。令

$$f[A] = \{y|有 x \in A 使 y = f(x)\}$$

$$f^{-1}[B] = \{x|有 y \in B 使 f(x) = y\}$$

称 $f[A]$ 为 A 在 f 下的像，$f^{-1}[B]$ 为 B 在 f 下的原像，即

$$f[A] = \{f(x)|x \in A 且 f(x) \downarrow\}$$

$$f^{-1}[B] = \{x|x \in X 且 f(x) \downarrow 且 f(x) \in B\}$$

设 f 为从集合 A 到 B 的部分函数，$C = \{a_3, a_4, a_5\} \subseteq A$ 且 $D = \{b_2, b_3\} \subseteq B$，图 3.2(a) 与图 3.2(b) 分别给出了 $f[C]$ 与 $f^{-1}[D]$ 的图示，其中 $f[C] = \{b_2, b_4\}$，$f^{-1}[D] = \{a_4, a_5\}$。

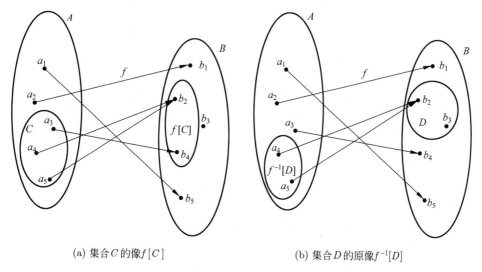

(a) 集合 C 的像 $f[C]$　　　　　　(b) 集合 D 的原像 $f^{-1}[D]$

图 3.2　像与原像示意图

对照图 3.2，通俗地说，像就是 A 中元素沿着箭头能够"到达"的 Y 中元素构成的集合；原像就是 B 中元素逆着箭头能够"回到"的 X 中元素构成的集合。因此，函数的值域就是函数定义域的像，函数的定义域就是函数值域的原像。

由定义 3.1.4可直接得到求像和原像的程序，以 Python 实现为例，代码 3.2 中定义了求所给函数的像和原像的方法 img 与 preimg。

代码 3.2 求像与原像的程序

```
1  img = lambda f, s: {b for a,b in f for c in s if c == a}
2  preimg = lambda f, s: {a for a,b in f for c in s if b == c}
```

在像和原像上有一些性质，由下述定理给出。

定理 3.1.1 设 f 为从集合 X 到集合 Y 的部分函数。

(1) 若 $A_1 \subseteq A_2 \subseteq X$，则 $f[A_1] \subseteq f[A_2]$；

(2) 若 $B_1 \subseteq B_2 \subseteq Y$，则 $f^{-1}[B_1] \subseteq f^{-1}[B_2]$；

(3) 若 $A \subseteq \mathrm{dom}f$，则 $A \subseteq f^{-1}[f[A]]$；

(4) 若 $B \subseteq \mathrm{ran}f$，则 $B = f[f^{-1}[B]]$。

证明：

(1) 对任意的 $y \in f[A_1]$，则必有 $x \in A_1$ 使得 $f(x) = y$，由于 $A_1 \subseteq A_2$，因此有 $x \in A_2$，由此可得 $y = f(x) \in f[A_2]$。所以 $f[A_1] \subseteq f[A_2]$。

(2) 对任意的 $x \in f^{-1}[B_1]$，必有 $y \in B_1$ 使得 $y = f(x)$，由于 $B_1 \subseteq B_2$，所以有 $y \in B_2$，由此可得 $x \in f^{-1}[B_2]$。所以 $f^{-1}[B_1] \subseteq f^{-1}[B_2]$。

(3) 对任意的 $x \in A$，因为 $f(x) \in f[A]$，所以 $x \in f^{-1}[f[A]]$，即 $A \subseteq f^{-1}[f[A]]$。

(4) 对任意的 $y \in B$，由于 $y \in \mathrm{ran}f$，因此有 $x \in f^{-1}[B]$ 使得 $f(x) = y$，即 $y \in f[f^{-1}[B]]$，所以 $B \subseteq f[f^{-1}[B]]$。又对任意的 $y \in f[f^{-1}[B]]$，则有 $x \in f^{-1}[B]$ 使得 $f(x) = y$，则有 $y \in B$，则可得 $f[f^{-1}[B]] \subseteq B$。综上可得 $B = f[f^{-1}[B]]$。 □

请注意定理 3.1.1中 (3) 和 (4) 的区别。如图 3.2所示，通俗来说，(3) 中 x 映射到对应的 y，再基于这样的 y 寻找原像，由于部分函数可能存在"多对一"，因此有可能找到一些"多出来"的原像，所以只能得到包含关系，而可能不相等。而 (4) 中，从 y 寻找原像 x，再基于 x 映射回 y，由于部分函数不允许"一对多"，不会映射到新的 y，所以是相等关系。

定理 3.1.2 设 f 为从集合 X 到集合 Y 的部分函数，$\mathcal{A} \subseteq \mathcal{P}(X)$，$\mathcal{B} \subseteq \mathcal{P}(Y)$。

(1) $f[\bigcup \mathcal{A}] = \bigcup\{f[A] | A \in \mathcal{A}\}$；

(2) 若 $\mathcal{A} \neq \varnothing$，则 $f[\bigcap \mathcal{A}] \subseteq \bigcap\{f[A] | A \in \mathcal{A}\}$；

(3) $f^{-1}[\bigcup \mathcal{B}] = \bigcup\{f^{-1}[B] | B \in \mathcal{B}\}$；

(4) 若 $\mathcal{B} \neq \varnothing$，则 $f^{-1}[\bigcap \mathcal{B}] = \bigcap\{f^{-1}[B] | B \in \mathcal{B}\}$。

证明：

(1) 一方面，对任意的 $y \in f[\bigcup \mathcal{A}]$，则有 $x \in \bigcup \mathcal{A}$ 使得 $y = f(x)$，即至少有一个 $A \in \mathcal{A}$ 使得 $x \in A$，因此有 $y \in f[A]$，即 $y \in \bigcup\{f[A]|A \in \mathcal{A}\}$，即 $f[\bigcup \mathcal{A}] \subseteq \bigcup\{f[A]|A \in \mathcal{A}\}$。另一方面，若 $A \in \mathcal{A}$ 则必有 $A \subseteq \bigcup \mathcal{A}$，由定理 3.1.1 可知，必有 $f[A] \subseteq f[\bigcup \mathcal{A}]$，由此可得 $\bigcup\{f[A]|A \in \mathcal{A}\} \subseteq f[\bigcup \mathcal{A}]$。综上可得 $f[\bigcup \mathcal{A}] = \bigcup\{f[A]|A \in \mathcal{A}\}$。

(2) 若 $A \in \mathcal{A}$，则 $\bigcap \mathcal{A} \subseteq A$，由定理 3.1.1 可得 $f[\bigcap \mathcal{A}] \subseteq f[A]$，所以 $f[\bigcap \mathcal{A}] \subseteq \bigcap\{f[A]|A \in \mathcal{A}\}$。

(3) 一方面，对任意的 $x \in f^{-1}[\bigcup \mathcal{B}]$，必有 $y \in \bigcup \mathcal{B}$ 使得 $y = f(x)$，即至少有一个 $B \in \mathcal{B}$ 使得 $y \in B$，由此可得 $x \in f^{-1}[B]$，即 $f^{-1}[\bigcup \mathcal{B}] \subseteq \bigcup\{f^{-1}[B]|B \in \mathcal{B}\}$。另一方面，若 $B \in \mathcal{B}$，则 $B \subseteq \bigcup \mathcal{B}$，由定理 3.1.1 可得 $f^{-1}[B] \subseteq f^{-1}[\bigcup \mathcal{B}]$，因此必有 $\bigcup\{f^{-1}[B]|B \in \mathcal{B}\} \subseteq f^{-1}[\bigcup \mathcal{B}]$。综上可得 $f^{-1}[\bigcup \mathcal{B}] = \bigcup\{f^{-1}[B]|B \in \mathcal{B}\}$。

(4) 一方面，若 $B \in \mathcal{B}$，则 $\bigcap \mathcal{B} \subseteq B$，由定理 3.1.1 可得 $f^{-1}[\bigcap \mathcal{B}] \subseteq f^{-1}[B]$，因此必有 $f^{-1}[\bigcap \mathcal{B}] \subseteq \bigcap\{f^{-1}[B]|B \in \mathcal{B}\}$。另一方面，对任意的 $x \in \bigcap\{f^{-1}[B]|B \in \mathcal{B}\}$，则对每个 $B \in \mathcal{B}$ 皆有 $x \in f^{-1}[B]$，即对每个 $B \in \mathcal{B}$ 皆有 $y \in B$ 使得 $f(x) = y$，因此 $y \in \bigcap \mathcal{B}$，即 $x \in f^{-1}[\bigcap \mathcal{B}]$，由此可得 $\bigcap\{f^{-1}[B]|B \in \mathcal{B}\} \subseteq f^{-1}[\bigcap \mathcal{B}]$。综上可得 $f^{-1}[\bigcap \mathcal{B}] = \bigcap\{f^{-1}[B]|B \in \mathcal{B}\}$。 □

在部分函数定义的基础上，对定义涉及的各条件添加不同的约束，可得到一些更为特殊、更值得讨论的函数。

定义 3.1.5 设 f 为从集合 X 到 Y 的部分函数。

(1) 若 $\mathrm{dom} f = X$，则称 f 为从 X 到 Y 的全函数，简称 f 为从 X 到 Y 的 (全) 函数，记为 $X \xrightarrow{f} Y$ 或 $f : X \to Y$。

(2) 若 $\mathrm{dom} f \subset X$，则称 f 为从 X 到 Y 的严格部分函数。

(3) 若 $\mathrm{ran} f = Y$，则称 f 为从 X 到 Y 上的部分函数。

(4) 若 $\mathrm{ran} f \subset Y$，则称 f 为从 X 到 Y 内的部分函数。

(5) 若对任意的 $x_1, x_2 \in \mathrm{dom} f$，当 $x_1 \neq x_2$ 时皆有 $f(x_1) \neq f(x_2)$，则称 f 为从 X 到 Y 的 $1-1$ 部分函数。

定义 3.1.5 中，值得关注的是全函数、从 X 到 Y 上的部分函数，以及从 X 到 Y 的 $1-1$ 部分函数。首先，从此处开始，本书约定全函数为 $X \xrightarrow{f} Y$ 或 $f : X \to Y$，不再提示。其次，要判断某个函数是否是从 X 到 Y 上的部分函数，可以判断是否有 $\mathrm{ran} f = Y$，或论证对每个 $y \in Y$，都能至少找到一个 $x \in X$ 使得 $f(x) = y$ 来得到结论。再次，要判断某个函数是否为从 X 到 Y 的 $1-1$ 部分函数，可直接论证，也可用反证法论证，$1-1$ 部分函数的否定是"有 $x_1 \neq x_2$ 且 $f(x_1) = f(x_2)$"。

此外，全函数与程序设计中的函数有密切的联系。在编写函数时，现代编译器常常会提醒"某个函数不是每条执行路径都有返回值"。这其实说明编写的函数是部分函数，没有对所有可能输入定义返回值。这就要求在编写程序时尽可能地使函数成为全函数，确保每个输入都有对应的输出，从而保证程序的正确性和可靠性。

在程序设计中，全函数具有以下优点：

(1) 可以避免潜在的错误和异常情况，提高程序的稳定性和可维护性；

(2) 使代码更容易理解和调试；

(3) 便于与其他程序集成和扩展。

因此，在程序设计中应该尽可能地让函数成为全函数，以保证程序的正确性和可靠性。

例 3.1.2　图 3.3 中以二分图形式展示了 4 个函数，设左边一列为集合 X 的元素，右边一列为集合 Y 的元素，其中：

(a) 为从 X 到 Y 上的全函数；

(b) 为从 X 到 Y 内的全函数；

(c) 为从 X 到 Y 上的 $1-1$ 全函数；

(d) 为从 X 到 Y 内的 $1-1$ 全函数。

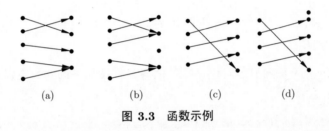

图 3.3　函数示例　　　　　　　　　□

根据前述定义，可很直接地写出判断函数是否为全函数、是否为从 X 到 Y 上的部分函数，以及是否为从 X 到 Y 的 $1-1$ 部分函数的程序。以 Python 实现为例，代码 3.3 定义了 3 个函数，分别对应上述三种函数类型的判定。

代码 3.3　判断三种函数类型的程序

```
1  is_total_function = lambda f, X: X=={a for a,b in f}
2  is_onto_function = lambda f, Y: Y=={b for a,b in f}
3  is_one2one_function = lambda f: all( [len({d for d,e in f if e==x})==1 \
4                          for x in {b for a,b in f}] )
```

在定义了全函数后，可进一步得到限制与延拓之间关系的定理。

定理 3.1.3　设 f 为从集合 X 到集合 Y 的部分函数且 $A \subseteq X$，则

$$\mathrm{dom}(f \restriction_A) = A \cap \mathrm{dom} f$$
$$\mathrm{ran}(f \restriction_A) = f[A]$$

若 $A \subseteq \mathrm{dom} f$，则 $f \restriction_A$ 是全函数。

证明：由 $f \restriction_A = f \cap (A \times Y)$ 可知 $\mathrm{dom}(f \restriction_A) = \mathrm{dom}((A \times Y) \cap f) \subseteq \mathrm{dom}(A \times Y) \cap \mathrm{dom} f = A \cap \mathrm{dom} f$（习题 2.1 第 14 题）。又对任意的 $x \in A \cap \mathrm{dom} f$，必有 $y \in Y$ 使得

$\langle x, y \rangle \in A \times Y$ 且 $\langle x, y \rangle \in f$，即 $\langle x, y \rangle \in (A \times Y) \cap f$，即 $x \in \mathrm{dom}((A \times Y) \cap f) = \mathrm{dom}(f \restriction_A)$。因此

$$\mathrm{dom}(f \restriction_A) = A \cap \mathrm{dom}f$$

此外，由定理 3.1.2 可知有 $\mathrm{ran}(f \restriction_A) = f[\mathrm{dom}(f \restriction_A)] = f[\mathrm{dom}f \cap A] \subseteq \mathrm{ran}f \cap f[A] = f[A]$（因为 $f[A] \subseteq \mathrm{ran}f$）。又对任意的 $y \in f[A]$ 必有 $x \in A \cap \mathrm{dom}f$ 使得 $f(x) = y$，即 $y \in f[A \cap \mathrm{dom}f] = f[\mathrm{dom}(f \restriction_A)] = \mathrm{ran}(f \restriction_A)$，即 $f[A] \subseteq \mathrm{ran}(f \restriction_A)$，综上可得

$$\mathrm{ran}(f \restriction_A) = f[A]$$

若 $A \subseteq \mathrm{dom}f$，则 $\mathrm{dom}(f \restriction_A) = A \cap \mathrm{dom}f = A$，对每个 $a \in A$，都有 $y \in Y$ 使得 $f(a) = y$，因此 $f \restriction_A$ 是全函数。 □

将全函数与从 X 到 Y 上的部分函数，以及从 X 到 Y 的 $1-1$ 部分函数相组合，就得到三类非常重要的函数。

定义 3.1.6 设 $f : X \to Y$

(1) 若 $\mathrm{ran}f = Y$，则称 f 为满射 (surjective function)；

(2) 若 f 是 $1-1$ 函数，则称 f 为内射 (injective function)；

(3) 若 f 既是满射，又是内射，则称 f 为双射 (bijective function)。

例 3.1.3 下面是一些满射、内射和双射的示例：

(1) 设 R 为集合 A 上的等价关系，则 $\phi = \{\langle x, [x]_R \rangle | x \in A\}$ 是从 A 到 A/R 的满射；

(2) $f = \{\langle x, 2^x \rangle | x \in \mathbb{R}\}$ 为从 $\mathbb{R}$ 到 $\mathbb{R}$ 的内射；

(3) $g = \{\langle x, -2x \rangle | x \in \mathbb{R}\}$ 为从 $\mathbb{R}$ 到 $\mathbb{R}$ 的双射。 □

基于代码 3.3 的判断三种函数类型的程序，可组合出判断满射、内射和双射函数的程序，以 Python 为例实现如代码 3.4 所示。

代码 3.4 判断满射、内射和双射函数的程序

```python
is_surjective = lambda f, dom, ran: is_total_function(f, dom) \
                    and is_onto_function(f, ran)
is_injective = lambda f, dom: is_total_function(f, dom) \
                    and is_one2one_function(f)
is_bijective = lambda f, dom, ran: is_surjective(f,dom,ran) \
                    and is_injective(f,dom)
```

最后是从一个集合到另一个集合的所有全函数相关的定义与性质。

定义 3.1.7 设 A 和 B 为任意二集合，记

$$B^A = \{f | f : A \to B\}$$

其中 f 为 A 到 B 的全函数。

从 $\varnothing$ 到任意集合 A 的函数为 $\varnothing$,所以 $A^\varnothing = \{\varnothing\}$。又从任意集合 A 到 $\varnothing$ 的全函数是不存在的,因此 $\varnothing^A = \varnothing$。

定理 3.1.4 若 A 和 B 都是有限集合,则

$$|B^A| = |B|^{|A|}$$

证明: 设 $|A| = m$ 且 $|B| = n$,用第一归纳法对 m 进行归纳。

(1) 当 $m = 0$ 时,$A = \varnothing$,$B^\varnothing = \{\varnothing\}$,则 $|B^\varnothing| = 1 = n^0$;

(2) 设当 $m = k(k \geqslant 0)$ 时定理成立;

(3) 当 $m = k+1$ 时,即 $A \neq \varnothing$,所以有 $a \in A$。任取 $f \in B^A$,令 $f' = f{\upharpoonright}_{(A-\{a\})}$,则 f' 是从 $A - \{a\}$ 到 B 的全函数,$f = f' \cup \{\langle a, f(a)\rangle\}$。由归纳假设可知 $|B^{A-\{a\}}| = n^k$。因此,f' 可有 n^k 种选择,$f(a)$ 可取 B 中的任意元素,所以可有 n 种选择,故 f 可有 $n^k \times n = n^{k+1}$ 种选择,即 $|B^A| = n^{k+1}$。 $\square$

例 3.1.4 设 $A = \{0,1,2\}$,$B = \{a,b\}$,那么 $|B^A| = |B|^{|A|} = 2^3 = 8$。可将这 8 个函数列举如下:

$$f_1 = \{\langle 0,a\rangle, \langle 1,a\rangle, \langle 2,a\rangle\}$$
$$f_2 = \{\langle 0,a\rangle, \langle 1,a\rangle, \langle 2,b\rangle\}$$
$$f_3 = \{\langle 0,a\rangle, \langle 1,b\rangle, \langle 2,a\rangle\}$$
$$f_4 = \{\langle 0,a\rangle, \langle 1,b\rangle, \langle 2,b\rangle\}$$
$$f_5 = \{\langle 0,b\rangle, \langle 1,a\rangle, \langle 2,a\rangle\}$$
$$f_6 = \{\langle 0,b\rangle, \langle 1,a\rangle, \langle 2,b\rangle\}$$
$$f_7 = \{\langle 0,b\rangle, \langle 1,b\rangle, \langle 2,a\rangle\}$$
$$f_8 = \{\langle 0,b\rangle, \langle 1,b\rangle, \langle 2,b\rangle\}$$

所以 $B^A = \{f_1, f_2, \cdots, f_8\}$。 $\square$

习题 3.1

1. 下列关系中哪些是部分函数?对于不是部分函数的关系,说明不能构成部分函数的原因。

(1) $\{\langle x,y\rangle \mid x,y \in \mathbb{N} \text{且} x + y < 10\}$;

(2) $\{\langle x,y\rangle \mid x,y \in \mathbb{R} \text{且} y = x^2\}$;

(3) $\{\langle x,y\rangle \mid x,y \in \mathbb{R} \text{且} y^2 = x\}$。

2. 下列集合能定义部分函数吗?如果能,试求出它们的定义域和值域。

(1) $\{\langle 1, \langle 2,3\rangle\rangle, \langle 2, \langle 3,4\rangle\rangle, \langle 3, \langle 1,4\rangle\rangle, \langle 4, \langle 1,4\rangle\rangle\}$;

(2) $\{\langle 1,\langle 2,3\rangle\rangle,\langle 2,\langle 3,4\rangle\rangle,\langle 3,\langle 3,2\rangle\rangle\}$;

(3) $\{\langle 1,\langle 2,3\rangle\rangle,\langle 2,(3,4)\rangle,\langle 1,\langle 2,4\rangle\rangle\}$;

(4) $\{\langle 1,\langle 2,3\rangle\rangle,\langle 2,\langle 2,3\rangle\rangle,\langle 3,\langle 2,3\rangle\rangle\}$。

3. 设 f 与 g 为从 X 到 Y 的部分函数，若 $f\subseteq g$ 且 $\mathrm{dom}\,g\subseteq\mathrm{dom}f$，则 $f=g$。

4. 设 A 为集合。若对任意 $s_1,s_2\in\mathcal{P}(A)$ 皆令 $f(s_1,s_2)=s_1\cap s_2$，则 f 是从 $\mathcal{P}(A)\times\mathcal{P}(A)$ 到 $\mathcal{P}(A)$ 上的二元函数。

5. 设 f 为从 X 到 Y 的部分函数，试证明：

(1) 若 $A,B\in\mathcal{P}(X)$，则 $f[A-B]\supseteq f[A]-f[B]$，并举例说明不能用 "$=$" 代替其中的 "$\supseteq$"；

(2) 若 $C,D\in\mathcal{P}(Y)$，则 $f^{-1}[C-D]=f^{-1}[C]-f^{-1}[D]$。

6. 设 f 为从 X 到 Y 的部分函数，若 $A,B\in\mathcal{P}(X)$ 且 $A\subseteq B$，则 $f[B]=f[B-A]\cup f[A]$。

7. 设 $f:X\to Y$ 是 $1-1$ 函数，$A,B\subseteq X$，则 $f[A]\cap f[B]\subseteq f[A\cap B]$。

8. 设 $f:X\to Y$ 是 $1-1$ 函数，$A,B\subseteq X$，则 $f[A-B]\subseteq f[A]-f[B]$。

9. 设 $f:X\to Y$ 为从 X 到 Y 的 $1-1$ 函数，$A\subseteq X$，则 $f^{-1}[f[A]]\subseteq A$。

10. 设 $f:X\to Y$ 为从 X 到 Y 上的函数，$A\subseteq Y$，则 $A\subseteq f[f^{-1}[A]]$。

11. 设 $f:X\to Y$ 为从 X 到 Y 上的函数，$A,B\subseteq Y$，若 $f^{-1}[A]\cap f^{-1}[B]=\varnothing$，则 $A\cap B=\varnothing$。

12. 设 $f:X\to Y$，若对所有的非空集合 A 与 B 且 $A,B\subseteq X$ 有 $f[A\cap B]=f[A]\cap f[B]$，则 f 为 $1-1$ 函数。

13. 设 $A=\{-1,0,1\}$，并定义函数 $f:A^2\to\mathbb{I}$ 如下：

$$f(\langle x,y\rangle)=\begin{cases}0, & x\cdot y>0\\ x-y, & x\cdot y\leqslant 0\end{cases}$$

(1) 写出 f 的全部序偶；

(2) 求出 $\mathrm{ran}\,f$；

(3) 写出 $f\!\upharpoonright_{\{0,1\}^2}$ 中的全部序偶；

(4) 有多少个和 f 具有相同的定义域和值域的函数 $g:A^2\to\mathbb{I}$?

14. 设 A 和 B 为有限集，$|A|=m$ 且 $|B|=n$。

(1) 有多少个从 A 到 B 的 $1-1$ 函数？

(2) 有多少个从 A 到 B 上的函数？

15. "91" 函数 $f:\mathbb{N}\to\mathbb{N}$ 定义如下：

$$f(x)=\begin{cases}x-10, & x>100\\ f(f(x+11)), & x\leqslant 100\end{cases}$$

试证明:

(1) $f(99) = 91$;

(2) $f(x) = 91$，其中 $0 \leqslant x \leqslant 100$。

16. 小张和小李两人做数学游戏，小张对小李说:"对任意的 $P(x) = a_n x^n + a_{n-1} x^{n-1} + \cdots + a_1 x + a_0$(这个多项式小李知道而小张不知道，其中 $a_0, a_1, \cdots, a_n \in \mathbb{N}$)，只要你告诉我 $P(1)$ 和 $P(P(1) + 1)$ 这两个值，我就能说出这个多项式的所有系数 (即 $a_n, \cdots, a_0$)"。请问小张说的话有没有可能成立? 如果成立，原理是什么? 并根据你给的原理给出求多项式系数的方法。

3.2 函数合成

将函数视为关系，某些与关系相关的定义与性质可直接沿用，如定义域、值域、限制与延拓等。但函数作为一种特殊的关系，某些与关系相关的操作和性质在沿用之前，必须考查其操作的封闭性。即两个函数作为关系做了运算后，还是否为函数，即单值的二元关系。

关系合成与逆关系就是这样两种需要先考查是否能沿用，才能继续讨论的运算。对函数的合成，要先确保两个函数做合成，结果仍是函数，即"单值"的二元关系。

定理 3.2.1 设 f 为从 X 到 Y 的部分函数，g 为从 Y 到 Z 的部分函数，则合成关系 $f \circ g$ 为从 X 到 Z 的部分函数。

证明: 根据部分函数定义，只需证明 $f \circ g$ 为"单值"的。

若 $\langle x, z_1 \rangle, \langle x, z_2 \rangle \in f \circ g$，则有 $y_1, y_2 \in Y$ 使得 $\langle x, y_1 \rangle, \langle x, y_2 \rangle \in f$ 且 $\langle y_1, z_1 \rangle, \langle y_2, z_2 \rangle \in g$。因为 f 是部分函数，所以 $y_1 = y_2$。而 g 也是部分函数，所以又有 $z_1 = z_2$，这表明 $f \circ g$ 是一个从 X 到 Z 的部分函数。 □

定理 3.2.1确保了关系的合成运算可以被函数直接沿用，因此，给出函数合成的定义如下。

定义 3.2.1 设 f 为从 X 到 Y 的部分函数，g 为从 Y 到 Z 的部分函数，则称合成关系 $f \circ g$ 为 f 与 g 的合成函数，记为 $g \circ f$。

请注意函数合成记法与关系合成记法的区别，它们在顺序上恰好是相反的。虽然如此，但合成函数 $g \circ f$ 与合成关系 $f \circ g$ 表示同一个集合。这种差异是历史形成的，各具有其方便之处:

(1) 对合成函数 $g \circ f$，当 $z = (g \circ f)(x)$ 时，必有 $z = g(f(x))$，$g \circ f$ 与 $g(f(x))$ 的这种顺序关系很自然。

(2) 对合成关系 $f \circ g$，当 $\langle x, z \rangle \in f \circ g$ 时，必有 $y \in Y$ 使 $\langle x, y \rangle \in f$ 且 $\langle y, z \rangle \in g$。这种顺序也很符合关系合成序偶的选取顺序。

请读者注意，从此处开始，当涉及函数的合成时，用 $g \circ f$ 来表示 f 合成 g。而涉及关系合成时，仍用第 2 章的记法。

例 3.2.1　下面为两个函数合成的示例。

(1) 设函数 f 是从集合 $A = \{a, b, c\}$ 到集合 A 的函数，定义为 $f(a) = b, f(b) = c, f(c) = a$。函数 g 是从集合 A 到集合 $B = \{1, 2, 3\}$ 的函数，定义为 $g(a) = 3, g(b) = 2, g(c) = 1$。则 $g \circ f$ 定义为

$$g \circ f(a) = g(f(a)) = g(b) = 2$$
$$g \circ f(b) = g(f(b)) = g(c) = 1$$
$$g \circ f(c) = g(f(c)) = g(a) = 3$$

而 $f \circ g$ 无法定义。

(2) 设函数 f 和 g 分别为从 $\mathbb{I}$ 到 $\mathbb{I}$ 的函数，定义：$f(x) = 2x + 3$，$g(x) = 3x + 2$。则 $g \circ f(x) = g(f(x)) = g(2x + 3) = 3(2x + 3) + 2 = 6x + 11$ 且 $f \circ g(x) = f(g(x)) = f(3x + 2) = 2(3x + 2) + 3 = 6x + 7$。　　　　　□

函数的合成可如图 3.4 所示形象地表示，由该图和上述示例可知，f 的值域与 g 的定义域的交集非空才有合成函数。

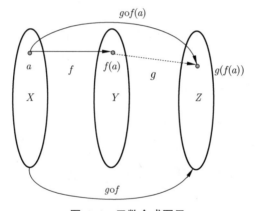

图 3.4　函数合成图示

既然可沿用关系的合成，那么，关系合成上的很多性质在函数合成上也是成立的，例如，定理 3.2.2 可由关系合成的结合律直接得到。也可知函数的合成不满足交换律，即 $g \circ f \neq f \circ g$。

定理 3.2.2　设 f 为从 X 到 Y 的部分函数，g 为从 Y 到 Z 的部分函数，h 为从 Z 到 W 的部分函数，则 $h \circ (g \circ f) = (h \circ g) \circ f$。

接下来从合成函数的定义域与值域开始，讨论满射、内射和双射函数在合成函数上的性质。

定理 3.2.3　设 f 为从 X 到 Y 的部分函数，g 为从 Y 到 Z 的部分函数，则

(1) $\mathrm{dom}(g \circ f) = f^{-1}[\mathrm{dom} g]$ 且 $\mathrm{ran}(g \circ f) = g[\mathrm{ran} f]$；

(2) 若 f 和 g 都是全函数，则 $g \circ f$ 也是全函数。

证明:

(1) 先证 $\mathrm{dom}(g \circ f) = f^{-1}[\mathrm{dom}g]$。一方面,对任意的 $x \in \mathrm{dom}(g \circ f)$,有 $z \in Z$ 使得 $g \circ f(x) = z$,因此必有 $y \in \mathrm{dom}g$,使得 $f(x) = y$ 且 $g(y) = z$,因此有 $x \in f^{-1}[\mathrm{dom}g]$,即 $\mathrm{dom}(g \circ f) \subseteq f^{-1}[\mathrm{dom}g]$。另一方面,对任意的 $x \in f^{-1}[\mathrm{dom}g]$,则有 $y \in \mathrm{dom}g$ 使得 $f(x) = y$,又由于 $y \in \mathrm{dom}g$,所以必有 $z \in Z$ 使得 $g(y) = g(f(x)) = z$,则有 $x \in \mathrm{dom}(g \circ f)$,即 $f^{-1}[\mathrm{dom}g] \subseteq \mathrm{dom}(g \circ f)$。综上有 $\mathrm{dom}(g \circ f) = f^{-1}[\mathrm{dom}g]$。

再证 $\mathrm{ran}(g \circ f) = g[\mathrm{ran}f]$。一方面,对任意的 $z \in \mathrm{ran}(g \circ f)$,必有 $x \in X$ 使得 $g \circ f(x) = g(f(x)) = z$,因此必有 $y \in \mathrm{ran}f$ 使得 $f(x) = y$ 且 $g(y) = z$,由此可得 $z \in g[\mathrm{ran}f]$,即 $\mathrm{ran}(g \circ f) \subseteq g[\mathrm{ran}f]$。另一方面,对任意的 $z \in g[\mathrm{ran}f]$,必有 $y \in \mathrm{ran}f$ 使得 $g(y) = z$,且必有 $x \in X$ 使得 $f(x) = y$,即 $g(y) = g(f(x)) = g \circ f(x) = z$,所以 $z \in \mathrm{ran}(g \circ f)$,即 $g[\mathrm{ran}f] \subseteq \mathrm{ran}(g \circ f)$。综上有 $\mathrm{ran}(g \circ f) = g[\mathrm{ran}f]$。

(2) 若 f 和 g 都是全函数,则 $\mathrm{dom}(g \circ f) = f^{-1}[\mathrm{dom}g] = f^{-1}[Y] = X$,即 $g \circ f$ 是全函数。 □

定义 3.2.2 称 $I_A = \{\langle x, x \rangle | x \in A\}$ 为集合 A 上的恒等函数。

可知,恒等函数即为恒等关系,由第 2 章可知,I_A 为关系合成运算的单位元,那么,也是函数合成运算的单位元。

定理 3.2.4 设 f 为从 X 到 Y 的部分函数,则 $f \circ I_X = f = I_Y \circ f$。

证明: 对任意的 $x \in \mathrm{dom}f$,必有唯一的 $y \in Y$ 使得 $f(x) = y$,因此 $f \circ I_X(x) = f(I_X(x)) = f(x) = y$,$I_Y \circ f(x) = I_Y(f(x)) = I_Y(y) = y$。所以有 $f \circ I_X = f = I_Y \circ f$。 □

最后,介绍满射、内射和双射函数在合成函数上的几个很重要的性质。

定理 3.2.5 设 $f : X \to Y$ 和 $g : Y \to Z$,则:
(1) 若 f 和 g 都是满射,则 $g \circ f$ 也是满射;
(2) 若 f 和 g 都是内射,则 $g \circ f$ 也是内射;
(3) 若 f 和 g 都是双射,则 $g \circ f$ 也是双射。

证明:

(1) 需证明 $g \circ f$ 是全函数且值域为集合 Z。由 f 和 g 都是满射可知 $\mathrm{ran}f = Y$ 且 $\mathrm{ran}g = Z$。再由定理 3.2.3可知,首先,f 和 g 为全函数则 $g \circ f$ 也为全函数。其次,$\mathrm{ran}(g \circ f) = g[\mathrm{ran}f] = g[Y] = Z$,所以 $g \circ f$ 是满射。

(2) 需证明 $g \circ f$ 是全函数且为 $1 - 1$ 函数。因为 f 和 g 都是内射,首先,由定理 3.2.3可知 $g \circ f$ 是全函数。其次,对任意的 $x_1, x_2 \in X$ 且 $x_1 \neq x_2$,则 $f(x_1) \neq f(x_2)$ 且 $g(f(x_1)) \neq g(f(x_2))$,即 $g \circ f(x_1) \neq g \circ f(x_2)$,所以 $g \circ f$ 是内射。

(3) 若 f 和 g 都是双射,由 (1) 和 (2) 可得 $g \circ f$ 是双射。 □

定理 3.2.6 设 $f: X \to Y$ 和 $g: Y \to Z$。则:

(1) 若 $g \circ f$ 是满射,则 g 是满射;

(2) 若 $g \circ f$ 是内射,则 f 是内射;

(3) 若 $g \circ f$ 是双射,则 g 是满射且 f 是内射。

简称 "左满右内"。

证明:

(1) 即要证明 $\mathrm{ran}\, g = Z$。一方面,显然有 $\mathrm{ran}\, g \subseteq Z$。另一方面,显然 $\mathrm{ran}\, f \subseteq Y$,由定理 3.1.1可得 $g[\mathrm{ran}\, f] \subseteq g[Y] = \mathrm{ran}\, g$。而由定理 3.2.3,以及 $g \circ f$ 是满射,可得 $\mathrm{ran}(g \circ f) = Z$,即 $g[\mathrm{ran}\, f] = Z \subseteq \mathrm{ran}\, g$。综上可得 $\mathrm{ran}\, g = Z$,所以 g 是满射。

(2) 由已知,f 是全函数,即只需证明 f 是 $1-1$ 函数即可。用反证法,假设 f 不是内射,则有 $x_1, x_2 \in X$ 且 $x_1 \neq x_2$ 使得 $f(x_1) = f(x_2)$。因此 $(g \circ f)(x_1) = g(f(x_1)) = g(f(x_2)) = (g \circ f)(x_2)$,这与 $g \circ f$ 为内射矛盾。所以假设不成立,即 f 为内射。

(3) 若 $g \circ f$ 是双射,由 (1) 和 (2) 立即可知 g 是满射且 f 是内射。 $\square$

当现代程序语言和框架中引入越来越多的函数式编程思想时,了解函数式编程的基本原理和概念成为一个必不可少的技能。函数式编程的最主要特征有函数是第一位的、尾递归优化、不可变性,以及高阶函数等。高阶函数的理论基础就是函数的合成运算。

高阶函数可以接受一个或多个函数作为参数,并返回一个函数,使得函数的组合、过滤、映射等操作更容易。高阶函数可以看作数学上的函数合成运算。在数学中,如果 $f(x)$ 和 $g(x)$ 都是函数,那么它们的合成函数 $g(f(x))$ 表示将 $f(x)$ 的输出作为 $g(x)$ 的输入,可以得到一个新的函数。

高阶函数的作用是让程序更加灵活和可扩展。通过将函数作为参数传递给其他函数,可以将某些操作模块化,让代码更加简洁和易于维护。同时,高阶函数还可以将多个函数组合起来,实现复杂的逻辑操作,如函数柯里化 (Currying)、偏函数应用 (Partial Function Application) 等。本书前面给出的大量 Python 程序示例就用到了列表推导式和高阶函数这些函数式编程技术。

下面给出函数柯里化的一个示例 (见代码 3.5)。

代码 3.5 函数柯里化示例

```python
def add(a):
    def inner(b):
        return a + b
    return inner

# 利用函数柯里化实现加法运算
add5 = add(5)
print(add5(3)) # 输出 8

# 利用 lambda 表达式实现函数柯里化
```

```
11  add = lambda x: (lambda y: x + y)
12  add5 = add(5)
13  print(add5(3)) # 输出 8
```

函数柯里化将一个接收多个参数的函数转换成一系列只接受单个 (或更少) 参数的函数，并返回新的函数。柯里化使得函数可以像管道一样连接起来，让代码更加简洁、优雅。好处在于，它能够提高函数的复用性和可组合性。将多个单参数函数组合使用，可以实现非常灵活的代码设计，同时也更容易实现函数的复合和函数的高阶操作，例如函数的映射、筛选、折叠等操作。

偏函数应用指固定一个函数的一部分参数，并返回一个新的函数，这个新的函数用于接收剩余的参数并返回结果。该方法可以让函数更加灵活、易于复用和组合。通过固定一部分参数，可以减少函数的输入复杂度，从而简化代码的设计和实现过程，如代码 3.6 所示。

代码 3.6 偏函数应用示例

```
1   import functools
2
3   # 使用偏函数应用改变函数默认参数
4   def power(base, exponent):
5       return base ** exponent
6
7   square = functools.partial(power, exponent=2)
8   cube = functools.partial(power, exponent=3)
9
10  print(square(4)) # 输出 16
11  print(cube(2))   # 输出 8
12
13  # 使用偏函数应用改变函数的多个参数
14  def greet(greeting, name):
15      return f"{greeting}, {name}!"
16
17  hello = functools.partial(greet, "Hello")
18  hi = functools.partial(greet, "Hi")
19
20  print(hello("Alice")) # 输出 "Hello, Alice!"
21  print(hi("Bob"))      # 输出 "Hi, Bob!"
```

以上是使用 Python 实现的函数柯里化和偏函数应用的例子，偏函数应用利用了 Python 内置库 functools 提供的高阶函数 partial()，通过指定参数来进行函数柯里化和偏函数应用，以实现函数的复用和灵活性。

回顾 1.3 节中定义的抽象自然数程序系统，以及代码 1.2 中定义的自然数类，可知要表示自然数 n，则需要 n 重 Succ 后继。从零开始一次次地重复使用 Succ 函数的记法很麻烦，特别是当 n 较大时。在学习了函数相关内容后，可用函数来表示自然数 n，定义如下：

$$n = \mathrm{foldn}(\mathrm{Zero}, \mathrm{Succ}, n)$$

表示从零开始，不断地叠加 Succ 函数 n 次。其中 foldn() 函数就使用了函数合成运算，具体定义如下：

$$\text{foldn}(z, f, 0) = z$$
$$\text{foldn}(z, f, n^+) = f(\text{foldn}(z, f, n))$$

foldn() 函数的定义中，只需要令 z 为 Zero，f 为 Succ 就可实现叠加后继若干次的运算，即实现了用函数来表示自然数的方法。例如：

$$\text{foldn}(\text{Zero}, \text{Succ}, 0) = \text{Zero}$$
$$\text{foldn}(\text{Zero}, \text{Succ}, 1) = \text{Succ}(\text{foldn}(\text{Zero}, \text{Succ}, 0)) = \text{Succ Zero}$$
$$\text{foldn}(\text{Zero}, \text{Succ}, 2) = \text{Succ}(\text{foldn}(\text{Zero}, \text{Succ}, 1)) = \text{Succ}(\text{Succ Zero})$$
$$\cdots$$

基于上述讨论，可编程实现函数 foldn()。例如，以 Python 为例的实现如代码 3.7 所示，以代码 1.2 中定义的自然数类为基础，可看到 five 和 six 为自然数系统中的 5 和 6。

代码 **3.7** foldn() 函数

```
1  def foldn(init, h, n):
2      if n == 0:
3          return init
4      else:
5          return h(foldn(init, h, n-1))
6
7  five = foldn(NaturalNumber(None), Succ, 5)
8  six = foldn(NaturalNumber(None), Succ, 6)
```

习题 3.2

1. 设 f、g、h 是从 $\mathbb{R}$ 到 $\mathbb{R}$ 的函数，对每个 $x \in \mathbb{R}$ 皆有 $f(x) = x+3$，$g(x) = 2x+1$，$h(x) = x/2$。试求 $g \circ f$，$f \circ g$，$f \circ f$，$g \circ g$，$f \circ h$，$h \circ g$，$h \circ f$，$g \circ h$ 和 $f \circ h \circ g$。

2. 设 f、g、h 都是从 $\mathbb{R}$ 到 $\mathbb{R}$ 的部分函数，对于 $x \neq 0$，定义 $f(x) = 1/x$。对于 $x \in \mathbb{R}$，定义 $g(x) = x^2$。对于 $x \geqslant 0$，定义 $h(x) = \sqrt{x}$。试求 $f \circ f$，$h \circ g$，$g \circ h$ 及它们的定义域和值域。

3. 对于下面的函数 f，确定：

(1) f 是否为内射、满射和双射；

(2) f 的值域；

(3) $f^{-1}[s]$。

其中 f、s 定义如下：

(a)

$$f : \mathbb{R} \to \mathbb{R}$$
$$f(x) = 2^x$$
$$s = \{1\}$$

(b)
$$f : \mathbb{N} \to \mathbb{N} \times \mathbb{N}$$
$$f(n) = \langle n, n+1 \rangle$$
$$s = \{\langle 2, 2 \rangle\}$$

(c)
$$f : \mathbb{N} \to \mathbb{N}$$
$$f(n) = 2n + 1$$
$$s = \{2, 3\}$$

(d)
$$f : \mathbb{I} \to \mathbb{N}$$
$$f(x) = |x|$$
$$s = \{1, 0\}$$

(e)
$$f : [0, 1] \to [0, 1]$$
$$f(x) = x/2 + 1/4$$
$$s = [0, 1/2]$$

(f)
$$f : [0, +\infty) \to \mathbb{R}$$
$$f(x) = 1/(1 + x)$$
$$s = \{0, 1/2\}$$

(g)
$$f : \{a, b\}^* \to \{a, b\}^*$$
$$f(x) = xa$$
$$s = \{\varepsilon, b, ba\}$$

(h)
$$f : (0, 1) \to (0, +\infty)$$
$$f(x) = 1/x$$
$$s = (0, 1)$$

4. 设 $n \in \mathbb{I}_+$, $f : A \to A$。证明: 如果 f 是内射 (满射、双射), 则 f^n 也是内射 (满射、双射)。

5. 设 f 是从 A 到 A 的满射且 $f \circ f = f$, 证明 $f = I_A$。

6. 设 f 是从 X 到 Y 的部分函数，g 是从 Y 到 Z 的部分函数，$\operatorname{ran} f \subseteq \operatorname{dom} g$。证明 $\operatorname{dom}(g \circ f) = \operatorname{dom} f$。

7. 证明：设 $f: A \to B$，$g: B \to C$ 且 $X \subseteq C$，则 $(g \circ f)^{-1}[X] = f^{-1}[g^{-1}[X]]$。

8. 设 $A = \{1, 2, 3\}$。求有多少个从 A 到 A 的满射 f 使 $f(1) = 3$？

9. 设 $A = \{1, 2, \cdots, n\}$，求有多少满足以下条件的从 A 到 A 的函数 f：

(1) $f \circ f = f$；

(2) $f \circ f = I_A$；

(3) $f \circ f \circ f = I_A$。

10. 设 $f: X \to Y$ 且 $g: Y \to Z$。证明：

(1) 若 $g \circ f$ 为满射，g 为内射，则 f 为满射；

(2) 若 $g \circ f$ 为内射，f 为满射，则 g 为内射。

3.3 逆函数

与关系的合成类似，在函数中能否直接沿用逆关系，需要先确保将函数作为关系求逆后得到的逆关系仍是"单值"的二元关系。

以某个函数为例，考查上述结论是否成立。设 f 为从集合 $A = \{1, 2, 3, 4\}$ 到集合 $B = \{a, b, c, d\}$ 的函数，定义为 $f(1) = a, f(2) = a, f(3) = d, f(4) = c$。则 f 作为关系的逆关系为 $f^{-1} = \{\langle a, 1 \rangle, \langle a, 2 \rangle, \langle d, 3 \rangle, \langle c, 4 \rangle\}$。显然，关系 f^{-1} 不再是"单值的"了。因此可知，不能把逆函数直接定义为逆关系。

那么，如何引入或定义逆函数呢？考查数学中的一种逆——关于某个运算的逆。例如，$a + (-a) = 0 (a \in \mathbb{R})$，其中 0 为"$+$"运算的单位元，我们知道，a 与 $-a$ 称为关于"$+$"是互逆的。又例如，$a \times \dfrac{1}{a} = 1 (a \in \mathbb{R}$ 且 $a \neq 0)$，其中 1 为"$\times$"运算的单位元，可称 a 与 $\dfrac{1}{a}$ 称为关于"$\times$"是互逆的。

考查目前已学习过的函数上的运算及其单位元，可知有函数的合成，其单位元为 I_X 或 I_Y。借鉴上述关于某个运算互逆的思路，可定义逆函数。请注意，由于函数合成运算不满足交换律，因此定义涵盖了左边和右边合成的两种情况。

定义 3.3.1 设 X 和 Y 为两个集合，$f: X \to Y$。

(1) 若有 $g: Y \to X$ 使 $g \circ f = I_X$，则称 f 为左可逆的，并称 g 为 f 的一个左逆函数，简称左逆。

(2) 若有 $g: Y \to X$ 使 $f \circ g = I_Y$，则称 f 为右可逆的，并称 g 为 f 的一个右逆函数，简称右逆。

(3) 若有 $g: Y \to X$ 使 $g \circ f = I_X$ 且 $f \circ g = I_Y$，则称 f 为可逆的，并称 g 为 f 的一个逆函数，简称逆。

定义 3.3.1中，判断一个函数是否 (左、右) 可逆，依据是看能否构造出一个满足相应定义要求的函数 g。因此，有三个值得讨论的问题。

(1) 哪些类型的函数一定是 (左、右) 可逆的，即是否值得花精力去找满足要求的函数 g。

(2) 如何找函数 g，即是否有一种系统化的方法来指导函数 g 的构造。

(3) 定义 3.3.1中出现的"一个"，是否是仅有一个，还是有多个，但只要构造出一个即可。

例 3.3.1   定义 4 个 $\mathbb{N}$ 上的函数如下：

$$f_1 = \{\langle 0,0\rangle, \langle 1,0\rangle\} \cup \{\langle n+2, n\rangle | n \in \mathbb{N}\}$$

$$f_2 = \{\langle 0,1\rangle, \langle 1,1\rangle\} \cup \{\langle n+2, n\rangle | n \in \mathbb{N}\}$$

$$g_1 = \{\langle n, n+2\rangle | n \in \mathbb{N}\}$$

$$g_2 = \{\langle 0,0\rangle\} \cup \{\langle n+1, n+3\rangle | n \in \mathbb{N}\}$$

易知有

$$f_1 \circ g_1 = f_2 \circ g_1 = f_1 \circ g_2 = I_\mathbb{N}$$

考查函数 f_1，可知函数 g_1 和 g_2 都是它的右逆，但 $g_1 \neq g_2$。考查函数 g_1，可知函数 f_1 和 f_2 都是它的左逆，但 $f_1 \neq f_2$。   □

该例子说明一个函数的左逆、右逆和逆不一定存在，就是存在，也不一定唯一。这回答了上面的问题 (3)，即左可逆 (或右可逆) 函数的"一个"左逆 (或右逆) 是可能有多个的，只要找到或构造出一个即可。

系统化方法构造左逆 (或右逆) 由下述定理给出。

定理 3.3.1   设 X 和 Y 为两个集合且 $X \neq \varnothing$，若 $f : X \to Y$，则下列条件等价：

(1) f 为内射；

(2) f 左可逆；

(3) f 左可消去，即对任意集合 Z 及任意的 $g : Z \to X$ 和 $h : Z \to X$，当 $f \circ g = f \circ h$ 时，皆有 $g = h$。

证明：

① (1)$\Rightarrow$(2)：若 f 为内射，则 f 的逆关系 f^{-1} 是从 Y 到 X 的 $1-1$ 部分函数。因为 $X \neq \varnothing$，故有 $x \in X$，令 $g = f^{-1} \cup ((Y - \mathrm{ran} f) \times \{x\})$。则 g 为从 Y 到 X 的函数且 $g \circ f = I_X$，这表明 g 是 f 的一个左逆，即 f 为左可逆的。

② (2)$\Rightarrow$(3)：因为 f 左可逆，所以有 $f' : Y \to X$ 使得 $f' \circ f = I_X$，从而再由 $f \circ g = f \circ h$ 即得

$$g = (f' \circ f) \circ g = f' \circ (f \circ g) = f' \circ (f \circ h) = (f' \circ f) \circ h = h$$

③ (3)⇒(1): 假设 f 不是内射，则必有 $x_1, x_2 \in X$ 且 $x_1 \neq x_2$ 使得 $f(x_1) = f(x_2)$。此时若令

$$h(x) = \begin{cases} x, & x \in X 且 x \neq x_1 \\ x_2, & x = x_1 \end{cases}$$

则显然有 $h: X \to X$，$h \neq I_X$ 且 $f \circ I_X = f = f \circ h$，这与 (3) 的 f 是左可消去的，则应该有 $h = I_X$ 矛盾，因此，假设不成立，即 f 为内射。 □

定理 3.3.1 的证明过程内涵很丰富。

(1) 回答了内射函数是左可逆的，值得花精力去找满足要求的左逆 g。

(2) 该定理也包含了 "f 为内射当且仅当 f 是左可逆的" 意义在内。其中 "f 为内射仅当 f 是左可逆的" 已证明，"f 为内射当 f 是左可逆的" 证明如下：因为 f 是左可逆的，因此存在左逆 $g: Y \to X$ 使得 $g \circ f = I_X$，因为 I_X 是双射，由定理 3.2.6 可知 f 必为内射。

(3) 注意 (1)⇒(2) 的证明过程为内射函数构造左逆提供了一种系统化的方法。如图 3.5 所示，其构造思路为：因为内射为 $1-1$ 函数，所以将 f 视为关系求逆关系后，f^{-1} 仍是 $1-1$ 部分函数，根据左逆的定义，必须为全函数。但是不能保证 $\mathrm{ran}\, f = Y$，因此需要为 Y 中剩余的元素 $y \in Y - \mathrm{ran}\, f$ 指派 X 中的元素，使得构造出来的左逆是全函数。而考查关系的合成 $f \circ f^{-1} = I_X$，所以 $Y - \mathrm{ran}\, f$ 中元素如何指派 x，不影响左逆与 f 合成的结果。由此可知，可为 $Y - \mathrm{ran}\, f$ 中的元素指派任意的 x。即最终得到的左逆为 $g = f^{-1} \cup ((Y - \mathrm{ran}\, f) \times \{x\})$。这也解释了当指派不同的 x 时，就能得到不同的左逆 g，所以左逆不唯一。

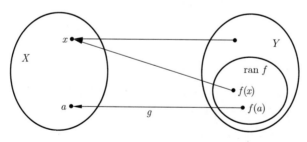

图 3.5　定理 3.3.1 的证明思路

(4) 由 (1)⇒(2) 的证明过程可猜想若从集合 X 到 Y 有内射，则 $|X| \leqslant |Y|$。

定理 3.3.2 设 X 和 Y 为二集合且 $X \neq \varnothing$，若 $f: X \to Y$，则下列条件等价：

(1) f 为满射；

(2) f 右可逆；

(3) f 右可消去，即对任意集合 Z 及任意的 $g: Y \to Z$ 和 $h: Y \to Z$，当 $g \circ f = h \circ f$ 时，皆有 $g = h$。

证明：

① (1)⇒(2)：设 f 为满射。则

(a) 当 $X = \varnothing$ 时，因 f 为满射，则 $Y = \mathrm{ran}f = \varnothing$，此时定理显然成立。

(b) 当 $X \neq \varnothing$ 时，因 f 为函数，则 $Y \neq \varnothing$。对每个 $y \in Y$，令

$$S_y = \{x | x \in X \text{且} f(x) = y\}$$

则 $\{S_y | y \in Y\}$ 就是 X 的一个划分 (为什么？请读者思考)。对每个 $y \in Y$，都任意取定 S_y 中的一个元素 x_y，显然 $f(x_y) = y$。并令

$$g = \{\langle y, x_y \rangle | y \in Y\}$$

则 g 显然是一个从 Y 到 X 的全函数，且 $f \circ g = I_Y$。这表明 g 是 f 的一个右逆，即 f 为右可逆的。

② (2)⇒(3)：因为 f 右可逆，所以有 $f': Y \to X$ 使得 $f \circ f' = I_Y$，从而再由 $g \circ f = h \circ f$ 即得

$$g = g \circ (f \circ f') = (g \circ f) \circ f' = (h \circ f) \circ f' = h \circ (f \circ f') = h$$

③ (3)⇒(1)：假设 f 不是满射，则必有 $y' \in Y$ 使得 $y' \notin f[X]$。

(a) 若 $X = \varnothing$，则由 $f: X \to Y$ 可知 $f = \varnothing$。因此对 $Z = \{1, 2\}$，当令

$$\begin{aligned} g(y) &= 1 \\ h(y) &= 2 \end{aligned} \qquad y \in Y$$

时，由 f 是右可消去，可得 $g \circ f = \varnothing = h \circ f$，但显然 $g \neq h$，产生矛盾。

(b) 若 $X \neq \varnothing$，则 $f[X] \neq \varnothing$。故有 $y'' \in f[X]$，此时显然有 $y' \neq y''$。因此若令 $h: Y \to Y$ 为

$$h(y) = \begin{cases} y, & y \in Y \text{且} y \neq y' \\ y'', & y = y' \end{cases}$$

则有 $I_Y \circ f = f = h \circ f$，但是显然 $h \neq I_Y$，产生矛盾。

综合上述的 (a) 和 (b) 即知，f 必为满射。 □

定理 3.3.2的证明过程内涵很丰富。

(1) 回答了满射函数是右可逆的，值得花精力去找满足要求的右逆 g。

(2) 该定理也包含了 "f 为满射当且仅当 f 是右可逆的" 意义在内。其中 "f 为满射仅当 f 是右可逆的" 已证明，"f 为满射当 f 是右可逆的" 证明如下：因为 f 是右可逆的，所以存在右逆 $g: Y \to X$ 使得 $f \circ g = I_Y$，因为 I_Y 是双射，由定理 3.2.6可知 f 必为满射。

(3) (1)⇒(2) 的证明过程为满射函数构造右逆提供了一种系统化的方法。如图 3.6所示，其构造思路为：由于 f 是满射则 $\mathrm{ran}f = Y$，因此，当将 f 视为关系求 f^{-1} 时，可

以保证 $\mathrm{dom}\,f^{-1} = Y$，但不是"单值"的，因此，只需要为每个 $y \in Y$"挑选"合适的 $x \in X$ 来保证"单值"特性，即可得到右逆。但是由于 f 不是 $1-1$ 函数，因此会存在"多对一"的可能，这导致了 f^{-1} 中的 y 对应的 x 不唯一。仔细考查多对一的这些 x 构成的集合 S_y，可知由其构成的集合必为 X 的划分 (如图中加粗黑圈所示)，则加粗黑圈中任意一个 x 都是等价的，即都能对应到同一个 y。那么，为每个 y 指派任意一个等价的 x 即可保证"单值"性。所以，最终得到的右逆为 $g = \{\langle y, x_y \rangle | y \in Y\}$。这也解释了当指派 S_y 中不同的 x_y 时，就能得到不同的右逆 g，所以右逆不唯一。

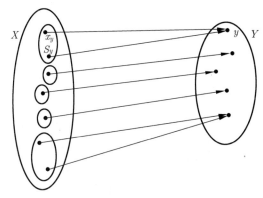

图 3.6　定理 3.3.2 的证明思路

(4) 易知，若从集合 X 到 Y 有满射，则在集合 X 上由划分 $\{S_y | y \in Y\}$ 确定了一个等价关系。

(5) 由 (1)$\Rightarrow$(2) 的证明过程可猜想若从集合 X 到 Y 有满射，则 $|X| \geqslant |Y|$。

定理 3.3.3　设 X 和 Y 为两个集合，若 $f: X \to Y$ 既是左可逆的，又是右可逆的，则 f 是可逆的，且 f 的左逆和右逆都等于 f 的唯一逆。

证明： 设 $g_1: Y \to X$ 为 f 的任意一个左逆，$g_2: Y \to X$ 为 f 的任意一个右逆，则 $g_1 \circ f = I_X$ 且 $f \circ g_2 = I_Y$，则

$$g_1 = g_1 \circ I_Y = g_1 \circ (f \circ g_2) = (g_1 \circ f) \circ g_2 = I_X \circ g_2 = g_2$$

这表明 f 是可逆的，且 g_1 是 f 的一个逆。

设 g 为 f 的任意一个逆，则 $g \circ f = I_X$ 且 $f \circ g = I_Y$，所以 g 既是 f 的左逆又是 f 的右逆，则

$$g_1 = g_1 \circ I_Y = g_1 \circ (f \circ g) = (g_1 \circ f) \circ g = I_X \circ g = g$$

即 f 的逆是唯一性的。　□

定义 3.3.2　设 X 和 Y 为二集合，若 $f: X \to Y$ 是可逆的，则 f 的逆函数用 f^{-1} 表示。

至此，符号"−1"在本书中已经出现过多次了，请注意它们的区别。若 f 为关系，则 f^{-1} 表示逆关系，若 f 为部分函数，则 $f^{-1}[B]$ 表示集合 B 在函数 f 下的原像，只有当 f 为双射时，f^{-1} 才表示逆函数。

定理 3.3.4 若 X 和 Y 为两个集合，且 $f: X \to Y$，则下列条件等价：

(1) f 是双射；

(2) f 既是左可逆的，又是右可逆的；

(3) f 是可逆的；

(4) f 的逆关系 f^{-1} 即为 f 的逆函数。

证明：

① (1)⇒(2)：f 是双射，则它既是满射，又是内射，由定理 3.3.1和定理 3.3.2可知，f 既是左可逆的，又是右可逆的。

② (2)⇒(3)：由定理 3.3.3可直接推得。

③ (3)⇒(4)：f 是可逆的，故存在唯一的逆 f^{-1} 使得 $f^{-1} \circ f = I_X$ 且 $f \circ f^{-1} = I_Y$，因此 f 为双射，它的逆关系也是函数，即为 f 的逆函数。

④ (4)⇒(1)：因逆关系 f^{-1} 是 f 的逆函数，故有 $f^{-1} \circ f = I_X$ 且 $f \circ f^{-1} = I_Y$，所以由定理 3.2.6可知，f 既是满射，又是内射，所以 f 为双射。 □

由此可以猜想，若从集合 X 到集合 Y 有双射，则 $|X| = |Y|$。

定理 3.3.5 设 X、Y 和 Z 为 3 个集合。若 $f: X \to Y$ 和 $g: Y \to Z$ 都是可逆的，则 $g \circ f$ 也是可逆的，且 $(g \circ f)^{-1} = f^{-1} \circ g^{-1}$。

证明： 因为 f 和 g 都是可逆的，所以 f 和 g 都是双射，由定理 3.2.5可知，$g \circ f$ 是双射，所以也是可逆的。又因为

$$(g \circ f) \circ (f^{-1} \circ g^{-1}) = g \circ (f \circ f^{-1}) \circ g^{-1} = g \circ I_Y \circ g^{-1} = g \circ g^{-1} = I_Z$$

同理可得 $(f^{-1} \circ g^{-1}) \circ (g \circ f) = I_X$，所以 $(g \circ f)^{-1} = f^{-1} \circ g^{-1}$。 □

习题 3.3

1. 设 f 为任一函数，假设其逆关系 $f^{-1} = \{\langle y, x \rangle \mid y = f(x)\}$ 是函数，请问 f^{-1} 是否为双射，并解释你的回答。

2. 对于习题 3.2 的第 3 题中的每个内射 (满射、双射)，求出其一个左逆 (右逆、逆)。

3. 对于下面的函数 f，确定：

(1) f 是否为内射、满射和双射；

(2) 若 f 是双射，请写出其逆函数；

(3) 若 f 仅是内射或满射，请给出一个左逆或右逆。

其中 f 定义如下：

(a) $f : \mathbb{I} \to \mathbb{I}$ 且 $f(n) = 2n$；

(b) $f : \mathbb{R} \to \{x \in \mathbb{R} | 0 \leqslant x < 1\}$ 且 $f(x) = x - \lfloor x \rfloor$；

(c) $f : \mathbb{N} \times \mathbb{N} \to \mathbb{N}$ 且 $f(n, m) = \max(m, n)$；

(d) $f : \mathbb{I} \to \mathbb{R}$ 且 $f(n) = \dfrac{n}{3}$；

(e) $f : \mathbb{R} \to \mathbb{R}$ 且 $f(x) = \dfrac{x}{3}$；

(f) $f : \mathbb{N} \to \mathbb{R}_-$ 且 $f(n) = \dfrac{-n}{2}$。

4. 设 f 是从 X 到 Y 的双射，证明 $(f^{-1})^{-1} = f$。

5. 设 f、g、h 都是从 $\mathbb{N}$ 到 $\mathbb{N}$ 的函数，其中 $f(x) = 3x$，$g(x) = 3x + 1$，$h(x) = 3x + 2$。

(1) 找出它们的一个共同左逆；

(2) 找出 f 和 g 的一个共同左逆，使其不是 h 的左逆。

6. 设 $f : A \to B$ 和 $g : B \to C$。如果 $g \circ f$ 是左可逆的，能否保证 f 和 g 也一定都是左可逆的？

7. 设 $f : A \to B$ 且 $|A| \geqslant 2$。证明 f 是可逆的当且仅当 f 有唯一的左 (右) 逆。

8. 设 A 和 B 是有限集且 $1 \leqslant |A| \leqslant |B|$。问共有多少个从 A 到 B 的内射？

3.4　特征函数

在讨论函数后，回顾集合的内容，本节探讨如何用函数来表示集合。这种函数称为集合的特征函数或示性函数。特征函数与集合是一一对应的，集合的运算可以通过特征函数进行等价描述。这在计算机科学中有非常重要的应用价值，即计算机内不需要保存完整的集合，而只需要表示该集合的特征函数即可，在空间和效率上都有优势。

为定义特征函数，先引入几个定义及记号。

定义 3.4.1 设 X 为任意集合，f 和 g 都是从 X 到 $\mathbb{R}$ 的函数。

(1) $f \leqslant g$ 表示对每个 $x \in X$ 皆有 $f(x) \leqslant g(x)$。

(2) $f + g : X \to \mathbb{R}$ 表示对每个 $x \in X$ 皆有 $(f + g)(x) = f(x) + g(x)$，称 $f + g$ 为 f 与 g 的和。

(3) $f - g : X \to \mathbb{R}$ 表示对每个 $x \in X$ 皆有 $(f - g)(x) = f(x) - g(x)$，称 $f - g$ 为 f 与 g 的差。

(4) $f * g : X \to \mathbb{R}$ 表示对每个 $x \in X$ 皆有 $(f * g)(x) = f(x) * g(x)$，称 $f * g$ 为 f 与 g 的积。

下面定义集合的特征函数，此处给出的是普遍意义上的特征函数，函数的具体形式要根据具体集合给出。

定义 3.4.2 设 U 为全集，$A \subseteq U$，χ_A 为如下定义的从 U 到 $\mathbb{R}$ 的函数：

$$\chi_A(x) = \begin{cases} 1, & x \in A \\ 0, & x \notin A \end{cases}$$

称 χ_A 为集合 A 的特征函数。

可见特征函数的定义非常抽象，只通过取值 0 或 1 给出了全集中元素与集合 A 的隶属关系。当 $\chi_A(x) = 1$ 时，表示 x 属于 A，而 $\chi_A(x) = 0$ 时，表示 x 不属于 A。下面给出几个例子来帮助读者理解该定义。

例 3.4.1 几个集合及其特征函数的例子如下：
(1) 正实数集合 $\mathbb{R}_+$ 的特征函数是 $\chi_{\mathbb{R}_+}(x) = x \geqslant 0$；
(2) 偶自然数集合 $\mathbb{E}_v$ 的特征函数是 $\chi_{\mathbb{E}_v}(x) = ((x \bmod 2) + 1) \bmod 2$。　　　□

特征函数能代表集合后，集合上的一些性质、运算将转换为特征函数的性质和运算。定义 $\mathbb{0}$ 表示从全集 U 到实数集合 $\mathbb{R}$ 的函数 $\{\langle x, 0 \rangle | x \in U\}$，$\mathbb{1}$ 表示从全集 U 到实数集合 $\mathbb{R}$ 的函数 $\{\langle x, 1 \rangle | x \in U\}$。显然，$\mathbb{0}$ 是空集 $\varnothing$ 的特征函数，而 $\mathbb{1}$ 是全集 U 的特征函数。

首先，集合之间的关系可转换为特征函数间的关系，列举如下：
(1) $\chi_A = \mathbb{0}$ 当且仅当 $A = \varnothing$；
(2) $\chi_A = \mathbb{1}$ 当且仅当 $A = U$；
(3) $\mathbb{0} \leqslant \chi_A \leqslant \mathbb{1}$；
(4) $\chi_A \leqslant \chi_B$ 当且仅当 $A \subseteq B$；
(5) $\chi_A = \chi_B$ 当且仅当 $A = B$。

上述性质可验证如下：

(1) 一方面，若 $A = \varnothing$，则对任意的 $x \in U$ 皆有 $x \notin \varnothing = A$，所以有 $\chi_A = \mathbb{0}$。另一方面，若 $\chi_A = \mathbb{0}$，则对任意的 $x \in U$ 有 $x \notin A$，即 $A = \sim U = \varnothing$。

(2) 一方面，若 $A = U$，则对任意的 $x \in U$ 皆有 $x \in A$，即 $\chi_A(x) = 1$。另一方面，若 $\chi_A = \mathbb{1}$，则表示对任意的 $x \in U$ 皆有 $x \in A$，即 $U \subseteq A$，而 $A \subseteq U$，所以 $A = U$。

(3) 对任意的 $x \in U$，若 $x \notin A$，则 $0 \leqslant \chi_A(x) = 0 \leqslant 1$；若 $x \in A$，则 $0 \leqslant \chi_A(x) = 1 \leqslant 1$。因此总有 $\mathbb{0} \leqslant \chi_A \leqslant \mathbb{1}$。

(4) 一方面，若 $\chi_A \leqslant \chi_B$，则对任意的 $x \in U$，若 $x \in A$，则必有 $x \in B$，否则 $\chi_A(x) \leqslant \chi_B(x)$ 不成立，因此有 $A \subseteq B$。另一方面，若 $A \subseteq B$，则对任意的 $x \in U$，x 与集合 A、B 的关系有三种可能：$x \in A$ 且 $x \in B$、$x \notin A$ 且 $x \notin B$、$x \notin A$ 且 $x \in B$。无论哪种情形皆有 $\chi_A(x) \leqslant \chi_B(x)$。因此，$\chi_A \leqslant \chi_B$ 当且仅当 $A \subseteq B$。

(5) 由 (4) 可直接推得。

其次，集合上的运算可转换为特征函数间的运算，列举如下：
(1) $\chi_{\sim A}(x) = 1 - \chi_A(x)$；
(2) $\chi_{A \cap B}(x) = \chi_A(x) * \chi_B(x)$；

(3) $\chi_{A\cup B}(x) = \chi_A(x) + \chi_B(x) - \chi_A(x) * \chi_B(x)$;

(4) $\chi_{A-B}(x) = \chi_A(x) - \chi_A(x) * \chi_B(x)$;

(5) $\chi_A(x) * \chi_B(x) = \chi_A(x)$ 当且仅当 $A \subseteq B$;

(6) $\chi_A(x) * \chi_A(x) = \chi_A(x)$。

上述性质可验证如下:

(1) 对任意的 $x \in U$, 若 $x \in \sim A$, 则 $x \notin A$, 即 $\chi_A(x) = 0$, 而 $\chi_{\sim A}(x) = 1 = 1 - 0 = 1 - \chi_A(x)$; 若 $x \notin \sim A$ 则 $x \in A$, 即 $\chi_A(x) = 1$, 而 $\chi_{\sim A}(x) = 0 = 1 - 1 = 1 - \chi_A(x)$。综上皆有 $\chi_{\sim A}(x) = 1 - \chi_A(x)$ 或

$$\chi_{\sim A}(x) = \begin{cases} 1, & x \in \sim A \\ 0, & x \notin \sim A \end{cases}$$

$$= \begin{cases} 0, & x \in A \\ 1, & x \notin A \end{cases}$$

$$= \begin{cases} 1-1, & x \in A \\ 1-0, & x \notin A \end{cases}$$

$$= 1 - \begin{cases} 1, & x \in A \\ 0, & x \notin A \end{cases}$$

$$= 1 - \chi_A(x)$$

(2) 与成员关系表类似, 列表验证如表 3.1 所示, 其中 $\in$ 和 $\notin$ 分别表示任意 $x \in U$ 是否属于 A(或 B) 或不属于 A(或 B)。

表 3.1　验证 $\chi_{A\cap B}(x) = \chi_A(x) * \chi_B(x)$

A	B	$\chi_A(x)$	$\chi_B(x)$	$\chi_{A\cap B}(x)$	$\chi_A(x) * \chi_B(x)$
$\notin$	$\notin$	0	0	0	0
$\notin$	$\in$	0	1	0	0
$\in$	$\notin$	1	0	0	0
$\in$	$\in$	1	1	1	1

可知, 对 x 与集合 A、B 关系的每一种组合, 都有 $\chi_{A\cap B}(x) = \chi_A(x) * \chi_B(x)$, 即验证了该公式成立。

(3) $\chi_{A\cup B}(x) = \chi_{\sim(\sim A\cap\sim B)}(x) = 1 - \chi_{\sim A\cap\sim B}(x) = 1 - (1 - \chi_A(x)) * (1 - \chi_B(x)) = 1 - (1 - \chi_A(x) - \chi_B(x) + \chi_A(x) * \chi_B(x)) = \chi_A(x) + \chi_B(x) - \chi_A(x) * \chi_B(x)$。

(4) $\chi_{A-B}(x) = \chi_{A\cap\sim B}(x) = \chi_A(x) * \chi_{\sim B}(x) = \chi_A(x) * (1 - \chi_B(x)) = \chi_A(x) - \chi_A(x) * \chi_B(x)$。

(5) 一方面, 若 $A \subseteq B$, 则 $A \cap B = A$, 由此可得 $\chi_{A\cap B}(x) = \chi_A(x) * \chi_B(x) = \chi_A(x)$;

另一方面，若 $\chi_A(x) * \chi_B(x) = \chi_A(x)$，则由 $\chi_A(x) * \chi_B(x) = \chi_{A \cap B}(x) = \chi_A(x)$ 立即可得 $A \cap B = A$。

(6) 因为 $A \subseteq A$，由 (5) 可得 $\chi_A(x) * \chi_A(x) = \chi_{A \cap A}(x) = \chi_A(x)$。

(3) 与 (4) 也可用表 3.1 的方法进行验证，此处利用了集合运算定律，将 $A \cup B$ 转换为 $\sim (\sim A \cap \sim B)$，将 $A - B$ 转换为 $A \cap \sim B$，再利用表 3.1 已验证过的特征函数运算公式进行证明。由 (3) 与 (4) 的验证过程可以看到特征函数的一种用途，即代表集合参与集合运算。下面再举一个例子进行展示。

例 3.4.2 用特征函数证明

$$A \cap (B \cup C) = (A \cap B) \cup (A \cap C)$$

证明： 通过直接计算等号两边集合的特征函数来进行证明。

左边：

$$\begin{aligned}
\chi_{A \cap (B \cup C)}(x) &= \chi_A(x) * \chi_{B \cup C}(x) \\
&= \chi_A(x) * (\chi_B(x) + \chi_C(x) - \chi_B(x) * \chi_C(x)) \\
&= \chi_A(x) * \chi_B(x) + \chi_A(x) * \chi_C(x) - \chi_A(x) * \chi_B(x) * \chi_C(x)
\end{aligned}$$

右边：

$$\begin{aligned}
\chi_{(A \cap B) \cup (A \cap C)}(x) &= \chi_{(A \cap B)}(x) + \chi_{A \cap C}(x) - \chi_{(A \cap B)}(x) * \chi_{A \cap C}(x) \\
&= \chi_A(x) * \chi_B(x) + \chi_A(x) * \chi_C(x) - \chi_A(x) * \chi_B(x) * \chi_A(x) * \chi_C(x) \\
&= \chi_A(x) * \chi_B(x) + \chi_A(x) * \chi_C(x) - \chi_A(x) * \chi_B(x) * \chi_C(x)
\end{aligned}$$

所以 $\chi_{A \cap (B \cup C)}(x) = \chi_{(A \cap B) \cup (A \cap C)}(x)$，从而得到 $A \cap (B \cup C) = (A \cap B) \cup (A \cap C)$。 $\square$

特征函数在计算机科学中的用途非常广泛，在很多情况下，利用特征函数能很高效地实现需要在大量元素集合上的低效操作。以编程和有限状态机状态遍历问题为例，讨论特征函数的应用。

例 3.4.3 考查一个编程问题，将百分制成绩转换为五级制成绩，优、良、中、及格和不及格分别标记为 A、B、C、D、E。则五级对应的百分制分数分别为 5 个集合，可构建如下 5 个特征函数分别代表这 5 个集合：

$$P_5 = 90 \leqslant x \leqslant 100$$
$$P_4 = 80 \leqslant x < 90$$
$$P_3 = 70 \leqslant x < 80$$
$$P_2 = 60 \leqslant x < 70$$
$$P_1 = 0 \leqslant x < 60$$

则根据具体的分数转换为哪一级成绩的计算公式为

$$S = 5 \times P_5 + 4 \times P_4 + 3 \times P_3 + 2 \times P_2 + P_1$$

基于该分析结果以 Python 语言为例的实现如代码 3.8 所示，函数 score_conversion 的参数 x 为百分制分数。

```
   代码 3.8    成绩转换程序
1  P5=lambda x: 90 <= x and x <= 100
2  P4=lambda x: 80 <= x and x < 90
3  P3=lambda x: 70 <= x and x < 80
4  P2=lambda x: 60 <= x and x < 70
5  P1=lambda x: 0 <= x and x < 60
6  score_conversion = lambda x : {5:'A', 4:'B', 3:'C', 2:'D', 1:'E'}\
7                                [5*P5(x)+4*P4(x)+3*P3(x)+2*P2(x)+P1(x)]
```

接下来以图 3.7(a) 所示的简单有限状态机及其实现电路为例，展示特征函数的应用。在图 3.7(b) 所示的电路中，连线上的信号沿着箭头方向传输，且取值只能为 1 或 0。从左至右、从上到下分别为一个非门 (¬)、一个异或门 (⊕)，以及两个寄存器。非门的功能是将输入的 1 变为 0 或 0 变为 1 再输出。异或门的功能是当两个输入信号的值不同时，输出为 1，否则输出为 0。寄存器将暂存输入的值，在下一个时钟节拍 (从标识为 ▷ 的端口输入) 时，将暂存的值输出，并接收和暂存新传入的值。

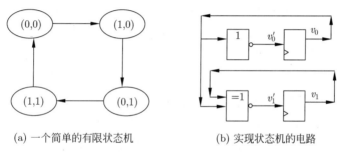

(a) 一个简单的有限状态机　　　　　(b) 实现状态机的电路

图 3.7　有限状态机状态遍历

图 3.7 所示的有限状态机有 4 个状态，因此，需要 2 位信号来进行编码，设为 v_0 和 v_1，简称现态。例如状态 $(0,0)$ 表示 $v_0 = 0$ 和 $v_1 = 0$。同时，用 v_0' 和 v_1' 表示下一时钟节拍的状态编码，简称次态。例如状态 $(0,0)$ 可达状态 $(1,0)$，因此状态 $(1,0)$ 就是状态 $(0,0)$ 的次态，此时 $v_0' = 1$ 和 $v_1' = 0$。

有限状态机上有一个很重要的问题，即从初始状态开始，是否能逐步遍历所有的状态。一种方法是利用设计有限状态机时的状态变迁表，通过查表来判断是否可达所有的状态。以图 3.7 所示的有限状态机为例，其状态表如表 3.2 所示，通过对给定的现态，可查表将其对应的所有次态逐个查询出来，该方法最主要的弊端是状态空间爆炸问题。

表 3.2　图 3.7 中有限状态机的状态变迁表

现　　态	次　　态
$(0,0)$	$(1,0)$
$(1,0)$	$(0,1)$
$(0,1)$	$(1,1)$
$(1,1)$	$(0,0)$

利用特征函数，可将查表变为函数上的运算，且可通过一次运算将所有次态都查询出来。该方法有两个关键技术：一是如何用特征函数表示状态集合；二是将状态表的状态变迁关系用函数表示。

首先，对某个状态，可对其状态编码的每一位，按照以下规则构建该状态的表示函数：

(1) 若某一位为 1，则直接写下该位的变量；

(2) 若某一位为 0，则写下该位的变量的否定。

将按上述规则写下的每一位作为变量"乘"($\wedge$) 起来，然后将集合中所有状态的乘积"加"($\vee$) 起来，就得到了某个状态集合的特征函数。

例如，若图 3.7 所示的有限状态机的某个状态集合为 $\{(0,0),(0,1)\}$，则其对应的特征函数为

$$(\neg v_0 \wedge \neg v_1) \vee (\neg v_0 \wedge v_1)$$

其中，$\wedge$ 和 $\vee$ 的运算规则请参见表 2.2。

其次是状态变迁函数，从实现电路可知，图 3.7 所示有限状态机的状态变迁函数为

$$
\begin{aligned}
R &= (v_0' \leftrightarrow \neg v_0) \wedge (v_1' \leftrightarrow (v_0 \oplus v_1)) \\
&= (\neg v_0 \wedge \neg v_1 \wedge v_0' \wedge \neg v_1') \vee (v_0 \wedge \neg v_1 \wedge \neg v_0' \wedge v_1') \vee (\neg v_0 \wedge v_1 \wedge v_0' \wedge v_1') \vee \\
&\quad (v_0 \wedge v_1 \wedge \neg v_0' \wedge \neg v_1')
\end{aligned}
$$

其中，$\leftrightarrow$ 为等值运算符，当两个运算数的值相同时，等值运算结果为 1，否则为 0。

设图 3.7 所示的有限状态机的初始状态集合为 $\{(0,0)\}$，则初始状态集合的特征函数为 $S_0 = \neg v_0 \wedge \neg v_1$。那么，从初始状态集合出发，下一时钟节拍可达的所有状态的集合为

$$S_0 \wedge R = \neg v_0 \wedge \neg v_1 \wedge v_0' \wedge \neg v_1' = f(v_0, v_1, v_0', v_1')$$

利用公式

$$\exists x_i f(x_1, \cdots, x_i, \cdots, x_n) = x_i f(x_1, \cdots, 1, \cdots, x_n) + \neg x_i f(x_1, \cdots, 0, \cdots, x_n)$$

将 $f(v_0, v_1, v_0', v_1')$ 中的现态位变量消去，即可得到从 $\{(0,0)\}$ 这个状态集合经过一个时钟节拍可以到达的次态状态集合为 $\{(1,0)\}$。从而有

$$\exists v_0 \exists v_1 f(v_0, v_1, v_0', v_1') = v_0' \wedge \neg v_1'$$

将次态变量换名为现态变量，得

$$v_0 \wedge \neg v_1$$

该示例较为简单，当现态集合有多个状态时，经过上述过程，一次可求出这些状态经过一个时钟节拍可到达的所有次态，相比逐个查找状态表要高效快捷。

习题 3.4

1. 写出下面集合的特征函数。

(1) 大于 -10 且不超过 100 的整数的集合；

(2) 集合 $\{3, 9, 27, 81, \cdots\}$；

(3) 集合 $\left\{\dfrac{1}{2}, \dfrac{3}{4}, \dfrac{5}{6}, \dfrac{7}{8}, \cdots\right\}$;

(4) 被 5 除余 3 的所有整数的集合;

(5) $\{1, 3, 5, 7, 9\}$。

2. 用特征函数求下列各式成立的充分必要条件。

(1) $(A - B) \cup (A - C) = A$;

(2) $A \oplus B = \varnothing$;

(3) $A \oplus B = A$;

(4) $A \cap B = A \cup B$。

3. 用特征函数求下列各式成立的充分必要条件。

(1) $(A - B) \cup (A - C) = \varnothing$;

(2) $(A - B) \cap (A - C) = A$;

(3) $(A - B) \cap (A - C) = \varnothing$;

(4) $(A - B) \oplus (A - C) = A$;

(5) $(A - B) \oplus (A - C) = \varnothing$;

(6) $A \cap B = A \cup B$;

(7) $A - B = B$;

(8) $A - B = B - A$;

(9) $A \oplus B = A$;

(10) $(B - A) \cup A = B$;

(11) $B \subseteq A - C$;

(12) $C \subseteq A \cap B$;

(13) $\mathcal{P}(A) \cup \mathcal{P}(B) = \mathcal{P}(A \cup B)$。

4. 用特征函数证明:

(1) 若 $A \subseteq B$ 且 $C \subseteq D$, 则 $A \cup C \subseteq B \cup D$ 且 $A \cap C \subseteq B \cap D$;

(2) $A \cap (B - A) = \varnothing$;

(3) $A \cup (B - A) = A \cup B$;

(4) $A - (B \cup C) = (A - B) \cap (A - C)$;

(5) $A - (B \cap C) = (A - B) \cup (A - C)$;

(6) $A - (A - B) = A \cap B$;

(7) $A - (B - C) = (A - B) \cup (A \cap C)$;

(8) $(A - C) \cap (B - C) = (A \cap B) \cap \sim C$;

(9) $\sim (A \cup \sim B \cup \sim C) = \sim A \cap B \cap C$;

(10) $\sim (\sim A \cup B \cup C) = A \cap \sim B \cap \sim C$;

(11) $\sim (A \cup B \cup \sim C) = \sim A \cap \sim B \cap C$;

(12) $(A \cup B) - (C - A) = A \cup (B - C)$。

5. 用特征函数证明:

(1) $A \cap \varnothing = \varnothing$;

(2) $(B - A) \cap A = \varnothing$;

(3) $A \cap (B - (A \cap B)) = \varnothing$;

(4) $A = (A - B) \cup (A \cap B)$。

6. 用特征函数证明:

(1) $A = B$当且仅当$A \oplus B = \varnothing$;

(2) $A \oplus B = B \oplus A$;

(3) $(A \oplus B) \oplus C = A \oplus (B \oplus C)$;

(4) $A \cap (B \oplus C) = (A \cap B) \oplus (A \cap C)$;

(5) $(B \oplus C) \cap A = (B \cap A) \oplus (C \cap A)$。

7. 设 A、B 与 C 为集合,请用特征函数证明: $A \cup B \cup C = (A - B) \cup (B - C) \cup (C - A) \cup (A \cap B \cap C)$。

3.5 序数

3.5 节和 3.6 节利用函数来讨论两个集合论上很重要的概念:序数与基数。序数 (Ordinal Number) 主要表达了集合内元素的顺序性质,而基数 (Cardinal Number) 主要表达集合内元素的数量性质。序数与基数关系较紧密,要理解基数,需先理解序数。因此,本节先讨论序数,3.6 节讨论基数。

回顾冯·诺依曼构造自然数集合的方法,可以看到,对任意的自然数 $n \in \mathbb{N}$,有 $n = \{0, 1, 2, \cdots, n-1\}$ 且 $\mathbb{N} = \{0, 1, \cdots, n, \cdots\}$。进一步观察,可以发现这样的集合的一个共性,由此给出下面的定义。

定义 3.5.1 设 S 为任意一个集合,对任意的 $s \in S$,若对任意的 $x \in s$ 皆有 $x \in S$,则称集合 S 为传递的。

由定义 3.5.1立即可知,若集合 S 是传递的,则有 $\bigcup S \subseteq S$。而由 $\bigcup S \subseteq S$,立即可得对任意的传递集合 S 皆有 $\bigcup S^+ = S$,其中 $S^+ = S \cup \{S\}$ 为集合 S 的后继 (后继的定义见定义 1.3.1)。

定理 3.5.1 集合 S 的传递性与下面两个条件中的任意一个条件是等价的:

(1) 对任意的 $s \in S$ 皆有 $s \subseteq S$;

(2) $S \subseteq \mathcal{P}(S)$。

传递集合的定义以及相关的性质,是对第 1 章中自然数系统的进一步抽象,可用前面介绍的例子进行理解。例如,自然数集合 $\mathbb{N}$ 是传递集合,而集合 $\{\varnothing, \{\{\varnothing\}\}\}$ 不是一个传递集合,因为

$$\{\varnothing\} \in \{\{\varnothing\}\} \in \{\varnothing, \{\{\varnothing\}\}\}$$

但是 $\{\varnothing\} \notin \{\varnothing, \{\{\varnothing\}\}\}$。此外，$\mathbb{N}$ 的子集 $\{0, 1, 4\}$ 也不是传递集合，因为 $3 \in 4 \in \{0, 1, 4\}$，但是 $3 \notin \{0, 1, 4\}$。

传递集合是一类很重要的集合，后续还会多次讨论和使用，此处给出一些传递集合的性质，供后续使用。

定理 3.5.2　令 S 为集合。

(1) 若集合 S 为传递集合，则 S^+ 也是传递集合；

(2) 集合 S 为传递集合当且仅当 $\mathcal{P}(S)$ 是传递集合；

(3) 若集合 S 为传递集合，则 $\bigcup S$ 也是传递集合；

(4) 若集合 S 的每一个元素都是传递集合，则 $\bigcup S$ 也是传递集合。

证明：

(1) 对任意的 $s \in S^+ = S \cup \{S\}$，则有 $s \in S$ 或 $s \in \{S\}$，即 $s = S$。则对任意的 $x \in s$ 且 $s \in S^+$，必有 $x \in s$ 且 $s \in S$，或者 $x \in s$ 且 $s = S$。对 $x \in s$ 且 $s \in S$，因为 S 是传递集合，所以有 $x \in S$；对 $x \in s$ 且 $s = S$，则 $S^+ = s \cup \{s\}$，所以有 $x \in S^+$。即无论哪种情形，皆有 $x \in S^+$，因此，S^+ 是传递集合。

(2) 先证必要性，S 是传递集合，则对任意的 $s \in \mathcal{P}(S)$ 以及任意的 $x \in s$，皆有 $x \in s$ 且 $s \subseteq S$，由此可得 $x \in S$，由于 S 是传递集合，则有 $x \subseteq S$，所以可得 $x \in \mathcal{P}(S)$。

再证充分性，若 $\mathcal{P}(S)$ 是传递集合，则有 $\bigcup \mathcal{P}(S) \subseteq \mathcal{P}(S)$，而 $\bigcup \mathcal{P}(S) = S$，即可得 $S \subseteq \mathcal{P}(S)$，由定理 3.5.1 的 (2) 可知，$S$ 是传递集合。

(3) 对任意的 $s \in \bigcup S$ 以及任意的 $x \in s$，则有 $t \in S$ 使得 $s \in t$ 且 $x \in s$，由 S 为传递集合，可得 $s \in S$ 且 $x \in s$，所以有 $x \in \bigcup S$。所以 $\bigcup S$ 也是传递集合。

(4) 仅需证明对任意的 $s \in \bigcup S$ 且任意的 $x \in s$，必有 $x \in \bigcup S$ 即可。因为由 $s \in \bigcup S$ 可知至少有一个 $t \in S$ 使得 $s \in t$，因为 t 是传递集合，所以由 $s \in t$ 且 $x \in s$ 可得 $x \in t$。而由 $s \in t$ 且 $t \in S$ 可得 $x \in \bigcup S$。因此命题成立，即若集合 S 的每一个元素都是传递集合，则 $\bigcup S$ 也是传递集合。　　　　□

由上面的介绍可知，自然数集合是一种很特殊的传递集合，此外，由定义 1.3.3 可知，自然数之间可以比较大小，由此得到自然数集合上一个很重要的性质，即 $\in$ 的三歧性。

定理 3.5.3　对任意的 $n, m \in \mathbb{N}$，下述三式恰有一个成立：

$$n \in m, \quad n = m, \quad m \in n$$

即

$$n \prec m, \quad n = m, \quad m \prec n$$

中必有一个成立。

三歧性的证明思路是通过构造自然数集合的子集，子集中的元素满足三歧性，再用归纳原理证明该子集就是自然数集合 $\mathbb{N}$ 来完成证明，得出三个式子至少有一个成立的结论。再利用良序原理，证明三个式子至多有一个成立。证明过程较长，此处不列出，只需要掌握该定理即可。

综上可知，自然数有三歧性和传递性，自然数集合也有三歧性和传递性。由自然数集合与自然数集合元素的这种共性，可进一步推广，就得到了序数的概念。

定义 3.5.2 序数定义如下：

(1) 0 是序数；

(2) 若 a 是序数，则 a^+ 也是序数；

(3) 若 S 是序数的集合 (即 S 的元素都是序数)，则 $\bigcup S$ 是一个序数；

(4) 任意一个序数都是经 (1)~(3) 获得的。

定义 3.5.2利用集合来定义序数，因此序数都是集合。此处的 0 是 $\varnothing$，$a^+ = a \cup \{a\}$。由此可知，每一个自然数都是序数，这可由定义 3.5.2的 (1) 和 (2) 得到。

再考查自然数集合 N 自身，因为 N 是传递集合，所以有 $\bigcup N \subseteq N$。此外，对任意的 $n \in N$，由于 $n \in n^+$ 且 $n^+ \in N$，立即可得 $n \in \bigcup N$，即有 $N \subseteq \bigcup N$。所以可得 $N = \bigcup N$。由定义 3.5.2的 (3) 立即可得 $\bigcup N$ 是一个序数，即 N 是一个序数。此处约定用 ω 来表示自然数集合这个序数。

上述讨论得出来的自然数集合 ω 也是一个序数的结论，是一个很有趣、很重要也很难理解的结论。因为由定义 3.5.2立即可以得到 $\omega + 1 = \omega^+$，$\omega + 2 = (\omega^+)^+$，$\cdots$ 也是序数。归纳可得 $\omega + \omega = \bigcup\{\omega + n | n \in \omega\}$ 是序数。

仿照该过程，可构造序数 $\omega + \omega + 1$，$\omega + \omega + 2$，$\cdots$，以至得到 $\omega + \omega + \omega$。若令 $\omega + \omega = \omega \times 2$，$\omega + \omega + \omega = \omega \times 3$，则对任意的 $n \in \omega$ 可得 $\omega \times n$ 是序数。归纳可得 $\omega \times \omega = \bigcup\{\omega \times n | n \in \omega\}$ 是序数。

类似地，把 n 个 ω 用乘号相连的式子记作 ω^n，则可得 $\omega^\omega = \bigcup\{\omega^n | n \in \omega\}$ 是序数。按照这种方式继续下去，如图 3.8 所示，可以得到更多更复杂的序数。

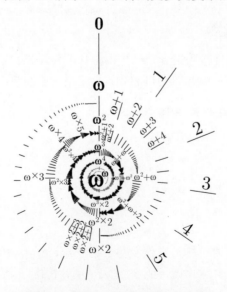

图 3.8　基于 ω 构造序数的示意图

与自然数集合类比，可得到一系列序数上的性质，此处只列出而不再证明。

(1) 任一序数都是集合；

(2) 任意序数都是一个传递集合；

(3) 如果 S 是一个序数集合，则 S 具有三歧性，即对任意 $s_1, s_2 \in S$，$s_1 \in s_2(s_1 \prec s_2)$，$s_1 = s_2(s_1 = s_2)$，$s_2 \in s_1(s_2 \prec s_1)$ 三式中恰有一个成立；

(4) 集合 S 是序数当且仅当 S 是传递的且 S 的每一个元素都是传递的。

一般来说，序数可分为三类：0、后继序数和极限序数。所谓序数 α 是后继序数指的是，若存在一个序数 β 使得 $\alpha = \beta^+$。既不是 0 也不是后继序数的序数称为极限序数，ω 就是一个极限序数。

可将极限序数视为对一个序列取极限而得到的，例如 ω 是对序列 $0, 1, 2, \cdots$ 取极限得到的，它是序列 $0, 1, 2, \cdots$ 的极限。ω 是最初的极限序数，排在 ω 之后的下一个极限序数是 $\omega + \omega = \{0, 1, 2, \cdots, \omega, \omega + 1, \omega + 2, \cdots\}$，它是序列 $0, 1, 2, \cdots, \omega, \omega + 1, \omega + 2, \cdots$ 的极限。

容易看出，对任意序数，它要么是 0，要么是后继序数，要么是极限序数，三者必居其一。

回顾第 2 章介绍的良序关系，当将集合中的元素按某种次序排列为序列时，以序列先后的次序表示元素间的关系。例如序列

$$0, 2, 4, 6, 8, \cdots, 1, 3, 5, 7, 9, \cdots$$

是由自然数集合 $\mathbb{N}$ 按如上次序给出的一个全序 R，定义为对任意 $m, n \in \mathbb{N}$，有 $2m \prec 2n + 1$；如果 $m \leqslant n$，那么有 $2m \prec 2n$ 以及 $2m + 1 \prec 2n + 1$，显然该全序也是一个良序。将该次序记为序关系 $\prec$，则显然有 $0 \prec 2, 0 \prec 4, 0 \prec 6, 4 \prec 6, 4 \prec 8, 8 \prec 1, 8 \prec 3$ 等关系成立，但是 $3 \not\prec 4, 5 \not\prec 8, 9 \not\prec 3$ 等是无该关系的情形。

定义 3.5.3 设 S 为任一集合，若 R 是 S 上的一个良序，则称集合 S 是由关系 R 所良序的。对于任一集合 S，如果有一关系 R，使得 S 是由 R 所良序的，就称集合 S 是可良序的，或称 S 是良序的。

假设承认选择公理 [①]，那么每个集合都可以良序化。例如整数集合 $\mathbb{I}$ 上的全序关系 "$<$" 不是良序，但可以对整数给出基于其他次序的序列，例如 $S_1: 0, -1, -2, \cdots, 1, 2, \cdots$，在这个顺序下，0 是最小元，然后负整数比正整数小，最后绝对值小的正整数更小，这样就得到一个良序集。

可见，次序不同，同一个集合得到的良序不同；良序不同，同一个元素的序会不同。例如 $\mathbb{I}$ 上的另一种序列 $S_2: 0, 1, -1, 2, -2, \cdots, n, -n, \cdots$ 就定义出来了另一个良序。但是这两种序列在某种程度上可能是 "一样的"，例如定义函数 $f: \mathbb{I} \to \mathbb{I}$ 如下。

$$
\begin{array}{cccccc}
0 & -1 & -2 & -3 & -4 & \cdots \\
| & | & | & | & | & | \\
0 & 1 & -1 & -2 & 2 & \cdots
\end{array}
$$

---

① 选择公理 (Axiom of Choice) 是指对任意集合 A，都存在选择函数 f，它能够从 A 的任意非空子集 B 中选出元素 $f(B) \in B$。

则可知对任意的 $n, m \in S_1$，若 $n \preccurlyeq m$ 则 $f(n) \preccurlyeq f(m)$。在这种意义上序列良序集合 S_1 和 S_2 可视为"同一个"良序。这就是保序，定义如下。

定义 3.5.4 设 $\langle X, \preccurlyeq_1 \rangle$ 与 $\langle Y, \preccurlyeq_2 \rangle$ 为两个良序集合，函数 $f: X \to Y$，如果对任意的 $x_1, x_2 \in X$，都有 $x_1 \preccurlyeq_1 x_2$，则 $f(x_1) \preccurlyeq_2 f(x_2)$ 成立，则称函数 f 为一个保序映射，若 f 为双射，则称函数 f 为一个保序同构。

习题 3.5

1. 判断 $\{3, 5, 6\}$ 与 $\bigcup \{3, 5, 6\}$ 是否为传递集合。
2. 证明：若集合 X 上有 $\bigcup X^+ = X$，则 X 是传递集合。
3. 证明：若集合 S 为传递集合，则 $\bigcap S$ 也是传递集合。
4. 证明：对任意的序数 a，都有 $\bigcup a^+ = a$。

3.6 基数

序数的引入，为集合上的元素的顺序建立了一种可比较的依据，如后继，这样就与序关系建立了联系，可以说序数是对集合上元素顺序的一种刻画。但是，这种刻画不够唯一，在不同的排列方式中，同一个元素会得到不同的顺序。

序可以用来衡量集合的大小，但有一个不足，即序是由给定的关系确定的，不稳定。因此，需要一个更通用的指标来衡量集合的大小，通常用势来作为度量集合规模大小的量。

在德国数学家康托尔之前，无穷只是一个很模糊的概念，人们无法区分两个无穷集的大小。1873 年，康托尔发现自然数集合与实数集合之间不存在一一对应的关系，由此意识到可以用一一对应作为度量无穷集合大小的尺度。他把集合的大小 (即元素个数) 称为集合的势，然而康托尔对势没有进行非常严格的定义，而将集合的势定义为从集合中抽去元素特性及顺序特性得出的一般概念。考查集合 $\{1, 2, 3, 4, 5, 6\}$ 的势，可知为 6，考虑到自然数 6 是一个集合，因此，对有限集合来说，统计其元素个数，其实是在该集合与某个自然数之间建立一个双射。这个数集合元素个数的原理也可以推广到无限集合。

定义 3.6.1 设 A 与 B 为两个集合，若存在从集合 A 到集合 B 的双射，则称集合 A 与集合 B 等势 (或对等)，记为 $A \sim B$。

可以通过一些简单示例理解等势的概念。对有限集合，根据定义 3.6.1可知

$$A = \{1, 2, 3, 4, 5, 6\} \sim \{0, 1, 2, 3, 4, 5\} = 6$$

对无限集合，从集合 $\mathbb{N}$ 到集合 $\mathbb{E}_v$ 可定义双射 $f(n) = 2n$，从而 $\mathbb{N}$ 与 $\mathbb{E}_v$ 是等势的。

例 3.6.1 试证明：集合 $(-1, 1)$ 与 $(-\infty, +\infty)$ 等势。

证明： 令 $f(x) = \tan\left(\dfrac{\pi \cdot x}{2}\right)$，显然，$f$ 为从集合 $(-1,1)$ 到 $(-\infty, +\infty)$ 的全函数。

首先，对任意 $y \in (-\infty, +\infty)$，取 $x = \dfrac{2\arctan y}{\pi}$，有 $f(x) = y$，所以 f 是满射。其次，对任意的 $x_1, x_2 \in (-1,1)$ 且 $x_1 \neq x_2$，则 $f(x_1) = \tan\left(\dfrac{\pi \cdot x_1}{2}\right) \neq \tan\left(\dfrac{\pi \cdot x_2}{2}\right) = f(x_2)$，所以 f 是内射。由此可得集合 $(-1,1)$ 与 $(-\infty, +\infty)$ 等势。 $\square$

集合的势也称集合的基数，是用来衡量集合元素数量的量。进一步考查前述集合 A 的势，可知 6 也是一个序数，由此猜测，势 (集合基数) 与序数之间必有某种联系。

通俗来说，基数就是想"找到"一个序数，描述一个集合的"大小"。如果有几个集合等势，那么就选一个特殊的集合，这个集合与原来那几个集合也都等势，然后就用这个集合来作为集合势的"标尺"。而序数就是最直观的那根标尺。因此，如果能在集合和序数之间建立双射，那么就可以用序数来标定这个集合的大小。

那么，是否任何一个序数都可以作为"标尺"呢？考查序数 ω 与 $\omega+1$，可以在二者之间建立双射，如下所示。

$$
\begin{array}{cccccc}
0 & 1 & 2 & 3 & 4 & \cdots \\
| & | & | & | & | & | \\
\omega & 0 & 1 & 2 & 3 & \cdots
\end{array}
$$

ω 到 $\omega+1$ 存在双射，那么由定义 3.6.1可知，$\omega \sim \omega+1$，但是 ω 与 $\omega+1$ 是两个不同的序数。可见，不是所有的序数都有资格当基数，需要满足一定的条件，即能被定义为基数的序数必须是等势的序数集合中的最小序数。这样的序数严格定义如下。

定义 3.6.2 设 α 为一个序数，若对任意的序数 β 皆有若 $\beta \prec \alpha$，则 β的势 $< \alpha$的势，则称序数 α 为一个基数，也称 α 为开始序数。

由定义 3.6.2可知，在所有相互等势的序数中，基数就是其中最小的那个。由此可知，所有基数都是序数。根据序数部分讨论的结论，(在承认选择公理的前提下) 任意集合都可良序化，即任意集合都可对应一个序型 (序数)，根据定义 3.6.2才能找到该集合的基数 (即开始序数)。

在给出基数的严格定义后，可以引入集合的基数概念。集合 A 的基数用 $|A|$(或 $\#(A)$、$\mathrm{card}(A)$、$\overline{\overline{A}}$) 表示。对于有限集合，显然每个有限集合都与唯一的自然数等势，而任一自然数 n 是一个基数。因此，若 $A \sim n$ 则可令 $|A| = n$。对于无限集合，需引入特殊符号，例如，序数 ω 是一个基数，由于自然数集 $\mathbb{N}$ 的序数是 ω，因此 $\mathbb{N}$ 的基数也显然是 ω(因为 ω 是最小的极限序数)，但为了不混淆，把 $\mathbb{N}$ 的基数记为 $\aleph_0$。

基于等势的概念，可严格定义无限集合与有限集合如下。

定义 3.6.3 设 A 为集合，若存在 $n \in \mathbb{N}$ 使得 $A \sim n$，则称集合 A 为有限集合，否则，称集合 A 为无限集合。

接下来进一步探讨有限集合与无限集合的本质区别。考查前述示例中的结论：$\mathbb{N}$ 与

$\mathbb{E}_v$ 是等势的, 而已知 $\mathbb{E}_v \subset \mathbb{N}$, 即无限集合有可能与其真子集等势。但是对任意有限集合 A 及其任意真子集 $S \subset A$, 因为 $|A| \neq |S|$, 所以一定有 A 与 S 不等势。这就是有限集合与无限集合的最本质区别, 以定理形式给出如下。

定理 3.6.1　任何有限集合都不能与它的真子集等势。

定理 3.6.1又称为抽屉原理 (或鸽笼原理), 可通俗地表达为如果把 $n+1$ 本书放进 n 个抽屉里, 至少在一个抽屉里有两本或两本以上的书。其中 $n+1$ 可视为某个有限集合 A 的势, n 可视为其最大真子集 S 的势, 构造从集合 A 到 S 的 (全) 函数, 只能为满射, 当在保证尽可能的 $1-1$ 前提下, 一定有一个 S 中的元素被两个 A 中的元素映射。在不保证尽量 $1-1$ 前提下, S 中一定至少有一个元素被两个及以上的元素映射。

抽屉 (鸽笼) 原理通常用于解决组合数学中的问题, 也可得出很多有趣的结论, 例如 "任意 13 个人中, 至少有两个人的生日在同一个月" "任意 49 个人中, 至少有 5 个人的生日在同一个月" 等。

该原理可推广到更广义的情形, 即如果把 m 本书放进 k 个抽屉里, 至少在一个抽屉里有 $\left\lceil \dfrac{m}{k} \right\rceil$ 本或 $\left\lceil \dfrac{m}{k} \right\rceil$ 本以上的书, 其中 $\lceil \ \rceil$ 是上取整运算。

应用抽屉原理的关键是如何构造 "抽屉", 下面通过几个示例进行展示。

例 3.6.2　在 $1, 2, \cdots, 2n$ 中任取 $n+1$ 个互不相同的数, 证明其中一定有两个数是互质的。

解: 把前 $2n$ 个自然数 $1, 2, \cdots, 2n-1, 2n$ 分成 n 组, 即 $(1, 2)$, $(3, 4)$, $(5, 6)$, $\cdots$, $(2n-1, 2n)$。则在前 $2n$ 个自然数 (n 组) 中任意取出 $n+1$ 个数, 其中必有两个数属于同一个组, 也就是必有两个数是相邻自然数。因为两个相邻自然数的最大公约数是 1, 所以在前 $2n$ 个自然数中任取出 $n+1$ 个数, 其中必有两个数互质。

注: 本题中取出的 $n+1$ 个数即为书, n 个分组即为抽屉。而 $n+1$ 是题目已知条件, 因此, 解题关键是如何构造 n 个抽屉, 本题利用了相邻两个自然数互质的结论来构造抽屉。　　　　　　　　　　　　　　　　　　　　　　　　　　□

例 3.6.3　给定一个由 10 个互不相等的两位十进制正整数组成的集合。求证: 这个集合必有两个无公共元素的子集, 各子集中各数之和相等。

解: 一个有 10 个元素的集合, 则该集合有 $2^{10} = 1024$ 个不同的子集, 包括空集和全集在内。空集与全集显然不是考虑的对象, 所以剩下 $1024 - 2 = 1022$ 个非空真子集。

再考查各个非空真子集中全部数字之和, 记为 S, 则显然有

$$10 \leqslant S \leqslant 91 + 92 + 93 + 94 + 95 + 96 + 97 + 98 + 99 = 855$$

这表明 S 至多只有 $855 - 10 + 1 = 846$ 个不同的值。因为非空真子集的个数是 1022, $1022 > 846$, 所以一定存在两个子集 A 与 B, 使得 A 中各数之和等于 B 中各数之和。

若 $A \cap B = \varnothing$, 则命题得证。若 $A \cap B \neq \varnothing$, 即 A 与 B 有公共元素, 这时只要剔除 A 与 B 中的一切公共元素, 得出两个不相交的子集 A_1 与 B_1, 很显然 A_1 中各元素之和等于 B_1 中各元素之和, 因此 A_1 与 B_1 就是符合题目要求的子集。

注：本题中，以"子集"和"各数之和"为依据，分别构建书和抽屉，而两者的数量不是严格的 $n+1$ 与 n，此时，抽屉原理仍是适用的。 □

下面讨论集合的基数上的一些性质、无限集合的性质，以及无限的大小等问题。

定义 3.6.4 设 A 和 B 为二集合。

(1) 如果 $A \sim B$，就称 A 和 B 的基数相等，记为 $|A| = |B|$；

(2) 如果存在从 A 到 B 的内射，就称 A 的基数小于或等于 B 的基数，记为 $|A| \leqslant |B|$，或称 B 的基数大于或等于 A 的基数，记为 $|B| \geqslant |A|$；

(3) 如果 $|A| \leqslant |B|$ 且 $|A| \neq |B|$，就称 A 的基数小于 B 的基数，记为 $|A| < |B|$，或称 B 的基数大于 A 的基数，记为 $|B| > |A|$。

在 3.3 节中证明内射是左可逆的、满射是右可逆的时，曾经猜想过当两个集合之间存在满射、内射时，两个集合元素个数的大小关系。定义 3.6.4 表明了这种猜想是成立的，即可以通过构造两个集合之间的函数来比较两个集合的基数大小。

当两个集合之间存在满射时，集合的大小关系可由定理 3.6.2 来表达。

定理 3.6.2 若 A 和 B 为任意两个集合，则 $|B| \leqslant |A|$ 当且仅当存在从 A 到 B 的满射。

证明： 设 $f : A \to B$ 为满射，则 f 有右逆 $g : B \to A$ 使得 $f \circ g = I_B$，因为 I_B 为双射，所以 g 为内射，所以 $|B| \leqslant |A|$。反之，若 $|B| \leqslant |A|$，则有内射 $g : B \to A$，即存在左逆 $f : A \to B$ 使得 $f \circ g = I_B$，因为 I_B 为双射，所以 f 为满射。 □

需要注意的是，此处的 $\leqslant$、$<$、$\neq$ 与序数的三歧性中的 $\prec$、$=$ 的区别。序数中的 $\prec$ 是由 $\in$ 定义的。而基数上的 $<$ 表示 $\leqslant$ 且 $\neq$，前者表示从 A 到 B 存在内射，后者表示不存在双射。即基数也有三歧性，即对任意的基数 κ_1 与 κ_2，则

$$\kappa_1 < \kappa_2, \quad \kappa_1 = \kappa_2, \quad \kappa_2 < \kappa_1$$

三式中恰有一个成立。

具体到集合的基数上，即任意两个基数都可以比较大小。

定理 3.6.3 若 A 和 B 为任意两个集合，则

$$|A| \leqslant |B| \text{ 和 } |B| \leqslant |A|$$

二者之中至少有一个成立。

定理 3.6.3 的证明要用到公理集合论中的选择公理，此处不再讨论。在基数相等关系上有如下定理。

定理 3.6.4 设 A、B 和 C 为任意三个集合。

(1) $|A| = |A|$；

(2) 若 $|A| = |B|$，则 $|B| = |A|$；

(3) 若 $|A| = |B|$ 且 $|B| = |C|$，则 $|A| = |C|$。

证明:

(1) 显然 $f: A \to A$ 且 $f(x) = x$ 为从集合 A 到 A 的双射,所以有 $|A| = |A|$;

(2) 若 $|A| = |B|$,则表示从集合 A 到集合 B 存在双射,设为 $f: A \to B$,则 f^{-1} 为从集合 B 到集合 A 的双射,因此 $|B| = |A|$;

(3) 若 $|A| = |B|$ 且 $|B| = |C|$,则表示从集合 A 到集合 B、从集合 B 到集合 C 存在双射,分别设为 $f: A \to B$ 和 $g: B \to C$,则 $g \circ f$ 为从集合 A 到集合 C 的双射,所以 $|A| = |C|$。　　　　　　　　　　　　　　　　　□

定理 3.6.5 设 A、B 和 C 为集合。

(1) $|A| \leqslant |A|$;

(2) 若 $|A| \leqslant |B|$ 且 $|B| \leqslant |A|$,则 $|A| = |B|$;

(3) 若 $|A| \leqslant |B|$ 且 $|B| \leqslant |C|$,则 $|A| \leqslant |C|$。

证明:

(1) 因为从 A 到 A 存在内射 $f(x) = x$,所以由定义 3.6.4可得 $|A| \leqslant |A|$;

(2) 不失一般性,取 $A \cap B = \varnothing$。若 $|A| \leqslant |B|$ 且 $|B| \leqslant |A|$,则表明有内射 $f: A \to B$ 与 $g: B \to A$。显然,此时利用函数 f 和 g 可在 A 与 B 之间来回映射,如图 3.9 所示。利用这种来回映射,将 $A \cup B$ 的元素连接成不同的链条,链条上的元素将呈现 A 与 B 中元素交替出现的情形,每一种链条就是一类元素。

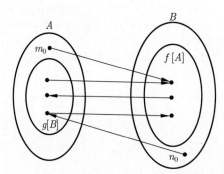

图 3.9　利用 f 与 g 在 A 与 B 间来回映射示意图

任取一个元素 $m_0 \in A$,从该元素开始,交替应用函数 f 和 g。则该交替应用函数的过程将:

① 在出现重复出现的某个元素后,将终止于 m_0。因为 f 与 g 都是内射,可知,只要在该过程中重复出现元素,则一定是 m_0,如图 3.10(a) 所示。

② 将无限持续下去,此时可从 m_0 回溯。如果 $m_0 \in g[B]$,则从 m_0 可回溯到 $g^{-1}(m_0)$,然后回溯到 $f^{-1}(g^{-1}(m_0))$,如果 $g^{-1}(m_0) \in f[A]$,以此类推。这种无限持续下去的回溯可再细分为以下三种情形。

(a) 该回溯过程能无限持续下去,此时链条上出现的 A 中的元素和 B 中的元素将分别属于 $g[B]$ 与 $f[A]$,此时的链条是两端不终止的,如图 3.10(b) 所示;

(b) 该回溯过程终止于 $l_0 \in A$，此时有 $l_0 \notin g[B]$，即 $l_0 \in A - g[B]$，此时的链条是左端终止于 A 中元素的，如图 3.10(c) 所示；

(c) 该回溯过程终止于某个 $n_0 \in B$，此时有 $n_0 \notin f[A]$，即 $n_0 \in B - f[A]$，此时的链条是左端终止于 B 中某个元素的，如图 3.10(d) 所示。

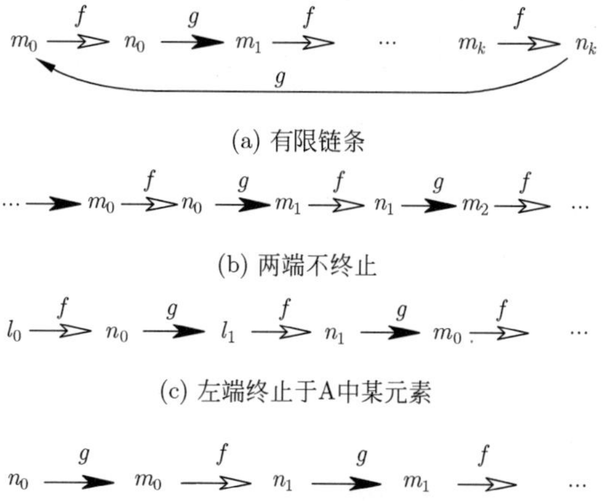

$$m_0 \xrightarrow{f} n_0 \xrightarrow{g} m_1 \xrightarrow{f} \cdots m_k \xrightarrow{f} n_k$$
$$\xleftarrow{\qquad g \qquad}$$

(a) 有限链条

$$\cdots \longrightarrow m_0 \xrightarrow{f} n_0 \xrightarrow{g} m_1 \xrightarrow{g} n_1 \xrightarrow{f} m_2 \xrightarrow{f} \cdots$$

(b) 两端不终止

$$l_0 \xrightarrow{f} n_0 \xrightarrow{g} l_1 \xrightarrow{f} n_1 \xrightarrow{g} m_0 \xrightarrow{f} \cdots$$

(c) 左端终止于A中某元素

$$n_0 \xrightarrow{g} m_0 \xrightarrow{f} n_1 \xrightarrow{g} m_1 \xrightarrow{f} \cdots$$

(d) 左端终止于B中某元素

图 3.10　$A \cup B$ 中元素的分类

显然，由于 f 与 g 是内射，所以这 4 类链条产生的 $A \cup B$ 元素的 4 个分组是两两不相交的。由此，只需要对每一类分组定义函数 $h(m_i) = n_i$，显然函数 h 是双射，所以有 $|A| = |B|$。

(3) 若 $|A| \leqslant |B|$ 且 $|B| \leqslant |C|$，则存在从 A 到 B 的内射，设为 f，存在从 B 到 C 的内射，设为 g。则函数 $g \circ f$ 是从 A 到 C 的内射，所以有 $|A| \leqslant |C|$。　　　□

定理 3.6.5 的 (2) 就是著名的伯恩斯坦定理。可将其证明过程用公式表达为如下形式。

令 $C_0 = A - g[B]$，$C_{n+1} = g[f[C_n]]$，其中 $n > 0$。令 $C = \bigcup_{n=0}^{\infty} C_n$，则可定义双射 $h : A \to B$ 为

$$h(a) = \begin{cases} f(a), & a \in C \\ g^{-1}(a), & a \notin C \end{cases}$$

证明过程中利用 f 与 g 的来回映射，将 $A \cup B$ 元素分成 4 种类型：无限扩展到两个方向的链、偶数长度的有限环、开始于集合 A 中的无限链，以及开始于集合 B 中的无限链。

上面定义的集合 C 恰好包含了那些开始在 A 中的无限链所经过的 A 的元素。映射 h 定义为把在链条中 A 的每个元素，映射到在该链上直接前于或后于它的 B 的一个元素。

例 3.6.4　请给出一个 $[0, +\infty)$ 到 $(0, +\infty)$ 的双射。

解： 利用伯恩斯坦定理的证明方法。先给出两个内射 $f : [0, +\infty) \to (0, +\infty)$ 和 $g : (0, +\infty) \to [0, +\infty)$，分别为

$$\begin{cases} f(x) = x^2 + 1, & x \in [0, +\infty) \\ g(x) = x, & x \in (0, +\infty) \end{cases}$$

则 $g^{-1}(x) = x$，可以算得：

$$C_0 = [0, +\infty) - (0, +\infty) = \{0\}$$
$$C_1 = g(f(C_0)) = \{1\}$$
$$C_2 = g(f(C_1)) = \{2\}$$
$$\cdots$$

所以可得 $C = \bigcup_{n=0}^{\infty} C_n = \{0, 1, 2, 5, 26, 677, \cdots\}$，即 C 中每一元素为前一元素的平方加 1。于是可以得到双射：

$$h(x) = \begin{cases} x^2 + 1, & x \in \{0, 1, 2, 5, 26, 677, \cdots\} \\ x, & x \in [0, +\infty) - \{0, 1, 2, 5, 26, 677, \cdots\} \end{cases} \qquad \square$$

本节接下来讨论无限集合基数及无限集合大小的关系。下面先给出可列集 (可数集) 的定义。

定义 3.6.5 与 $\mathbb{N}$ 等势的集合称为可列集或可数集。

由定义 3.6.5 可知，所谓可列集 (可数集) 指的是能将集合中的元素像 $a_0, a_1, \cdots$，这样一个一个 "列" 出来的集合。例如，整数集合 $\mathbb{I}$ 是可列集，因为可以将元素按照 $0, 1, -1, 2, -2, 3, -3, \cdots$ 的形式枚举出来。又例如，有理数集合 $\mathbb{Q}$ 也是可列集。该定理可证明如下。

证明： 首先，可将正有理数集合 $\mathbb{Q}^+$ 中的元素按照图 3.11 中箭头的顺序列出，沿着箭头前进时，跳过重复出现的元素，则立即可知，$\mathbb{Q}^+$ 是可列集。基于此结论，可将 $\mathbb{Q}$ 中元素按如下形式列出：

$$0, 1, -1, 2, -2, \frac{1}{2}, -\frac{1}{2}, \frac{1}{3}, -\frac{1}{3}, 3, -3, 4, -4, \frac{3}{2}, -\frac{3}{2}, \cdots$$

可知，$\mathbb{Q}$ 是可列集。 $\qquad \square$

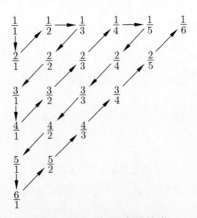

图 3.11 $\mathbb{Q}^+$ 元素的枚举

对图 3.11 的另一种解释是：可列集的可列并也是可列集。显然，可令可列集都是形如 $A_n = \{a_{n1}, a_{n2}, a_{n3}, \cdots\}$ 的集合，则

$$\bigcup_{n=1}^{\infty} A_n = \{a_{11}, a_{21}, \cdots, a_{n1}, \cdots, a_{21}, a_{22}, \cdots, a_{n2}, \cdots\}$$

为可列集。

我们熟知的实数集合 $\mathbb{R}$ 则不是可列集，因为可以找到 $\mathbb{R}$ 的一个不是可列集的子集，证明如下。

证明： 考查 $\mathbb{R}$ 的子集 $S = (0, 1]$。假设 S 是可列集，则其元素 $S = \{r_1, r_2, r_3, \cdots\}$ 可一个个枚举出来。不失一般性，S 中的每个元素可表示为唯一的结尾没有无限的零的无限小数展开式，并列为如下序列：

$$r_1 = 0.a_{11}a_{12}a_{13}\cdots$$
$$r_2 = 0.a_{21}a_{22}a_{23}\cdots$$
$$\vdots$$
$$r_n = 0.a_{n1}a_{n2}a_{n3}\cdots$$
$$\vdots$$

对于每个 n，设 b_n 是 $\{1, 2\}$ 中与 a_{nn} 不同的最小元素。那么 $b = 0.b_1b_2b_3\cdots b_n\cdots$ 是集合 S 中的实数但不等于任何一个 r_n。与 S 是可列集矛盾，因此，S 必不是可列集，由此可得 $\mathbb{R}$ 也不是可列集。 □

更进一步，有下面等价的三个条件。

定理 3.6.6 设 A 为集合。
(1) A 为无限集合；
(2) A 有可列子集；
(3) A 有与它等势的真子集。

证明：

① (1)⇒(2)：设 A 为无限集合，则取 $a_0 \in A$，对每个 $n \in \mathbb{N}$，若 $\{a_0, a_1, \cdots, a_n\} \subseteq A$，由于 A 是无限集合，则必有 $a_{n+1} \in A$ 且 $a_{n+1} \notin \{a_0, a_1, \cdots, a_n\}$，因此，必有 $B = \{a_i | i \in \mathbb{N}\}$ 即为 A 的可列子集。

② (2)⇒(3)：设 B 为 A 的可列子集。因为 $B \sim \mathbb{N}$，故有双射 $f : \mathbb{N} \to B$。令 $C = A - \{f(0)\}$，定义函数

$$g(x) = \begin{cases} f((f^{-1}(x)) + 1), & x \in B \\ x, & x \in A - B \end{cases}$$

显然 $g : A \to C$ 为双射，即 A 与其真子集 C 等势。

③ (3)⇒(1)：可由定理 3.6.1 直接得出。 □

证明 (1)⇒(2) 时，原理是不断地从集合 A 中减去枚举出来的元素，由于 A 为无限集合，因此可保证每次减去元素后 $A \neq \varnothing$，因此，该操作可一直进行下去，而枚举出来的元素即构成可列子集。因此可知，可列集的元素个数是无限集合中最少的，即最小的基数，记为 $\aleph_0$。更大的基数的无限集合可由定理 3.6.7 来构造。

定理 3.6.7 对于每个集合 A，皆有 $|A| < |\mathcal{P}(A)|$。

证明： 定义 $g : A \to \mathcal{P}(A)$ 为 $g(a) = \{a\}$。显然 g 是内射，所以 $|A| \leqslant |\mathcal{P}(A)|$。

假设 $|A| = |\mathcal{P}(A)|$，则有双射 $f : A \to \mathcal{P}(A)$。令 $B = \{a | a \in A \text{且} a \notin f(a)\}$，则 $B \in \mathcal{P}(A)$，所以有 $t \in A$ 使得 $f(t) = B$。

若 $t \in B$，按 B 的定义则有 $t \notin f(t)$，即 $t \notin B$。

若 $t \notin B$，即 $t \notin f(t)$，按 B 的定义则有 $t \in B$。

总之，$t \in B$ 当且仅当 $t \notin B$。这是一个矛盾，所以只能是 $|A| \neq |\mathcal{P}(A)|$，即 $|A| < |\mathcal{P}(A)|$。 □

由定理 3.6.7可知，基数的个数也是无限的，且无最大者。由此，把 $\mathcal{P}(\mathbb{N})$ 记为 $\aleph$。这是比 $\aleph_0$ 大的一个基数，是实数集合 $\mathbb{R}$ 的基数。可以证明如下。

证明： 因为 $(0,1]$ 与 $(0,1)$ 等势，这可由定义双射 $f : (0,1] \to (0,1)$ 为

$$
y = \begin{cases}
\dfrac{3}{2} - x, & \dfrac{1}{2} < x \leqslant 1 \\[2mm]
\dfrac{3}{4} - x, & \dfrac{1}{4} < x \leqslant \dfrac{1}{2} \\[2mm]
\dfrac{3}{8} - x, & \dfrac{1}{8} < x \leqslant \dfrac{1}{4} \\[2mm]
\quad\vdots & \quad\vdots
\end{cases}
$$

来确保。其次有 $|\mathcal{P}(\mathbb{N}) - \{\varnothing\}| = |\mathcal{P}(\mathbb{N})|$，这可由定理 3.6.6的 (2)⇒(3) 的证明思路得出。因此，只需要证明 $|\mathcal{P}(\mathbb{N}) - \{\varnothing\}| = |(0,1]|$ 即可。定义 $f : \mathcal{P}(\mathbb{N}) - \{\varnothing\} \to (0,1]$ 为

$$
f(A) = \sum_{i \in A} 10^{-i}
$$

显然 f 为内射。又可定义 $g : (0,1] \to \mathcal{P}(\mathbb{N}) - \{\varnothing\}$ 为

$$
g(0.b_1 b_2 b_3 \cdots) = \{b_i \times 10^i | i \in \mathbb{N}\}
$$

显然 g 为内射。

因此 $|\mathcal{P}(\mathbb{N}) - \{\varnothing\}| = |(0,1]|$。 □

最后给出两个结论：

(1) $|\mathbb{R} \times \mathbb{R}| = \aleph$；

(2) $\mathbb{N} \times \mathbb{N}$ 是可列集。

这两个结论颠覆了我们的直觉，即 $2(n)$ 维空间的点可与 1 维直线上的点建立双射。下面以一个例子简要介绍 $|\mathbb{R} \times \mathbb{R}| = \aleph$ 的证明思路。

对任意的 $\langle x, y \rangle \in \mathbb{R}^2$，例如：

$$x = 0.3 \quad 01 \quad 2 \quad 007 \quad 08 \quad \cdots$$
$$y = 0.009 \quad 2 \quad 05 \quad 1 \quad 0008 \quad \cdots$$

请注意这个分段是有技巧的，即每段以一个非 0 数字结尾。将 x 分段与 y 分段交错排列为一个小数 $z \in (0, 1]$，如：

$$z = 0.3 \; 009 \; 01 \; 2 \; 2 \; 05 \; 007 \; 1 \; 08 \; 0008 \; \cdots$$

显然，按照这种分组和交错方式，可由 z 还原出 x 与 y。由此在 $\mathbb{R}^2$ 与 $(0, 1]$ 间定义了一个双射，所以 $|\mathbb{R} \times \mathbb{R}| = \aleph$。

习题 3.6

1. 构造从集合 A 到集合 B 的双射。

(1) $A = \mathbb{R}$，$B = (0, \infty)$；

(2) $A = (0, 1)$，$B = [0, 1]$；

(3) $A = [0, 1)$，$B = \left(\dfrac{1}{4}, \dfrac{1}{2} \right]$；

(4) $A = [0, 1]$，$B = (0, 1)$。

2. 设 $n > 0$ 且 $x_1, x_2, \cdots, x_n$ 是 n 个任意整数，证明存在 k 和 i 使 $1 \leqslant i \leqslant k \leqslant n$ 且 $x_i + x_{i+1} + \cdots + x_k$ 能被 n 整除。

3. 从小于 201 的正整数中任意选取 101 个，证明其中必有一个数能整除另一个数。

4. 设 $n \in \mathbb{I}_+$，证明在能被 n 整除的正整数中必存在只由数字 7 和 0 组成的数。

5. 任给 52 个整数，证明其中必有两数之和能被 100 整除或两数之差能被 100 整除。

6. 某工人在夜校学习，他打算用 37 天准备考试，并决定复习 60 小时，每天至少用 1 小时，证明他必定在接连的一些天内恰好共复习了 13 小时。

7. 证明：在边长为 2 的正方形内选取的任意 5 个点中，存在两个点之间的距离最多为 $\sqrt{2}$。

8. 证明：在一个有 $n(n > 1)$ 个人的群体中，有两个人在群体中的朋友数量相同 (请注意：自己不是自己的朋友，朋友是对称的，即 x 是 y 的朋友，则 y 是 x 的朋友)。

9. 证明：如果从 $1 \sim 60$(包括 1 与 60) 选择 4 个不同的整数，那么其中至少有两个整数之间的差值最多为 19。

10. 假设在一个球面上有任意 5 个点。证明其中 4 个点必须位于一个封闭的半球内，其中 "封闭" 意味着半球包括将其与球体另一半分开的圆 (提示：对于球面上的任意两个点，可以始终绘制一个 "大圆" 将它们连接起来，该圆的周长与球面的赤道相同)。

11. 25 个人每天在同一家健身房上瑜伽课，该健身房每天提供 8 节课。每个上课的人需穿蓝色、红色或绿色的瑜伽服上课。证明在某一天，至少有一节课有两个人穿着相同颜色的瑜伽服。

12. 21 个女生和 21 个男生参加速配游戏，每个人独立地在自己的纸上写下不超过 6 种兴趣爱好。结果显示，对于任一对男女，他们都写下了至少一个相同的爱好。求证：存在某一个兴趣爱好，有至少三男三女都把它写上了。

13. 求下列集合的基数，并加以证明。

(1) Σ^*，其中 $\Sigma = \{a\}$;

(2) 有理数集合 $\mathbb{Q}$;

(3) $\{x \mid x \in \mathbb{Q}$ 且 $0 \leqslant x \leqslant 1\}$。

14. 证明：全体从 $\mathbb{N}$ 到 $\mathbb{N}$ 的严格单调递增函数组成的集合的基数大于 $\aleph_0$。

15. 证明：$\mathbb{N}$ 的全体有限子集组成的集合是可列的。

3.7 小结

本章在关系的基础上通过添加"单值"约束定义了函数，主要介绍了内射、满射和双射这三种特殊的函数，函数的合成与逆函数，以及函数的应用。可通过特征函数表示集合，并代表集合参与各种运算，利用函数可比较任意集合的大小，并给出了无限集合与有限集合的本质区别。本章的特点是在利用函数比较集合大小时，不是简单地引入基数的概念，而是通过序数进行引入，讨论了序数与基数两者的紧密联系。

第4章 命题逻辑

一切科学都离不开推理。推理是从前提与假设出发，借助可靠的推理规则，得出最终结论的过程。所谓逻辑，就是研究推理的科学。逻辑最初于公元前 4 世纪由希腊的亚里士多德首创。作为一门独立科学，17 世纪，德国莱布尼茨给逻辑学引进了符号，称为数理逻辑。

形式逻辑一般用自然语言来研究推理，但自然语言的二义性为精确研究推理形式带来了困难。例如"这家店关门了"，就有"打烊"和"倒闭"两种可能的含义。

为了精确地表达思想并便于推演，数理逻辑使用了特制的表意符号。数理逻辑是用符号和公式、形式的公理方法等数学方法研究逻辑或形式逻辑的学科，属形式逻辑，即形式上符号化、数学化的逻辑。数理逻辑中引入了形式语言，组成形式系统，把对形式逻辑的研究归结为对形式系统的研究。

简而言之，数理逻辑就是精确化、数学化的形式逻辑，具有表达准确而简练、推理严格而方便、概括程度高、易于分析研究等优点。它既是现代数学的重要基础，也是现代计算机技术的基础。某种意义上可以说"电子计算机 = 电子学 + 数理逻辑"。

本章介绍数理逻辑的基础命题，以及命题逻辑的相关基础知识。

4.1　命题及符号化

推理离不开判断，判断的语言表述就是命题，因此需要首先定义命题。

定义 4.1.1　判断一件事情的陈述句称为命题。由简单陈述句表示的判断称为简单命题，而由复合陈述句表示的判断称为复合命题。

命题一定是陈述句，其他类型的语句，如疑问句、祈使句等，都不会是命题。因此命题是表达断言的陈述句。进一步可根据命题的真假含义对命题进行分类——若命题的意义为真，则称为真命题；若命题的意义为假，则称为假命题。

例 4.1.1　考查下面的语句，分别指出哪些语句是命题，哪些不是，对命题进一步指出是真命题还是假命题。

(1) 10 是一个整数。

(2) 长沙是湖南省的省会。

(3) $4 + 5 = 8$。

(4) $x \times y = 12$。

(5) 吃了吗?

(6) 我正在说谎。

(7) 快趴下!

(8) 啦啦啦啦!

(9) 如果星期一下雨,我们要么发雨伞,要么租一辆公共汽车。

解:

(1) 这是一个真命题。

(2) 这是一个真命题。

(3) 这是一个假命题。

(4) 不是命题逻辑所研究的命题。但是如果这句话改为"若 $x = 3, y = 4$ 则 $x \times y = 12$",则是一个真命题。

(5) 疑问句,不是命题。

(6) 这是悖论,不是命题。

(7) 是祈使句,不是命题。

(8) 是感叹句,不是命题。

(9) 这是一个复合命题,由三个简单命题构成,其真假含义目前尚无法确定,要根据周一的天气来确定。　　　　　　　　　　　　　　　　　　　　　□

数理逻辑用数学的方法来研究推理,用一组符号来表示命题,并在此基础上定义推理规则进行推理。学习命题逻辑的第一步,是在了解命题逻辑符号系统的基础上,学会将自然语言表达的命题"翻译"成命题逻辑符号系统符号串的方法。这个"翻译"过程称为符号化。此处用符号串来指符号化的结果,一般称为命题逻辑公式,在 4.2 节将具体介绍命题逻辑的语法与语义。

命题逻辑符号系统的符号集如下所示:

$$\Sigma = \{F, T, P, Q, R, \cdots, Z, \neg, \wedge, \vee, \rightarrow, \leftrightarrow, (,)\}$$

集合 Σ 中:

(1) $P, Q, R, \cdots, Z$(不含 T) 的大写拉丁字母称为命题词,用于表示一个简单命题,例如可用 P 表示命题"10 是一个整数",此即为简单命题的符号化方法。命题词表示的命题可能为真,也可能为假,所以也称命题词为命题变元,即其真值可变。

(2) F 与 T 有两个含义。一是可出现在命题逻辑符号串中的符号,T 永远表示真命题,F 永远表示假命题,因此也称为命题常量,即其真值永远不变。二是表示命题的取值,例如,"10 是一个整数"为真命题,称该命题的真值为真,用 T 表示。而"$3 + 3 = 8$"为假命题,称该命题的真值为假,用 F 表示。

(3) $\neg, \wedge, \vee, \rightarrow, \leftrightarrow$ 为逻辑联结词,用于连接命题词或命题常量。其中 $\neg$ 为一元联结词,其他为二元联结词。

基于符号集 Σ,命题逻辑的符号化原则一般如下:

(1) 若命题为简单命题,可直接将其符号化为一个命题词;

(2) 若命题为复合命题,首先,划分出构成该命题的所有简单命题,对于每个简单命题, 用不同的命题词进行符号化。其次, 将复合命题中连词符号化为合适的逻辑联结词, 用联结词连接命题词, 即为复合命题的符号化结果;

(3) 在一般规则的基础上, 与命题的含义相结合进行连词的符号化, 选取合适的逻辑联结词;

(4) 可将符号化后的命题逻辑转换回自然语言表达的命题, 对比二者的含义, 可用来检查符号化结果是否正确。

因此, 命题逻辑符号化的关键在于连词如何翻译成合适的逻辑联结词。下面基于 Σ 中的 5 个逻辑联结词介绍连词符号化的一般原则, 以及规范的符号化书写方式。下述各例中公式的外层括号的必要性及是否能省略, 将在 4.2 节介绍。

1) 非联结词 $\neg$

非联结词 $\neg$ 一般用于符号化对命题的否定, 作用于一个命题词或命题常量上, 写作 $\neg P$, 读作 "非 P"。

例 4.1.2　请符号化下面的命题:

(1) 我的头发不是白色的;

(2) 这些不都是我们学校的学生;

(3) 这个小区不处处清洁。

解:

(1) 首先, 给出原命题的肯定形式: 我的头发是白色的。该命题是一个简单命题, 将其符号化为一个命题词, 即

$$P: \text{我的头发是白色的。}$$

其次, 用 $\neg$ 表达原命题的否定意义, 因此, 最后符号化为

$$(\neg P)$$

(2) 首先, 给出原命题的肯定形式: 这些都是我们学校的学生。该命题是一个简单命题, 将其符号化为一个命题词, 即

$$Q: \text{这些都是我们学校的学生。}$$

其次, 用 $\neg$ 表达原命题的否定意义, 因此, 最后符号化为

$$(\neg Q)$$

(3) 首先, 给出原命题的肯定形式: 这个小区处处清洁。该命题是一个简单命题, 将其符号化为一个命题词, 即

$$R: \text{这个小区处处清洁。}$$

其次, 用 $\neg$ 表达原命题的否定意义, 因此, 最后符号化为

$$(\neg R) \qquad\qquad \Box$$

2) 合取联结词 $\wedge$

合取联结词 $\wedge$ 一般用于符号化 "并且" "与" "和" 等连词, 作用于两个命题词或命题常量上, 写作 $P \wedge Q$, 读作 "P 与 Q" "P 并且 Q" "P 合取 Q" 等。

例 4.1.3 请符号化下面的命题:

(1) 我们去植树并且我们去浇水;

(2) 今天不但下大雨, 而且打雷;

(3) 小王与小张是堂兄弟。

解:

(1) 这是复合命题。首先, 划分出其中的简单命题, 分别为 "我们去植树" "我们去浇水"。将每个简单命题符号化为不同的命题词, 即

$$P:\ 我们去植树。$$
$$Q:\ 我们去浇水。$$

其次, 用 $\wedge$ 表达连词 "并且"。最后符号化为

$$(P \wedge Q)$$

(2) 这是复合命题。首先, 划分出其中的简单命题, 分别为 "今天下大雨" "今天打雷"。将每个简单命题符号化为不同的命题词, 即

$$R:\ 今天下大雨。$$
$$S:\ 今天打雷。$$

其次, 考查连词 "不但……而且……" 的语义, 其表达的是 "并且" 的含义, 因此, 可将其符号化为联结词 $\wedge$。最后符号化为

$$(R \wedge S)$$

(3) 这是一个简单命题。将其符号化为一个命题词 U。

注意: 不能见到命题中出现 "和" "与" 就简单地将其符号化为 $\wedge$, 一定要在理解语义的基础上进行翻译。本题若机械地将其视为 "和" 连接的两个简单命题, 则会将 "小王是堂兄弟" "小张是堂兄弟" 分别符号化为 P、Q, 然后将 "和" 符号化为 $\wedge$, 最后将得到错误而可笑的符号化结果: $(P \wedge Q)$。 □

3) 析取联结词 $\vee$

析取联结词 $\vee$ 一般用于符号化 "或者" "要么……要么……" 等连词, 作用于两个命题词或命题常量上, 写作 $P \vee Q$, 读作 "P 或 Q" "P 析取 Q" 等。

例 4.1.4 请符号化下面的命题:

(1) 灯泡有故障或开关有故障;

(2) 要么昨天晚上下雨了, 要么昨天晚上洒水了;

(3) 我的 "离散数学" 成绩是 90 分, 或我没有修 "离散数学";

(4) 她有一个或两个兄弟;

(5) 张三或李四都可以做这件事。

解:

(1) 这是复合命题。首先, 划分出其中的简单命题, 分别为 "灯泡有故障" "开关有

故障"。将每个简单命题符号化为不同的命题词,即

$$P: 灯泡有故障。$$

$$Q: 开关有故障。$$

其次,用 $\vee$ 表达连词 "或"。最后符号化为

$$(P \vee Q)$$

(2) 这是复合命题。首先,划分出其中的简单命题,分别为 "昨天晚上下雨了" "昨天晚上洒水了"。将每个简单命题符号化为不同的命题词,即

$$R: 昨天晚上下雨了。$$

$$S: 昨天晚上洒水了。$$

其次,连词 "要么……要么……" 表达的是 "或" 的含义,因此,可将其符号化为 $\vee$ 联结词。最后符号化为

$$(R \vee S)$$

(3) 这是复合命题。首先,划分出其中的简单命题,分别为 "我的 '离散数学' 成绩是 90 分" "我修了 '离散数学'"。将每个简单命题符号化为不同的命题词,即

$$U: 我的 "离散数学" 成绩是 90 分。$$

$$V: 我修了 "离散数学"。$$

其次,仔细分析连词 "或" 表达的含义,此处的 "或" 与 (1) 和 (2) 中的 "或" 是有区别的。(1) 和 (2) 中的 "或" 连接的两个命题是可以同时为真的,而此处的 "或" 连接的两个命题是不能同时为真的,否则就会出现 "我" 没有修 "离散数学" 但 "离散数学" 成绩是 90 分这种不合理情况。

把 (1) 和 (2) 中 "或" 连接的两个命题可同时为真的 "或" 称为相容的或,而本题中 "或" 连接的两个命题是不能同时为真的 "或" 称为不相容的或,又称为异或。因此,最后符号化为

$$(U \vee \neg V) \wedge (\neg(U \wedge \neg V))$$

表达的是: U 可为真或 $\neg V$ 可为真,但是 U 和 $\neg V$ 不能同时为真。

(4) 这是复合命题。首先,划分出其中的简单命题,分别为 "她有一个兄弟" "她有两个兄弟"。将每个简单命题符号化为不同的命题词,即

$$X: 她有一个兄弟。$$

$$Y: 她有两个兄弟。$$

进一步分析可知,"她" 有一个兄弟和两个兄弟这两种情况不会同时成立,因此,此处的 "或" 是不相容的或。因此,最后符号化为

$$(X \vee Y) \wedge (\neg(X \wedge Y))$$

(5) 这是复合命题。首先,划分出其中的简单命题,分别为 "张三可以做这件事" "李

四可以做这件事"。将每个简单命题符号化为不同的命题词，即

$$P: \text{张三可以做这件事。}$$

$$Q: \text{李四可以做这件事。}$$

其次，分析这句话，其含义是张三可以做，李四也可以做，两者是"并且"的关系，所以此处的"或"不能简单地符号化为 ∨，否则，就会包含"张三可以做但李四不可以做"和"张三不可以做但李四可以做"这两种含义，但原命题中不含这层意思。因此，最后的符号化结果为

$$(P \wedge Q) \hspace{6cm} \square$$

4) 蕴含联结词 →

蕴含联结词 → 一般用于符号化"若……则……""如果……那么……"等连词，作用于两个命题词或命题常量上，写作 $P \to Q$，读作"若 P 则 Q""如果 P 那么 Q""P 蕴含 Q"等。P 称为前提、条件、前件，Q 称为结论或后件。

例 4.1.5　请符号化下面的命题：
(1) 天不下雨，则草木枯黄；
(2) 如果你交了会费，那么当你来俱乐部的时候，就能免费入场；
(3) 除非你努力，否则你将失败；
(4) 如果星期一下雨，我们要么发雨伞，要么租一辆公共汽车。

解:
(1) 这是复合命题。首先，划分出其中的简单命题，分别为"天下雨""草木枯黄"。将每个简单命题符号化为不同的命题词，即

$$P: \text{天下雨。}$$

$$Q: \text{草木枯黄。}$$

其次，用 → 表达连词"(若)……则……"。最后符号化为

$$((\neg P) \to Q)$$

(2) 这是复合命题。首先，划分出其中的简单命题，分别为"你交了会费""你来俱乐部""能免费入场"。将每个简单命题符号化为不同的命题词，即

$$R: \text{你交了会费。}$$

$$S: \text{你来俱乐部。}$$

$$U: \text{能免费入场。}$$

其次，连词"如果……那么……""当……就……"表达的是"若……则……"的含义。此外，"当……就……"整体作为"如果……那么……"的后件，因此，最后符号化为

$$(R \to (S \to U))$$

(3) 这是复合命题。首先，划分出其中的简单命题，分别为"你努力""你将失败"。

将每个简单命题符号化为不同的命题词，即

$$U: 你努力。$$

$$V: 你将失败。$$

其次，仔细分析连词"除非……否则……"的含义，为"如果不……就……"。因此，最后符号化为

$$((\neg U) \to V)$$

　(4) 这是复合命题。首先，划分出其中的简单命题，分别为"星期一下雨""我们发雨伞""我们租一辆公共汽车"。将每个简单命题符号化为不同的命题词，即

$$X: 星期一下雨。$$

$$Y: 我们发雨伞。$$

$$Z: 我们租一辆公共汽车。$$

　有连词"如果……(则)……"，即"若……则……"的意思。后面两个"要么"，是"或"的含义，一起构成"若……则……"的后件。因此，最后符号化为

$$(X \to (Y \vee Z)) \qquad\qquad \square$$

5) 等值联结词 $\leftrightarrow$

等值联结词 $\leftrightarrow$ 一般用于符号化"当且仅当""充分必要"等连词，作用于两个命题词或命题常量上，写作 $P \leftrightarrow Q$，读作"P 当且仅当 Q""P 等价于 Q"等。

$P \leftrightarrow Q$ 等价于 $(P \to Q) \wedge (Q \to P)$，即将"当且仅当"拆分为了"仅当"与"当"。其中：

- P 仅当 Q(only if, Q 是 P 的必要条件，即必要性) 符号化为 $P \to Q$;
- P 当 Q(if, Q 是 P 的充分条件，即充分性) 符号化为 $Q \to P$。

例 4.1.6　请符号化下面的命题:

(1) 当且仅当明天不下雪且不下雨，我才去学校;

(2) 当且仅当 A 的每一个元素都是 B 的一个元素时，集合 A 是集合 B 的子集;

(3) 仅当你走我才留下。

解:

(1) 这是复合命题。首先，划分出其中的简单命题，分别为"明天下雪""明天下雨""我才去学校"。将每个简单命题符号化为不同的命题词，即

$$P: 明天下雪。$$

$$Q: 明天下雨。$$

$$R: 我才去学校。$$

其次，用 $\neg$ 符号化原命题中的"不"，用 $\wedge$ 符号化连词"且"，用 $\leftrightarrow$ 表达连词"当且仅当"。最后符号化为

$$(((\neg P) \wedge (\neg Q)) \leftrightarrow R)$$

(2) 这是复合命题。首先，划分出其中的简单命题，分别为"A 的每个元素都是 B 的一个元素""集合 A 是集合 B 的子集"。将每个简单命题符号化为不同的命题词，即

$$S:\ A的每一个元素都是B的一个元素。$$

$$U:\ 集合A是集合\ B\ 的子集。$$

其次，用 $\leftrightarrow$ 表达连词"当且仅当"。最后符号化为

$$(S \leftrightarrow U)$$

(3) 这是复合命题。首先，划分出其中的简单命题，分别为"你走""我才留下"。将每个简单命题符号化为不同的命题词，即

$$X:\ 你走。$$

$$Y:\ 我才留下。$$

其次，用 $\rightarrow$ 符号化"仅当"。因此，最后符号化为

$$(Y \rightarrow X) \qquad\qquad \square$$

以上为连词符号化为逻辑联结词的方法与技巧。总之，命题逻辑符号化的原则非常直接，简单命题符号化为命题词，再将连词符号化为逻辑联结词后，联结相应的命题词。需要特别注意的是要在语义理解的基础上进行符号化，并不是简单机械地按原则符号化连词。最后，进行正反验证，将符号化的命题逻辑公式转换为自然语言的命题，判断表达的是否仍是原命题的含义。

习题 4.1

1. 判断下列语句是否为命题，并讨论命题的真值。

(1) $2x - 3 = 0$;

(2) $\sqrt{2}$ 小于 $\pi/3$;

(3) 如果 $2 \times 2 = 5$，则雪是白的;

(4) 如果太阳从西方升起，你就可以长生不老;

(5) 请勿吸烟;

(6) 如果太阳从东方升起，你就可以长生不老;

(7) 你喜欢鲁迅的作品吗?

(8) 红色是三原色之一;

(9) 蓝色是最好的颜色;

(10) 回答这一章中的所有问题;

(11) 当整数 $n > 2$ 时，关于 x, y, z 的方程 $x^n + y^n = z^n$ 没有正整数解。

2. 给定下列命题。

$P:$ 天在下雪。

Q: 我进城。

R: 我有时间。

使用逻辑联结词将下列复合命题符号化。

(1) 如果天不下雪且我有时间，我就进城；

(2) 我进城的必要条件是我有时间；

(3) 天不在下雪；

(4) 我进城当且仅当我有时间且天不下雪。

3. 给定下列命题。

P: 这门课你期末考试拿到了优秀。

Q: 你做了书上的每道练习题。

R: 这门课你拿到了优秀。

使用逻辑联结词将下列复合命题符号化。

(1) 这门课你拿到了优秀，但是你没有做书上的每道题；

(2) 这门课你期末考试成绩是优秀，你做了书上的每道练习题，并且这门课你拿了优秀；

(3) 要在这门课上得优秀，你必须在期末考试中拿到优秀；

(4) 你在这门课的期末考试中拿到了优秀，但你并没有完成书上的每一道练习题；尽管如此，你在这门课上还是拿到了优秀。

4. 用命题逻辑符号化以下命题：

(1) 如果今天是周日，那么我会一整天都休息；

(2) 我的朋友身高 190cm，体重至少有 100kg；

(3) 航班延误了，要么是机场的时钟慢了；

(4) 天气不冷，但是多云；

(5) 既不是晴天也不是雨天；

(6) $0 < x \leqslant 5$；

(7) 他在家或上街去了；

(8) 落后就要挨打；

(9) 今晚我会待在家里或出去看电影；

(10) 如果不能按时或全额还款，将要收取滞纳金；

(11) 如果我没买到飞机票或预订酒店，我就不去了。

5. 设 P 表示"今天天气好"，Q 表示"我们去旅游"。试用最简单明了的汉语描述下面公式所表达的含义：

$$((\neg P \vee Q) \rightarrow (P \wedge \neg Q)) \vee \neg(\neg Q \rightarrow \neg P)$$

6. 设 P 表示"他为准备期末考试而努力学习了"，Q 表示"他期末考试每门课都是 A^+"。试用最简单明了的汉语描述下面公式所表达的含义：

(1) $P \wedge Q$;

(2) $\neg P \vee Q$;

(3) $P \rightarrow \neg Q$;

(4) $\neg Q \rightarrow P$;

(5) $\neg P \rightarrow \neg Q$;

(6) $P \leftrightarrow \neg Q$;

(7) $\neg P \wedge (P \vee \neg Q)$。

7. 二元逻辑联结词 $\uparrow$ 和 $\downarrow$ 分别称为 "与非" 和 "或非"，它们的真值表定义如表 4.1 所示。

表 4.1 题 7 的真值表定义

P	Q	$P \uparrow Q$	$P \downarrow Q$
F	F	T	T
F	T	T	F
T	F	T	F
T	T	F	F

(1) 用 $\uparrow$ 表示 $\neg$，$\wedge$，$\vee$，$\rightarrow$，$\leftrightarrow$;

(2) 用 $\downarrow$ 表示 $\neg$，$\wedge$，$\vee$，$\rightarrow$，$\leftrightarrow$。

8. 完成下面各题。

(1) 用 $\neg$ 和 $\vee$ 表示 $\wedge$，$\rightarrow$，$\leftrightarrow$;

(2) 用 $\neg$ 和 $\wedge$ 表示 $\vee$，$\rightarrow$，$\leftrightarrow$;

(3) 用 $\neg$ 和 $\rightarrow$ 表示 $\vee$，$\wedge$，$\leftrightarrow$;

(4) 证明用 $\wedge$，$\vee$，$\rightarrow$，$\leftrightarrow$ 不能表示 $\neg$。

9. 给出三元联结词 f 的真值表定义如表 4.2 所示。

表 4.2 题 9 的真值表定义

P	Q	R	$f(P, Q, R)$
T	T	T	F
T	T	F	T
T	F	T	T
T	F	F	T
F	T	T	F
F	T	F	F
F	F	T	T
F	F	F	T

(1) 用 f 表示 $\neg$、$\rightarrow$ 与 $\wedge$;

(2) 用 f 表示 $(P \rightarrow R) \wedge Q$。

4.2 合式公式

在 4.1 节中进行符号化时，将符号化结果称为命题逻辑的公式，从形式上看，就是由符号表 Σ 中符号拼接而成的符号串。从语言的角度看命题逻辑，则符号表 Σ 即为其词法规则，即规定了允许出现的符号。本节继续介绍命题逻辑的语法和语义。

语法指的是逻辑公式的构成规则；语义指的是逻辑公式的真值。例如，"我生日的 2 月 28 日是"，这是使用了词法允许的字构成的符号串，在语法上是无效的。而"我的生日是 2 月 30 日"，在语法上是有效的，但语义是错误的。

满足命题逻辑语法规则的符号串称为合式公式，因此，只要给出合式公式的构造规则，就定义了命题逻辑的语法规则。

定义 4.2.1 命题词称为原子公式或者原子。

请注意，命题词包括命题变元 $(P, \cdots, Z)$ 和命题常量 (T，F)。

定义 4.2.2 合式公式是按如下构造规则构成的有穷符号串：
(1) 若 P 是原子，则 P 是合式公式；
(2) 若 ϕ 是一个合式公式，则 $(\neg\phi)$ 是合式公式；
(3) 若 ϕ 和 ψ 皆是合式公式，则 $(\phi \circ \psi)$ 是合式公式，其中 $\circ$ 可为任一逻辑联结词 $\wedge, \vee, \rightarrow, \leftrightarrow$。

经过有限次应用定义 4.2.2 中的三条规则得到的最终结果即为合式公式，应用规则的中间结果可称为最终结果的分子合式公式。

合式公式构造规则可用上下文无关文法表示为

$$\text{Formula} \longrightarrow \text{Proposition}$$
$$\text{Formula} \longrightarrow (\neg\text{Formula})$$
$$\text{Formula} \longrightarrow (\text{Formula} \circ \text{Formula})$$
$$(\circ ::= \wedge \mid \vee \mid \rightarrow \mid \leftrightarrow)$$

其中，Formula 为命题逻辑公式，Proposition 为命题词。在计算机科学中，常用巴科斯范式 (BNF) 来表达上下文无关文法，命题逻辑语法规则可用 BNF 表示为

$$\text{Formula} ::= \text{Proposition} \mid (\neg\text{Formula}) \mid (\text{Formula} \circ \text{Formula})$$
$$(\circ ::= \wedge \mid \vee \mid \rightarrow \mid \leftrightarrow)$$

其中，"::=" 表示"定义为"，用于定义 BNF 产生式；| 表示"或"，相同左部的产生式合并，右部用 "|" 隔开。

命题逻辑语法规则非常适合于计算机处理，即按照语法规则借助 LEX(词法分析器) 和 YACC(编译器代码生成器) 等工具可实现命题逻辑公式的解析器，识别符号串形式的公式，以便后续的处理。

此处，以 Python 语言为例设计一个简单的命题逻辑合式公式类，实现了包括公式的表示形式、依据语法规则解析命题逻辑公式等功能，以便更好地理解命题逻辑语法与语义，如代码 4.1 所示。

代码 4.1 命题逻辑合式公式类

```python
from __future__ import annotations
from functools import lru_cache
from itertools import product as product
from typing import Mapping, Optional, Set, Tuple, Union, \
    AbstractSet, Iterable, Iterator, Mapping, Sequence

def is_variable(formula: str) -> bool:
    return formula in "PQRSUVWXYZ"

def is_constant(formula: str) -> bool:
    return formula in "TF"

def is_unary(op: str) -> bool:
    return op == '~'

def is_binary(op: str) -> bool:
    return op in {'&', '|', '->', '<->'}


class Formula:
    root: str
    first: Optional[Formula]
    second: Optional[Formula]

    def __init__(self, root: str, first: Optional[Formula] = None,
                 second: Optional[Formula] = None):
        if is_variable(root) or is_constant(root):
            assert first is None and second is None
            self.root = root
        elif is_unary(root):
            assert second is not None and first is None
            self.root, self.second = root, second
        else:
            assert is_binary(root)
            assert first is not None and second is not None
            self.root, self.first, self.second = root, first, second

    def __repr__(self) -> str:
        if is_variable(self.root) or is_constant(self.root):
            return self.root
        elif is_unary(self.root):
            return "("+self.root+self.second.__repr__()+")"
        else:
            return "("+self.first.__repr__()+self.root+self.second.__repr__()+")"

    def __eq__(self, other: object) -> bool:
```

```
47         return isinstance(other, Formula) and str(self) == str(other)
48
49     def __ne__(self, other: object) -> bool:
50         return not self == other
51
52     def variables(self) -> Set[str]:
53         if is_variable(self.root): return {self.root}
54         elif is_unary(self.root): return self.second.variables()
55         elif is_binary(self.root): return self.first.variables() | \
56                                           self.second.variables()
57         else: return set()
```

Formula 类中，用三个成员来表示一个命题逻辑公式，root 用于保存单个命题词或逻辑联结词，first 和 second 用于保存二元联结词联结的两个分子合式公式，当为一元联结词时，只有 second 用于保存 ¬ 联结的分子合式公式。此处用 ∼ 表示 ¬、& 表示 ∧、| 表示 ∨、-> 表示 →、<-> 表示 ↔。

基于该框架，可实现解析命题逻辑公式的程序，如代码 4.2 中_parse_prefix() 方法所示。请注意，因为根据定义 4.2.2可知，没有公式是另一个公式的前缀。因此，可分析所给符号串的前缀，编程判断这个符号串的前缀是否构成一个有效的公式。

代码 4.2 解析命题逻辑符号串前缀

```
1  class Formula:
2      ...
3
4      @staticmethod
5      def _parse_prefix(string: str) -> Tuple[Union[Formula, None], str]:
6          def get_binary(_s: str, _front, _end):
7              while _front < len(_s) and _end <= len(_s):
8                  if is_binary(_s[_front:_end]) or _s[_front:_end] in ['-','<','<-']:
9                      _end += 1
10                     continue
11                 else:
12                     break
13
14             if is_binary(_s[_front:_end - 1]):
15                 return _s[_front:_end - 1], _end - 2, _end - 1
16
17             return None, _front-1, _front
18
19         if string == '':
20             return None, ''
21         stack = []
22         front, end = 0, 1
23         while front < len(string) and end <= len(string):
24             if is_variable(string[front:end]):
25                 variable = Formula(string[front:end])
26                 stack.append(variable)
27             elif is_constant(string[front:end]):
28                 constant = Formula(string[front:end])
29                 stack.append(constant)
```

```
30          elif is_unary(string[front:end]):
31              stack.append(string[front:end])
32          elif string[front:end] in ['&', '|', '-', '<', '<-']:
33              binary, front, end = get_binary(string, front, end)
34              if binary:
35                  stack.append(binary)
36              else:
37                  break
38          elif string[front:end] == '(':
39              stack.append(string[front:end])
40          elif string[front:end] == ')':
41              if not stack:
42                  return None, ''
43              if len(stack)>=3 and is_unary(stack[-2]): # 处理一元逻辑联结词
44                  second = stack.pop()
45                  op = stack.pop()
46                  lb = stack.pop()
47                  if not (isinstance(second, Formula) and is_unary(op) and \
48                      lb == '(' ): return None, ''
49                  formula = Formula(op, None, second)
50                  stack.append(formula)
51              elif len(stack)>= 4 and is_binary(stack[-2]):
52                  second = stack.pop()   # 弹出左运算公式
53                  op = stack.pop()       # 弹出逻辑联结词
54                  first = stack.pop()    # 弹出右运算公式
55                  lb = stack.pop()       # 处理左括号'('
56                  if not (isinstance(first, Formula) and isinstance (second, \
57                      Formula) and is_binary(op) and lb == '('):
58                          return None, ''
59                  formula = Formula(op, first, second)
60                  stack.append(formula)
61              else:
62                  end -= 1
63                  break
64          else:
65              end -= 1
66              break
67          front += 1
68          end += 1
69
70      if not stack:
71          return None, ''
72      if isinstance(stack[0], Formula):
73          if len(stack) == 1:
74              return stack[0], string[end:]
75          else:
76              remain = ''
77              for item in stack[1:]:
78                  remain += str(item)
79              remain = remain + string[end:]
80              return stack[0], str(remain)
81      else:
82          return None, ''
```

对前缀为满足合式公式语法规则的字符串，_parse_prefix() 方法将返回该串对应的 Formula 对象，以及未解析的剩下的符号串。对不满足语法要求的无效符号串前缀，返回 None 和空串。

可知，若所给的符号串是一个命题逻辑合式公式，当且仅当_parse_prefix() 方法返回值是一个 Formula 对象及一个空串。

基于_parse_prefix() 方法及上述等价条件，可最终实现解析命题逻辑合式公式的方法 parse()。该方法根据上述等价条件，利用_parse_prefix() 方法返回值，在 is_formula() 方法中判断所给符号串是否为一个满足语法的符号串，只有对有效符号串才调用_parse_prefix() 方法解析公式并返回解析结果，返回结果为一个 Formula 对象。其中 is_formula() 方法的实现如代码 4.3 所示。

代码 4.3 解析命题逻辑公式

```python
class Formula:
    ...

    @staticmethod
    def is_formula(string: str) -> bool:
        formula, remain = Formula._parse_prefix(string)
        if isinstance(formula, Formula) and remain == '':
            return True
        else:
            return False

    @staticmethod
    def parse(string: str) -> Formula:
        assert Formula.is_formula(string)
        formula, _ = Formula._parse_prefix(string)
        return formula
```

例 4.2.1 下面的符号串都是命题逻辑合式公式:

(1) $(\neg(R \to S))$;

(2) $(P \leftrightarrow ((\neg Q) \vee R))$;

(3) $(((((\neg T) \to S) \wedge R) \vee (\neg Y))$;

(4) $(((((P \to Q) \wedge R) \vee (S \leftrightarrow U))) \to (X \wedge Y))$;

(5) $(\neg(((\neg X) \to P) \wedge (\neg(\neg(((\neg F) \vee (\neg P)))))))$.

下面的符号串都不是命题逻辑合式公式:

(1) (S);

(2) $(P \vee Q) \to (R \wedge S)$;

(3) $(P \to (\neg Q \leftrightarrow R))$;

(4) $(P \vee Q$;

(5) $((P \vee X))$;

(6) $((P \to Q) \to ((\neg Q) \to (\neg P)) \to T)$.   □

可以看到，基于合式公式构造规则得到的合式公式往往包含很多括号。括号使公式结构清晰，无二义性，但括号太多会增加书写和阅读的困难。与算术运算表达式类似，在做出一些约定后，可去掉一些括号：

(1) 合式公式最外层的括号可以省略；

(2) 规定各逻辑联结词的运算优先级次序 (从高到低) 为 $\neg, \wedge, \vee, \rightarrow, \leftrightarrow$，依此可省略括号；

(3) 对合式公式中同一联结词的多次连续出现，按从左到右的次序运算，依此可省略中间的括号。

例如对合式公式 $(\neg(((\neg X) \rightarrow P) \wedge (\neg(\neg(((\neg F) \vee (\neg P)))))))$，去括号后将变为 $\neg((\neg X \rightarrow P) \wedge \neg\neg(\neg F \vee \neg P))$。

接下来讨论命题逻辑公式的语义。即在给定的变元真值指派下，命题逻辑公式的真值。

定义 4.2.3 令 S 是一个命题变元集合，有 $M : S \rightarrow \{T, F\}$ 将 S 中每个命题变元赋一个真值，则称 M 为 S 上的一个指派 (assignment)。若 S 为某个给定的命题逻辑公式 ϕ 所有命题变元的集合，则 M 又称为 ϕ 的一个指派。ϕ 在这组命题变元赋值组合下的真值称为 ϕ 在指派 M 下的真值。

定义 4.2.4 对给定的公式 ϕ 和指派 M，ϕ 在 M 下的真值归纳定义如下：

(1) 如果 ϕ 是命题常元 T，则 ϕ 的真值为 T；如果 ϕ 是命题常元 F，则 ϕ 的真值为 F。

(2) 如果 ϕ 是某命题变元 P，则 ϕ 的真值为 $M(P)$。

(3) 如果 ϕ 形如 $(\neg\psi)$，若公式 ψ 在 M 下真值为 F，则 ϕ 在 M 下的真值为 T，反之则为 F。

(4) 如果 ϕ 形如 $(\psi \wedge \xi)$，若 ψ 与 ξ 在 M 下的真值皆为 T，则 ϕ 在 M 下的真值为 T，否则为 F。

(5) 如果 ϕ 形如 $(\psi \vee \xi)$，若 ψ 与 ξ 其中一个在 M 下的真值为 T，则 ϕ 在 M 下的真值为 T，否则为 F。

(6) 如果 ϕ 形如 $(\psi \rightarrow \xi)$，若 ξ 在 M 下的真值为 T，或 ψ 在 M 下的真值为 F，则 ϕ 在 M 下的真值为 T，否则为 F。

(7) 如果 ϕ 形如 $(\psi \leftrightarrow \xi)$，若 ψ 与 ξ 在 M 下的真值皆为 T 或皆为 F，则 ϕ 在 M 下的真值为 T，否则为 F。

由定义 4.2.4可知，计算公式 ϕ 在指派 M 下的真值，核心是逻辑联结词的运算。定义中给出了各逻辑联结词的运算规则，可进一步以真值表的形式给出，如表 4.3 所示。

表 4.3　逻辑联结词真值表

P	Q	$\neg P$	$P \wedge Q$	$P \vee Q$	$P \rightarrow Q$	$P \leftrightarrow Q$
F	F	T	F	F	T	T
F	T	T	F	T	T	F
T	F	F	F	T	F	F
T	T	F	T	T	T	T

基于前面用 Python 设计实现的 Formula 类框架，可实现对给定的指派 model，计算 Formula 对象在 model 下的真值。程序片段如代码 4.4 所示。其中 Model 定义为字典，为每个命题变元指定一个值。evaluate 函数实现了定义 4.2.4中的递归计算过程。

代码 4.4 计算给定指派下公式的真值

```python
Model = Mapping[str, bool]

def is_model(model: Model) -> bool:
    for key in model:
        if not is_variable(key):
            return False
    return True

def variables(model: Model) -> AbstractSet[str]:
    assert is_model(model)
    return model.keys()

def evaluate(formula: Formula, model: Model) -> bool:
    assert is_model(model)
    assert formula.variables().issubset(variables(model))
    op_semantic = {'&' : lambda x, y: x and y,
                   '|': lambda x, y: x or y,
                   '->': lambda x, y: (not x) or y,
                   '<->': lambda x, y: ((not x) or y) and ((not y) or x)}
    constant = {'T': True, 'F': False}
    if is_variable(formula.root): return model[formula.root]
    elif is_constant(formula.root): return constant[formula.root]
    elif is_unary(formula.root): return not(evaluate(formula.second, model))
    else: return op_semantic[formula.root](evaluate(formula.first, model), \
                                            evaluate(formula.second, model))
```

可以用真值表法确定合式公式在给定指派下的真值。要构造合式公式 ϕ 的真值表，必须考虑其所有命题变元的所有指派组合。若 ϕ 中有 n 个命题变元，则有 2^n 种不同的指派。因此其真值表有 2^n 行。真值表可以在纸上手工绘制 (请读者自行练习)，也可编程自动绘制。

基于上述实现的 Formula 类及 evaluate 函数，可实现自动化绘制给定合式公式真值表的程序，如代码 4.5 所示。其中 all_models 函数得到 Formula 对象中所有命题变元的指派，truth_values 函数计算 Formula 对象在给定指派集下的所有真值，最后由 print_truth_table 函数在此基础上绘制真值表。

代码 4.5 绘制给定合式公式的真值表

```python
def all_models(variables: Sequence[str]) -> Iterable[Model]:
    for v in variables:
        assert is_variable(v)
    return [dict(zip(variables, model)) for model in product([False, True], \
            repeat=len(variables))]

def truth_values(formula: Formula, models: Iterable[Model]) -> Iterable[bool]:
    return [evaluate(formula, model) for model in models]
```

```
 9
10  def print_truth_table(formula: Formula) -> None:
11      variable = Formula.variables(formula)
12      variable_list = sorted(list(variable))
13      str_len_list = [len(variable) for variable in variable_list]
14      models = all_models(variable_list)
15
16      print(''.join([f"| {variable} " for variable in variable_list]),\
17          f"| {formula} |", sep='')
18      print(''.join([f"| {'-' * (str_len + 2)} " for str_len in str_len_list]),\
19          f"| {'-' * (len(str(formula)) + 2)} |", sep='')
20      for model in models:
21          table_body=''.join([f"| {'T' if model[variable] else 'F'}{' ' * str_len} "
22              for variable, str_len in zip(variable_list, str_len_list)]) +\
23                  f"| {'T' if evaluate(formula, model) else 'F'}{' ' * \
24                  (len(str(formula)))} |\n"
25          print(table_body, end='')
```

本节前面给出的各合式公式在不同指派下真值既有 T，也有 F。但是有一些特殊结构的合式公式，在任何指派下真值总为 T 或总为 F，据此可为合式公式分类。

定义 4.2.5 设 ϕ 是合式公式。

(1) 如果 ϕ 在任何指派下真值均为 T，则称 ϕ 为永真式或重言式 (tautology)；

(2) 如果 ϕ 在任何指派下真值均为 F，则称 ϕ 为永假式或矛盾式 (contradiction)；

(3) 如果 ϕ 至少在一个指派下真值为 T，则称 ϕ 为可满足的 (satisfiable)。

容易看出，$P \vee \neg P$ 为永真式，$P \wedge \neg P$ 为永假式，$P \wedge Q$ 为可满足的。本章至此，可用于判断合式公式属于哪一类的方法主要有真值表法。

基于前面实现的 Formula 类及 evaluate 等函数，可很容易地实现永真、永假和可满足式的自动判定。Python 程序如代码 4.6 所示。

代码 4.6 永真、永假和可满足式的自动判定

```
1  def is_tautology(formula: Formula) -> bool:
2      return all(truth_values(formula, all_models(Formula.variables(formula))))
3
4  def is_contradiction(formula: Formula) -> bool:
5      return not any(truth_values(formula, all_models(Formula.variables(formula))))
6
7  def is_satisfiable(formula: Formula) -> bool:
8      return any(truth_values(formula, all_models(Formula.variables(formula))))
```

本章后续主要围绕永真式的判定问题展开讨论。

习题 4.2

1. 设指派 $M = \{\langle P, \mathrm{T}\rangle, \langle Q, \mathrm{T}\rangle, \langle R, \mathrm{F}\rangle, \langle S, \mathrm{F}\rangle\}$，求下列合式公式在该指派下的真值：

(1) $P \vee (Q \wedge R)$；

(2) $(P \wedge Q \wedge R) \vee \neg((P \vee Q) \wedge (R \vee S))$;

(3) $\neg(P \wedge Q) \vee \neg R \vee (((\neg P \wedge Q) \vee \neg R) \wedge S)$;

(4) $(Q \leftrightarrow \neg P) \to R \vee \neg S$;

(5) $(P \leftrightarrow R) \wedge (\neg Q \to S)$;

(6) $P \vee (Q \to R \wedge \neg P) \leftrightarrow Q \vee \neg S$。

2. 构造下列合式公式的真值表:

(1) $P \to (P \vee Q)$;

(2) $P \to (P \to Q)$;

(3) $Q \wedge (P \to Q) \to P$;

(4) $\neg(P \vee (Q \wedge R)) \leftrightarrow (P \vee Q) \wedge (P \vee R)$;

(5) $(P \vee Q \to Q \wedge R) \to P \wedge \neg R$;

(6) $(((\neg P \to P \wedge \neg Q) \to R) \wedge Q) \vee \neg R$;

(7) $P \to (Q \to P) \leftrightarrow \neg P \to (P \to Q)$;

(8) $P \wedge \neg Q \to \neg P \vee \neg Q$。

3. 找出使下列命题公式为真的指派:

(1) $(P \wedge Q) \vee (\neg P \vee R)$;

(2) $P \vee (Q \wedge \neg R \wedge (P \vee Q))$;

(3) $((P \vee Q) \wedge \neg(P \vee Q)) \vee R$;

(4) $P \vee R \to \neg(P \vee R) \wedge (Q \vee R)$;

(5) $(R \vee Q) \wedge \neg(R \vee Q) \wedge \neg P$。

4. 确定下列合式公式中哪些是永真的、永假的和可满足的:

(1) $P \wedge (P \to Q) \to Q$;

(2) $(P \to Q) \leftrightarrow \neg P \vee Q$;

(3) $(P \to Q) \wedge (Q \to R) \to (P \to R)$;

(4) $(P \to Q) \wedge (Q \to P)$;

(5) $P \vee \neg P \to Q$;

(6) $(P \wedge Q \leftrightarrow P) \leftrightarrow (P \leftrightarrow Q)$;

(7) $P \wedge (Q \vee R) \to (P \wedge Q) \vee (P \wedge R)$;

(8) $P \to P \vee Q$;

(9) $(P \vee Q) \wedge \neg(P \vee Q) \wedge R$;

(10) $\neg P \wedge \neg(P \to Q)$。

5. 不用真值表证明如下公式, R、S 只有两个使得其真值为 T 的指派,并给出这两个指派。

$$(\neg P \vee R) \wedge (\neg Q \vee R) \wedge (\neg R \vee S) \wedge (\neg S \vee R)$$

4.3　等价与蕴含

永真式的判定方法除了真值表法，还有代换法、等价变换法和解释法等。

代换法基于现有永真式，通过代换得到更多的代换实例，基于代入定理，可保证代换实例也是永真式。

定义 4.3.1　设 ϕ 是包含 n 个命题变元 $P_1, P_2, \cdots, P_n$ 的合式公式，$P_{i1}, P_{i2}, \cdots, P_{ir} (1 \leqslant r \leqslant n)$ 为其中 r 个不同的命题变元，用合式公式 $\psi_1, \psi_2, \cdots, \psi_r$ 分别同时取代 ϕ 中的 $P_{i1}, P_{i2}, \cdots, P_{ir}$ 所得到的新合式公式称为 ϕ 的一个代换实例。

例 4.3.1　求用 $((\neg P) \to Q)$ 与 $(\neg(\neg F))$ 分别代入合式公式 $(((\neg V) \wedge W) \vee (V \to U))$ 中的命题变元 V 与 U 的代换实例。

解： 代换实例为 $(((\neg((\neg P) \to Q)) \wedge W) \vee (((\neg P) \to Q) \to (\neg(\neg F))))$。　　　　□

代换实例是通过代换操作得到的。进行代换时，需注意：

(1) 代换是用合式公式取代给定合式公式中的命题变元。

(2) 用 ψ_j 取代 $P_{ij} (1 \leqslant j \leqslant r)$ 时，ψ_j 必须带着外层括号。

(3) 形象地说，代换就是从左往右扫描给定的合式公式，扫描到 $P_{ij} (1 \leqslant j \leqslant r)$ 时，就用对应的 ψ_j 取代它，一直扫描到公式的最后一个符号。这种取代就是"同时取代"，保证了代换实例的唯一性。即取代是一次性完成的，不能逐次代换 $P_{i1}, P_{i2}, \cdots, P_{ir}$。

(4) 代换是完全的，即给定合式公式中的所有 $P_{ij} (1 \leqslant j \leqslant r)$ 都要被取代，而不能取代 P_{ij} 的若干出现，而剩余的 P_{ij} 不取代。

定理 4.3.1 (代入定理)

(1) 永真式的任何代换实例必为永真式；

(2) 永假式的任何代换实例必为永假式；

(3) 既非永真又非永假的合式公式的代换实例，可永真，可永假，也可既非永真又非永假。

证明：

(1) 令 ϕ 为包含 n 个命题变元 $P_1, P_2, \cdots, P_n$ 的合式公式，对于任意一个代换，假设为用 $A_1, A_2, \cdots, A_r$ 分别同时取代 ϕ 中 $P_{i1}, P_{i2}, \cdots, P_{ir} (1 \leqslant r \leqslant n)$。对 $A_j (1 \leqslant j \leqslant r)$ 进行扩展，将其扩展为 $A_1, A_2, \cdots, A_n$。扩展原则是若 $P_k (1 \leqslant j \leqslant n)$ 在本次代换中无须被取代，则令 $A_k = P_k$，否则令 A_k 为本次代换对应的合式公式。设代换实例为 ϕ'，则对 ϕ' 的任一指派 M，设 $A_1, A_2, \cdots, A_n$ 在 M 下的真值为 $\tilde{A}_1, \tilde{A}_2, \cdots, \tilde{A}_n$，则 ϕ' 在 M 下的真值即为 ϕ 在指派 $\tilde{A}_1, \tilde{A}_2, \cdots, \tilde{A}_n$ 下的真值。因为 ϕ 为永真式，所以 ϕ' 也是永真式。

(2) 可仿照 (1) 进行证明。

(3) 对可满足的合式公式，只需构造出使其永真、永假和仍是可满足的代换实例即可。

令 ϕ 为包含 n 个命题变元 $P_1, P_2, \cdots, P_n$ 的合式公式。因为 ϕ 是可满足的，因此，必有一个指派 M，使得 ϕ 的真值为 F。则可构造一个代换方案：若 $M(P_i) = \mathrm{T}$，则

$A_i = P_i \vee \neg P_i$；否则 $A_i = P_i \wedge \neg P_i$。则用 $A_1, A_2, \cdots, A_n$ 分别取代 $P_1, P_2, \cdots, P_n$ 的代换实例为永假式。

同理，必有一个指派 M，使得 ϕ 的真值为 T。则可构造一个代换方案：若 $M(P_i) = \text{T}$，则 $A_i = P_i \vee \neg P_i$；否则 $A_i = P_i \wedge \neg P_i$。则用 $A_1, A_2, \cdots, A_n$ 分别取代 $P_1, P_2, \cdots, P_n$ 的代换实例为永真式。

用 $P_1, P_2, \cdots, P_n$ 分别取代 $P_1, P_2, \cdots, P_n$ 的代换实例仍是可满足的。 □

例 4.3.2 $(P \wedge Q) \vee \neg (P \wedge Q)$ 是永真式 $P \vee \neg P$ 的代换实例，所以它也是永真式。$(P \to Q) \wedge \neg (P \to Q)$ 是永假式 $P \wedge \neg P$ 的代换实例，所以它也是永假式。 □

代换也可编程自动实现。以前面定义的 Formula 类框架为基础，可直接实现自动代换的程序，如代码 4.7 所示。

代码 4.7 命题逻辑合式公式代换实例计算

```
1   class Formula:
2       ...
3       def substitute_variables(self, substitution_map: Mapping[str, Formula]) \
4           -> Formula:
5           for variable in substitution_map:
6               assert is_variable(variable)
7           if is_variable(self.root):
8               if substitution_map.get(self.root):
9                   return substitution_map[self.root]
10              return self
11          elif is_constant(self.root):
12              return self
13          elif is_unary(self.root):
14              first = Formula.substitute_variables(self.first, substitution_map)
15              return Formula(self.root, first)
16          else:
17              first = Formula.substitute_variables(self.first, substitution_map)
18              second = Formula.substitute_variables(self.second, substitution_map)
19              return Formula(self.root, first, second)
```

代换法证明永真式往往需要尝试，要能分辨出所给合式公式是哪个永真或永假式的代换实例。接下来介绍的等价变换、解释法等，更容易算法化。

定义 4.3.2 如果合式公式 ϕ、ψ 满足 $\phi \leftrightarrow \psi$ 是永真式，则称 ϕ 等价于 ψ，记为 $\phi \Leftrightarrow \psi$。

需要注意的是，$\Leftrightarrow$ 是一个语义符号，而不是合法的命题逻辑词法符号，在使用上需要与 $\leftrightarrow$ 进行区别。由定义 4.3.2 与 $\leftrightarrow$ 的真值表 (见表 4.1) 易知，等价具有下面的一些性质。

定理 4.3.2 $\phi \Leftrightarrow \psi$ 当且仅当合式公式 $\phi \leftrightarrow \psi$ 在任何指派下，ϕ 与 ψ 有相同的真值。

例 4.3.3 试证明 $(P \vee Q) \Leftrightarrow (\neg((\neg P) \wedge (\neg Q)))$。

解: 用真值表法可得真值表如表 4.4所示，考查表中第 2 列与第 6 列可知，在相同的指派下，$(P \vee Q)$ 与 $(\neg((\neg P) \wedge (\neg Q)))$ 真值相同，所以两个合式公式等价。

表 4.4 　 $(P \vee Q)$ 与 $(\neg((\neg P) \wedge (\neg Q)))$ 真值表

P	Q	$(P \vee Q)$	$(\neg P)$	$(\neg Q)$	$((\neg P) \wedge (\neg Q))$	$(\neg((\neg P) \wedge (\neg Q)))$
F	F	F	T	T	T	F
F	T	T	T	F	F	T
T	F	T	F	T	F	T
T	T	T	F	F	F	T

□

定理 4.3.3 若 ϕ、ψ 与 ξ 为合式公式，则有:

(1) $\phi \Leftrightarrow \phi$;

(2) 若 $\phi \Leftrightarrow \psi$，则 $\psi \Leftrightarrow \phi$;

(3) 若 $\phi \Leftrightarrow \psi$ 且 $\psi \Leftrightarrow \xi$，则 $\phi \Leftrightarrow \xi$。

由定理 4.3.3可知，从关系角度看，$\Leftrightarrow$ 是合式公式集合上的一个等价关系，定理 4.3.3 中 (1)、(2) 与 (3) 分别表示 $\Leftrightarrow$ 是自反、对称和传递的。以某个合式公式 ϕ 为基准，将集合中合式公式分为与 ϕ 等价与不等价的两类。

设 P、Q、R 为任意合式公式，用真值表法容易证明各类等价式，如表 4.5 所示。

表 4.5 　 命题逻辑等价式

编号	等 价 式	备注	编号	等 价 式	备注
E_1	$P \wedge Q \Leftrightarrow Q \wedge P$	交换律	E_2	$P \vee Q \Leftrightarrow Q \vee P$	交换律
E_3	$(P \wedge Q) \wedge R \Leftrightarrow P \wedge (Q \wedge R)$	结合律	E_4	$(P \vee Q) \vee R \Leftrightarrow P \vee (Q \vee R)$	结合律
E_5	$P \wedge (Q \vee R) \Leftrightarrow (P \wedge Q) \vee (P \wedge R)$	分配律	E_6	$P \vee (Q \wedge R) \Leftrightarrow (P \vee Q) \wedge (P \vee R)$	分配律
E_7	$\neg(P \wedge Q) \Leftrightarrow \neg P \vee \neg Q$	德·摩根律	E_8	$\neg(P \vee Q) \Leftrightarrow \neg P \wedge \neg Q$	德·摩根律
E_9	$P \wedge P \Leftrightarrow P$	幂等律	E_{10}	$P \vee P \Leftrightarrow P$	幂等律
E_{11}	$P \wedge T \Leftrightarrow P$	同一律	E_{12}	$P \vee F \Leftrightarrow P$	同一律
E_{13}	$P \wedge F \Leftrightarrow F$	零律	E_{14}	$P \vee T \Leftrightarrow T$	零律
E_{15}	$\neg\neg P \Leftrightarrow P$	双重否定律	E_{16}	$P \rightarrow Q \Leftrightarrow \neg P \vee Q$	
E_{17}	$\neg(P \rightarrow Q) \Leftrightarrow P \wedge \neg Q$		E_{18}	$P \rightarrow Q \Leftrightarrow \neg Q \rightarrow \neg P$	逆否命题
E_{19}	$P \rightarrow (Q \rightarrow R) \Leftrightarrow P \wedge Q \rightarrow R$		E_{20}	$\neg(P \leftrightarrow Q) \Leftrightarrow P \leftrightarrow \neg Q$	
E_{21}	$P \leftrightarrow Q \Leftrightarrow (P \rightarrow Q) \wedge (Q \rightarrow P)$		E_{22}	$P \leftrightarrow Q \Leftrightarrow (P \wedge Q) \vee (\neg P \wedge \neg Q)$	
E_{23}	$P \wedge \neg P \Leftrightarrow F$		E_{24}	$P \vee \neg P \Leftrightarrow T$	

由代入定理可知，用任意合式公式取代表 4.5 等价式中的命题变元，所得到的等价式仍成立。

利用表 4.5 的等价式，还可对合式公式进行等价变换，由定理 4.3.3等价的传递性可知每步变换所得到的合式公式都与原合式公式等价。利用这种方法可证明合式公式是永真式，或推出新的等价式。这种方法的正确性由下面的定理保证。

定理 4.3.4 (置换定理) 设 ψ 为合式公式 ϕ 的分子公式，ξ 为与 ψ 等价的合式公式，σ 为用 ξ 取代 ϕ 中 ψ 的若干出现所得合式公式，则 $\phi \Leftrightarrow \sigma$。

该定理的证明较为复杂，这里只给出证明思路。因为 $\psi \Leftrightarrow \xi$，所以对 ϕ 中命题变元的任一赋值，ψ 与 ξ 真值相同，因此以 ξ 取代 ψ 后，公式 ϕ 与公式 σ 在任一指派下真值也相同，所以 $\phi \Leftrightarrow \sigma$。

请注意代入与置换的如下区别。

(1) 被动对象：代入是对命题变元进行取代，而置换是对分子公式进行取代；

(2) 主动对象：可用任意合式公式代入命题变元，而仅可用与分子公式等价的合式公式置换该分子公式；

(3) 位置：代入必须取代该命题变元的所有出现，而置换可以取代该分子公式的若干出现；

(4) 结果：代入后得到的新公式与原公式不一定等价，而置换后得到的新公式必与原公式等价。

例 4.3.4 试证明 $(P \to Q) \to R \Leftrightarrow (\neg Q \land P) \lor R$。

证明：

$$(P \to Q) \to R$$
$$\Leftrightarrow (\neg P \lor Q) \to R \qquad (E_{16})$$
$$\Leftrightarrow \neg(\neg P \lor Q) \lor R \qquad (E_{16})$$
$$\Leftrightarrow (\neg\neg P \land \neg Q) \lor R \qquad (E_8)$$
$$\Leftrightarrow (P \land \neg Q) \lor R \qquad (E_{15})$$
$$\Leftrightarrow (\neg Q \land P) \lor R \qquad (E_1) \qquad \Box$$

在利用等价变换证明等价式时，有一些性质可帮助简化证明过程。

定义 4.3.3 设合式公式 ϕ 只包含逻辑联结词 $\neg, \lor, \land$，在 ϕ 中，用 $\land$ 代替 $\lor$，用 $\lor$ 代替 $\land$，用 T 代替 F，用 F 代替 T，所得到的合式公式称为 ϕ 的对偶式，记为 ϕ^*。

例如，$((P \lor Q) \land R) \land T$ 与 $((P \land Q) \lor R) \lor F$ 互为对偶式。又由定义 4.3.3可知

$$\phi = (\phi^*)^*$$

设 ϕ 为仅包含命题变元 $P_1, P_2, \cdots, P_n$ 的合式公式，约定可用 $\phi(P_1, P_2, \cdots, P_n)$ 来表示 ϕ。

定理 4.3.5 合式公式 ϕ 只包含命题变元 $P_1, P_2, \cdots, P_n$，且仅有联结词 $\neg, \lor, \land$，则：

$$\neg\phi(P_1, P_2, \cdots, P_n) \Leftrightarrow \phi^*(\neg P_1, \neg P_2, \cdots, \neg P_n)$$

$$\phi(\neg P_1, \neg P_2, \cdots, \neg P_n) \Leftrightarrow \neg\phi^*(P_1, P_2, \cdots, P_n)$$

证明： 对公式 $\neg\phi(P_1, P_2, \cdots, P_n)$ 反复使用德·摩根律，直到把所有的 $\neg$ 移到了命题变元或命题变元的否定式之前为止。在该过程中，$\wedge$ 变为了 $\vee$，$\vee$ 变为了 $\wedge$，T 变为了 F，F 变为了 T，P_i 变为了 $\neg P_i(i = 1, 2, \cdots, n)$，最后得到了 $\phi^*(\neg P_1, \neg P_2, \cdots, \neg P_n)$。

由 $\phi = (\phi^*)^*$ 可得 $(\phi^*(\neg P_1, \neg P_2, \cdots, \neg P_n))^* = \phi(\neg P_1, \neg P_2, \cdots, \neg P_n) \Leftrightarrow \neg\phi^*(P_1, P_2, \cdots, P_n)$。 □

例 4.3.5 设合式公式 $A = \neg P_1 \vee (P_2 \wedge P_3)$，求 $A^*(\neg P_1, \neg P_2, \neg P_3)$ 和 $\neg A$。

解： 因为 $A^*(P_1, P_2, P_3) = \neg P_1 \wedge (P_2 \vee P_3)$，所以 $A^*(\neg P_1, \neg P_2, \neg P_3) = \neg(\neg P_1) \wedge ((\neg P_2) \vee (\neg P_3)) \Leftrightarrow P_1 \wedge (\neg P_2 \vee \neg P_3)$，有

$$\neg A \Leftrightarrow \neg(\neg P_1 \vee (P_2 \wedge P_3)) \Leftrightarrow P_1 \wedge (\neg P_2 \vee \neg P_3) \qquad \square$$

定理 4.3.6 (对偶原理) 设 ϕ 与 ψ 是只包含逻辑联结词 $\neg, \wedge, \vee$ 的合式公式，如果 $\phi \Leftrightarrow \psi$，则 $\phi^* \Leftrightarrow \psi^*$。

证明： 设 $P_1, P_2, \cdots, P_n$ 为出现在 ϕ 和 ψ 中的命题变元，则有：

$$\phi(P_1, P_2, \cdots, P_n) \leftrightarrow \psi(P_1, P_2, \cdots, P_n)$$

为永真式，由代入定理 (定理 4.3.1) 可知：

$$\phi(\neg P_1, \neg P_2, \cdots, \neg P_n) \leftrightarrow \psi(\neg P_1, \neg P_2, \cdots, \neg P_n)$$

也是永真式，即：

$$\phi(\neg P_1, \neg P_2, \cdots, \neg P_n) \Leftrightarrow \psi(\neg P_1, \neg P_2, \cdots, \neg P_n)$$

由定理 4.3.5易知：

$$\phi(\neg P_1, \neg P_2, \cdots, \neg P_n) \Leftrightarrow \neg\phi^*(P_1, P_2, \cdots, P_n)$$

$$\psi(\neg P_1, \neg P_2, \cdots, \neg P_n) \Leftrightarrow \neg\psi^*(P_1, P_2, \cdots, P_n)$$

从而由定理 4.3.3可得：

$$\neg\phi^*(P_1, P_2, \cdots, P_n) \Leftrightarrow \neg\psi^*(P_1, P_2, \cdots, P_n)$$

即可得 $\phi^* \Leftrightarrow \psi^*$。 □

例 4.3.6 试证明：

(1) $(P \wedge \neg Q) \to ((P \vee R) \wedge \neg(P \wedge R)) \Leftrightarrow \neg P \vee Q \vee \neg R$;

(2) $\neg P \wedge Q \wedge ((P \wedge R) \vee (\neg P \wedge \neg R)) \Leftrightarrow \neg P \wedge Q \wedge \neg R$。

证明:

(1) $(P \wedge \neg Q) \to ((P \vee R) \wedge \neg(P \wedge R)) \Leftrightarrow \neg(P \wedge \neg Q) \vee ((P \vee R) \wedge (\neg P \vee \neg R))$

$\Leftrightarrow Q \vee \neg P \vee ((P \vee R) \wedge (\neg P \vee \neg R))$

$\Leftrightarrow Q \vee ((\neg P \vee P \vee R) \wedge (\neg P \vee \neg P \vee \neg R))$

$\Leftrightarrow Q \vee (T \wedge (\neg P \vee \neg R))$

$\Leftrightarrow Q \vee \neg P \vee \neg R$

$\Leftrightarrow \neg P \vee Q \vee \neg R$

(2) 因为 $\neg P \vee Q \vee ((P \vee R) \wedge (\neg P \vee \neg R)) \Leftrightarrow \neg P \vee Q \vee \neg R$, 由对偶原理可得:

$$\neg P \wedge Q \wedge ((P \wedge R) \vee (\neg P \wedge \neg R)) \Leftrightarrow \neg P \wedge Q \wedge \neg R \qquad \square$$

与通过联结词 $\leftrightarrow$ 上的永真式定义等价类似, 可通过联结词 $\to$ 上的永真式定义蕴含。

定义 4.3.4 设 ϕ 和 ψ 是合式公式。若 $\phi \to \psi$ 是永真式, 则称 ϕ 蕴含 ψ, 记作 $\phi \Rightarrow \psi$。

请注意, 蕴含 $\Rightarrow$ 与等价 $\Leftrightarrow$ 都不是逻辑联结词, 只是一个语义符号, 仅分别表示 $\phi \to \psi$ 与 $\phi \leftrightarrow \psi$ 是永真式。

由表 4.5 的 E_{21} 可知, 蕴含 $\Rightarrow$ 与等价 $\Leftrightarrow$ 存在以下关系。

定理 4.3.7 若 ϕ 与 ψ 是合式公式, 则 $\phi \Leftrightarrow \psi$ 当且仅当 $\phi \Rightarrow \psi$ 且 $\psi \Rightarrow \phi$。

与等价 $\Leftrightarrow$ 类似, 蕴含 $\Rightarrow$ 也具有传递性。

定理 4.3.8 设 ϕ、ψ 与 ξ 是合式公式, 若 $\phi \Rightarrow \psi$ 且 $\psi \Rightarrow \xi$, 则 $\phi \Rightarrow \xi$。

证明: 设 M 是定义在 ϕ、ψ 与 ξ 命题变元集合上的指派, 如果 ϕ 在 M 下真值为 T, 则由 $\phi \Rightarrow \psi$ 可知 ψ 在 M 下真值也为 T, 同理可知 ξ 在 M 下真值也为 T, 由此可得 $\phi \Rightarrow \xi$。 $\qquad \square$

蕴含式的证明一般有代入法、真值表法、解释法、等价变换法 (证明 $\phi \to \psi$ 等价于 T), 以及推演法。

解释法中, 需要论证对于 $\phi \to \psi$ 的任意指派 M, 若 ϕ 在 M 下取真值 T, 则 ψ 在 M 下也必然取真值 T; 或论证对于 $\phi \to \psi$ 的任意指派 M, 若 ψ 在 M 下取真值 F, 则 ϕ 在 M 下也必然取真值 F。

推演法需要用到一些蕴含式。设 P、Q、R 为任意合式公式, 用真值表法或解释法可得到各类蕴含式, 如表 4.6 所示。

例 4.3.7 试用多种方法证明 $\neg Q \wedge (P \to Q) \Rightarrow \neg P$。

证明:

(1) 解释法: 对合式公式 $\neg Q \wedge (P \to Q) \to \neg P$ 的任意指派 M, 若 $\neg Q \wedge (P \to Q)$ 在 M 下真值为 T, 则必有 $\neg Q$ 与 $(P \to Q)$ 真值在 M 下均必须为 T, 因此必有 $M(Q) = M(P) = $ F, 所以在 M 下 $\neg P$ 必为 T。

表 4.6　命题逻辑蕴含式

编号	等 价 式	备注	编号	等 价 式	备注
I_1	$P \wedge Q \Rightarrow P$	化简式	I_2	$P \wedge Q \Rightarrow Q$	化简式
I_3	$P \Rightarrow P \vee Q$	附加式	I_4	$Q \Rightarrow P \vee Q$	附加式
I_5	$\neg P \Rightarrow P \rightarrow Q$		I_6	$Q \Rightarrow P \rightarrow Q$	
I_7	$\neg(P \rightarrow Q) \Rightarrow P$		I_8	$\neg(P \rightarrow Q) \Rightarrow \neg Q$	
I_9	$P \rightarrow Q \Rightarrow P \wedge R \rightarrow Q \wedge R$		I_{10}	$\neg P \wedge (P \vee Q) \Rightarrow Q$	析取三段论
I_{11}	$P \wedge (P \rightarrow Q) \Rightarrow Q$	假言推论	I_{12}	$\neg Q \wedge (P \rightarrow Q) \Rightarrow \neg P$	拒取式
I_{13}	$(P \rightarrow Q) \wedge (Q \rightarrow R) \Rightarrow P \rightarrow R$	假言三段论	I_{14}	$(P \vee Q) \wedge (P \rightarrow R) \wedge (Q \rightarrow R) \Rightarrow R$	二难推论

(2) 等价变换法，即证明 $\neg Q \wedge (P \rightarrow Q) \rightarrow \neg P \Leftrightarrow \mathrm{T}$

$$\neg Q \wedge (P \rightarrow Q) \rightarrow \neg P \Leftrightarrow \neg(\neg Q \wedge (\neg P \vee Q)) \vee \neg P$$
$$\Leftrightarrow (\neg\neg Q \vee \neg(\neg P \vee Q)) \vee \neg P$$
$$\Leftrightarrow (Q \vee (P \wedge \neg Q)) \vee \neg P$$
$$\Leftrightarrow ((Q \vee P) \wedge (Q \vee \neg Q)) \vee \neg P$$
$$\Leftrightarrow ((Q \vee P) \wedge \mathrm{T}) \vee \neg P$$
$$\Leftrightarrow Q \vee P \vee \neg P$$
$$\Leftrightarrow Q \vee \mathrm{T}$$
$$\Leftrightarrow \mathrm{T}$$

(3) 推演法：

$$\neg Q \wedge (P \rightarrow Q) \Leftrightarrow \neg Q \wedge (\neg P \vee Q)$$
$$\Leftrightarrow (\neg Q \wedge \neg P) \vee (\neg Q \wedge Q)$$
$$\Leftrightarrow (\neg Q \wedge \neg P) \vee \mathrm{F}$$
$$\Leftrightarrow \neg Q \wedge \neg P$$
$$\Rightarrow \neg P \qquad\qquad \square$$

　　人们进行推理的过程一般是从某些已知的事实出发，借助推理规则，最终获得有效的结论。

　　定义 4.3.5　设 $\phi_1, \phi_2, \cdots, \phi_m, C$ 是合式公式。当且仅当 $\phi_1 \wedge \phi_2 \wedge \cdots \wedge \phi_m \rightarrow C$ 为永真式，即 $\phi_1 \wedge \phi_2 \wedge \cdots \wedge \phi_m \Rightarrow C$ 时，称 C 是前提 $\phi_1, \phi_2, \cdots, \phi_m$ 的有效结论，或者说 C 可由 $\phi_1, \phi_2, \cdots, \phi_m$ 逻辑推出。

　　例 4.3.8　已知：
(1) 今天下午没出太阳，并且比昨天冷；
(2) 我们去游泳仅当出太阳的时候；
(3) 如果我们没去游泳，我们就去划船；

(4) 如果我们去划船，则在太阳下山的时候到家。

请问能否得出结论：太阳下山的时候我们到家。

证明： 首先进行符号化，如下所示。

P: 今天下午出太阳;

Q: 比昨天冷;

R: 我们去游泳;

S: 我们去划船;

U: 太阳下山的时候我们到家。

则已知条件符号化为 $(1) \neg P \wedge Q$; $(2) R \rightarrow P$; $(3) \neg R \rightarrow S$; $(4) S \rightarrow U$。

结论符号化为 U。

即要证明 $(\neg P \wedge Q) \wedge (R \rightarrow P) \wedge (\neg R \rightarrow S) \wedge (S \rightarrow U) \Rightarrow U$，如下所示。

$$(\neg P \wedge Q) \wedge (R \rightarrow P) \wedge (\neg R \rightarrow S) \wedge (S \rightarrow U) \Rightarrow \neg P \wedge (R \rightarrow P) \wedge (\neg R \rightarrow S) \wedge (S \rightarrow U)$$
$$\Rightarrow \neg R \wedge (\neg R \rightarrow S) \wedge (S \rightarrow U)$$
$$\Rightarrow S \wedge (S \rightarrow U)$$
$$\Rightarrow U \qquad \qquad \square$$

习题 4.3

1. 产生下列代换实例:

(1) 用 $P \rightarrow Q$ 和 $(P \rightarrow Q) \rightarrow R$ 同时分别代替 $((P \rightarrow Q) \rightarrow P) \rightarrow P$ 中的 P 和 Q;

(2) 用 Q 和 $P \wedge \neg P$ 同时分别代换 $(P \rightarrow Q) \rightarrow (Q \rightarrow P)$ 中的 P 和 Q。

2. 指出下列合式公式中哪个合式公式是另一个合式公式的代换实例:

(1) $P \rightarrow (Q \rightarrow P)$;

(2) $(P \rightarrow Q) \wedge (R \rightarrow S) \wedge (P \vee R) \rightarrow Q \vee S$;

(3) $Q \rightarrow ((P \rightarrow P) \rightarrow Q)$;

(4) $P \rightarrow ((P \rightarrow (Q \rightarrow P)) \rightarrow P)$;

(5) $(R \rightarrow S) \wedge (Q \rightarrow P) \wedge (R \vee Q) \rightarrow S \vee P$。

3. 在下面 10 个命题逻辑公式中，有 5 个公式分别是其余 5 个公式的否定，请将公式及其否定进行配对。

(1) $(P \vee \neg Q) \wedge (\neg (P \wedge \neg Q))$;

(2) $\neg P \wedge Q$;

(3) $P \rightarrow (Q \rightarrow P)$;

(4) $P \rightarrow Q$;

(5) $P \wedge \neg Q$;

(6) $Q \wedge (P \wedge \neg P)$;

(7) $P \vee \neg Q$;

(8) $P \leftrightarrow Q$;

(9) $\neg P \wedge (Q \vee \neg P)$;

(10) $(P \to Q) \to P$。

4. 利用真值表证明下述等价式:

(1) $P \to (Q \to P) \Leftrightarrow \neg P \to (P \to Q)$;

(2) $(P \to Q) \wedge (R \to Q) \Leftrightarrow P \vee R \to Q$;

(3) $\neg(P \leftrightarrow Q) \Leftrightarrow (P \vee Q) \wedge \neg(P \wedge Q) \Leftrightarrow (P \wedge \neg Q) \vee (\neg P \wedge Q)$;

(4) $\neg(P \to Q) \Leftrightarrow P \wedge \neg Q$。

5. 使用基本等价式证明下述等价式。

(1) $((Q \wedge (P \wedge (P \vee Q))) \vee (Q \wedge \neg P)) \wedge \neg Q \Leftrightarrow \mathrm{F}$;

(2) $\neg(\neg(P \wedge P) \vee (\neg Q \wedge \mathrm{T})) \Leftrightarrow P \wedge Q$;

(3) $\neg(\neg(Q \vee Q) \vee (\neg P \wedge \mathrm{F})) \Leftrightarrow P \wedge Q$;

(4) $\neg((P \wedge (P \vee R)) \vee \neg(P \vee (P \wedge Q))) \Leftrightarrow \mathrm{F}$;

(5) $((P \wedge \mathrm{T}) \vee \neg(\neg R \vee \neg Q)) \wedge \neg((\neg R \wedge \neg R) \vee (\mathrm{F} \wedge \neg Q)) \Leftrightarrow ((P \vee Q) \wedge R)$;

(6) $\neg((\neg P \vee \neg R) \wedge (\neg Q \vee R)) \vee (P \wedge \neg R) \vee (Q \wedge R) \Leftrightarrow P \vee Q$;

(7) $\neg((\neg P \wedge \neg Q) \wedge \neg(P \wedge \neg R)) \wedge (\neg R \vee \mathrm{F}) \Leftrightarrow (P \vee Q) \wedge \neg R$。

6. 使用基本等价式证明下述等价式,并由对偶原理得出新的等价式。

(1) $\neg(\neg P \vee \neg Q) \vee \neg(\neg P \vee Q) \Leftrightarrow P$;

(2) $(P \vee \neg Q) \wedge (P \vee Q) \wedge (\neg P \vee \neg Q) \Leftrightarrow \neg(\neg P \vee Q)$;

(3) $Q \vee \neg((\neg P \vee Q) \wedge P) \Leftrightarrow \mathrm{T}$。

7. 证明下述合式公式是永真式:

(1) $(P \wedge Q \to P) \leftrightarrow \mathrm{T}$;

(2) $\neg(\neg(P \vee Q) \to \neg P) \leftrightarrow \mathrm{F}$;

(3) $(Q \to P) \wedge (\neg P \to Q) \leftrightarrow P$;

(4) $(P \to \neg P) \wedge (\neg P \to P) \leftrightarrow \mathrm{F}$。

8. 证明下列蕴含式:

(1) $P \wedge Q \Rightarrow P \to Q$;

(2) $P \to (Q \to R) \Rightarrow (P \to Q) \to (P \to R)$;

(3) $P \to Q \Rightarrow P \to P \wedge Q$;

(4) $(P \to Q) \to Q \Rightarrow P \vee Q$;

(5) $(P \vee \neg P \to Q) \to (P \vee \neg P \to R) \Rightarrow Q \to R$;

(6) $(Q \to P \wedge \neg P) \to (R \to P \wedge \neg P) \Rightarrow R \to Q$。

9. 对于下列合式公式, 找出与它们等价的只包含联结词 $\wedge$ 和 $\neg$ 的尽可能简单的合式公式。

(1) $P \vee Q \vee \neg R$;

(2) $P \vee (\neg Q \wedge R \to P)$;

(3) $P \to (Q \to P)$.

10. 对于下列合式公式，找出与它们等价的只包含联结词 $\vee$ 和 $\neg$ 的尽可能简单的合式公式。

(1) $P \wedge Q \wedge \neg P$;

(2) $(P \to Q \vee \neg R) \wedge \neg P \wedge Q$;

(3) $\neg P \wedge \neg Q \wedge (\neg R \to P)$.

11. 请用命题逻辑符号化下面的假设与结论，并证明由假设能推理出结论。

假设:

(1) 如果你给我发 E-mail，我就将写完这个程序;

(2) 如果你不给我发 E-mail，我就会早早上床睡觉;

(3) 如果我早点上床睡觉，醒来时就会精力充沛。

结论: 如果我不写完这个程序，醒来时就会精力充沛。

12. 请用命题逻辑符号化下面的假设与结论，并证明由假设能推理出结论。

假设:

(1) 张三在滑雪，或没有下雪;

(2) 正在下雪或李四在打冰球。

结论: 张三在滑雪，或李四在打冰球。

4.4 范式与判定问题

通过有限步骤确定给定的合式公式是否为永真的/永假的/可满足的，这类问题称为命题演算的判定问题。人们通常希望能设计出判定算法，自动地判定给定的合式公式是永真的、永假的或可满足的。

命题演算的判定问题总是可解的，因为对于给定的合式公式，其包含的命题变元数目是有限的，经过有限步骤总能构造出该合式公式的真值表。因此，命题逻辑是可判定的逻辑。但是，当命题变元的数目较大时，真值表法的效率相当低下。

因此，需要通过另外的途径来解决判定问题，通常的方法是把合式公式化为某种标准型 (范式)。

考查合式公式 $P \to (Q \wedge R)$，其真值表如表 4.7 所示。

可以看到，合式公式 $P \to (Q \wedge R)$ 在三个指派下真值为 F，剩下 5 个指派下真值为 T。根据使得公式真值为 F 的 3 个指派，可以构造出 3 个析取式，分别为

$$(\neg P \vee Q \vee R) \quad (\neg P \vee Q \vee \neg R) \quad (\neg P \vee \neg Q \vee R)$$

可知有:

$$(\neg P \vee Q \vee R) \wedge (\neg P \vee Q \vee \neg R) \wedge (\neg P \vee \neg Q \vee R) \Leftrightarrow (P \to (Q \wedge R))$$

因为在 P、Q、R 的 8 个指派中,所有使得 $(\neg P \vee Q \vee R) \wedge (\neg P \vee Q \vee \neg R) \wedge (\neg P \vee \neg Q \vee R)$ 真值为 F 的指派,都使得 $P \to (Q \wedge R)$ 真值为 F,所有使得 $(\neg P \vee Q \vee R) \wedge (\neg P \vee Q \vee \neg R) \wedge (\neg P \vee \neg Q \vee R)$ 真值为 T 的指派,都使得 $P \to (Q \wedge R)$ 真值为 T。

表 4.7　$P \to (Q \wedge R)$ 的真值表

P	Q	R	$(Q \wedge R)$	$P \to (Q \wedge R)$
F	F	F	F	T
F	F	T	F	T
F	T	F	F	T
F	T	T	T	T
T	F	F	F	F
T	F	T	F	F
T	T	F	F	F
T	T	T	T	T

类似地,根据使得公式真值为 T 的 5 个指派,可以构造出 5 个合取式,分别为

$(\neg P \wedge \neg Q \wedge \neg R)$　$(\neg P \wedge \neg Q \wedge R)$　$(\neg P \wedge Q \wedge \neg R)$　$(\neg P \wedge Q \wedge R)$　$(P \wedge Q \wedge R)$

可知有:

$(\neg P \wedge \neg Q \wedge \neg R) \vee (\neg P \wedge \neg Q \wedge R) \vee (\neg P \wedge Q \wedge \neg R) \vee (\neg P \wedge Q \wedge R) \vee (P \wedge Q \wedge R) \Leftrightarrow (P \to (Q \wedge R))$

由上述讨论可以看到合式公式的指派与某些析取式、合取式之间有某些联系。下面系统地进行介绍。

定义 4.4.1 设 $P_1, P_2, \cdots, P_n$ 为互不相同的命题变元,分别称 $\widetilde{P}_1 \vee \widetilde{P}_2 \vee \cdots \vee \widetilde{P}_n$ 及 $\widetilde{P}_1 \wedge \widetilde{P}_2 \wedge \cdots \wedge \widetilde{P}_n$ 为关于 $P_1, P_2, \cdots, P_n$ 的极大项和极小项,其中 $\widetilde{P}_i$ 为 P_i 或 $\neg P_i (i = 1, 2, \cdots, n)$。

由定义 4.4.1可知,极大项和极小项中,每个命题变元或该命题变元的否定恰有一个出现且仅出现一次。在 $P_1, P_2, \cdots, P_n$ 构成的所有极大项和极小项上,有如下两个特性:

(1) 对任意一个极大项 $\widetilde{P}_1 \vee \widetilde{P}_2 \vee \cdots \vee \widetilde{P}_n$,只有唯一的一个指派 M 使得其真值为 F,其中,若 $\widetilde{P}_i = \neg P_i$ 则 $M(P_i) = $ T, 若 $\widetilde{P}_i = P_i$,则 $M(P_i) = $ F$(i = 1, 2, \cdots, n)$;

(2) 对任意一个极小项 $\widetilde{P}_1 \wedge \widetilde{P}_2 \wedge \cdots \wedge \widetilde{P}_n$,只有唯一的一个指派 M 使得其真值为 T,其中,若 $\widetilde{P}_i = \neg P_i$ 则 $M(P_i) = $ F, 若 $\widetilde{P}_i = P_i$ 则 $M(P_i) = $ T$(i = 1, 2, \cdots, n)$。

由此,可得出结论,在 $P_1, P_2, \cdots, P_n$ 构成的所有极大项上,每个极大项与使该极大项真值为 F 的指派之间存在一种双射关系,故任何两个不同的极大项都不等价,因此所有 2^n 个极大项的合取必为永假式。类似地,每个极小项与使该极小项真值为 T 的指派之间存在一种双射关系,故任何两个不同的极小项都不等价,因此所有 2^n 个极小项的析取必为永真式。

　　至此，可知，前述根据表 4.7 构造出的析取式就是极大项，合取式即为极小项。而极大项与极小项上的上述两个特性就是基于每一个赋值构造出对应的极大项或极小项的依据。

　　这种依据规则构造极大项与极小项的方法，可编程实现自动构造。以前述 Formula 类框架为基础，可编程实现根据 $P_1, P_2, \cdots, P_n$ 的一个指派，产生极大项、极小项的程序。如代码 4.8 所示，其中 _synthesize_minimum_term 与 _synthesize_maximum_term 函数分别根据给定的一个赋值 model，产生对应的极小项与极大项。

代码 4.8　构造极大项与极小项

```python
def _synthesize_minimum_term(model: Model) -> Formula:
    assert is_model(model)
    assert len(model.keys()) > 0
    variable_list = sorted([variable for variable in model])
    formula = Formula(variable_list[0]) if model[variable_list[0]] \
                    else Formula('~', Formula(variable_list[0]))
    for variable in variable_list[1:]:
        formula = Formula('&', formula, Formula(variable) if \
                model[variable] else Formula('~', Formula(variable)))
    return formula

def _synthesize_maximum_term(model: Model) -> Formula:
    assert is_model(model)
    assert len(model.keys()) > 0
    variable_list = sorted([variable for variable in model])
    formula = Formula('~', Formula(variable_list[0])) if model[variable_list[0]] \
                    else Formula(variable_list[0])
    for variable in variable_list[1:]:
        formula = Formula('|', formula, Formula('~', Formula(variable)) \
                        if model[variable] else Formula(variable))
    return formula
```

　　定义 4.4.2　设 ϕ 为包含命题变元 $P_1, P_2, \cdots, P_n$ 的合式公式，如果合式公式 ψ 与 ϕ 等价，并且 ψ 是若干不同的关于 $P_1, P_2, \cdots, P_n$ 的极大 (小) 项的合 (析) 取，则称 ψ 为 ϕ 的主合 (析) 取范式，主合取范式和主析取范式称为主范式。

　　请注意合式公式 ϕ 的主合 (析) 取范式不是任意极大项 (极小项) 合 (析) 取，而是必须要与 ϕ 等价的合 (析) 取式才可称为主合 (析) 取范式。

　　定理 4.4.1　设 ϕ 为任意合式公式：

(1) 如果 ϕ 不是永真式，则 ϕ 必有主合取范式；

(2) 如果 ϕ 不是永假式，则 ϕ 必有主析取范式。

　　证明：

　　(1) 若 ϕ 不是永真式，则必有指派使得 ϕ 的真值为 F。对每一个使 ϕ 为 F 的指派 M_F，都存在唯一的极大项，使得该极大项在 M_F 下真值为 F，这些极大项的合取即为 ϕ 的主合取范式。

(2) 如果 ϕ 不是永假式，则必有指派使得 ϕ 的真值为 T。对每一个使 ϕ 为 T 的指派 M_T，都存在唯一的极小项，使得该极小项在 M_T 下真值为 T，这些极小项的析取即为 ϕ 的主析取范式。 □

如果不考虑极大项 (极小项) 的排列顺序，给定合式公式的主范式若存在必唯一。不妨规定永真式的主合取范式为 T，永假式的主析取范式为 F，则每个合式公式都有唯一的主合取范式和主析取范式。

利用真值表，可像示例合式公式 $P \to (Q \land R)$ 那样求其主范式。类似地，利用前面定义的 Formula 类框架，以及求极大极小项的两个函数，可以编写自动求给定合式公式主范式的程序，如代码 4.9 所示。

代码 4.9 求给定合式公式的主范式

```python
def synthesize_ccnf(variables: Sequence[str], values: Iterable[bool]) -> Formula:
    assert len(variables) > 0
    models = [model for model, truth in zip(all_models(variables), values) if not truth]
    if not models:
        return Formula("|", Formula(variables[0]), Formula("~", Formula(variables[0])))
    formula = _synthesize_for_all_except_model(models[0])
    for model in models[1:]:
        formula = Formula('&', formula, _synthesize_for_all_except_model(model))
    return formula

def synthesize_cdnf(variables: Sequence[str], values: Iterable[bool]) -> Formula:
    assert len(variables) > 0
    models = [model for model, truth in zip(all_models(variables), values) if truth]
    if not models[1:]:
        return Formula("&", Formula(variables[0]), Formula("~", Formula(variables[0])))
    formula = _synthesize_for_model(models[0])
    for model in models:
        formula = Formula('|', formula, _synthesize_for_model(model))
    return formula
```

除用真值表法，还可利用表 4.5 的等价式，通过等价变换法求主范式。求主合取范式与主析取范式的一般过程如表 4.8 所示。

表 4.8　等价变换法求合式公式 ϕ 主范式

主合取范式	主析取范式
(1) 利用 E_{16} 和 E_{22} 删去 ϕ 中所有的 $\to$ 和 $\leftrightarrow$，得到 ϕ_1； (2) 利用德·摩根律将 ϕ_1 中的 $\neg$ 内移到原子之前，并用 E_{15} 使每个原子之前至多仅有一个 $\neg$，得到 ϕ_2； (3) 再用分配律将 ϕ_2 转换为若干析取式的合取，其中每个析取式的因子皆为原子或原子的否定，得到 ϕ_3； (4) 对于 ϕ_3 的每个析取式 ψ，若命题变元 P 在 ψ 中不出现，则利用 $(\psi \lor P) \land (\psi \lor \neg P)$ 取代 ψ，直到每个析取式都变为极大项，最后删除相同项	(1) 利用 E_{16} 和 E_{22} 删去 ϕ 中所有的 $\to$ 和 $\leftrightarrow$，得到 ϕ_1； (2) 利用德·摩根律将 ϕ_1 中的 $\neg$ 内移到原子之前，并用 E_{15} 使每个原子之前至多仅有一个 $\neg$，得到 ϕ_2； (3) 再用分配律将 ϕ_2 转换为若干合取式的析取，其中每个合取式的因子皆为原子或原子的否定，得到 ϕ_3； (4) 对于 ϕ_3 的每个合取式 ψ，若命题变元 P 在 ψ 中不出现，则利用 $(\psi \land P) \lor (\psi \land \neg P)$ 取代 ψ，直到每个合取式都变为极小项，最后删除相同项

例 4.4.1 试用等价变换方法求合式公式 $\neg(\neg P \to Q) \lor R$ 的主合取范式和主析取范式。

解:

$$\neg(\neg P \to Q) \lor R \Leftrightarrow \neg(\neg\neg P \lor Q) \lor R$$
$$\Leftrightarrow \neg(P \lor Q) \lor R$$
$$\Leftrightarrow (\neg P \land \neg Q) \lor R$$
$$\Leftrightarrow (\neg P \land \neg Q \land R) \lor (\neg P \land \neg Q \land \neg R) \lor (R \land \neg Q \land \neg P) \lor$$
$$(R \land \neg Q \land P) \lor (R \land Q \land P) \lor (R \land Q \land \neg P)$$
$$\Leftrightarrow (\neg P \land \neg Q \land R) \lor (\neg P \land \neg Q \land \neg R) \lor (P \land \neg Q \land R) \lor$$
$$(P \land Q \land R) \lor (\neg P \land Q \land R)$$

此即为 $\neg(\neg P \to Q) \lor R$ 的主析取范式。

$$\neg(\neg P \to Q) \lor R \Leftrightarrow \neg(\neg\neg P \lor Q) \lor R$$
$$\Leftrightarrow \neg(P \lor Q) \lor R$$
$$\Leftrightarrow (\neg P \land \neg Q) \lor R$$
$$\Leftrightarrow (\neg P \lor R) \land (\neg Q \lor R)$$
$$\Leftrightarrow (\neg P \lor Q \lor R) \land (\neg P \lor \neg Q \lor R) \land (P \lor \neg Q \lor R) \land (\neg P \lor \neg Q \lor R)$$
$$\Leftrightarrow (\neg P \lor Q \lor R) \land (\neg P \lor \neg Q \lor R) \land (P \lor \neg Q \lor R)$$

此即为 $\neg(\neg P \to Q) \lor R$ 的主合取范式。 $\square$

在例 4.4.1 中给定的合式公式包含 3 个命题变元，它的主合取范式有 3 个极大项，而主析取范式有 5 个极小项，在主范式中共有 $2^3 = 8$ 个极大项和极小项，并且在主合取范式和主析取范式之间存在某种联系。

如果已知合式公式 ϕ 的主合（析）取范式，因为在 ϕ 的主合（析）取范式中没有出现的极大（小）项必出现在 $\neg\phi$ 的主合（析）取范式中，因而可求得 $\neg\phi$ 的主合（析）取范式。根据定理 4.3.5，在 $\neg\phi$ 的主合（析）取范式的对偶式中，用命题变元代替命题变元的否定，用命题变元的否定代替命题变元，就得到 ϕ 的主析（合）取范式。

如例 4.4.1 中，在求出主析取范式后，可知 $\neg(\neg(\neg P \to Q) \lor R)$ 的主析取范式为

$$(P \land \neg Q \land \neg R) \lor (P \land Q \land \neg R) \lor (\neg P \land Q \land \neg R)$$

则 $\neg(\neg P \to Q) \lor R$ 的主合取范式为

$$(\neg P \lor Q \lor R) \land (\neg P \lor \neg Q \lor R) \land (P \lor \neg Q \lor R)$$

自动判定命题逻辑合式公式是否为永真、永假或可满足的程序称为 SAT 求解器。SAT 求解器的输入不要求是主范式，目前主流 SAT 求解器的输入是合取范式。合取范式也是若干析取式的合取，但不要求每个析取式是极大项，这是合取范式与主合取范式的区别。

实际上，将任意合式公式转换为合取范式，不需要等价这么强的要求，而只需要可

满足性等价即可。在可满足性等价下，存在着在线性时间内将命题公式转换为合取范式的算法，如 Tseitin 算法。

定义 4.4.3 (可满足性等价) 两个命题逻辑合式公式 ϕ 与 ψ 是可满足性等价的，若一个合式公式是可满足的当且仅当另一个是可满足的。

即，两个公式要么都是可满足的，要么都不是可满足的。

等价的概念要强于可满足性等价。逻辑等价要求两个逻辑公式具有完全相同解，而可满足性等价仅仅要求两个公式同时是可满足的或者不可满足的。

利用该性质，Tseitin 算法在线性时间内将命题逻辑合式公式转换为合取范式。下面结合一个实例介绍该算法。

例 4.4.2 用 Tseitin 算法将 $((P \vee Q) \wedge R) \to (\neg S)$ 转换为与其可满足性等价的合取范式。

解:

(1) 为除命题变元外的每个分子合式公式 (包括合式公式自身) 引入一个新变量:

$$X_1 \leftrightarrow \neg S$$
$$X_2 \leftrightarrow P \vee Q$$
$$X_3 \leftrightarrow X_2 \wedge R$$
$$X_4 \leftrightarrow X_3 \to X_1$$
$$X_4$$

(2) 将所有新引入的新变量及合式公式自身的替换式合取起来:

$$X_4 \wedge (X_4 \leftrightarrow X_3 \to X_1) \wedge (X_3 \leftrightarrow X_2 \wedge R) \wedge (X_2 \leftrightarrow P \vee Q) \wedge (X_1 \leftrightarrow \neg S)$$

(3) 将每一个含 $\leftrightarrow$ 的公式利用等价变换法转换为合取范式，例如:

$$\begin{aligned}
X_2 \leftrightarrow P \vee Q &\Leftrightarrow (X_2 \to (P \vee Q)) \wedge ((P \vee Q) \to X_2) \\
&\Leftrightarrow (\neg X_2 \vee (P \vee Q)) \wedge (\neg (P \vee Q) \vee X_2) \\
&\Leftrightarrow (\neg X_2 \vee P \vee Q) \wedge ((\neg P \wedge \neg Q) \vee X_2) \\
&\Leftrightarrow (\neg X_2 \vee P \vee Q) \wedge (\neg P \vee X_2) \wedge (\neg Q \vee X_2)
\end{aligned}$$

请读者自行完成其他几个含 $\leftrightarrow$ 公式的转换，将结果合取起来，就得到了最终的、与原式可满足性等价的合取范式。 $\square$

下面简要介绍现代 SAT 求解器的内部工作原理,以 DPLL(Davis-Putnam-Logemann-Loveland, 戴维斯-普特南-洛吉曼-洛夫兰德) 算法为例进行介绍。DPLL 算法是一种完备的、基于回溯 (backtracking) 的搜索算法，用于判定命题逻辑公式 (为合取范式形式) 的可满足性。

算法的输入是合取范式。合取范式有一些很好的性质，可让判断过程更加方便。一方面，合取范式是一些析取式的合取，为找到使公式为 T 的赋值，则每个析取式的真值也都必须为 T。另一方面，由于每个析取式只是一些命题变元或命题变元的否定 (命题变元或其否定形式称为文字) 的析取，只要满足一个文字赋值为 T，整个析取式就为 T。

DPLL 算法的核心步骤是"选取命题变元 → 为其赋值 T→ 利用化简规则传播该赋值 → 有冲突则回溯 → 挑选另一个变量继续该过程"。提升算法效率的核心是两个化简步骤，它们大大减少了搜索量。

第一个化简步骤是单文字传播 (Unit Propagation，UP)。把只含有一个 (未赋值) 变量的析取式称为"单文字"。要想让待判定公式为 T，则单文字必须为 T，即这个单文字对应的命题变元必须被赋值为 T。

例如对合取范式

$$(P \vee Q \vee R \vee \neg S) \wedge (\neg P \vee R) \wedge (\neg R \vee S) \wedge (P)$$

其中，(P) 即为单文字，则 P 必须赋值为 T。接下来进行单文字传播。

对于所有只包含一个命题变元 P 的析取式，对于合取范式剩余部分中的每个析取式 C：

- 若 C 包含命题变元 P(非否定)，则删除 C；
- 若 C 包含命题变元的否定 $\neg P$，则从 C 中删除 $\neg P$。

经过单文字传播，$(P \vee Q \vee R \vee \neg S) \wedge (\neg P \vee R) \wedge (\neg R \vee S) \wedge (P)$ 将变为

$$(R) \wedge (\neg R \vee S) \wedge (P)$$

此时出现了一个新的单文字 (R)，则重复该过程，直到整个合取范式中不存在任何单文字为止。最后得到

$$(R) \wedge (S) \wedge (P)$$

此时，可以进行第二步化简，即纯文字消去 (Pure Literal Elimination，PLE)。如果一个命题变元在整个合取范式中只有正出现或只有负出现，则称该文字为纯文字。那么可以将其进行恰当的赋值，使其所在的析取式真值为 T。具体地说，如果其出现是以否定形式出现的，那么就将该命题变元赋值为 F，若其出现是以肯定形式出现的，则将该命题变元赋值为 T。简而言之，即删除所有纯文字所在的析取式。

对于 $(R) \wedge (S) \wedge (P)$，因为三个命题变元都是纯文字，所以可将三个析取式都删除，整个公式就为空了，由此能判断出原公式是可满足的。

下面给出 DPLL 算法的描述。

```
1  DPLL 算法 (输入: 合取范式 Φ)
2  执行 UP(Φ) 直到公式不再变化;
3  执行 PLE(Φ) 直到公式不再变化;
4  如果 Φ = ∅ 则
5    return T。
6  如果有 L ∈ Φ 且 L = ∅ 则
7    return F。
8  x ← ChooseVariable(Φ)
9  return DPLL(Φ_{x→T}) or DPLL(Φ_{x→F})
```

其中，UP(Φ) 与 PLE(Φ) 分别是指对公式 Φ 进行单文字传播和纯文字消去，ChooseVariable(Φ) 是指在 Φ 中选取一个未赋值命题变元，选取变量的策略也是 DPLL 算法的关键，有各种策略，如直接选择命题变元序列中的第一个，等等，此处不展开介绍。

算法第 9 行中的 $\Phi_{x \to T}$ 指将公式 Φ 中的命题变元 x 的值设为 T，然后执行 DPLL 算法，$\Phi_{x \to F}$ 为类似操作，只是将 x 的值设为 F。

DPLL 算法是递归算法，在以下两种情况下终止执行。

- 公式 Φ 为空，产生这种情况的原因只可能是：所有析取式经过变量的赋值后真值必为 T，因不对 Φ 中其他变量的赋值产生约束而全被删除。这意味着原始合取范式经过一部分 (当然也可能是全部) 变量的赋值后，其所有析取式的值都恒为 T，因此，是可满足的。

- 公式 Φ 包含空析取式，产生这种情况的原因只可能是：这个析取式中所有文字均在经过赋值后值为 F，因此这些文字均被删除了，那么这个析取式的真值为 F，公式 Φ 是不可满足的。但是这并不表示原始合取范式无法满足，因为这只是一种可能的赋值组合。

习题 4.4

1. 用 Tseitin 算法求与下列公式可满足性等价的合取范式。

(1) $P \vee Q \vee (P \to Q)$;

(2) $P \to (Q \to P)$;

(3) $P \vee (Q \wedge (R \vee (S \wedge U)))$;

(4) $(P \to Q) \wedge (\neg(Q \vee \neg R) \vee (P \wedge \neg S))$。

2. 求下列合式公式的主范式。

(1) $\neg P \wedge Q \to R$;

(2) $P \to (Q \wedge R \to S)$;

(3) $\neg(P \vee \neg Q) \wedge (S \to T)$;

(4) $(P \to Q) \to R$;

(5) $\neg P \vee \neg Q \to (P \leftrightarrow \neg Q)$;

(6) $P \vee (\neg P \to Q \vee (\neg Q \to R))$;

(7) $(P \to Q \wedge R) \wedge (\neg P \to \neg Q \wedge \neg R)$;

(8) $(P \wedge \neg Q \wedge S) \vee (\neg P \wedge Q \wedge R)$。

3. 用主范式证明下列等价式。

(1) $(P \to Q) \wedge (P \to R) \Leftrightarrow P \to Q \wedge R$;

(2) $(P \to Q) \to P \wedge Q \Leftrightarrow (\neg P \to P) \wedge (Q \to P)$;

(3) $P \wedge Q \wedge (\neg P \vee \neg Q) \Leftrightarrow \neg P \wedge \neg Q \wedge (P \vee Q)$;

(4) $P \vee (P \to P \wedge Q) \Leftrightarrow \neg P \vee \neg Q \vee (P \wedge Q)$。

4. 是否有这样的合式公式，它既是主合取范式，又是主析取范式？如果有，举出一例。

5. 设三元真值函数 f 为

$$f(F,F,F) = F, \quad f(F,F,T) = T, \quad f(F,T,F) = F, \quad f(T,F,F) = T$$
$$f(F,T,T) = T, \quad f(T,F,T) = T, \quad f(T,T,F) = F, \quad f(T,T,T) = T$$

试用一个仅含联结词 $\neg$, $\rightarrow$ 的命题形式 α 来表示 f。

4.5　小结

本章讨论了命题逻辑。首先，介绍了命题的符号化，符号化是数理逻辑的基础，只有符号化后才能运用建立在符号上的推理规则进行推理。接着，从语言的角度看待命题逻辑，介绍了命题逻辑词法、语法与语义，通过 Python 程序将词法、语法、语义进行了具象化。最后，介绍了永真式判定的各种方法，包括人工推理和借助计算机自动判定的算法等内容。

第5章 谓词逻辑

命题逻辑无法细致地研究命题本身的意义和命题间的内在关联，这造成了很大的局限性，例如：

$$P：3是整数，\quad Q：3是实数。$$

凭常理，显然由"3 是整数"可以推出"3 是实数"，即"3 是整数"$\Rightarrow$"3是实数"，但是符号化后，显然 $P \Rightarrow Q$ 并不是命题逻辑中的有效推理。

命题逻辑可以刻画复合命题中简单命题间的关系，但这种刻画较为粗糙，单个命题词之间本质上是独立的。

因此，需要引入更加精细的逻辑，除研究复合命题的命题形式、命题联结词的逻辑性质和规律外，还能够对简单命题进行更细致的分解与分析。分离出它的主词、谓词，考虑一般与个别、全称与存在等非命题成分，研究由这些非命题成分组成的命题形式的逻辑性质和规律。这部分逻辑形式和规律，就构成了谓词逻辑。只包含个体谓词和个体量词的谓词逻辑称为一阶谓词逻辑，简称一阶逻辑。

与第 4 章的内容安排类似，本章围绕谓词逻辑的符号化、语法与语义、永真式判定问题展开介绍。

5.1 符号化

对本书谓词逻辑有效符号进行约定，定义其符号集为

$$
\begin{aligned}
\Sigma = \{ & a, b, c, \cdots, && \text{个体常元} \\
& x, y, z, \cdots, && \text{个体变元} \\
& f, g, h, \cdots, && \text{函词} \\
& \mathrm{F}, \mathrm{T}, && \text{命题常元} \\
& P, Q, R, \cdots, && \text{命题词或谓词} \\
& \neg, \wedge, \vee, \rightarrow, \leftrightarrow, && \text{逻辑联结词} \\
& \forall, \exists, && \text{量词} \\
& (,) && \text{括号} \\
& \}
\end{aligned}
$$

其中，以 a 开始的小写拉丁字母 $a, b, c, \cdots$ 称为个体常元；以 x 开始的小写拉丁字母 $x, y, z, \cdots$ 称为个体变元；以 f 开始的小写拉丁字母 $f, g, h, \cdots$ 称为函词；以 P 开始的

大写拉丁字母 $P, Q, R, \cdots$ 称为命题变元或谓词；$\forall, \exists$ 称为量词。

下面结合例子介绍在命题逻辑符号集上新出现的符号。

例 5.1.1 考查下面的命题：

(1) 这个苹果是坏的。

① 我们总在一定范围内讨论问题，对命题来说，其涉及的对象所处的集合即为讨论命题时的范围。称命题涉及的对象为命题思维对象，称思维对象所处的集合为论域，常用 D 表示。在对命题进行谓词逻辑符号化之前，需要先指定命题思维对象的论域。本例中，思维对象为"这个苹果"，因此，任何含有"这个苹果"的集合都可以作为论域。

② 对于论域中的元素，本章将其称为个体，用于表示个体的符号称为个体词，又分为个体常元与个体变元。用于表示论域 D 中某个明确的个体的符号称为个体常元，而能表示论域中任一个体的符号称为个体变元。本命题中，"这个苹果"是 D 中一个非常明确的个体，因此将其符号化为个体常元，即

$$a: \text{这个苹果}$$

③ 谓词即为描述思维对象性质或对象间关系的词，一元谓词常用于表示单个个体的性质，$n(n > 1)$ 元谓词常表示多个个体间的关系。"是坏的"表达的是命题的思维对象"这个苹果"的性质，是命题的谓语部分，表达的是单个思维对象的性质。因此，"是坏的"符号化为

$$P(x): x\text{是坏的}$$

最终，命题符号化为

$$P(a)$$

(2) 张三的父亲在看《三国演义》。

① 分析命题的思维对象，有"张三""张三的父亲""《三国演义》"，因此，论域 D 应为至少包括"张三""张三的父亲""《三国演义》"为元素的集合。

② 分析"张三的父亲"这个短语，其涉及的个体其实是"父亲"，但是不是任意的"父亲"，而是被"张三的"修饰的个体，即将"张三"映射到了"张三的父亲"，需定义一个函词来符号化表示这种关系：

$$f(x): x\text{的父亲}$$

③ 思维对象"张三""《三国演义》"都是明确的个体，因此，符号化为两个个体常元：

$$a: \text{张三}, \quad b: \text{《三国演义》}$$

④ "看"是一个动词，表达的是两个思维对象之间的关系，因此符号化为一个二元谓词，即两个参数：

$$Q(x, y): x\text{看}y$$

最后，该命题符号化为

$$Q(f(a), b) \qquad \square$$

图 5.1 图示化了论域、个体常 (变) 元、谓词和函词的定义。从图中可知函词、谓词都是全函数，请注意，这个结论在讨论谓词逻辑公式语义时非常重要。

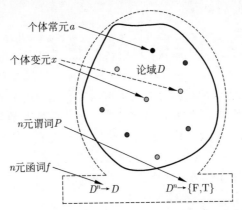

图 5.1 论域、个体常 (变) 元、谓词和函词的图示

例 5.1.2 考查下面的命题:

(1) 所有自然数都不小于 0。

(2) 有自然数不小于 0。

将两个命题一起考查如下。

(1) 根据前面的分析，如果在自然数范围内分析该命题的符号化，即 $D = \mathbb{N}$，则接下来需对"小于"这个表示自然数之间关系的判定，符号化为一个二元谓词:

$$P(x, y):\ x\text{小于}y$$

因此，这两个命题都被符号化为

$$\neg P(x, 0)$$

这显然是有问题的，因为这两个命题的含义是不一样的，但符号化结果是一样的。原因是"所有""有"这两个表示数量的词并没有在符号化后的公式中体现出来。

这种涉及个体数量关系的词，如"所有""有些"等，称为量词。谓词逻辑中最常用的两个量词为全称量词 ∀ 与存在量词 ∃。全称量词表示论域中的全部元素，存在量词表示论域中的部分元素。

若 x 为个体变元，则 $(\forall x)$ 为关于 x 的全称量词，读作"任意 x""所有 x"; $(\exists x)$ 为关于 x 的存在量词，读作"有 x""存在 x"。

将数量也考虑进来后，本例的两个命题最终分别符号化为

$$(\forall x)(\neg P(x, 0)) \qquad (\exists x)(\neg P(x, 0))$$

(2) 如果在实数范围内考查该命题的符号化，即 $D = \mathbb{R}$，则当我们从论域中任取一个体时，不能确保取出的个体一定是自然数。

这种情况是论域 D 中出现了给定命题思维对象范围之外的个体，此时，必须引入一个称为特性谓词的特殊谓词，将从论域中取出的个体限定在命题允许的范围内。

本例的两个命题只允许为自然数，而论域为实数集合，需定义一个特性谓词：

$$N(x)：x是自然数$$

本例两个命题最终的符号化结果分别为

$$(\forall x)(N(x) \rightarrow \neg P(x,0)) \qquad (\exists x)(N(x) \land \neg P(x,0))$$

(3) 在谓词逻辑中，命题符号化必须明确论域，论域不同，符号化的结果可能不同。如果对论域未作说明，一律使用全域作为论域，且需引入特性谓词。

(4) 当引入特性谓词时，在全称量词约束下的特性谓词与其后的公式间，用蕴含联结词 $\rightarrow$ 联结。而在存在量词约束下的特性谓词与其后的公式间，用合取联结词 $\land$ 联结。

(5) 易知 $(\forall x)(P(x))$ 表示"对一切 x，$P(x)$ 为真"；$(\forall x)(\neg P(x))$ 表示"对一切 x，$\neg P(x)$ 为真"；$\neg(\forall x)(P(x))$ 表示"并非对任意 x，$P(x)$ 是真"。

(6) 易知 $(\exists x)(P(x))$ 表示"存在一个 x，使得 $P(x)$ 为真"；$(\exists x)(\neg P(x))$ 表示"存在一个 x，使得 $\neg P(x)$ 为真"；$\neg(\exists x)(P(x))$ 表示"并非存在一个 x，使得 $P(x)$ 是真"。

$\square$

对于一个给定的命题，用上述形式符号 (个体常元、个体变元、函词、谓词和量词) 及逻辑联结词 ($\neg$、$\land$、$\lor$、$\rightarrow$ 和 $\leftrightarrow$) 正确地表示出来，即为命题的谓词逻辑符号化。

从例 5.1.1 和例 5.1.2 中可以归纳出谓词逻辑符号化的一般原则。

(1) 逐词翻译的原则。要分析命题的句子成分，将命题分解为一个个词，每个词一般都需符号化为合适的形式符号。

(2) 词性翻译。在将分解的词符号化为合适的形式符号时，遵循其词性，有一般性的符号化原则。

① 名词：专有名词 (如"张三""这个苹果"等)、普通名词 (如"自然数"等)、被名词所有格或物主代词修饰的名词 (如"张三的父亲"等)，通常分别符号化为个体常元、谓词和函词。

② 代词：人称代词 (如"你""他"等)、指示代词 (如"这个""那个"等)，通常符号化为个体常元。

③ 形容词：如"大""小""美丽的"等，通常符号化为谓词。

④ 动词：一般符号化为谓词，其涉及的思维对象的个数即为谓词的元数，如前述的一元谓词、二元谓词等。

⑤ 数量词：全体概念 (如"任意""每个""所有"等)、部分概念 (如"有""至少一个""某些"等)，通常分别符号化为全称量词和存在量词。

⑥ 副词：通常与其他词类合并，不单独符号化，如"热情地拥抱"只会符号化"拥抱"这个动词。

⑦ 连词：与 4.1 节一样符号化为对应的逻辑联结词。

(3) 特性谓词。论域为全域或命题涉及的思维对象为论域的子域时，必须引入特性谓词。特性谓词在全称量词约束下一般与"$\rightarrow$"配合使用，而在存在量词的约束下一般与"$\land$"配合使用。

例如，若定义 $S(x)$ 表示"x 是正方形"，$R(x)$ 表示"x 是矩形"，则"所有正方形都是矩形"可符号化为 $(\forall x)(S(x) \to R(x))$；若符号化为 $(\forall x)(S(x) \wedge R(x))$，则含义为"任意的 x，既是正方形，又是矩形"。又例如，若定义 $P(x)$ 表示"x 是平行四边形"，则"有些平行四边形是矩形"可符号化为 $(\exists x)(P(x) \wedge R(x))$；若符号化为 $(\exists x)(P(x) \to R(x))$，则含义为"存在 x，要么它不是平行四边形，要么它是矩形"，都与原命题含义不一致了。

(4) 语义上理解后进行符号化，正反验证。

例 5.1.3 把下列命题符号化:

(1) 没有不犯错误的人。

(2) 某些人对某些食物过敏。

(3) 尽管有人聪明，但并非一切人聪明。

(4) 不爱自己的人不会被任何人爱。

(5) 只能有一个冠军。

(6) 最少有两个赢家。

解:

(1) 命题的思维对象是"人"，论域至少需包括所有的人，此处取全域为论域，因此需定义特性谓词。"犯错误"是动词，需要符号化为谓词。"没有"是对"有"的否定，而"有"指的是部分。定义:

$$M(x): \ x是人$$

$$W(x): \ x犯错误$$

因此，符号化的结果为

$$\neg(\exists x)(M(x) \wedge \neg W(x))$$

(2) 命题的思维对象是"人"和"食物"，论域至少需包括所有的人、所有的食物，此处取全域为论域，因此需定义特性谓词。"过敏"是动词，表达的是两个思维对象间的关系，需要符号化为二元谓词。"某些"指的是部分。定义:

$$M(x): \ x是人$$

$$Q(x): \ x是食物$$

$$P(x,y): \ x对y过敏$$

因此，符号化的结果为

$$(\exists x)(M(x) \wedge (\exists y)(Q(y) \wedge P(x,y)))$$

(3) 命题的思维对象是"人"，论域至少需包括所有的人，此处取全域为论域，因此需定义特性谓词。"聪明"是形容词，表达的是思维对象的性质，需要符号化为一元谓词。"任何"指的是所有。经分析语义，连词"尽管……但是……"符号化为合取 $\wedge$。定义:

$$M(x): \ x是人$$

$$S(x): \ x聪明$$

因此，符号化的结果为

$$(\exists x)(M(x) \wedge S(x)) \wedge \neg(\forall y)(M(y) \to S(y))$$

(4) 命题的思维对象是"人"，论域至少需包括所有的人，此处取全域为论域，因此需定义特性谓词。"爱"是动词，表达的是思维对象间的关系，需要符号化为二元谓词。"有"指的是部分，"一切"指的是所有。经分析语义，"不爱自己的人"也隐含了数量定义，且是"每个"这种表示全部的量词。经语义分析，该命题还隐含有"如果……则……"的含义。定义：

$$M(x): \ x是人$$
$$L(x, y): \ x爱y$$

因此，符号化的结果为

$$(\forall x)(M(x) \wedge \neg L(x, x) \to (\forall y)(M(y) \to \neg L(y, x)))$$

(5) 命题的思维对象是"冠军"，论域至少需包括所有的冠军，此处取全域为论域，因此需定义特性谓词。"只有一个"表达的是"唯一"，所谓"唯一"指的是先有一个，若再有其他的，则一定与现有的相等。定义：

$$P(x): \ x是冠军$$
$$Q(x, y): \ x等于y$$

因此，符号化的结果为

$$(\exists x)(P(x) \wedge (\forall y)(P(y) \to Q(x, y)))$$

(6) 命题的思维对象是"赢家"，论域至少需包括所有的赢家，此处取全域为论域，因此需定义特性谓词。"最少有两个"表达的是有两个且不同的赢家。定义：

$$W(x): \ x是赢家$$
$$Q(x, y): \ x等于y$$

因此，符号化的结果为

$$(\exists x)(\exists y)(W(x) \wedge W(y) \wedge \neg Q(x, y)) \qquad \square$$

读者需注意分析例 5.1.3 符号化的结果中出现的 $\wedge$ 和 $\to$，哪些是由连词符号化来的，哪些是由特性谓词原则带来的。

谓词逻辑符号化的一个很重要的应用场景是数学定义、定理的符号化，通过符号化，可以更深刻地理解定义、定理，消除自然语言描述带来的二义性。

例 5.1.4 请用谓词逻辑符号化下面的命题。

(1) 任何实数的平方都不小于 0。

(2) 若对每个 $a \in A$，都有 $a \in B$，则称 A 为 B 的子集。

(3) X、Y 和 Z 为实数，如果 $X > Y$，并且 $Z > 0$，那么 $XY > YZ$。

(4) 存在唯一的实数 x 使 $x + 1 = 0$。

解:

(1) 命题的思维对象是"实数",论域至少需包括所有的实数,此处取论域为复数集合,因此需定义特性谓词。"平方"表达的是某个实数经过运算后得到的结果,仍然是实数,需定义为一元函词。"小于"是动词,表达的是两个思维对象间的关系。定义:

$$R(x): \ x\text{是实数}$$
$$f(x): \ x\text{的平方}$$
$$Q(x,y): \ x\text{小于}y$$

因此,符号化的结果为

$$(\forall x)(R(x) \to \neg Q(f(x), 0))$$

若论域为实数集合,则符号化结果为

$$(\forall x)(\neg Q(f(x), 0))$$

(2) 命题的思维对象是"集合"及其"元素",论域至少需包括所有的集合及全部元素,此处取论域为全域,因此需定义特性谓词。"$\in$"表达的是两个思维对象间的关系,需定义为二元谓词。"子集"表示的是两个集合间的关系,需定义为二元谓词。连词"若……则……"符号化为蕴含 $\to$。定义:

$$S(x): \ x\text{是集合}$$
$$O(x): \ x\text{是元素}$$
$$P(x,y): \ x\text{属于}y$$
$$R(x,y): \ x\text{是}y\text{的子集}$$

因此,符号化的结果为

$$(\forall x)(\forall y)(\forall z)(O(x) \wedge S(y) \wedge S(z) \to ((P(x,y) \to P(x,z)) \to R(y,z)))$$

(3) 命题的思维对象是"实数",论域至少需包括所有的实数,此处取论域为复数集合,因此需定义特性谓词。"XY"表达的是两个实数做乘法,运算结果仍然是实数,需定义为二元函词。"$>$"是动词,表达的是两个思维对象间的关系,需定义为二元谓词。经分析语义,命题中隐含着"所有实数"都满足这个性质。连词"如果……那么……"符号化为蕴含 $\to$。定义:

$$R(x): \ x\text{是实数}$$
$$m(x,y): \ x\text{乘以}y$$
$$Q(x,y): \ x\text{大于}y$$

因此,符号化的结果为

$$(\forall x)(\forall y)(\forall z)(R(x) \wedge R(y) \wedge R(z) \to (Q(x,y) \wedge Q(z,0) \to Q(m(x,y), m(y,z))))$$

若论域为实数集合,则符号化结果为

$$(\forall x)(\forall y)(\forall z)(Q(x,y) \wedge Q(z,0) \to Q(m(x,y), m(y,z)))$$

(4) 命题的思维对象是"实数"，论域至少需包括所有的实数，此处取论域为复数集合，因此需定义特性谓词。"+"表达的是两个实数做加法，运算结果仍然是实数，需定义为二元函词。"="表达的是两个思维对象间的关系，需定义为二元谓词。"唯一"表达的含义是先有一个，再有满足同样性质的实数，则都与现有的相同。定义:

$$R(x): \ x是实数$$
$$f(x,y): \ x+y$$
$$Q(x,y): \ x=y$$

因此，符号化的结果为

$$(\exists x)((R(x) \wedge Q(f(x,1),0)) \wedge (\forall y)(R(y) \wedge Q(f(y,1),0) \rightarrow Q(x,y))) \qquad \square$$

可见，论域不同，符号化的结果也不一样。

计算机程序的正确性保证是计算科学领域的一个非常关键的问题，常见的方法有测试与形式化验证。要进行形式化验证就需要将程序代码变为形式化公式，如谓词逻辑公式，因此，计算机程序代码的符号化也是一个重要的应用场景。

例 5.1.5 符号化下面 C++ 代码。

```cpp
if (!(x!=0 && y/x < 1) || x==0)
    cout << "True";
else
    cout << "False";
```

可用的谓词如下:

$$Q(x): \ x = 0$$
$$L(x,y): \ y/x < 1$$
$$U(z): \ z \ 被 \ cout \ 输出$$

解: 分析这段程序代码，x,y 的取值落在实数集合中，为简化符号化结果，论域可取实数集合。因此符号化结果为

$$(\forall x)(\forall y)(((\neg(\neg(\neg Q(x) \wedge L(x,y))) \vee Q(x) \rightarrow U(\text{True})) \wedge ((\neg(\neg(\neg Q(x) \wedge L(x,y))) \vee Q(x))$$
$$\rightarrow U(\text{False}))) \qquad \square$$

习题 5.1

1. 用谓词逻辑符号化以下命题。

(1) 这只小花猫逮住了那只大老鼠;

(2) 张小明和张亮是堂兄弟;

(3) 如果人都爱美，则漂亮衣服有销路;

(4) 每个自然数都有唯一的后继;

(5) 没有以 0 为后继的自然数;

(6) 他碰见了一个作家或学者;

(7) 他或她必有一人可以做这件事。

2. 至少使用一个量词将下列命题符号化。

(1) 存在唯一的偶素数;

(2) 没有既是奇数又是偶数的数;

(3) 所有的汽车都比某些汽车快;

(4) 某些汽车比所有的火车都慢，但至少有一列火车比所有的汽车都快;

(5) 如果明天下雨，则某些人将被淋湿;

(6) 每个人都拥有唯一的身份证号码;

(7) 没有以 0 为身份证号码的人。

3. 设论域是所有命题的集合。

$$P(x): \ x \ 是可证明的$$
$$Q(x): \ x \ 是真的$$
$$D(x,y,z): \ z = x \lor y$$

将下列命题用汉语表述出来。

(1) $(\forall x)(P(x) \to Q(x))$;

(2) $(\exists x)(Q(x) \land \neg P(x))$;

(3) $(\forall x)(\forall y)(\forall z)(D(x,y,z) \land P(z) \to P(x) \lor P(y))$;

(4) $(\forall x)(Q(x) \to (\forall y)(\forall z)(D(x,y,z) \to Q(z)))$。

4. 如果谓词 $R(x,y)$ 表示 "x 依靠 y"，请符号化下列命题。

(1) 每个人都有某些人可依靠;

(2) 有些人被所有的人依靠 (包括自己);

(3) 有些人依靠所有的人 (包括自己);

(4) 每个人都被某些人依靠;

(5) 每个人都依靠所有的人。

5. 设论域为全域。

$$P: \ 今天天气好$$
$$Q: \ 入学考试准时进行$$
$$A(x): \ x是考生$$
$$B(x): \ x提前进入考场$$
$$C(x): \ x取得良好成绩$$
$$E(x,y): \ x等于y$$

请符号化下列命题。

(1) 如果今天天气不好，就一定有些考生不能提前进入考场；

(2) 如果所有考生提前进入考场，那么入学考试可以准时进行；

(3) 并非所有提前进入考场的考生都能取得良好成绩；

(4) 有且仅有一个提前进入考场的考生未取得良好成绩。

6. 令 D 是选修某课程的所有学生的集合，定义 D^2 上的谓词 $H(x,y)$ 为 "x 曾经帮 y 解答过问题"，D^2 上的谓词 $E(x,y)$ 为 "x 和 y 是同一个人"。请完成下面两个命题的符号化。

(1) 有 1 名学生至多给兴趣小组内的 2 名学生解答过问题 (不包括自己)；

(2) 有 1 名学生恰好给兴趣小组内的 2 名学生解答过问题 (不包括自己)。

7. 将下列数学命题符号化。

(1) 对任意整数 x，y 和 z，$x < z$ 是 $x < y$ 且 $y < z$ 的必要条件；

(2) 对任意整数 x，若 $x = 2$，则 $3x = 6$；反之亦然；

(3) 自然数集 N 的皮亚诺公理；

(4) P 是集合 A 上的全序关系；

(5) Π 是集合 A 的划分；

(6) f 是从集合 A 到集合 B 的内射 (满射、双射)。

8. 请用谓词逻辑符号化下面的 C++ 代码。

```
1 if (x > 0||(x <= 0 && y > 100))
2     z=z+1;
3 else
4     z=z-1;
```

5.2 合式公式

在 5.1 节介绍谓词逻辑符号化时，直接使用了谓词逻辑符号集中的符号，构成符号串。与第 4 章相比，谓词逻辑公式的成分更多，本节将给出谓词逻辑合式公式的正式定义。

首先定义与论域中个体相关符号的术语——项的语法规则。

定义 5.2.1 项为按以下规则构成的有穷符号串。

(1) 每个个体常元是一个项；

(2) 每个个体变元是一个项；

(3) 如果 f 是一个 n 元 $(n \geqslant 1)$ 函词且 $t_1, t_2, \cdots, t_n$ 都是项，则 $f(t_1, t_2, \cdots, t_n)$ 也是一个项。

在此基础上，与命题逻辑类似，可定义谓词逻辑合式公式的相关概念。

定义 5.2.2 原子为按以下规则构成的有穷符号串。

(1) 每个命题词是一个原子；

(2) 若 P 为 n 元 $(n \geqslant 1)$ 谓词且 $t_1, t_2, \cdots, t_n$ 都是项，则 $P(t_1, t_2, \cdots, t_n)$ 是一个原子。

定义 5.2.3 合式公式为按以下规则构成的有穷符号串。

(1) 每个原子是一个合式公式；

(2) 如果 ϕ 是合式公式，则 $(\neg A)$ 是合式公式；

(3) 如果 ϕ 和 ψ 都是合式公式，则 $(\phi \wedge \psi)$，$(\phi \vee \psi)$，$(\phi \to \psi)$ 和 $(\phi \leftrightarrow \psi)$ 都是合式公式；

(4) 如果 ϕ 是合式公式，x 为个体变元，则 $(\forall x)\phi$ 和 $(\exists x)\phi$ 都是合式公式。

只有有限次应用定义 5.2.3中规则 (1)、(2)、(3) 和 (4) 构成的公式才是合式公式，并将构造过程中得到的合式公式称为最后所构成的那个合式公式的分子合式公式，简称分子公式。

例 5.2.1 请判断下列符号串中哪些是合式公式。

(1) $P(f(x), y)$；

(2) $f(x, y, z)$；

(3) $(P(x) \to Q(y, a))$；

(4) $\neg(\forall x)P(x, y)$；

(5) $((\forall x)P(y) \to (\neg Q(y)))$；

(6) $(\forall x)P(a, b, f(c))$。

解:

(1) $P(f(x), y)$ 是合式公式；

(2) $f(x, y, z)$ 不是合式公式，是项；

(3) $(P(x) \to Q(y, a))$ 是合式公式；

(4) $\neg(\forall x)P(x, y)$ 不是合式公式，少了外层括号；

(5) $((\forall x)P(y) \to (\neg Q(y)))$ 是合式公式；

(6) $(\forall x)P(a, b, f(c))$ 是合式公式。　　　　　□

与命题逻辑合式公式类似，在明确的逻辑联结词的运算优先级下，可按约定去掉一些括号。例如对合式公式 $(P(a) \wedge (\forall x)((\neg Q(x, a)) \wedge P(f(a))) \to (\exists x)P(x))$，可依次去掉最外层括号、$\neg$ 外的括号，得到

$$P(a) \wedge (\forall x)(\neg Q(x, a) \wedge P(f(a))) \to (\exists x)P(x)$$

谓词逻辑合式公式构造规则也是一种典型的上下文无关文法，可用 BNF 表示为

```
FORMULA            ::=PRIMITIVEFORMULA
          |   PROPOSITION
          |   (FORMULA CONNECTIVE FORMULA)
          |   (¬FORMULA)
          |   T
          |   F
          |   (QUANTIFIER VARIABLE) FORMULA
```

PRIMITIVEFORMULA ::=PREDICATE (TERM_LIST)

CONNECTIVE　　　　　::= $\rightarrow$ | $\leftrightarrow$ | $\wedge$ |$\vee$

QUANTIFIER　　　　　::=$\forall$|$\exists$

VARIABLE　　　　　　::=$[x-y]$

PREDICATE　　　　　::=$[P-S]$

CONSTANT　　　　　::=$[a-c]$

FUNCTION　　　　　::=$[f-h]$

PROPOSITION　　　　::=$[A-Z]$

TERM　　　　　　　::=CONSTANT|VARIABLE|FUNCTION (TERM_LIST)

TERM_LIST　　　　　::=TERM|TERM, TERM_LIST

与命题逻辑合式公式类似，也可编程实现存储谓词逻辑合式公式的类，只是此时多了一个表示项的类。下面以 Python 程序为例，给出了谓词逻辑的一种项、合式公式的类框架，如代码 5.1 所示。

代码 5.1　谓词逻辑合式公式类框架

```python
from __future__ import annotations
from functools import lru_cache
from typing import AbstractSet, Mapping, Optional, Sequence, Set, Tuple, Union

from logic_utils import fresh_variable_name_generator, frozen, \
    memoized_parameterless_method

from propositions.syntax import Formula as PropositionalFormula, \
    is_variable as is_propositional_variable

class Term:
    root: str
    arguments: Optional[Tuple[Term, ...]]

    def __init__(self, root: str, arguments: Optional[Sequence[Term]] = None):
        if is_constant(root) or is_variable(root):
            assert arguments is None
            self.root = root
        else:
            assert is_function(root)
            assert arguments is not None and len(arguments) > 0
            self.root = root
            self.arguments = tuple(arguments)

class Formula:
    root: str
    arguments: Optional[Tuple[Term, ...]]
    first: Optional[Formula]
    second: Optional[Formula]
    variable: Optional[str]
```

```
31      statement: Optional[Formula]
32
33      def __init__(self, root: str,
34                   arguments_or_first_or_variable: Union[Sequence[Term],
35                                                         Formula, str],
36                   second_or_statement: Optional[Formula] = None):
37          if is_equality(root) or is_relation(root):
38              # Populate self.root and self.arguments
39              assert isinstance(arguments_or_first_or_variable, Sequence) and \
40                     not isinstance(arguments_or_first_or_variable, str)
41              if is_equality(root):
42                  assert len(arguments_or_first_or_variable) == 2
43              assert second_or_statement is None
44              self.root, self.arguments = \
45                  root, tuple(arguments_or_first_or_variable)
46          elif is_unary(root):
47              # Populate self.first
48              assert isinstance(arguments_or_first_or_variable, Formula)
49              assert second_or_statement is None
50              self.root, self.first = root, arguments_or_first_or_variable
51          elif is_binary(root):
52              # Populate self.first and self.second
53              assert isinstance(arguments_or_first_or_variable, Formula)
54              assert second_or_statement is not None
55              self.root, self.first, self.second = \
56                  root, arguments_or_first_or_variable, second_or_statement
57          else:
58              assert is_quantifier(root)
59              # Populate self.variable and self.statement
60              assert isinstance(arguments_or_first_or_variable, str) and \
61                     is_variable(arguments_or_first_or_variable)
62              assert second_or_statement is not None
63              self.root, self.variable, self.statement = \
64                  root, arguments_or_first_or_variable, second_or_statement
```

谓词逻辑的语法成分相比命题逻辑更复杂，讨论其语义时，需对不同成分赋相应的值。对于某些语法元素，需进一步细分，引入一些新的定义。

定义 5.2.4 (量词的辖域) 量词所约束的范围称为该量词的辖域。所谓约束范围，即为紧接在 $(\forall x)$ 或 $(\exists x)$ 之后的合式公式。

所谓紧接在量词之后，指的是量词后的合式公式作为一个整体，不被逻辑联结词隔断的那部分公式。例如合式公式 $(\forall x)(P(x) \to Q(x))$ 中，量词 $(\forall x)$ 的辖域为 $(P(x) \to Q(x))$。而合式公式 $(\forall x)P(x) \to Q(x)$ 中，量词 $(\forall x)$ 的辖域为 $P(x)$。

定义 5.2.5 对个体变元 x 在公式 ϕ 中的某次出现，若 x 在 ϕ 的分子公式 $(\forall x)\psi$ 或 $(\exists x)\psi$ 中出现，则称 x 的此次出现为约束出现；否则称为自由出现。

在合式公式 ϕ 中自由出现的个体变元为自由变元，约束出现的个体变元为约束变元。

定义 5.2.5中所谓在分子公式 $(\forall x)\psi$ 或 $(\exists x)\psi$ 中出现，指的是 $(\forall x)$ 或 $(\exists x)$ 中的 x，以及量词辖域 ψ 中与量词中的 x 同名的个体变元。所谓否则，指不在 $(\forall x)$ 或 $(\exists x)$ 中

出现的 x，或量词辖域 ψ 中与 x 不同名的个体变元。

例如 $(\forall x)(P(x) \wedge Q(y)) \to R(x)$ 中，从左至右，x 的第 1、2 次出现为约束出现，而第 3 次出现的 x 为自由出现，y 的出现为自由出现。因此，该公式中 x 既是自由变元，又是约束变元。

在一个公式中，一个变元既可以约束出现，又可以自由出现。为避免混淆，特别是在构造合式公式解释时的混淆，可用换名规则对约束变元或自由变元改名。

设 $(\forall x)\psi$ 或 $(\exists x)\psi$ 为合式公式 ϕ 的分子公式，即 ψ 为 $(\forall x)$ 或 $(\exists x)$ 的辖域，如果 y 在 ψ 中不出现，则可以将 $(\forall x)$ 或 $(\exists x)$ 中的 x 换成 y，同时将 ψ 中所有自由出现的 x 换成 y。

若需对自由变元换名，则直接将需换名的个体变元换为某个不在 ϕ 中出现的变元即可。

例 5.2.2 $(\forall x)(A(x) \vee B(x,y)) \vee C(x) \vee D(w)$ 中的 x 既是自由变元，又是约束变元，可按规则进行换名。

(1) 对约束变元换名。

① 找一个不在公式中出现的个体变元 z，替换 $(\forall x)$ 中的 x，得到 $(\forall z)(A(x) \vee B(x,y)) \vee C(x) \vee D(w)$；

② $(\forall z)$ 辖域 $(A(x) \vee B(x,y))$ 中，因为量词的 x 换名为 z 后，变为自由出现的 x 都换为 z，得到 $(\forall z)(A(z) \vee B(z,y)) \vee C(x) \vee D(w)$。此时所有变元都不存在既是自由变元又是约束变元的情况了，换名结束。

(2) 对自由变元换名。直接将自由出现的 x 换名为某个不在公式中出现的个体变元，如 z，得到 $(\forall x)(A(x) \vee B(x,y)) \vee C(z) \vee D(w)$。此时所有变元都不存在既是自由变元又是约束变元的情况了，换名结束。□

可见，若要对约束变元换名，则该变元在量词及该量词的辖域中的所有出现须一起更改。换名时所选用变元必须是量词辖域内未出现的，最好是公式中未出现的。

至此，可以引入谓词逻辑合式公式的语义了，对应谓词逻辑合式公式的语法元素，可知，其语义与论域、自由变元、个体常元、命题词、谓词、函数有关。谓词逻辑合式公式 ϕ 的解释定义为一个二元组，记为 $\mathcal{M} = \langle D, I \rangle$。

(1) D 为论域：一个非空集合 D；

(2) I 为一个函数。

① 个体常元与自由变元：I 为公式 ϕ 中每个个体常元与自由变元指派 D 中的一个个体，即若 x 为个体常元与自由变元，则 $I(x) = d$，$d \in D$；

② 函词：I 为公式 ϕ 中的每个 n 元函词，指定一个函数 $I(f): D^n \to D$，即若 f 为一个 n 元函词，则 $I(f)$ 是 D 上的 n 元函数；

③ 命题词：I 为公式 ϕ 中每个命题词指派一个真值 T 或 F，即若 P 为命题词，则 $I(P) \in \{\mathrm{T}, \mathrm{F}\}$；

④ 谓词：I 为公式 ϕ 中的每个 n 元谓词，指定一个函数 $I(P): D^n \to \{\mathrm{T}, \mathrm{F}\}$，即若 P 为谓词，则 $I(P)$ 是 D 上的 n 元函数。

将 I 定义的函数应用到谓词逻辑公式 ϕ 上，就可以得到一个论域 D 有关的真值 $\phi_{\mathcal{M}}$。称其为合式公式 ϕ 在 $\mathcal{M}$ 下的真值。若 $\phi_{\mathcal{M}}$ 的真值为 T，则称 ϕ 在解释 $\mathcal{M}$ 下真值为真，否则称 ϕ 在解释 $\mathcal{M}$ 下的真值为假。

请注意，为合式公式 ϕ 构造解释，需为 ϕ 中出现的每种语法元素指派相应的语义元素，某种语法元素不出现，则无须指派语义元素。为函词或谓词指派的函数，必须为全函数。

例 5.2.3 对合式公式 $P(g(b,x)) \to (\forall y)Q(y) \wedge R$，给出一个解释如下所示。

(1) 论域 $D = \{1,2\}$；

(2) 公式中有自由变元 x、个体常元 b，以及二元函词 g，因此令：

x	b		$I(g)(1,1)$	$I(g)(1,2)$	$I(g)(2,1)$	$I(g)(2,2)$
1	2		1	2	2	1

(3) 公式中有两个一元谓词 P 与 Q，以及命题词 R，可令：

$I(P)(1)$	$I(P)(2)$		$I(Q)(1)$	$I(Q)(2)$		$I(R)$
T	F		F	T		T
□

在构造了合式公式 ϕ 的解释 $\mathcal{M}$ 后，还需通过以下规则来计算 $\phi_{\mathcal{M}}$ 的真值。

定义 5.2.6 若 $\mathcal{M} = \langle D, I \rangle$ 为合式公式 ϕ 的一个解释，解释的论域为 D，则 $\phi_{\mathcal{M}}$ 的真值可归纳定义如下。

(1) 若 ϕ 为原子，则 $\phi_{\mathcal{M}}$ 的真值为 $I(\phi)$；

(2) 对于否定、合取、析取、蕴含、等价联结词的定义与命题逻辑中相同；

(3) $((\forall x)\psi)_{\mathcal{M}}$ 的真值为 T 当且仅当对每个 $d \in D$，皆有 $\psi_{\mathcal{M}[x/d]}$ 的真值为 T；

(4) $((\exists x)\psi)_{\mathcal{M}}$ 的真值为 T 当且仅当存在某 $d \in D$，使 $\psi_{\mathcal{M}[x/d]}$ 的真值为 T。

其中，$\mathcal{M}[x/d]$ 是另一个解释，它与 $\mathcal{M}$ 唯一的不同之处是将 x 指派为 d。

在定义 5.2.6 中，若 ϕ 为原子，则 ϕ 为单个命题词或单个 n 元谓词。若 ϕ 为命题词，则在 I 下可直接得到其赋值。若 ϕ 为 n 元谓词，则 n 个项可能为个体常元、自由变元、含自由变元或个体常元的 n 元函词，则在 I 下可归纳地得到每个自由变元、个体常元及含自由变元或个体常元 n 元函词的值，再由 I 定义的谓词函数，可得到 ϕ 的真值。

对于含量词的合式公式，假设量词辖域内有 $n(n \geqslant 1)$ 元谓词 P，则在论域 D 上，命题 $(\forall x_1)(\forall x_2)\cdots(\forall x_n)(P(x_1,x_2,\cdots,x_n))$ 的真值为 T，当且仅当，对每个 $\langle a_1, a_2, \cdots, a_n \rangle \in D^n$，命题 $I(P)(a_1, a_2, \cdots, a_n)$ 的真值为 T。命题 $(\exists x_1)(\exists x_2)\cdots(\exists x_n)(P(x_1, x_2, \cdots, x_n))$ 的真值为 T，当且仅当，至少有一个 $\langle a_1, a_2, \cdots, a_n \rangle \in D^n$，使得命题 $I(P)(a_1, a_2, \cdots, a_n)$ 的真值为 T。即对于有限论域 D 而言，有：

$$(\forall x_1)(\forall x_2)\cdots(\forall x_n)(P(x_1,x_2,\cdots,x_n)) \Leftrightarrow \bigwedge_{\langle a_1,a_2,\cdots,a_n \rangle \in D^n} I(P)(a_1,a_2,\cdots,a_n)$$

$$(\exists x_1)(\forall x_2)\cdots(\forall x_n)(P(x_1,x_2,\cdots,x_n)) \Leftrightarrow \bigvee_{\langle a_1,a_2,\cdots,a_n \rangle \in D^n} I(P)(a_1,a_2,\cdots,a_n)$$

在谓词逻辑合式公式的语义上，重点讨论以下两类问题。

- 计算一个合式公式在给定解释下的真值；
- 给出使一个合式公式为真 (假) 的解释。

对于第一类问题，直接根据定义 5.2.6 代入，并根据有限论域上量词的等价式进行展开，即可较容易地计算出 $\phi_{\mathcal{M}}$ 的真值。

例 5.2.4 对例 5.2.3 给定的解释，计算合式公式 $P(g(b,x)) \to (\forall y)Q(y) \land R$ 在该解释下的真值。

解： 根据定义 5.2.6，个体常元、自由变元、命题词的值可直接代入，由此，可得到涉及的函词、谓词的真值。对于含量词的分子公式，可借助前述有限论域上全称量词和存在量词的等价语义进行展开。因此 $P(g(b,x)) \to (\forall y)Q(y) \land R$ 在该解释下等价于：

$$I(P)(I(g)(2,1)) \to (I(Q)(1) \land I(Q)(2)) \land I(R) \Leftrightarrow I(P)(2) \to (\mathrm{F} \land \mathrm{T}) \land \mathrm{T} \Leftrightarrow \mathrm{F} \to \mathrm{F} \Leftrightarrow \mathrm{T}$$

$\square$

例 5.2.5 对于合式公式 $\phi = (\forall x)(\exists y)(P(x,y) \to Q(y,x))$，定义解释 $\mathcal{M} = \langle D, I \rangle$ 如下：

(1) 论域 $D = \{1, 2\}$；

(2) 定义 D 上两个二元谓词 P 与 Q 为

$I(P)(1,1)$	$I(P)(1,2)$	$I(P)(2,1)$	$I(P)(2,2)$
T	F	F	T

$I(Q)(1,1)$	$I(Q)(1,2)$	$I(Q)(2,1)$	$I(Q)(2,2)$
F	T	T	F

求 $\phi_{\mathcal{M}}$ 的真值。

解： 利用有限论域上全程量词与存在量词的等价式，可知在论域 D 上有：

$$(\forall x)(\exists y)(P(x,y) \to Q(y,x)) \Leftrightarrow (\forall x)((I(P)(x,1) \to I(Q)(1,x)) \lor (I(P)(x,2) \to I(Q)(2,x)))$$

$$\Leftrightarrow ((I(P)(1,1) \to I(Q)(1,1)) \lor (I(P)(1,2) \to I(Q)(2,1))) \land$$

$$((I(P)(2,1) \to I(Q)(1,2)) \lor (I(P)(2,2) \to I(Q)(2,2)))$$

$$\Leftrightarrow ((\mathrm{T} \to \mathrm{F}) \lor (\mathrm{F} \to \mathrm{T})) \land ((\mathrm{F} \to \mathrm{T}) \lor (\mathrm{T} \to \mathrm{F}))$$

$$\Leftrightarrow (\mathrm{T}) \land (\mathrm{T})$$

$$\Leftrightarrow \mathrm{T}$$

$\square$

例 5.2.6 对合式公式 $\phi = (\forall x)(\forall y)(P(f(x,y),a) \to P(x,y))$，取解释 $\mathcal{M} = \langle D, I \rangle$ 如下。

(1) 论域 $D = \mathbb{I}$；

(2) 个体常元：$\dfrac{a}{0}$；

(3) 二元函词：$I(f)(x,y)$: $x - y$；

(4) 二元谓词 P：$I(P)(x,y)$: $x < y$。

求 ϕ_M 的真值。

解: 在该解释下，ϕ_M 可表述为对任意的整数 x, y，如果 $x - y < 0$，则 $x < y$。根据常识，显然命题 ϕ_M 成立，因此其真值为 T。 □

对于第二类问题，一般先确定论域后，利用定义 5.2.6、有限论域上量词的等价式、逻辑联结词的真值表等基础知识，先确定某些函词、谓词等满足要求的关键指派，再填充解释的其余部分。

例 5.2.7 对合式公式 $\phi = (\forall x)(P(x) \to (\exists y)(Q(y) \land R(x, y)))$，分别设计使 ϕ_M 的真值为 T 和 F 的解释 $M = \langle D, I \rangle$。

解: 先确定一个较小的、有限的论域，令 $D = \{1, 2\}$。则在该论域下有：

$$(\forall x)(P(x) \to (\exists y)(Q(y) \land R(x, y)))$$

$$\Leftrightarrow (I(P)(1) \to (\exists y)(Q(y) \land I(R)(1, y))) \land (I(P)(2) \to (\exists y)(Q(y) \land I(R)(2, y)))$$

$$\Leftrightarrow (I(P)(1) \to ((I(Q)(1) \land I(R)(1,1)) \lor (I(Q)(2) \land I(R)(1,2)))) \land (I(P)(2) \to$$

$$((I(Q)(1) \land I(R)(2,1)) \lor (I(Q)(2) \land I(R)(2,2))))$$

(1) 考查该展开式，要使其真值为 T，需使 $\land$ 联结的两个分子公式的真值皆为 T，而两个分子公式都为蕴含式，因此最简单的指派是使 $I(P)(1), I(P)(2)$ 都为 F 即可，此时，谓词 Q 和 R 对应的函数任意定义如下：

$I(P)(1)$	$I(P)(2)$		$I(Q)(1)$	$I(Q)(2)$
F	F		T	F

$I(R)(1,1)$	$I(R)(1,2)$	$I(R)(2,1)$	$I(R)(2,2)$
F	T	T	F

(2) 要使该展开式真值为 F，需使 $\land$ 联结的两个分子公式某个的真值为 F，而两个分子公式都为蕴含式，因此可考虑使蕴含式后件的真值为 F。进一步分析，指派 $I(Q)(1), I(Q)(2)$ 都为 F，在此基础上，指派 $I(P)(1)$ 为 T，此时，$I(P)(2)$ 和谓词 R 对应的函数可以是任意的：

$I(P)(1)$	$I(P)(2)$		$I(Q)(1)$	$I(Q)(2)$
T	F		F	F

$I(R)(1,1)$	$I(R)(1,2)$	$I(R)(2,1)$	$I(R)(2,2)$
F	T	T	F

□

当然，也可以无限集合为论域构造满足条件的解释。

例 5.2.8 给出使 $\phi = (\forall x)(P(x) \to P(f(x)))$ 真值分别为假和真的解释。

解: 令 $D = \mathbb{I}$。

(1) $I(P)(x)$: $x > 0$，$I(f)(x)$: $-x$。

在该解释下，命题 $\phi_{\mathcal{M}}$ 为对任意的整数 x，若 $x > 0$ 则 $-x > 0$。显然命题不成立，因此在该解释下，$\phi_{\mathcal{M}}$ 真值为 F。

(2) $I(P)(x)$: $x = 0$, $\quad I(f)(x)$: $-x$。

在该解释下，命题 $\phi_{\mathcal{M}}$ 为对任意的整数 x，若 $x = 0$ 则 $-x = 0$。显然命题成立，因此在该解释下，$\phi_{\mathcal{M}}$ 真值为 T。 $\qquad \square$

习题 5.2

1. 指出下列合式公式中变元的约束出现和自由出现，并指出量词的辖域。

(1) $(\forall x)(P(x) \wedge R(x)) \rightarrow (\forall x)P(x) \wedge Q(x)$;

(2) $(\forall x)(P(x) \wedge (\exists x)Q(x)) \vee ((\forall x)P(x) \rightarrow Q(x))$;

(3) $(\forall x)(P(x) \leftrightarrow Q(x) \wedge (\exists x)R(x)) \wedge S(x)$。

2. 请判断谓词逻辑公式 $(\forall x)(x \geqslant \sqrt{x})$ 与 $(\exists x)(x < \sqrt{x})$ 在以下论域上是否为永真式，若不是，请给出一个使其为假的个体。

(1) 所有小于或等于 3 的正整数;

(2) 所有小于或等于 3 的正实数。

3. 给定解释 $\mathcal{M} = \langle D, I \rangle$ 如下:

$$D = \{a, b\}$$

$I(c)$	$I(P)(a,a)$	$I(P)(a,b)$	$I(P)(b,a)$	$I(P)(b,b)$
a	T	F	F	T

确定下列合式公式在解释 $\mathcal{M} = \langle D, I \rangle$ 下的真值。

(1) $(\forall x)(\exists y)P(x, y)$;

(2) $(\forall x)(\forall y)P(x, y)$;

(3) $(\exists x)(\forall y)P(x, y)$;

(4) $(\exists y)(\neg P(c, y))$;

(5) $(\forall x)(\forall y)(P(x, y) \rightarrow P(y, x))$;

(6) $(\forall x)P(x, x)$。

4. 给定解释 $\mathcal{M} = \langle D, I \rangle$ 如下:

$$D = \{1, 2\}$$

$I(a)$	$I(b)$		$I(f)(1)$	$I(f)(2)$
1	2		2	1

$I(P)(1,1)$	$I(P)(1,2)$	$I(P)(2,1)$	$I(P)(2,2)$
T	T	F	F

确定下列合式公式在解释 $\mathcal{M} = \langle D, I \rangle$ 下的真值。

(1) $P(a, f(a)) \wedge P(b, f(b))$;

(2) $(\forall x)(\exists y)P(y, x)$;

(3) $(\forall x)(\forall y)(P(x,y) \to P(f(x),f(y)))$。

5. 确定下列合式公式在相应解释下的真值。

(1)
$$(\forall x)(P(x) \lor Q(x))$$
$$\mathcal{M} = \langle D, I \rangle$$
$$D = \{1, 2\}$$
$$I(P)(x):\ x = 1 \quad I(Q)(x):\ x = 2$$

(2)
$$(\forall x)(P \to Q(x)) \lor R(a)$$
$$\mathcal{M} = \langle D, I \rangle$$
$$D = \{-2, 3, 6\}$$
$$I(a):\ 3 \quad I(P):\ 2 > 1 \quad I(Q)(x):\ x \leqslant 3 \quad I(R)(x):\ x > 5$$

(3)
$$(\exists x)(P(x) \to Q(x)) \land \mathrm{T}$$
$$\mathcal{M} = \langle D, I \rangle:$$
$$D = \{1\}$$
$$I(P)(x):\ x > 2 \quad I(Q)(x):\ x = 0$$

6. 请判断 $(\forall x)(\exists y)P(x,y) \to (\forall z)P(z,z)$ 是否为永真式，若不是，请构造一个解释 $\mathcal{M} = \langle D, I \rangle$，使得该合式公式在该解释下真值为 F。

7. 如图 5.2 所示，教学楼有 4 个出入口，小明想去 3 号教室自习。设论域为从各入口进来后，到 3 号教室的走法，即 $D = \{i, ii, iii, iv, v\}$。请符号化下面的命题，并判断其正确性:

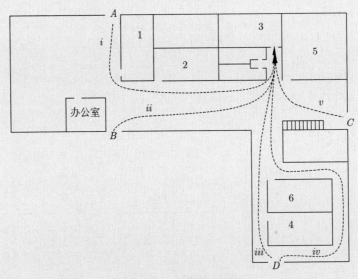

图 5.2　教学楼平面图

如果小明经过了办公室，则他是从 A 号口进来的。

5.3 语义证明方法

基于语义，对谓词逻辑合式公式进行永真式判定，相关的永真、永假、可满足、等价与蕴含等定义，形式上与命题逻辑的定义一样，将沿用第 4 章的定义。

基于语义证明，就要考虑到合式公式的任意解释。可以看到，谓词逻辑合式公式的解释比命题逻辑合式公式的解释复杂很多。因此，任意解释有可能是无限的，这样的真值表是列不出来的。所以，真值表法不适用于谓词逻辑永真式的证明。但是，解释法仍可用。

例 5.3.1 证明：$(\forall x)(P(x) \wedge Q(x)) \Leftrightarrow (\forall x)P(x) \wedge (\forall x)Q(x)$。

分析：要证明 $(\forall x)(P(x) \wedge Q(x)) \Leftrightarrow (\forall x)P(x) \wedge (\forall x)Q(x)$，即要证明 $(\forall x)(P(x) \wedge Q(x)) \leftrightarrow (\forall x)P(x) \wedge (\forall x)Q(x)$ 是永真式，即要证明 $(\forall x)(P(x) \wedge Q(x)) \to (\forall x)P(x) \wedge (\forall x)Q(x)$ 是永真式且 $(\forall x)P(x) \wedge (\forall x)Q(x) \to (\forall x)(P(x) \wedge Q(x))$ 是永真式，都可用解释法证明。

证明：

(1) 考查 $(\forall x)(P(x) \wedge Q(x)) \to (\forall x)P(x) \wedge (\forall x)Q(x)$，对于任意的解释 $\mathcal{M} = \langle D, I \rangle$，若 $((\forall x)(P(x) \wedge Q(x)))_{\mathcal{M}}$ 的真值为 T，则对每个 $a \in D$，有 $I(P)(a) \wedge I(Q)(a)$ 的真值为 T，即 $I(P)(a)$ 与 $I(Q)(a)$ 的真值皆为 T。因此，有 $((\forall x)P(x))_{\mathcal{M}}$ 与 $((\forall x)Q(x))_{\mathcal{M}}$ 的真值皆为 T，即 $((\forall x)P(x) \wedge (\forall x)Q(x))_{\mathcal{M}}$ 的真值为 T。综上可知，任意使得 $(\forall x)(P(x) \wedge Q(x))$ 真值为 T 的解释，都将使 $(\forall x)P(x) \wedge (\forall x)Q(x)$ 的真值为 T，所以 $(\forall x)(P(x) \wedge Q(x)) \to (\forall x)P(x) \wedge (\forall x)Q(x)$ 为永真式。

(2) 考查 $(\forall x)P(x) \wedge (\forall x)Q(x) \to (\forall x)(P(x) \wedge Q(x))$，对于任意的解释 $\mathcal{M} = \langle D, I \rangle$，若 $((\forall x)P(x) \wedge (\forall x)Q(x))_{\mathcal{M}}$ 的真值为 T，即 $((\forall x)P(x))_{\mathcal{M}}$ 与 $((\forall x)Q(x))_{\mathcal{M}}$ 的真值皆为 T。由此可得对每个 $a \in D$，有 $I(P)(a)$ 与 $I(Q)(a)$ 的真值都为 T，即 $((\forall x)(P(x) \wedge Q(x)))_{\mathcal{M}}$ 的真值为 T。综上可知，任意使得 $(\forall x)P(x) \wedge (\forall x)Q(x)$ 真值为 T 的解释，都将使 $(\forall x)(P(x) \wedge Q(x))$ 的真值为 T，所以 $(\forall x)P(x) \wedge (\forall x)Q(x) \to (\forall x)(P(x) \wedge Q(x))$ 为永真式。

综上可证 $(\forall x)(P(x) \wedge Q(x)) \leftrightarrow (\forall x)P(x) \wedge (\forall x)Q(x)$ 是永真式，即 $(\forall x)(P(x) \wedge Q(x)) \Leftrightarrow (\forall x)P(x) \wedge (\forall x)Q(x)$。 $\square$

例 5.3.2 证明：$(\exists x)(P(x) \vee Q(x)) \Leftrightarrow (\exists x)P(x) \vee (\exists x)Q(x)$。

分析：要证明 $(\exists x)(P(x) \vee Q(x)) \Leftrightarrow (\exists x)P(x) \vee (\exists x)Q(x)$，即要证明 $(\exists x)(P(x) \vee Q(x)) \leftrightarrow (\exists x)P(x) \vee (\exists x)Q(x)$ 是永真式。

证明：对于任意的解释 $\mathcal{M} = \langle D, I \rangle$，$((\exists x)(P(x) \vee Q(x)))_{\mathcal{M}}$ 的真值为 T，当且仅当存在 $a \in D$ 使得 $I(P)(a) \vee I(Q)(a)$ 为真，当且仅当有 $a \in D$ 使得 $I(P)(a)$ 为真或 $I(Q)(a)$ 为真，当且仅当 $(\exists x)P(x)$ 为真或 $(\exists x)Q(x)$ 为真，当且仅当 $((\exists x)P(x) \vee (\exists x)Q(x))_{\mathcal{M}}$ 的真值为 T。

由此可得，任意使得 $(\exists x)(P(x) \vee Q(x))$ 真值为 T 的解释，都将使 $(\exists x)P(x) \vee (\exists x)Q(x)$ 的真值为 T，反之亦然。所以 $(\exists x)(P(x) \vee Q(x)) \leftrightarrow (\exists x)P(x) \vee (\exists x)Q(x)$ 为永真式，即 $(\exists x)(P(x) \vee Q(x)) \Leftrightarrow (\exists x)P(x) \vee (\exists x)Q(x)$。 $\square$

例 5.3.3 判定 $(\forall x)P(x) \to (\exists x)P(x)$ 是否为永真式。

证明: 假设存在使 $((\forall x)P(x) \to (\exists x)P(x))_{\mathcal{M}}$ 为 F 的解释 $\mathcal{M} = \langle D, I \rangle$，则有 $((\forall x)P(x))_{\mathcal{M}}$ 的真值为 T，且 $((\exists x)P(x))_{\mathcal{M}}$ 的真值为 F。将分别得出两个结论：一个是 "对任意的 $a \in D$, $I(P)(a)$ 为真"，另一个是 "存在某个 $d \in D$, 使得 $I(P)(d)$ 为假"。这两个是矛盾的结论，而矛盾由假设存在使 $(\forall x)P(x) \to (\exists x)P(x)$ 为假的解释导致的，所以假设不成立，即 $(\forall x)P(x) \to (\exists x)P(x)$ 为永真式。 □

与命题逻辑类似，谓词逻辑上也有大量的等价式，可利用这些等价式运用等价变换法证明永真式。谓词逻辑等价式形式多样，将从原理上对其进行分类，以便读者掌握。且由分类原理可自行推导出更多等价式。

1) 代入定理得到的谓词逻辑等价式

可将命题逻辑中的等价式利用代入定理推广到谓词逻辑中

定理 5.3.1 (代入定理) 设 ϕ 是命题逻辑中的永真式，则用谓词逻辑中的合式公式代替 ϕ 中的某些命题变元得到的代换实例也是永真式；如果 ϕ 是永假式，则上述代换实例也是永假式。

由此，对于 4.3 节中列举的命题逻辑的等价式和蕴含式，用谓词逻辑中的合式公式代替其中的命题变元就得到谓词逻辑中的等价式和蕴含式。

例如，由 $P \vee (Q \wedge R) \Leftrightarrow (P \vee Q) \wedge (P \vee R)$，运用代入定理得到：

$$((\forall x)P(x) \to (\exists y)Q(y)) \vee ((\forall z)(\exists u)R(z, u) \wedge (\exists v)S(v))$$
$$\Leftrightarrow ((\forall x)P(x) \to (\exists y)Q(y)) \vee (\forall z)(\exists u)R(z, u)) \wedge (((\forall x)P(x) \to (\exists y)Q(y)) \vee (\exists v)S(v))$$

又例如由 $P \wedge (P \to Q) \Rightarrow Q$，运用代入定理得到：

$$(\forall x)P(x) \wedge ((\forall x)P(x) \to (\exists x)Q(x)) \Rightarrow (\exists x)Q(x)$$

2) 量词否定的等价式

量词否定的等价式，主要是两个等价式：

$$\neg(\forall x)P(x) \Leftrightarrow (\exists x)(\neg P(x))$$
$$\neg(\exists x)P(x) \Leftrightarrow (\forall x)(\neg P(x))$$

从语义上比较容易理解这两个等价式，即 "并非对任意 x, $P(x)$ 为真" 等价于 "至少存在一个 x, 使得 $P(x)$ 为假"；"并非存在一个 x, 使得 $P(x)$ 为真" 等价于 "对所有的 x, $P(x)$ 为假"。

3) 量词辖域扩张与收缩的等价式与蕴含式

量词辖域的扩张与收缩 (量词的分配) 相关的等价式，典型的有以下一些，其中 ϕ 不含自由变元 x：

(1) $(\forall x)\phi \Leftrightarrow \phi$;

(2) $(\exists x)\phi \Leftrightarrow \phi$;

(3) $(\forall x)P(x) \vee \phi \Leftrightarrow (\forall x)(P(x) \vee \phi)$;

(4) $(\forall x)P(x) \wedge \phi \Leftrightarrow (\forall x)(P(x) \wedge \phi)$；

(5) $(\exists x)P(x) \vee \phi \Leftrightarrow (\exists x)(P(x) \vee \phi)$；

(6) $(\exists x)P(x) \wedge \phi \Leftrightarrow (\exists x)(P(x) \wedge \phi)$；

(7) $(\forall x)P(x,y) \wedge Q(y) \Leftrightarrow (\forall x)(P(x,y) \wedge Q(y))$。

"ϕ 不含自由变元 x" 这个前提非常重要，在该前提下，因为在任何解释下，ϕ 的值与 x 的指派无关，因此对等价符号两边的真值无影响。这些等价式从右边向左边转换时，相当于将量词分配到了各分子公式上，也可视为将量词的辖域收缩到了 $P(x)$ 上。当从左边向右边转换时，相当于将量词作为 "公因式" 提取到了外层，也可视为将量词的辖域从 $P(x)$ 扩张到了整个公式。

此外，需要特别注意的是，上述量词的分配 (量词辖域的扩张与收缩) 只在含 $\wedge$、$\vee$ 逻辑联结词的公式上有效，含 $\rightarrow$、$\leftrightarrow$ 的公式上无这种量词分配等价式。

常见的量词分配等价式还有如下几个。

(8) $(\forall x)(P(x) \wedge Q(x)) \Leftrightarrow (\forall x)P(x) \wedge (\forall x)Q(x)$；

(9) $(\exists x)(P(x) \vee Q(x)) \Leftrightarrow (\exists x)P(x) \vee (\exists x)Q(x)$；

(10) $(\exists x)(P(x) \wedge Q(x)) \Rightarrow (\exists x)P(x) \wedge (\exists x)Q(x)$；

(11) $(\forall x)P(x) \vee (\forall x)Q(x) \Rightarrow (\forall x)(P(x) \vee Q(x))$。

对如上 (10) 与 (11) 两条蕴含式，右边蕴含左边不成立，这很容易构造出使其不成立的解释。例如设论域为 $\mathbb{I}$，$P(x)$ 为 "x 是奇数"，$Q(x)$ 为 "x 是偶数"，即可得出右边蕴含左边不成立。

但是，利用变元换名与量词分配等价式，(10) 与 (11) 两条蕴含式可变为等价式，例如：

$$
\begin{aligned}
(\exists x)P(x) \wedge (\exists x)Q(x) &\Leftrightarrow (\exists x)P(x) \wedge (\exists y)Q(y) \\
&\Leftrightarrow (\exists x)(P(x) \wedge (\exists y)Q(y)) \\
&\Leftrightarrow (\exists x)(\exists y)(P(x) \wedge Q(y))
\end{aligned}
$$

以及

$$
\begin{aligned}
(\forall x)P(x) \vee (\forall x)Q(x) &\Leftrightarrow (\forall x)P(x) \vee (\forall y)Q(y) \\
&\Leftrightarrow (\forall x)(P(x) \vee (\forall y)Q(y)) \\
&\Leftrightarrow (\forall x)(\forall y)(P(x) \vee Q(y))
\end{aligned}
$$

例 5.3.4　证明：$(\exists x)P(x) \rightarrow (\forall x)Q(x) \Rightarrow (\forall x)(P(x) \rightarrow Q(x))$。
证明：

$$
\begin{aligned}
(\exists x)P(x) \rightarrow (\forall x)Q(x) &\Leftrightarrow \neg(\exists x)P(x) \vee (\forall x)Q(x) \\
&\Leftrightarrow (\forall x)(\neg P(x)) \vee (\forall x)Q(x) \\
&\Rightarrow (\forall x)(\neg P(x) \vee Q(y)) \\
&\Leftrightarrow (\forall x)(P(x) \rightarrow Q(y))
\end{aligned}
$$

$\square$

例 5.3.5　证明：$(\forall x)(\forall y)(P(x) \to Q(y)) \Leftrightarrow (\exists x)P(x) \to (\forall y)Q(y)$。

证明：

$$(\forall x)(\forall y)(P(x) \to Q(y)) \Leftrightarrow (\forall x)(\forall y)(\neg P(x) \vee Q(y))$$
$$\Leftrightarrow (\forall x)(\neg P(x)) \vee (\forall y)Q(y)$$
$$\Leftrightarrow \neg(\exists x)P(x) \vee (\forall y)Q(y)$$
$$\Leftrightarrow (\exists x)P(x) \to (\forall y)Q(y) \qquad\qquad \square$$

可见，量词的分配 (量词辖域的扩张与收缩) 规则不能直接应用于含 $\to$、$\leftrightarrow$ 的公式上，而是要先将 $\to$、$\leftrightarrow$ 变换为仅含 $\neg$、$\wedge$ 与 $\vee$ 的公式后，才能应用该原则进行等价变换。

最后，给出多个量词的永真式，并给出解释，以便于理解。请注意，只有同种量词才可交换，不同种量词交换之后含义会变。

(1) $(\forall x)(\forall y)P(x, y) \Leftrightarrow (\forall y)(\forall x)P(x, y)$；

(2) $(\forall x)(\forall y)P(x, y) \Rightarrow (\exists y)(\forall x)P(x, y)$；

(3) $(\forall y)(\forall x)P(x, y) \Rightarrow (\exists x)(\forall y)P(x, y)$；

(4) $(\exists y)(\forall x)P(x, y) \Rightarrow (\forall x)(\exists y)P(x, y)$；

(5) $(\exists x)(\forall y)P(x, y) \Rightarrow (\forall y)(\exists x)P(x, y)$；

(6) $(\forall x)(\exists y)P(x, y) \Rightarrow (\exists y)(\exists x)P(x, y)$；

(7) $(\forall y)(\exists x)P(x, y) \Rightarrow (\exists x)(\exists y)P(x, y)$；

(8) $(\exists x)(\exists y)P(x, y) \Leftrightarrow (\exists y)(\exists x)P(x, y)$。

上述 8 条多量词永真式中，最基本的是等价式 (1) 和 (8)，而蕴含式 (2)、(3)、(6) 和 (7) 可由 $(\forall x)P(x) \Rightarrow (\exists x)P(x)$ 得出。

例如对蕴含式 (2)，证明过程如下：

$$(\forall x)(\forall y)P(x, y) \Leftrightarrow (\forall y)(\forall x)P(x, y) \Leftrightarrow (\forall y)((\forall x)P(x, y))$$
$$\Rightarrow (\exists y)((\forall x)P(x, y)) \Leftrightarrow (\exists y)(\forall x)P(x, y)$$

其余几个蕴含式的证明，将作为习题请读者自行完成。

对上述 8 条多量词永真式，也可通过代入解释的方法来进行理解。例如，以所有人的集合为论域，可构造解释 $I(P)(x, y)$ 为 "x 依靠 y"，则多量词永真式语义上的差别如下。

- $(\forall x)(\exists y)P(x, y)$：每个人都有某些人可依靠；
- $(\exists y)(\forall x)P(x, y)$：有些人被所有的人依靠 (包括自己)；
- $(\exists x)(\forall y)P(x, y)$：有些人依靠所有的人 (包括自己)；
- $(\forall y)(\exists x)P(x, y)$：每个人都被某些人依靠；
- $(\forall x)(\forall y)P(x, y)$：每个人都依靠所有的人；
- $(\forall y)(\forall x)P(x, y)$：每个人都被所有的人依靠；
- $(\exists x)(\exists y)P(x, y)$：有些人依靠某些人；
- $(\exists y)(\exists x)P(x, y)$：有些人被某些人依靠。

习题 5.3

1. 判断下列合式公式是否为永真式，并加以证明。

(1) $(\forall x)(P(x) \to Q(x)) \to ((\forall x)P(x) \to (\forall x)Q(x))$;

(2) $((\forall x)P(x) \to (\forall x)Q(x)) \to (\forall x)(P(x) \to Q(x))$;

(3) $((\exists x)P(x) \to (\forall x)Q(x)) \to (\forall x)(P(x) \to Q(x))$;

(4) $(\forall x)(P(x) \to Q(x)) \to ((\exists x)P(x) \to (\forall x)Q(x))$.

2. 证明下列蕴含式和等价式。

(1) $(\forall x)(\exists y)(P(x) \vee Q(y)) \Leftrightarrow (\forall x)P(x) \vee (\forall y)Q(y)$;

(2) $(\exists x)(\exists y)(P(x) \wedge Q(y)) \Rightarrow (\exists x)P(x)$;

(3) $(\forall x)(\forall y)(P(x) \wedge Q(y)) \Leftrightarrow (\forall x)P(x) \wedge (\forall y)Q(y)$;

(4) $(\exists x)(\exists y)(P(x) \to Q(y)) \Leftrightarrow (\forall x)P(x) \to (\exists y)Q(y)$;

(5) $(\forall x)(\forall y)(P(x) \to Q(y)) \Leftrightarrow (\exists x)P(x) \to (\forall y)Q(y)$.

3. 给出 $(\forall x)(P(x) \vee Q(x)) \Rightarrow (\forall x)P(x) \vee (\forall x)Q(x)$ 的证明如下：

$$\begin{aligned}
(\forall x)(P(x) \vee Q(x)) &\Leftrightarrow \neg(\exists x)(\neg(P(x) \vee Q(x))) \\
&\Leftrightarrow \neg(\exists x)(\neg P(x) \wedge \neg Q(x)) \\
&\Rightarrow \neg((\exists x)(\neg P(x)) \wedge (\exists x)(\neg Q(x))) \\
&\Leftrightarrow \neg(\exists x)(\neg P(x)) \vee \neg(\exists x)(\neg Q(x)) \\
&\Leftrightarrow (\forall x)P(x) \vee (\forall x)Q(x)
\end{aligned}$$

找出其中的错误，并说明理由。

4. 请完成多量词永真式中蕴含式 (3)、(6) 和 (7) 的证明。

5. 设谓词 $I(P)(x, y)$ 为 "$y < x^4$"，论域为 $\mathbb{R}$，请求出下列谓词逻辑公式在该解释下的真值：

(1) $(\forall x)(\exists y)P(x, y)$;

(2) $(\exists y)(\forall x)P(x, y)$;

(3) $(\exists x)(\forall y)P(x, y)$;

(4) $(\forall y)(\exists x)P(x, y)$;

(5) $(\forall x)(\forall y)P(x, y)$;

(6) $(\forall y)(\forall x)P(x, y)$;

(7) $(\exists x)(\exists y)P(x, y)$;

(8) $(\exists y)(\exists x)P(x, y)$.

5.4　永真式判定

对于命题逻辑合式公式，有办法判定是否为永真式，例如可用真值表法。而谓词逻辑的永真性问题是不可判定的，即不可能找到一个算法，以谓词逻辑的任意合式公式作为输入，该算法都能给出表明这个合式公式是不是永真式的输出。

但是，谓词逻辑合式公式的永真性问题是半可判定的，即能编出一个程序，以谓词逻辑的任意合式公式作为输入，如果该合式公式的确是永真式，则程序的执行一定终止并输出"是"；否则，该程序的执行可能终止并输出"否"，也可能永不终止。

由本章前述介绍可知，如果合式公式 ϕ 中仅含自由变元 $x_1, x_2, \cdots, x_n$，则 ϕ 是永真式当且仅当 $(\forall x_1)(\forall x_2) \cdots (\forall x_n)\phi$ 是永真式。这是因为若 ϕ 中只含自由变元 $x_1, x_2, \cdots, x_n$，则根据谓词逻辑公式解释的构造方法，可为自由变元 $x_1, x_2, \cdots, x_n$ 指派论域中所有个体的全部赋值组合，则在每种赋值下，ϕ 都为真。而 $(\forall x_1)(\forall x_2) \cdots (\forall x_n)$ 也表示对论域中所有个体的组合赋值进行遍历。因此，有上述结论成立。

因此，谓词逻辑合式公式永真性判定问题可仅考虑不含自由变元的合式公式。另外，合式公式 ϕ 是永真式当且仅当 $\neg\phi$ 是永假式。因此，可以用讨论永假性问题来代替对永真性的讨论。

对上述讨论中涉及的概念给出正式定义。

定义 5.4.1 设 ϕ 为公式，若 $\phi \Leftrightarrow (Q_1\, x_1)(Q_2\, x_2) \cdots (Q_n\, x_n)\psi$，则称 $(Q_1\, x_1)(Q_2\, x_2) \cdots (Q_n\, x_n)\psi$ 为 ϕ 的前束范式，并且称 $(Q_1\, x_1)(Q_2\, x_2) \cdots (Q_n\, x_n)$ 为前束词，ψ 为母式。其中：$n \in \mathbb{N}$，$Q_1, Q_2, \cdots, Q_n \in \{\forall, \exists\}$，$x_1, x_2, \cdots, x_n$ 是不同的个体变元，ψ 是不含量词的合式公式。

易知，利用等价变换可将任意合式公式转换为其前束范式，即任意公式都可以化为它的前束范式。

定义 5.4.2 如果公式 ϕ 是前束范式，且消去所有的存在量词，则称 ϕ 是 Skolem 范式。

定义 5.4.2 的核心是"消去"存在量词，且必须是使用 Skolem 化消去的，才可称为 Skolem 范式。一个无存在量词的前束范式，自身就是 Skolem 范式。

接下来介绍如何求给定合式公式 ϕ 的 Skolem 范式。基本步骤是先求前束范式，再进行 Skolem 化。

求前束范式主要利用 5.3 节中的等价式，以及变元换名等方法。求合式公式 ϕ 前束范式的步骤一般如下。

(1) 化掉 $\rightarrow$ 和 $\leftrightarrow$；

(2) 利用德·摩根律，将 $\neg$ 内移至原子的前面；

(3) 利用量词分配等价式将 $\forall$、$\exists$ 左移，必要时对约束变元进行换名。

例 5.4.1 求 $(\forall x)(P(x) \rightarrow (\exists x)Q(x))$ 的前束范式。

解：

$$(\forall x)P(x) \rightarrow (\exists x)Q(x) \Leftrightarrow \neg(\forall x)P(x) \vee (\exists x)Q(x)$$
$$\Leftrightarrow (\exists x)(\neg P(x)) \vee (\exists x)Q(x)$$
$$\Leftrightarrow (\exists x)(\neg P(x) \vee Q(x)) \qquad \square$$

例 5.4.2 求 $(\forall x)(\forall y)(\neg((\exists z)(P(x,y,z) \wedge R(y,z))) \to (\exists u)Q(x,y,u))$ 的前束范式。
解：

$$(\forall x)(\forall y)(\neg((\exists z)(P(x,y,z) \wedge R(y,z))) \to (\exists u)Q(x,y,u))$$

$$\Leftrightarrow (\forall x)(\forall y)(\neg\neg((\exists z)(P(x,y,z) \wedge R(y,z))) \vee (\exists u)Q(x,y,u))$$

$$\Leftrightarrow (\forall x)(\forall y)((\exists z)(P(x,y,z) \wedge R(y,z)) \vee (\exists u)Q(x,y,u))$$

$$\Leftrightarrow (\forall x)(\forall y)(\exists z)((P(x,y,z) \wedge R(y,z)) \vee (\exists u)Q(x,y,u))$$

$$\Leftrightarrow (\forall x)(\forall y)(\exists z)(\exists u)((P(x,y,z) \wedge R(y,z)) \vee Q(x,y,u)) \qquad \square$$

Skolem 化指的是消去前束范式中的 $\exists$ 量词，方法为在含有存在量词的前束范式 $(Q_1\,x_1)(Q_2\,x_2)\cdots(Q_n\,x_n)\psi$ 中，从左至右逐个考查前束词。

(1) 划去最左方的存在量词 $\exists x_i(1 \leqslant i \leqslant n)$；

(2) 如果 $\exists x_i$ 的左方没有全称量词，则任取一个不在当前 ψ 中出现的个体常量 a，并在 ψ 中以 a 代入 x_i 的所有自由出现；

(3) 如果 $\exists x_i$ 的左方有全称量词 $(\forall x_1)(\forall x_2)\cdots(\forall x_j)(1 \leqslant j < i)$，则任取一个不在当前 ψ 中出现的 j 元函词 f，并在 ψ 中以 $f(x_1,x_2,\cdots,x_j)$ 代入 x_i 的所有自由出现。

重复上述过程，直到前束词中的 $\exists$ 全部消除。

例 5.4.3 求 $(\forall x)(P(x) \to (\exists x)Q(x))$ 的 Skolem 范式。

解： 先求其前束范式，可得 $(\exists x)(\neg P(x) \vee Q(x))$。从左至右逐个考查其前束词，首先为 $\exists x$，其左侧无 $\forall$ 量词，因此，先划去 $\exists x$，再取一个不在其母式中出现的个体常元 a，代入因为删除 $\exists x$ 而变为自由出现的 x。本例中，划去 $\exists x$ 后，前束范式变为 $\neg P(x) \vee Q(x)$，所有的 x 都是自由出现的，因此都需代入，可得 $\neg P(a) \vee Q(a)$，此即为 Skolem 范式。$\square$

例 5.4.4 求 $(\forall x)(\forall y)(\neg((\exists z)(P(x,y,z) \wedge R(y,z))) \to (\exists u)Q(x,y,u))$ 的 Skolem 范式。

解： 先求其前束范式，可得 $(\forall x)(\forall y)(\exists z)(\exists u)((P(x,y,z) \wedge R(y,z)) \vee Q(x,y,u))$。从左至右逐个考查其前束词，第一个 $\exists$ 为 $\exists z$，其左侧 $\forall$ 量词为 $(\forall x)(\forall y)$，因此，先划去 $\exists z$，再取一个不在其母式中出现的函词 f，并以 x,y 为参数，代入因为删除 $\exists z$ 而变为自由出现的 z。划去 $\exists z$ 后，前束范式变为 $(\forall x)(\forall y)(\exists u)((P(x,y,z) \wedge R(y,z)) \vee Q(x,y,u))$，母式中所有的 z 都是自由出现的，因此都需代入，可得 $(\forall x)(\forall y)(\exists u)((P(x,y,f(x,y)) \wedge R(y,f(x,y))) \vee Q(x,y,u))$。再继续向后考查前束词，对 $\exists u$ 重复上述操作，只是选取的函词为 g，参数仍为 x,y，因此可得最终的 Skolem 范式 $(\forall x)(\forall y)((P(x,y,f(x,y)) \wedge R(y,f(x,y))) \vee Q(x,y,g(x,y)))$。$\square$

请注意，首先，Skolem 范式与原合式公式不是等价的，只是可满足等价。因此，在求 Skolem 范式的过程中，各步骤之间不能用 $\Leftrightarrow$ 联结。其次，在求前束范式的过程中，会涉及量词左移的顺序问题，例如 $(\forall x)(\forall y)(\exists z)(\exists u)((P(x,y,z) \wedge R(y,z)) \vee Q(x,y,u))$ 是先将 $\exists z$ 左移，再左移 $\exists u$。当然也可先左移 $\exists u$，再左移 $\exists z$，都是等价的。

但是当遇到 $\exists$ 和 $\forall$ 都可左移时，建议尽量先左移 $\exists$。因为先左移 $\exists$，在求 Skolem 范式时，引入的可能是个体常元，而先左移 $\forall$，必引入函词。在后面的讨论中可以看到，个体常元与函词对构造 Herbrand 域的影响差别很大。

至此，可将判定合式公式 ϕ 永真性判定问题转换为判定 $\neg\phi$ 的 Skolem 范式是否为永假式的问题，并由下面的定理保证这种问题转换的正确性。

定理 5.4.1 谓词逻辑合式公式 ϕ 是永假式当且仅当 ϕ 的 Skolem 范式是永假式。

证明： 即要证明在 Skolem 化过程中，每次消去一个存在量词后的结果，设为 α'，与消去该存在量词前的公式，设为 α，有 α 是永假式当且仅当 α' 是永假式。

不失一般性，设：

$$\alpha = (\forall x_1)(\forall x_2)\cdots(\forall x_{r-1})(\exists x_r)(Q_{r+1}\ x_{r+1})\cdots(Q_n\ x_n)\psi(x_1,x_2,\cdots,x_r,x_{r+1},x_n)$$

$$\alpha' = (\forall x_1)(\forall x_2)\cdots(\forall x_{r-1})(Q_{r+1}\ x_{r+1})\cdots(Q_n\ x_n)\psi(x_1,x_2,\cdots,f(x_1,x_2,\cdots,x_{r-1}),$$
$$x_{r+1},x_n)$$

如果 α 是永假式，假设 α' 不是永假式，则存在一个解释 $\mathcal{M} = \langle D, I\rangle$，使得 $\alpha'_{\mathcal{M}}$ 的真值为 T。根据函词解释的构造规则，可知任意一个 $\langle x_1,\cdots,x_{r-1}\rangle \in D^n$，都使得 $(Q_{r+1}\ x_{r+1})\cdots(Q_n\ x_n)\psi(x_1,x_2,\cdots,I(f)(x_1,x_2,\cdots,x_{r-1}),x_{r+1},x_n)$ 为真，又因为 $I(f)(x_1,x_2,\cdots,x_{r-1}) \in D$，即存在 $x_r = I(f)(x_1,x_2,\cdots,x_{r-1})$，使得 $(\exists x_r)(Q_{r+1}\ x_{r+1})\cdots(Q_n\ x_n)\psi(x_1,x_2,\cdots,x_r,\ x_{r+1},x_n)$ 为真，由此可得 $(\forall x_1)(\forall x_2)\cdots(\forall x_{r-1})(\exists x_r)(Q_{r+1}\ x_{r+1})\cdots(Q_n\ x_n)\psi(x_1,x_2,\cdots,x_r,x_{r+1},x_n)$ 为真，即 α 不是永假式，产生矛盾，假设 α' 不是永假式不成立。因此可知若 α 是永假式，则 α' 是永假式。

如果 α' 是永假式，假设 α 不是永假式，则存在一个解释 $\mathcal{M} = \langle D, I\rangle$，使得 $\alpha_{\mathcal{M}}$ 的真值为 T。根据函词解释的构造规则，可知任意一个 $\langle x_1,\cdots,x_{r-1}\rangle \in D^n$，都存在一个个体 x_r，使得 $(Q_{r+1}\ x_{r+1})\cdots(Q_n\ x_n)\psi(x_1,x_2,\cdots,x_r,x_{r+1},x_n)$ 为真。扩充 I 为 I'，使其包含对函词 $I'(f)(x_1,x_2,\cdots,x_{r-1})$ 的赋值：对任意一个 $\langle x_1,\cdots,x_{r-1}\rangle$，$I'(f)(x_1,x_2,\cdots,x_{r-1}) = x_r$，则对任意一个 $\langle x_1,\cdots,x_{r-1}\rangle$，$(Q_{r+1}\ x_{r+1})\cdots(Q_n\ x_n)\psi(x_1,x_2,\cdots,I'(f)(x_1,x_2,\cdots,x_{r-1}),x_{r+1},x_n)$ 为真，即有解释 $\mathcal{M}' = \langle D, I'\rangle$，使得 $\alpha'_{\mathcal{M}'}$ 的真值为 T。即 α' 不是永假式，与已知矛盾，即假设 α 不是永假式不成立，所以 α 为永假式。因此可知若 α' 是永假式，则 α 是永假式。

若 ϕ 的前束范式中有多个 $\exists$，则重复上述证明过程，最终得到的 Skolem 范式与 ϕ 在永假性上是等价的，即 ϕ 是永假式当且仅当 ϕ 的 Skolem 范式是永假式。 □

想要自动化判定一个谓词逻辑公式的 Skolem 范式是否为永假式，需要考查的论域以及论域上的解释是无限的。那么，是否可以找到一个比较简单的、特殊的论域，虽然论域上公式的解释可能无限多，但是可列的，使得只要在该论域上 ϕ 为永假式，便能保证 ϕ 在任意论域上也是永假式。Herbrand 域就是一个具有这种性质的域。

定义 5.4.3 设 ϕ 为 Skolem 范式，c 为任一个体常元，令：

$$H_0 = \begin{cases} \{c\}, & \text{若}\phi\text{中不含个体常元} \\ \{a \mid \text{若}a\text{为}\phi\text{中的个体常元}\}, & \text{否则} \end{cases}$$

$H_{i+1} = H_i \cup \{f(t_1, \cdots, t_n) \mid f\text{为}\phi\text{中的}n\text{元函词且}t_1, \cdots, t_n \in H_i\}(i \in \mathbb{N})$
称

$$H_\phi = \bigcup_{i=0}^{\infty} H_i$$

为 ϕ 的艾尔布朗域，简记为 H。

由定义 5.4.3可知，在进行谓词逻辑公式的 Skolem 化时，当遇到 $\exists$ 和 $\forall$ 都可左移时，应尽量先左移 $\exists$。

例 5.4.5 设合式公式 $\phi = (\forall x)(\forall y)(\forall z)(P(z) \wedge (R(x) \vee Q(y)))$，因为 ϕ 不含个体常元，因此有：

$$H_0 = \{c\} = H_1 = \cdots = H_\phi \qquad \square$$

例 5.4.6 设合式公式 $\phi = (\forall x)(P(a,b) \wedge Q(f(x)) \wedge R(g(x)))$，因为 ϕ 含个体常元 a 与 b，因此有：

$H_0 = \{a, b\}$

$H_1 = H_0 \cup \{f(a), f(b), g(a), g(b)\} = \{a, b, f(a), f(b), g(a), g(b)\}$

$H_2 = H_1 \cup \{f(a), f(b), g(a), g(b), f(f(a)), f(f(b)), f(g(a)), f(g(b)), g(f(a)), g(f(b)),$
$\qquad g(g(a)), g(g(b))\}$

$\quad = \{a, b, f(a), f(b), g(a), g(b), f(f(a)), f(f(b)), f(g(a)), f(g(b)), g(f(a)), g(f(b)),$
$\qquad g(g(a)), g(g(b))\}$

$\cdots$

$H_\phi = H_0 \cup H_1 \cup H_2 \cup \cdots \qquad \square$

构造出合式公式 Skolem 范式的艾尔布朗域后，就可定义该域上合式公式 ϕ 的解释了。

定义 5.4.4 设 ϕ 为 Skolem 范式，若 ϕ 的解释 $\mathcal{M} = \langle H_\phi, I \rangle$ 中 I 满足以下条件：

(1) 对 ϕ 中的每个个体常元 a，指派 H_ϕ 中的一个元素；

(2) 对 ϕ 中的每个函词 f，指派 n 元函数 $f_I : H_\phi^n \to H_\phi$，使得对于任意的 $t_1, t_2, \cdots, t_n \in H_\phi$，皆有 $f_I(t_1, t_2, \cdots, t_n) = f(t_1, t_2, \cdots, t_n)$；

(3) 对 ϕ 中的每个谓词 P，指派 n 元函数 $P_I : H_\phi^n \to \{T, F\}$，对于任意的 $t_1, t_2, \cdots, t_n \in H_\phi$，约定 $\neg P(t_1, t_2, \cdots, t_n)$ 表示 $P(t_1, t_2, \cdots, t_n)$ 的真值为 F，$P(t_1, t_2, \cdots, t_n)$ 表示 $P(t_1, t_2, \cdots, t_n)$ 的真值为 T。

则称 $\mathcal{M} = \langle H_\phi, I \rangle$ 为 ϕ 的艾尔布朗解释。

一般来说，Skolem 范式的艾尔布朗解释不是唯一的，因为函词与谓词的指派可以是任意的。

例 5.4.7 对合式公式 $\phi = (\forall x)(P(a,b) \wedge Q(f(x)) \wedge R(g(x)))$, $H_\phi = \{a, b, f(a), f(b), g(a), g(b), f(f(a)), f(f(b)), f(g(a)), f(g(b)), g(f(a)), g(f(b)), g(g(a)), g(g(b)), \cdots\}$, 可构造解释 $\mathcal{M} = \langle H_\phi, I \rangle$:

(1) $I(a) = a, I(b) = b$;

(2) $I(f)(t) = t, I(g)(t) = t, t \in H_\phi$;

(3) 谓词的真值指派用集合表示为 $\{I(P)(a,b), I(Q)(I(f)(a)), I(Q)(I(f)(b)), I(Q)(I(f)(I(f)(a))), I(R)(I(g)(a)), I(R)(I(g)(b)), \cdots\}$。

则在该解释下

$$\phi \Leftrightarrow (I(P)(a,b) \wedge I(Q)(I(f)(a)) \wedge I(R)(I(g)(a))) \wedge (I(P)(a,b) \wedge$$

$$I(Q)(I(f)(b)) \wedge I(R)(I(g)(b))) \wedge \cdots \qquad \square$$

最后，给出两个定理，结束本节的介绍，对这两个定理不再展开证明。

定理 5.4.2 Skolem 范式 ϕ 是永假式，当且仅当 ϕ 在任何艾尔布朗解释下是永假式。

定理 5.4.3 (艾尔布朗定理) Skolem 范式 $(\forall x_1)(\forall x_2) \cdots (\forall x_n)\psi(x_1, x_2, \cdots, x_n)$ 是永假式，当且仅当存在其艾尔布朗域中的元素 $t_{11}, t_{12}, \cdots, t_{1n}, t_{21}, t_{22}, \cdots, t_{2n}, \cdots, t_{m1}, t_{m2}, \cdots, t_{mn}$, 使得 $\psi(t_{11}, t_{12}, \cdots, t_{1n}) \wedge \psi(t_{21}, t_{22}, \cdots, t_{2n}) \wedge \cdots \wedge \psi(t_{m1}, t_{m2}, \cdots, t_{mn})$ 是永假式。

艾尔布朗定理的意义在于将一阶谓词逻辑证明转换为有限的命题逻辑证明。它为我们判断一个公式是不是永假式提供了办法。设 ϕ 的 Skolem 范式为 $(\forall x_1)(\forall x_2) \cdots (\forall x_n)\psi(x_1, x_2, \cdots, x_n)$, 把形式为 $\psi(t_1, t_2, \cdots, t_n)$ 的公式称为 $\psi(x_1, x_2, \cdots, x_n)$ 的例式，其中的 $t_1, t_2, \cdots, t_n$ 是 H_ϕ 中的元素。根据艾尔布朗定理，ϕ 是永假式当且仅当存在 $\psi(x_1, x_2, \cdots, x_n)$ 的有限个例式 $\psi_1, \psi_2, \cdots, \psi_m$ 使 $\psi_1 \wedge \psi_2 \wedge \cdots \wedge \psi_m$ 为永假式。

首先考虑由 H_0 中元素生成的例式，看它们的合取是不是永假式，若是永假式，则 ϕ 为永假式。否则顺次考虑由 $H_1, H_2, \cdots$ 中元素生成的例式。若 ϕ 的确是永假式，则总会找到自然数 i 使得 H_i 中元素生成的 $\psi(x_1, x_2, \cdots, x_n)$ 的例式的合取是永假式。若 ϕ 不是永假式，则这个过程永远不会完结。

例 5.4.8 对合式公式 $\phi = (\exists x)(\forall y)P(x,y) \rightarrow (\forall y)(\exists x)P(x,y)$, 可求得 $\neg\phi$ 的 Skolem 范式为

$$(\forall y)(\forall z)(P(a,y) \wedge \neg P(z,b))$$

其艾尔布朗域为 $H_\phi = \{a, b\}$。可知在指派 $y = b, z = a$ 下

$$I(P)(a,y) \wedge \neg I(P)(z,b) \Leftrightarrow I(P)(a,b) \wedge \neg I(P)(a,b) \Leftrightarrow \text{F}$$

即 $\neg\phi$ 为永假式，因此 ϕ 为永真式。

习题 5.4

1. 求下列各公式的无 $\exists$ 前束范式。

(1) $(\forall x)P(x) \rightarrow (\exists x)Q(x, y)$；

(2) $(\forall x)(P(x, y) \rightarrow (\exists z)Q(x, y, z))$；

(3) $(\exists x)\neg(\exists y)P(x, y) \rightarrow ((\exists z)Q(z) \rightarrow R(x))$；

(4) $(\forall x)(P(x) \rightarrow Q(x, y)) \rightarrow ((\exists y)(R(y) \rightarrow (\exists z)S(y, z)))$；

(5) $(\exists y)(\forall z)(P(z, y) \leftrightarrow \neg(\exists x)(P(z, x) \wedge P(x, z)))$；

(6) $\neg(\exists x)(\exists y)(\forall z)((P(x, y) \rightarrow P(y, z) \wedge P(z, z)) \wedge (P(x, y) \wedge Q(x, y) \rightarrow Q(x, z) \wedge Q(z, z)))$。

2. 请构造下述 Skolem 范式的艾尔布朗域。

(1) $(\forall x)(\forall y)(\forall z)(R(z) \wedge (P(x) \vee Q(y)))$；

(2) $(\forall x)(\forall y)(Q(y) \vee P(x) \wedge R(f(x)))$；

(3) $(\forall x)(\forall y)P(f(x), a, g(y), b)$；

(4) $(\forall x)(\forall y)((P(x) \vee Q(y)) \wedge (Q(x) \vee \neg S(f(y))))$。

3. 用艾尔布朗定理证明：

(1) $(\forall x)(\forall y)(P(x, y) \rightarrow P(y, x)) \wedge (\forall x)(\forall y)(\forall z)(P(x, y) \wedge P(y, z) \rightarrow P(x, z)) \wedge (\forall x)(\exists y)P(x, y) \rightarrow (\forall x)P(x, x)$

(2) $((\exists x)(P(x) \rightarrow Q(x)) \rightarrow ((\forall x)P(x) \rightarrow (\exists x)Q(x))) \wedge (((\forall x)P(x) \rightarrow (\exists x)Q(x)) \rightarrow (\exists x)(P(x) \rightarrow Q(x)))$

是永真式。

5.5 小结

本章介绍了谓词逻辑，并在命题逻辑的基础上对命题的思维对象的性质及之间的关系进行了分解，也涉及了更复杂的词法、语法、语义。本章首先介绍了命题的谓词逻辑符号化原则与方法，符号化是推理的基础。接着从语言的角度讨论谓词逻辑，介绍了谓词逻辑词法、语法与语义，通过 Python 程序将词法、语法进行了具象化。最后介绍了永真式判定的各种方法，包括解释法、等价变换法，以及借助计算机自动判定的算法等。

第6章 自然推理系统

第 4 章和第 5 章讨论命题逻辑和谓词逻辑的永真式、合式公式的等价等问题，借助了公式解释的分析来判定和推理，即是一种基于语义的证明方法。本章讨论通过基于形式的推理方法来证明从某些前提可以推出某些结论。

所谓自然推理，就是从给定的前提命题出发，根据演绎推理规则进行的推理，即前提命题的合取 (∧)、蕴含 (→) 结论命题。自然推理不预设公理，只是根据规则从给定的前提命题出发得出结论命题。这更符合人们日常思维的习惯，因此称为自然推理。规则具有保真性，也就是说，依据这些规则从真前提只会推出真结论。

6.1 自然推理系统基础

自然推理是要证明前提命题的合取 (∧) 蕴含 (→) 结论命题，可定义如下。

定义 6.1.1 设 $A_1, A_2, \cdots, A_n$ 是合式公式的有限非空序列，A 是合式公式。若 $A_1 \wedge A_2 \wedge \cdots \wedge A_n \Rightarrow A$，则称 A 为 $A_1, A_2, \cdots, A_n$ 的逻辑结果或有效结论。称空公式序列的逻辑结果为永真式。即若 A 为永真式，则记为 $\Rightarrow A$。

根据定义 6.1.1，所谓 A 为 $A_1, A_2, \cdots, A_n$ 的逻辑结果，即要判断 $A_1 \wedge A_2 \wedge \cdots \wedge A_n \to A$ 是不是永真式。只要严格按规则进行推理，就能够由 $A_1, A_2, \cdots, A_n$ 形式地推出 A，则 A 必为 $A_1, A_2, \cdots, A_n$ 的逻辑结果，也称合式公式序列 $A_1, A_2, \cdots, A_n$ 与合式公式 A 之间存在形式推理关系，记为

$$A_1, A_2, \cdots, A_n \vdash A$$

此时，称结论 A 可由 $A_1, A_2, \cdots, A_n$ 形式地推出。符号 $\vdash$ 念作"推出"。请注意，合式公式序列 $A_1, A_2, \cdots, A_n$ 中各公式的次序是无关紧要的。如果 $n = 0$，则有 $\vdash A$，此时，A 应为永真式。在后面的讨论中，用 Γ 来表示合式公式的有限序列，例如上式可记为 $\Gamma \vdash A$。若 $\Gamma \vdash A_1, \Gamma \vdash A_2, \cdots, \Gamma \vdash A_n$，则简记为 $\Gamma \vdash A_1, A_2, \cdots, A_n$。

要由 $A_1, A_2, \cdots, A_n$ 形式地推出 A，需要定义一组规则。自然推理系统 (Axiomatic System of Natural Deduction) 是指不含任何公理、只含规则的推理系统，它主要由一组推理规则构成。建立自然推理系统，其核心问题在于给出一组推理规则。

这组规则构成的系统应当具有可靠性和完全性。运用自然推理系统判定某个推理是否有效，只需考查从给定的前提出发，仅仅根据系统内的推理规则能否推出给定的结论。换句话说，一个推理是有效的，当且仅当从给定的前提出发得到了给定的结论，而且推理的每一步都是按系统内的推理规则进行的。

推理规则的构建需满足以下两个最基本的准则。

(1) 可靠性准则，即这组推理规则必须使我们只能推出那些可从前提合乎逻辑地得出的结论。即用推理规则进行或产生的推理必须都是逻辑有效的，推理规则不得放过或产生逻辑无效的推理。

(2) 完全性准则，即这组推理规则必须使我们能推出所有可以从前提合乎逻辑地得出的结论，即所有逻辑有效的推理都能由该组推理规则产生或构造 (推演) 出来。

下面给出一个具体的自然推理系统，规则如表 6.1 所示，此处先给出不含量词的规则。

表 6.1　自然推理系统规则——不含量词

序　　号	名　　称	简　写	规　　则
1	前提肯定规则	$\in$	$\Gamma, A \vdash A$
2	前提引入规则	$\in_+$	若 $\Gamma \vdash B$，则 $\Gamma, A \vdash B$
3	前提消去规则	$\in_-$	若 $\Gamma, A \vdash B$ 且 $\Gamma, \neg A \vdash B$，则 $\Gamma \vdash B$
4	T 规则	T 规则	$\Gamma \vdash T$
5	F 规则	F 规则	$\Gamma \vdash \neg F$
6	$\vee$ 引入规则	$\vee_+$	若 $\Gamma \vdash A$，则 $\Gamma \vdash A \vee B, B \vee A$
7	$\vee$ 消去规则	$\vee_-$	若 $\Gamma, A \vdash C$ 且 $\Gamma, B \vdash C$，则 $\Gamma, A \vee B \vdash C$
8	$\wedge$ 引入规则	$\wedge_+$	若 $\Gamma \vdash A, B$，则 $\Gamma \vdash A \wedge B$
9	$\wedge$ 消去规则	$\wedge_-$	若 $\Gamma \vdash A \wedge B$，则 $\Gamma \vdash A, B$
10	$\rightarrow$ 引入规则	$\rightarrow_+$	若 $\Gamma, A \vdash B$，则 $\Gamma \vdash A \rightarrow B$
11	$\rightarrow$ 消去规则	$\rightarrow_-$	若 $\Gamma \vdash A, A \rightarrow B$，则 $\Gamma \vdash B$
12	$\neg$ 引入规则	$\neg_+$	若 $\Gamma, A \vdash B, \neg B$，则 $\Gamma \vdash \neg A$
13	$\neg$ 消去规则	$\neg_-$	若 $\Gamma \vdash A, \neg A$，则 $\Gamma \vdash B$
14	$\neg\neg$ 引入规则	$\neg\neg_+$	若 $\Gamma \vdash A$，则 $\Gamma \vdash \neg\neg A$
15	$\neg\neg$ 消去规则	$\neg\neg_-$	若 $\Gamma \vdash \neg\neg A$，则 $\Gamma \vdash A$
16	$\leftrightarrow$ 引入规则	$\leftrightarrow_+$	若 $\Gamma, A \vdash B$ 且 $\Gamma, B \vdash A$，则 $\Gamma \vdash A \leftrightarrow B$
17	$\leftrightarrow$ 消去规则	$\leftrightarrow_-$	若 $\Gamma \vdash A \leftrightarrow B$，则 $\Gamma \vdash A \rightarrow B, B \rightarrow A$

要求证 $\Gamma \vdash A$ 就是要给出它的一个证明，基于规则的证明过程可定义如下。

定义 6.1.2　设 $\Gamma_1 \vdash A_1, \Gamma_2 \vdash A_2, \cdots, \Gamma_n \vdash A_n$ 是形式推理关系的有限非空序列，如果每个 $\Gamma_k \vdash A_k (1 \leqslant k \leqslant n)$ 或者自身是一条规则，或者可由 $\Gamma_{i_1} \vdash A_{i_1}, \Gamma_{i_2} \vdash A_{i_2}, \cdots, \Gamma_{i_m} \vdash A_{i_m} (1 \leqslant i_1, i_2, \cdots, i_m < k)$ 按照某规则推出，则称 $\Gamma_1 \vdash A_1, \Gamma_2 \vdash A_2, \cdots, \Gamma_n \vdash A_n$ 为 $\Gamma_n \vdash A_n$ 的一个证明。

有证明的形式推理关系 (如上述 $\Gamma_n \vdash A_n$) 称为自然推理系统的定理。

基于该定义，对表 6.1 中的规则进一步解读如下。

(1) 这 17 条规则中的 A、B 和 C 可以是任意的命题逻辑或谓词逻辑合式公式。

(2) 利用规则证明 $\Gamma_n \vdash A_n$ 时，每个形式推理关系占一行，每一行的格式分为 3 段：句子编号、本句结论、得出形式推理关系所使用的规则及依据的步骤 (WFF 表示由 Γ 推出的一个合式公式)：

　　(i)　　　$\Gamma \vdash \text{WFF}$　　　　　(使用的规则)(依据的步骤)

(3) 规则中"若……则……"表示后一句是可由前一句得出的结论，但两句话不一定相邻。以规则 2 为例，应用模式为 (其中 $i < j$)。

　　(i)　　　$\Gamma \vdash B$　　　　　(使用的规则)(依据的步骤)

$$\vdots$$

　　(j)　　　$\Gamma, A \vdash B$　　　　$(\in_+)$(i)

(4) 规则中出现在"若……"中 $\vdash$ 右侧"逗号"分隔的两个合式公式，表示两句话，例如规则 8、11、12 与 13 等。以规则 8 为例，应用模式为 (其中 $i < j < k$)。

　　(i)　　　$\Gamma \vdash A$　　　　　(使用的规则)(依据的步骤)

$$\vdots$$

　　(j)　　　$\Gamma \vdash B$　　　　　(使用的规则)(依据的步骤)

$$\vdots$$

　　(k)　　　$\Gamma \vdash A \wedge B$　　　$(\wedge_+)$(i)(j)

(5) 规则中"若……且……"表示两句话，例如规则 3、7 与 16 等。以规则 3 为例，应用模式为 (其中 $i < j < k$)。

　　(i)　　　$\Gamma, A \vdash B$　　　　(使用的规则)(依据的步骤)

$$\vdots$$

　　(j)　　　$\Gamma, \neg A \vdash B$　　　(使用的规则)(依据的步骤)

$$\vdots$$

　　(k)　　　$\Gamma \vdash B$　　　　　$(\in_-)$(i)(j)

(6) 规则中出现在"则……"中 $\vdash$ 右侧"逗号"分隔的两个合式公式，表示两句话，但要求按需用一个，例如规则 6、9、17 等。以规则 6 为例，应用模式为 (其中 $i < j$)。

　　(i)　　　$\Gamma \vdash A$　　　　　(使用的规则)(依据的步骤)

$$\vdots$$

　　(j)　　　$\Gamma \vdash A \vee B$　　　$(\vee_+)$(i)

(7) 规则 7($\vee$ 消去规则) 就是经常使用的"分情况证明"：要证明 A 或 B 能推出 C，则分情况证明 A 能推出 C，或者 B 也能推出 C，二者中至少有一个成立，如果二者都成立，更能推出 C。

(8) 规则 13($\neg_-$ 消去规则) 消去 $\neg$ 时，需根据要证明的定理选择合适的公式 B。在一些情况下，常常选择常量 T 或 F。

(9) 规则 13(¬_ 消去规则) 是很有必要的, 表示如果自然推理系统不协调, 则能证明任何结论。该规则能保证反证法: 若 $\Gamma, A \vdash \mathrm{F}$, 则 $\Gamma \vdash \neg A$ 在系统里是成立的。证明如下:

①	$\Gamma, A \vdash \mathrm{F}$	(已知)
②	$\Gamma, A \vdash \neg \mathrm{F}$	(F规则)
③	$\Gamma, A \vdash \neg A$	$(\neg_-)$(①②)
④	$\Gamma, \neg A \vdash \neg A$	$(\in)$
⑤	$\Gamma \vdash \neg A$	$(\in_-)$(③④)

接下来, 引入含量词的规则, 如表 6.2 所示。

表 6.2　自然推理系统规则——含量词

序号	名称	简写	规则
18	∀ 引入规则	$\forall_+$	若 $\Gamma \vdash A(x)$, 则 $\Gamma \vdash (\forall x)A(x)$, 其中 x 不是 Γ 中任何公式的自由变元
19	∀ 消去规则	$\forall_-$	若 $\Gamma \vdash (\forall x)A(x)$, 则 $\Gamma \vdash A(t)$, 其中项 t 对于 $A(x)$ 中的 x 是可代入的
20	∃ 引入规则	$\exists_+$	若 $\Gamma \vdash A(t)$, 则 $\Gamma \vdash (\exists x)A(x)$, 其中项 t 对于 $A(x)$ 中的 x 是可代入的
21	∃ 消去规则	$\exists_-$	若 $\Gamma \vdash (\exists x)A(x)$ 且 $\Gamma, A(b) \vdash C$, 则 $\Gamma \vdash C$, 其中 b 是在 $\exists(x)A(x)$, C 和 Γ 的每个公式中都不出现的个体常元
22	左 ∀ 引入规则	左 $\forall_+$	若 $\Gamma, A(x) \vdash B(x)$, 则 $\Gamma, (\forall x)A(x) \vdash B(x)$
23	∀∀ 引入规则	$\forall\forall_+$	若 $\Gamma, A(x) \vdash B(x)$, 则 $\Gamma, (\forall x)A(x) \vdash (\forall x)B(x)$, 其中 x 不是 Γ 中任何公式的自由变元
24	左 ∃ 引入规则	左 $\exists_+$	若 $\Gamma, A(x) \vdash B$, 则 $\Gamma, (\exists x)A(x) \vdash B$, 其中 x 不是 Γ, B 中任何公式的自由变元
25	∃∃ 引入规则	$\exists\exists_+$	若 $\Gamma, A(x) \vdash B(x)$, 则 $\Gamma, (\exists x)A(x) \vdash (\exists x)B(x)$, 其中 x 不是 Γ 中任何公式的自由变元

含量词规则相比于不含量词的规则增加了应用的限制条件。为更好地理解这些规则, 对表 6.2 中的规则进一步解读如下。

(1) 第 18 ~ 21 条规则是本章自然推理系统定义的规则, 而第 22 ~ 25 条规则是导出规则, 在此处列出, 可将其作为自然推理系统自身的规则, 与其他规则类似, 直接使用即可。这样约定的目的是简化后续的证明。

(2) 第 19 和 20 条规则中所说的 "项 t 对于 $A(x)$ 中的 x 是可代入的", 是指项 t 中的个体变元在代入后都不会变成约束变元。例如设 $A(x)$ 为 $(\exists y)(x = 2y)$, 其语义是断定 x 是偶数。$A(t)$ 表示用 t 代替 $A(x)$ 中 x 的一切自由出现得到的公式。但若取 t 为 $y + 1$ 则 $A(t)$ 成为 $(\exists y)(y + 1 = 2y)$, 语义变成了断定有一个自然数是 1, 与原意完全不同了。

原因在于 t 中的变元 y 在 $A(t)$ 中变成约束的了。因此，必须规定项 t 中的任何变元在代入后都不会变成约束的。

通俗地说，用项 t 代入 $A(x)$ 中的 x 后，约束出现的变元个数不能增加，即为可代入的。因此，项 x 对于 $A(x)$ 中的 x 必是可代入的。

常用以下规则来判断项 t 对某个合式公式 ϕ 中的 x 是可代入的。

① 如果 ϕ 是原子公式，则总是可代入的；

② 如果 ϕ 是形如 $\neg\alpha$ 的公式，项 t 对 α 中的 x 是可代入的；

③ 如果 ϕ 是形如 $\alpha \to \beta$ 的公式，项 t 对 α 和 β 中的 x 是可代入的；

④ 如果 ϕ 是形如 $(\forall y)\alpha$ 的公式，则要么 x 在 $(\forall y)\alpha$ 中不是自由出现，要么个体变元 y 不在项 t 中出现且项 t 对 α 中的 x 是可代入的。

(3) 规则 18($\forall_+$ 引入规则) 表示如果对任意的 x 都能够推出 $A(x)$ 成立，那么就可推出对每个 x，$A(x)$ 成立。此时，"x 不是 Γ 中任何公式的自由变元"这个条件是必不可少的，否则会得出不合理的形式推理关系。例如 $A(x) \vdash A(x)$ 是合理的，但 $A(x) \vdash (\forall x)A(x)$ 是不合理的。

这条规则的合理性可论证如下：若 $\Gamma \vdash A(x)$ 是合理的形式推理关系，则 $A(x)$ 是 Γ 的逻辑结果。任取 Γ 和 $(\forall x)A(x)$ 的解释 $\mathcal{M} = \langle D, I \rangle$ 使得 Γ 中的每个公式在解释下均为真。因为 x 既不是 Γ 中公式的自由变元，也不是 $(\forall x)A(x)$ 的自由变元，根据谓词逻辑合式公式解释的构成，I 中不会为 x 赋值，即 x 可取 I 论域中的任一元素，这表明 $(\forall x)A(x)$ 在解释 I 下为真。所以 $(\forall x)A(x)$ 是 Γ 的逻辑结果。

(4) 规则 21($\exists_-$ 消去规则) 表示如果由前提 Γ 可推出存在 x 使 $A(x)$ 成立，令 b 为使 $A(b)$ 成立的个体，可推出与 b 无关的结论 C 成立，则由 Γ 可推出 C。此处 "b 是在 $(\exists x)A(x)$，C 和 Γ 的每个公式中都不出现的个体常量"这个条件是必不可少的，否则会得出不合理的形式推理关系。例如，$(\exists x)A(x) \vdash (\exists x)A(x)$ 和 $(\exists x)A(x), A(b) \vdash A(b)$ 都是合理的，但 $(\exists x)A(x) \vdash A(b)$ 是不合理的。

这条规则的合理性可论证如下：若 $(\exists x)A(x)$ 是 Γ 的逻辑结果，C 是 $\Gamma, A(b)$ 的逻辑结果，任取 C 的解释 $\mathcal{M} = \langle D, I \rangle$，设 Γ 中的每个公式在解释 I 下均为真，把 I 扩充为 $(\exists x)A(x)$ 的解释 $\mathcal{M}' = \langle D, I' \rangle$，则由 $(\exists x)A(x) + \mathcal{M}'$ 为 T，可知有 D 中的元素 a 使 $A(a)$ 在解释 I' 下为真，为个体常量 b 指定个体 a，把 $\mathcal{M}'$ 扩充为 $A(b)$ 的解释 $\mathcal{M}'' = \langle D, I'' \rangle$，则 C 在解释 I'' 下为真，而 C 在解释 I 下的真值与在解释 I'' 下的真值相同，故 C 在解释 I 下为真。所以，C 是 Γ 的逻辑结果。

(5) 规则 22(左 $\forall_+$ 规则) 可由规则 19 导出，过程如下：

①	$\Gamma, A(x) \vdash B(x)$	(已知)
②	$\Gamma \vdash A(x) \to B(x)$	$(\to_+)$(①)
③	$\Gamma, (\forall x)A(x) \vdash (\forall x)A(x)$	($\in$)
④	$\Gamma, (\forall x)A(x) \vdash A(x)$	$(\forall_-)$(③)
⑤	$\Gamma, (\forall x)A(x) \vdash A(x) \to B(x)$	$(\in_+)$(②)
⑥	$\Gamma, (\forall x)A(x) \vdash B(x)$	$(\to_-)$(④⑤)

(6) 规则 23($\forall\forall_+$ 规则) 可由规则 18 和 22 导出，过程如下：

①	$\Gamma, A(x) \vdash B(x)$	(已知)
②	$\Gamma, (\forall x)A(x) \vdash B(x)$	(左$\forall_+$)(①)
③	$\Gamma, (\forall x)A(x) \vdash (\forall x)B(x)$	($\forall_+$)(②)

(7) 规则 24(左 $\exists_+$ 规则) 可由规则 21 导出，过程如下：

①	$\Gamma, A(x) \vdash B$	(已知)
②	$\Gamma \vdash A(x) \to B$	($\to_+$)(①)
③	$\Gamma \vdash (\forall x)(A(x) \to B)$	($\forall_+$)(②)
④	$\Gamma, (\exists x)A(x) \vdash (\exists x)A(x)$	($\in$)
⑤	$\Gamma, (\exists x)A(x), A(a) \vdash A(a)$	($\in$)
⑥	$\Gamma, (\exists x)A(x), A(a) \vdash (\forall x)(A(x) \to B)$	($\in_+$)(③)
⑦	$\Gamma, (\exists x)A(x), A(a) \vdash A(a) \to B$	($\forall_-$)(⑥)
⑧	$\Gamma, (\exists x)A(x), A(a) \vdash B$	($\to_-$)(⑤⑦)
⑨	$\Gamma, (\exists x)A(x) \vdash B$	($\exists_-$)(④⑧)

该规则也可记为 $\exists_-$ 规则，与规则 21 可互换。

(8) 规则 25($\exists\exists_+$ 规则) 可由规则 19 和 24 导出，过程如下：

①	$\Gamma, A(x) \vdash B(x)$	(已知)
②	$\Gamma, A(x) \vdash (\exists x)B(x)$	($\exists_+$)(①)
③	$\Gamma, (\exists x)A(x) \vdash (\exists x)B(x)$	(左$\exists_-$)(②)

根据自然推理系统的要求，由规则构成的系统应当具有可靠性和完全性。本章给出的规则能保证其构成的自然推理系统具有这两个性质。

定理 6.1.1 (可靠性定理)　设 A 是合式公式，Γ 是合式公式的有限序列。如果 $\Gamma \vdash A$ 是自然推理系统的定理，则 A 是 Γ 的逻辑结果。

证明：设 $\Gamma \vdash A$ 的一个证明为

$$\Gamma_1 \vdash A_1$$
$$\Gamma_2 \vdash A_2$$
$$\vdots$$
$$\Gamma_n \vdash A_n$$

其中，$\Gamma_n \vdash A_n$ 即为 $\Gamma \vdash A$。可用第二归纳法证明：对每个 $k(1 \leqslant k \leqslant n)$，$A_k$ 是 Γ_k 的逻辑结果。

(1) $\Gamma_1 \vdash A_1$ 只能是 $\in$ 规则、T 规则或 F 规则，显然 A_1 是 Γ_1 的逻辑结果。

(2) 假定对任意正整数 $m(1 < m < n)$，当 $k < m$ 时 A_k 都是 Γ_k 的逻辑结果。若 $\Gamma_m \vdash A_m$ 由 $\Gamma_{i_1} \vdash A_{i_1}, \Gamma_{i_2} \vdash A_{i_2}, \cdots, \Gamma_{i_j} \vdash A_{i_j}$ 经使用一次推理规则得到，由推理规则的合理性知，A_m 是 Γ_m 的逻辑结果。　　　　　　　　　　　　　　　□

可靠性定理表明，每个有证明的形式推理关系都是合理的，即正确地反映了数学中的推理。

对完全性定理，此处只给出该定理而不再证明。完全性定理表明，自然推理系统的定理包括了所有正确的推理关系。

定理 6.1.2 (完全性定理)　设 A 是合式公式，Γ 是合式公式的有限序列。如果 A 是 Γ 的逻辑结果，则 $\Gamma \vdash A$ 是自然推理系统的定理。

习题 6.1

1. 不用导出规则证明：

(1) $\vdash (A \to (B \to C)) \leftrightarrow (B \to (A \to C))$；

(2) $(A \vee B) \vee C \vdash A \vee (B \vee C)$；

(3) $\vdash (A \to B) \leftrightarrow (\neg B \to \neg A)$；

(4) $A \wedge \neg A \vdash F$；

(5) $A \to (B \to C) \vdash A \wedge B \to C$。

2. 证明：

(1) $(\forall x)A(x) \vdash (\exists x)A(x)$；

(2) $(\exists x)(\forall y)A(x, y) \vdash (\forall y)(\exists x)A(x, y)$；

(3) $(\forall x)A(x) \vee (\forall x)B(x) \vdash (\forall x)(A(x) \vee B(x))$；

(4) $(\forall x)(A \to B(x)) \vdash A \to (\forall x)B(x)$。其中 x 不是 A 的自由变元；

(5) $(\exists x)(A(x) \vee B(x)) \vdash (\exists x)A(x) \vee (\exists x)B(x)$；

(6) $(\forall x)(A(x) \wedge B(x)) \vdash (\forall x)A(x) \wedge (\forall x)B(x)$；

(7) $(\exists x)A(x) \to (\forall x)B(x) \vdash (\forall x)(A(x) \to B(x))$；

(8) $(\forall x)(A(x) \to B(x)) \vdash (\forall x)A(x) \to (\forall x)B(x)$。

3. 设 A 是命题逻辑的合式公式，Γ 是命题逻辑的合式公式的有限序列，A 是 Γ 的逻辑结果，证明 $\Gamma \vdash A$ 是自然推理系统的定理。

6.2　常用证明策略与逆向分析方法

使用自然推理系统进行形式证明，有一些常用的策略及结合策略的分析方法。证明策略是指通过观察待证明定理的前提或结论部分的语法形式，采取适当的策略，将待证明定理转换为易于证明或已经证明过的定理。分析方法主要指的是结合选取的证明策略逆向分析, 将问题逐步简化, 直至找到证明思路, 再沿着分析的逆序书写证明。

下面介绍一些常用的证明策略, 并通过示例展示这些策略的使用方法。

1) 右 A(或右 $\neg$) 策略

若要证 $\Gamma \vdash A$ 或 $(\neg A)$, 可把 $\neg A$(或 A) 作为附加前提引入, 以推出矛盾 (再利用 $\neg_+$ 规则得到 A 或 $\neg A$)。如果把 $\neg A$(或 A) 作为附加前提引入之后, 仍没有明确的证明思路, 此时可以观察前提, 考虑一下选什么作为 C, 才能既得到 $\Gamma, \neg A \vdash C$ 又能得到 $\Gamma, \neg A \vdash \neg C$, 从而产生矛盾 (再利用 $\neg_+$ 规则得到 $\neg\neg A$(或 $\neg A$))。

所谓 "矛盾", 指的是同一个前提既能形式地推出某个合式公式 C, 又能推出 $\neg C$, 此时, 称 C 与 $\neg C$ 为一对矛盾式。

例 6.2.1 证明: $\neg A \to A \vdash A$。

分析: 运用策略逆向分析的过程如下。

$$\neg A \to A \vdash A$$
$$\Downarrow 右A策略$$
$$\neg A \to A, \neg A \vdash 矛盾$$
$$\Downarrow 矛盾选A和\neg A$$

$$\neg A \to A, \neg A \vdash A \qquad\qquad 且 \qquad\qquad \neg A \to A, \neg A \vdash \neg A$$
$$\Downarrow 显然 \qquad\qquad\qquad\qquad\qquad\qquad\qquad \Downarrow 显然$$

从待证明的定理 $\neg A \to A \vdash A$ 开始, 运用右 A 策略, 将问题转换为 $\neg A \to A, \neg A \vdash$ 矛盾。此时, 观察前提中合式公式序列, 发现有 A 与 $\neg A$, 因此进一步将问题转换为 $\neg A \to A, \neg A \vdash \neg A$ 与 $\neg A \to A, \neg A \vdash A$。对前者, 这是显然的; 对后者, 前提中有 $\neg A \to A$ 与 $\neg A$, 这也是显然的。至此, 可基于上述分析过程自底向上逐步书写证明过程。证明过程如下:

①	$\neg A \to A, \neg A \vdash \neg A$	$(\in)$
②	$\neg A \to A, \neg A \vdash \neg A \to A$	$(\in)$
③	$A \to A, \neg A \vdash A$	$(\to_-)(①②)$
④	$A \to A \vdash \neg\neg A$	$(\neg_+)(①③)$
⑤	$A \to A \vdash A$	$(\neg\neg_-)(④)$ $\qquad$ □

2) 右 $\to$ 策略

若要证 $\Gamma \vdash A \to B$, 一般可把 A 作为附加前提引入, 以推出 B(再用 $\to_+$ 可得 $A \to B$)。如果仍达不到目的, 可再把 $\neg B$ 作为附加前提引入, 以推出矛盾结果 (再利用 $\neg_+$、$\neg_-$ 等规则即可得 B, 即右 A 策略)。

例 6.2.2 证明: $\neg A \vdash A \to B$。

分析: 运用策略逆向分析的过程如下。

$$\neg A \vdash A \to B$$

$$\Downarrow 右 \to 策略$$

$$\neg A, A \vdash B$$

$$\Downarrow 右 A 策略$$

$$\neg A, A, \neg B \vdash 矛盾$$

$$\Downarrow 矛盾选 A 和 \neg A$$

$$\neg A, A, \neg B \vdash A \qquad\qquad 且 \qquad\qquad \neg A, A, \neg B \vdash \neg A$$

$$\Downarrow 显然 \qquad\qquad\qquad\qquad\qquad\qquad\qquad \Downarrow 显然$$

从待证明的定理 $\neg A \vdash A \to B$ 开始，运用右 $\to$ 策略，将问题转换为 $\neg A, A \vdash B$。此时，可进一步用右 A 策略，将 $\neg B$ 移至前提，看能否推导出矛盾式。观察前提中合式公式序列，发现有 A 与 $\neg A$，因此可选其作为矛盾式进行尝试。证明过程如下:

①	$\neg A, A, \neg B \vdash \neg A$	$(\in)$
②	$\neg A, A, \neg B \vdash A$	$(\in)$
③	$\neg A, A \vdash \neg\neg B$	$(\neg_+)(①②)$
④	$\neg A, A \vdash B$	$(\neg\neg_-)(③)$
⑤	$\neg A \vdash A \to B$	$(\to_+)(④)$

也可在分析到 $\neg A, A \vdash B$ 时结束，因为前提已经有矛盾式了，可利用 $\neg_-$ 规则得出结论。证明过程如下:

①	$\neg A, A \vdash \neg A$	$(\in)$
②	$\neg A, A \vdash A$	$(\in)$
③	$\neg A, A \vdash B$	$(\neg_-)(①②)$
④	$\neg A \vdash A \to B$	$(\to_+)(③)$

可见，可用多种证明方法证明同一个定理。　　　　　　　　　　　　　　　□

3) 右 $\wedge$ 策略

若要证 $\Gamma \vdash A \wedge B$，一般可先证结论相对简单的 $\Gamma \vdash A$ 和 $\Gamma \vdash B$，然后再由 $\wedge_+$ 规则得到 $\Gamma \vdash A \wedge B$。

4) 右 $\vee$ 策略

若要证 $\Gamma \vdash A \vee B$，一般可先证 $\Gamma, \neg A \vdash B$(或 $\Gamma, \neg B \vdash A$) 得到 $\Gamma, \neg A \vdash A \vee B$(或 $\Gamma, \neg B \vdash A \vee B$)，然后利用 $\Gamma, A \vdash A \vee B$(或 $\Gamma, B \vdash A \vee B$) 和 $\in_-$ 规则即可得到 $\Gamma \vdash A \vee B$。

例 6.2.3　证明: $\vdash A \vee \neg A$。

分析: 运用策略逆向分析的过程如下。

$$\vdash A \vee \neg A$$
$$\Downarrow 右 \vee 策略$$
$$\neg A \vdash \neg A$$
$$\Downarrow 显然$$

从待证明的定理 $\vdash A \vee \neg A$ 开始，运用右 $\vee$ 策略，将问题转换为显而易证的 $\neg A \vdash \neg A$。至此，可按右 $\vee$ 策略书写证明过程了。如下所示:

①	$\neg A \vdash \neg A$	$(\in)$
②	$\neg A \vdash A \vee \neg A$	$(\vee_+)(①)$
③	$A \vdash A$	$(\in)$
④	$A \vdash A \vee \neg A$	$(\vee_+)(③)$
⑤	$\vdash A \vee \neg A$	$(\neg_-)(②④)$ ▢

5) 右 $\leftrightarrow$ 策略

若要证 $\Gamma \vdash A \leftrightarrow B$，一般可先证 $\Gamma, A \vdash B$ 和 $\Gamma, B \vdash A$，然后利用 $\leftrightarrow_+$ 规则即可得到 $\Gamma \vdash A \leftrightarrow B$。

6) 左 $\vee$ 策略

若要证 $\Gamma, A \vee B \vdash C$，则可分别把 A 与 B 作为前提引入，即先证 $\Gamma, A \vdash C$ 和 $\Gamma, B \vdash C$，再由 $\vee_-$ 规则得到 $\Gamma, A \vee B \vdash C$。

需要注意的是，左 $\vee$ 策略的优先级相比其他策略的优先级要高，即当前提出现析取式时，优先考虑该策略对待证明定理进行分析。

例 6.2.4　证明: $A \vee B \vdash \neg A \to B$。

分析: 运用策略逆向分析的过程如下。

$$A \vee B \vdash \neg A \to B$$
$$\Downarrow 左 \vee 策略$$

$A \vdash \neg A \to B$	且	$B \vdash \neg A \to B$
$\Downarrow 右 \to 策略$		$\Downarrow 右 \to 策略$
$A, \neg A \vdash B$	且	$B, \neg A \vdash B$
$\Downarrow 显然$		$\Downarrow 显然$

从待证明的定理 $A \vee B \vdash \neg A \to B$ 开始，运用左 $\vee$ 策略，将问题转换为显而易证的 $A \vdash \neg A \to B$ 与 $B \vdash \neg A \to B$。再分别运用右 $\to$ 策略将其转换为显而易证的 $A, \neg A \vdash B$ 与 $B, \neg A \vdash B$。至此，可基于上述分析过程书写证明过程。证明过程如下:

①	$B, \neg A \vdash B$	$(\in)$
②	$A, \neg A \vdash A$	$(\in)$

③	$A, \neg A \vdash \neg A$	$(\in)$
④	$A, \neg A \vdash B$	$(\neg_-)$(②③)
⑤	$A \vdash \neg A \to B$	$(\to_+)$(④)
⑥	$B \vdash \neg A \to B$	$(\to_+)$(①)
⑦	$A \vee B \vdash \neg A \to B$	$(\vee_-)$(⑤⑥) $\qquad\square$

7) 右 ∀ 策略

若要证 $\Gamma \vdash (\forall x)A(x)$，可证结论相对简单的 $\Gamma \vdash A(x)$(其中 x 不是 Γ 中任何公式的自由变元)，然后利用 $\forall_+$ 规则得到 $\Gamma \vdash (\forall x)A(x)$。

8) 右 ∃ 策略

若要证 $\Gamma \vdash (\exists x)A(x)$，可先证 $\Gamma \vdash A(t)$(其中项 t 对于 $A(x)$ 中的 x 是可代入的)，然后利用 $\exists_+$ 规则得到 $\Gamma \vdash (\exists x)A(x)$。

例 6.2.5 证明: $\neg(\exists x)(\neg A(x)) \vdash (\forall x)A(x)$。

分析: 运用策略逆向分析的过程如下。

$$\neg(\exists x)(\neg A(x)) \vdash (\forall x)A(x)$$
$$\Downarrow 右\forall策略$$
$$\neg(\exists x)(\neg A(x)) \vdash A(x)$$
$$\Downarrow 右A策略$$
$$\neg(\exists x)(\neg A(x)), \neg A(x) \vdash 矛盾$$
$$\Downarrow 矛盾选\neg(\exists x)(\neg A(x))与(\exists x)(\neg A(x))$$

$$\neg(\exists x)(\neg A(x)), \neg A(x) \vdash (\exists x)(\neg A(x)) \quad 且 \quad \neg(\exists x)(\neg A(x)), \neg A(x) \vdash \neg(\exists x)(\neg A(x))$$
$$\Downarrow 右\exists策略 \qquad\qquad\qquad\qquad\qquad\qquad \Downarrow 显然$$
$$\neg(\exists x)(\neg A(x)), \neg A(x) \vdash \neg A(x)$$

从待证明的定理 $\neg(\exists x)(\neg A(x)) \vdash (\forall x)A(x)$ 开始，运用右 ∀ 策略，将问题转换为 $\neg(\exists x)(\neg A(x)) \vdash A(x)$。再运用右 A 策略将其转换为 $\neg(\exists x)(\neg A(x)), \neg A(x) \vdash$ 矛盾，此时矛盾选 $\neg(\exists x)(\neg A(x))$与$(\exists x)(\neg A(x))$，至此，再分析一步，就变为显而易证的定理。基于上述分析过程书写证明过程如下:

①	$\neg(\exists x)(\neg A(x)), \neg A(x) \vdash \neg A(x)$	$(\in)$
②	$\neg(\exists x)(\neg A(x)), \neg A(x) \vdash (\exists x)(\neg A(x))$	$(\exists_+)$(①)
③	$\neg(\exists x)(\neg A(x)), \neg A(x) \vdash \neg(\exists x)(\neg A(x))$	$(\in)$
④	$\neg(\exists x)(\neg A(x)) \vdash \neg\neg A(x)$	$(\neg_+)$(②③)
⑤	$\neg(\exists x)(\neg A(x)) \vdash A(x)$	$(\neg\neg_-)$(④)
⑥	$\neg(\exists x)(\neg A(x)) \vdash (\forall)A(x)$	$(\forall_+)$(⑤) $\qquad\square$

9) 左 ∃ 策略

若要证 $\Gamma, (\exists x)A(x) \vdash C$，可以先证 $\Gamma, A(x) \vdash C$(其中 x 不是 Γ 和 C 中任何公式的自由变元)，再由左 $\exists_+$ 规则即可得到 $\Gamma, (\exists x)A(x) \vdash C$。

需要注意的是，左 ∃ 策略与左 ∨ 策略类似，其优先级相比其他策略优先级要高，即当前提出现 ∃ 量词时，优先考虑运用该策略对待证明定理进行分析。这是因为将来在证明过程中，要将左边的 ∃ 量词加上去，必须要求其左边的 Γ 和结论部分不能有自由出现的 x，若先处理其他位置的合式公式，导致出现了自由 x，那么 ∃ 量词就无法加回去。

例 6.2.6　证明: $(\exists x)(\neg A(x)) \vdash \neg(\forall x)A(x)$。

分析: 运用策略逆向分析的过程如下。

$$(\exists x)(\neg A(x)) \vdash \neg(\forall x)A(x)$$
$$\Downarrow \text{左∃策略}$$
$$\neg A(x) \vdash \neg(\forall x)A(x)$$
$$\Downarrow \text{右¬策略}$$
$$\neg A(x), (\forall x)A(x) \vdash \text{矛盾}$$
$$\Downarrow \text{矛盾选} \neg A(x) \text{与} A(x)$$

$\neg A(x), (\forall x)A(x) \vdash \neg A(x)$　　　　　且　　　　　$\neg A(x), (\forall x)A(x) \vdash A(x)$

$\Downarrow \text{显然}$　　　　　　　　　　　　　　　　　　　　　　　$\Downarrow \text{显然}$

从待证明的定理 $(\exists x)(\neg A(x)) \vdash \neg(\forall x)A(x)$ 开始，优先运用左 ∃ 策略，将问题转换为 $\neg A(x) \vdash \neg(\forall x)A(x)$。再运用右 ¬ 策略将其转换为 $\neg A(x), (\forall x)A(x) \vdash$ 矛盾，此时矛盾选 $\neg A(x)$ 与 $A(x)$，至此，都变为显而易证的定理。证明过程如下:

①	$\neg A(x), (\forall x)A(x) \vdash \neg A(x)$	$(\in)$
②	$\neg A(x), (\forall x)A(x) \vdash (\forall x)A(x)$	$(\in)$
③	$\neg A(x), (\forall x)A(x) \vdash A(x)$	$(\forall_-)(②)$
④	$\neg A(x) \vdash \neg(\forall x)A(x)$	$(\neg_+)(①③)$
⑤	$(\exists x)(\neg A(x)) \vdash \neg(\forall x)A(x)$	$(\exists_-)(⑤)$ 　□

至此，常用的分析策略及逆向分析方法都介绍完毕，这些策略能处理大部分定理的证明。

习题 6.2

1. 证明:

(1) $\vdash \neg(A \wedge B) \leftrightarrow \neg A \vee \neg B$;

(2) $\vdash A \wedge (B \vee C) \leftrightarrow (A \wedge B) \vee (A \wedge C)$;

(3) $\vdash A \vee (B \wedge C) \leftrightarrow (A \vee B) \wedge (A \vee C)$;

(4) $\vdash A \vee \mathrm{F} \leftrightarrow A$;

(5) $\vdash A \wedge \mathrm{T} \leftrightarrow A$;

(6) $\vdash (A \to B) \leftrightarrow (\neg A \vee B)$;

(7) $\neg(A \to B) \vdash A$;

(8) $\neg(A \to B) \vdash \neg B$.

2. 设 $A(x)$, $B(x)$ 和 C 为合式公式且 x 不是 C 的自由变元。证明:

(1) $\vdash (\exists x)(C \to A(x)) \leftrightarrow (C \to (\exists x)A(x))$;

(2) $(\exists x)(A(x) \to C) \vdash\!\vdash (\forall x)A(x) \to C$;

(3) $(\exists x)(A(x) \vee C) \vdash\!\vdash (\exists x)A(x) \vee C$;

(4) $(\forall x)(A(x) \wedge C) \vdash\!\vdash (\forall x)A(x) \wedge C$;

(5) $\neg(\forall x)A(x) \vdash\!\vdash (\exists x)\neg A(x)$;

(6) $(\exists x)(A(x) \wedge B(x)) \vdash (\exists x)A(x) \wedge (\exists x)B(x)$.

3. 证明 τ 规则: 若 $\Gamma \vdash \Delta$ 且 $\Delta \vdash A$, 则 $\Gamma \vdash A$。其中 Δ 为有穷合式公式集合。

6.3　综合应用

虽然 6.2节介绍的证明策略和逆向分析方法能解决大部分定理的证明问题，但在实际应用中还有一些细节上的技巧。本节将结合具体例子展示这些细节的处理、导出规则的使用方法，以及对现实世界问题、数学定理进行符号化后，再进行推理的应用过程。

在介绍 $\neg\_$ 规则时，曾提到过 B 的选择问题，可选 F 或 T，目前的例子中 B 选择的是与待证明定理相关的合式公式。但在某些情况下，需根据实际情况选择 F，这常常与右 A 策略一起使用，将 F 与 $\neg$F 作为矛盾式。

例 6.3.1　证明: $(\forall x)(\neg A(x)) \vdash \neg(\exists x)A(x)$。

分析: 运用策略逆向分析的过程如下。

$$(\forall x)(\neg A(x)) \quad \vdash \neg(\exists x)A(x)$$
$$\Downarrow \text{右}A\text{策略}$$
$$(\forall x)(\neg A(x)), (\exists x)A(x) \quad \vdash \text{矛盾}Ⓐ$$
$$\Downarrow \text{左}\exists\text{策略}$$
$$(\forall x)(\neg A(x)), A(x) \quad \vdash \text{矛盾}Ⓑ$$
$$\Downarrow \text{矛盾选F与}\neg\text{F}$$

$$(\forall x)(\neg A(x)), A(x) \vdash \mathrm{F} \qquad\qquad \text{且} \qquad\qquad (\forall x)(\neg A(x)), A(x) \vdash \neg\mathrm{F}$$
$$\Downarrow \text{矛盾选}A(x)\text{与}\neg A(x) \qquad\qquad\qquad\qquad\qquad\qquad \Downarrow \text{显然}$$

$$(\forall x)(\neg A(x)), A(x) \vdash A(x)\text{且}$$
$$(\forall x)(\neg A(x)), A(x) \vdash \neg A(x)$$

分析过程中出现了"矛盾Ⓐ"与"矛盾Ⓑ"，虽然此时可考虑矛盾选 $A(x)$ 与 $\neg A(x)$，但不能立即做出这个选择。因为此时选择了 $A(x)$ 与 $\neg A(x)$ 作为矛盾，那么，在接下来的分析中将前提 $(\exists x)A(x)$ 的 $\exists$ 量词去掉后，在书写证明时，因为结论部分含自由 x，所以 $\exists$ 量词加不回来。因此，需带着矛盾继续分析。此时就有一个需要解决的问题，即"矛盾Ⓐ"与"矛盾Ⓑ"必须相同。那么为了保证二者相同，能选用的矛盾式的范围就很小了，结合规则选择 F 与 ¬F。

证明过程如下：

① $\qquad (\forall x)(\neg A(x)), A(x) \vdash A(x)$ $\qquad\qquad (\in)$

② $\qquad (\forall x)(\neg A(x)), A(x) \vdash (\forall x)(\neg A(x))$ $\qquad (\in)$

③ $\qquad (\forall x)(\neg A(x)), A(x) \vdash \neg A(x)$ $\qquad\qquad (\forall_-)(②)$

④ $\qquad (\forall x)(\neg A(x)), A(x) \vdash F$ $\qquad\qquad\quad (\neg_-)(①③)$

⑤ $\qquad (\forall x)(\neg A(x)), A(x) \vdash \neg F$ $\qquad\qquad\quad (F规则)$

⑥ $\qquad (\forall x)(\neg A(x)), (\exists)A(x) \vdash F$ $\qquad\qquad (\exists_-)(④)$

⑦ $\qquad (\forall x)(\neg A(x)), (\exists)A(x) \vdash \neg F$ $\qquad\quad (\exists_-)(⑤)$

⑧ $\qquad (\forall x)(\neg A(x)) \vdash \neg(\exists x)A(x)$ $\qquad\qquad (\neg_+)(⑥⑦)$ $\qquad$ □

例 6.3.2　证明：$\neg A \vee \neg B \vdash \neg(A \wedge B)$。

分析：运用策略逆向分析的过程如下。

$$\neg A \vee \neg B \vdash \neg(A \wedge B)$$

$$\Downarrow 左 \vee 策略$$

$\neg A \vdash \neg(A \wedge B)$ $\qquad\qquad$ 且 $\qquad\qquad$ $\neg B \vdash \neg(A \wedge B)$

$\quad\Downarrow 右A策略$ $\qquad\qquad\qquad\qquad\qquad\qquad \Downarrow 右A策略$

$\neg A, A \wedge B \vdash 矛盾Ⓐ$ $\qquad$ 且 $\qquad$ $\neg B, (A \wedge B) \vdash 矛盾Ⓑ$

$\quad\Downarrow 矛盾选F与\neg F$ $\qquad\qquad\qquad\qquad\qquad \Downarrow 矛盾选F与\neg F$

分析过程中"矛盾Ⓐ"与"矛盾Ⓑ"这两个分属平行证明过程中的矛盾必须相同，才能得到多个结论部分相同的推理结果，使得能运用 $\vee_-$ 规则进行合并，从而完成证明。

证明过程如下：

① $\qquad \neg A, A \wedge B \vdash \neg A$ $\qquad\qquad (\in)$

② $\qquad \neg A, A \wedge B \vdash A \wedge B$ $\qquad\quad (\in)$

③ $\qquad \neg A, A \wedge B \vdash A$ $\qquad\qquad\quad (\wedge_-)(②)$

④ $\qquad \neg A, A \wedge B \vdash F$ $\qquad\qquad\quad (\neg_-)(①③)$

⑤ $\qquad \neg B, A \wedge B \vdash \neg B$ $\qquad\qquad (\in)$

⑥ $\qquad \neg B, A \wedge B \vdash A \wedge B$ $\qquad\quad (\in)$

⑦ $\qquad \neg B, A \wedge B \vdash B$ $\qquad\qquad\quad (\wedge_-)(⑥)$

⑧ $\neg B, A \wedge B \vdash F$ $(\neg_-)$(⑤⑦)

⑨ $\neg A \vee \neg B, A \wedge B \vdash F$ $(\vee_-)$(③⑧)

⑩ $\neg A \vee \neg B, A \wedge B \vdash \neg F$ (F规则)

⑪ $\neg A \vee \neg B \vdash \neg(A \wedge B)$ $(\neg_+)$(⑨⑩)   □

某些定理的证明如果仅使用 25 条给定的规则，将难以找到证明思路，或证明过程将变得非常烦琐。此时借助某些导出规则将有助于证明思路的寻找，简化证明过程。要使用导出规则，需注意以下几点。

(1) 若是待证明定理问题明确给出的导出规则，可直接使用。否则，若要使用未明确给出的导出规则，需自行证明导出规则后才能使用。

(2) 导出规则的使用有一定的格式与步骤。

若证明 $\Gamma, A \vdash C$ 比较困难时，并且已知 $A \vdash B$ 和 $B \vdash C$(这两个定理为明确给出的导出规则)，则可利用这两条导出规则进行证明：

① $B \vdash C$ (导出)

② $\vdash B \to C$ $(\to_+)$(①)

③ $\Gamma \vdash B \to C$ $(\in_+)$(②)

④ $\Gamma, A \vdash B \to C$ $(\in_+)$(③)

⑤ $A \vdash B$ (导出)

⑥ $\Gamma, A \vdash B$ $(\in_+)$(⑤)

⑦ $\Gamma, A \vdash C$ $(\to_-)$(④⑥)

例 6.3.3   证明：$(A \vee B) \wedge (A \vee C) \vdash A \vee (B \wedge C)$。

导出规则：$\neg A \wedge \neg B \vdash \neg(A \vee B)$。

分析： 运用策略逆向分析的过程如下。

$$(A \vee B) \wedge (A \vee C) \vdash A \vee (B \wedge C)$$

$$\Downarrow 右 \vee 策略$$

$$(A \vee B) \wedge (A \vee C), \neg A \vdash B \wedge C$$

$$\Downarrow 右 \wedge 策略$$

$(A \vee B) \wedge (A \vee C), \neg A \vdash B$ 且 $(A \vee B) \wedge (A \vee C), \neg A \vdash C$

$$\Downarrow 右 A 策略 \qquad\qquad\qquad\qquad\qquad\qquad\qquad \Downarrow 右 A 策略$$

$(A \vee B) \wedge (A \vee C), \neg A, \neg B \vdash 矛盾$ 且 $(A \vee B) \wedge (A \vee C), \neg A, \neg C \vdash 矛盾$

分析到这一步后，以 $(A \vee B) \wedge (A \vee C), \neg A, \neg B \vdash$ 矛盾为例，考查其前提合式公式序列，可知 $\neg A \wedge \neg B$，结合导出规则，可知有结论 $\neg(A \vee B)$，而前提的 $(A \vee B) \wedge (A \vee C)$ 可得 $A \vee B$，这是天然的矛盾式。至此，可开始书写证明过程。

运用导出规则的证明过程如下：

① $(A \lor B) \land (A \lor C), \neg A, \neg B \vdash \neg A$ 　　　　　　　　($\in$)

② $(A \lor B) \land (A \lor C), \neg A, \neg B \vdash \neg B$ 　　　　　　　　($\in$)

③ $(A \lor B) \land (A \lor C), \neg A, \neg B \vdash \neg A \land \neg B$ 　　　($\land_+$)(①②)

④ $\neg A \land \neg B \vdash \neg(A \lor B)$ 　　　　　　　　　　　(导出)

⑤ $\vdash (A \land \neg B) \to \neg(A \lor B)$ 　　　　　　　　　($\to_+$)(④)

⑥ $(A \lor B) \land (A \lor C) \vdash (\neg A \land \neg B) \to \neg(A \lor B)$ 　($\in_+$)(⑤)

⑦ $(A \lor B) \land (A \lor C), \neg A \vdash (\neg A \land \neg B) \to \neg(A \lor B)$ 　($\in_+$)(⑥)

⑧ $(A \lor B) \land (A \lor C), \neg A, \neg B \vdash (\neg A \land \neg B) \to \neg(A \lor B)$ 　($\in_+$)(⑦)

⑨ $(A \lor B) \land (A \lor C), \neg A, \neg B \vdash \neg(A \lor B)$ 　　　($\to_-$)(③⑧)

⑩ $(A \lor B) \land (A \lor C), \neg A, \neg B \vdash (A \lor B) \land (A \lor C)$ 　($\in$)

⑪ $(A \lor B) \land (A \lor C), \neg A, \neg B \vdash A \lor B$ 　　　　($\land_-$)(⑩)

⑫ $(A \lor B) \land (A \lor C), \neg A \vdash \neg\neg B$ 　　　　　　($\neg_+$)(⑨⑪)

⑬ $(A \lor B) \land (A \lor C), \neg A \vdash B$ 　　　　　　　　($\neg\neg_-$)(⑫)

⑭ $(A \lor B) \land (A \lor C), \neg A, \neg C \vdash \neg A$ 　　　　　($\in$)

⑮ $(A \lor B) \land (A \lor C), \neg A, \neg C \vdash \neg C$ 　　　　　($\in$)

⑯ $(A \lor B) \land (A \lor C), \neg A, \neg C \vdash \neg A \land \neg C$ 　　($\land_+$)(⑭⑮)

⑰ $\neg A \land \neg C \vdash \neg(A \lor C)$ 　　　　　　　　　　　(导出)

⑱ $\vdash (A \land \neg C) \to \neg(A \lor C)$ 　　　　　　　　　($\to_+$)(⑰)

⑲ $(A \lor B) \land (A \lor C) \vdash (\neg A \land \neg C) \to \neg(A \lor C)$ 　($\in_+$)(⑱)

⑳ $(A \lor B) \land (A \lor C), \neg A \vdash (\neg A \land \neg C) \to \neg(A \lor C)$ 　($\in_+$)(⑲)

㉑ $(A \lor B) \land (A \lor C), \neg A, \neg C \vdash (\neg A \land \neg C) \to \neg(A \lor C)$ 　($\in_+$)(⑳)

㉒ $(A \lor B) \land (A \lor C), \neg A, \neg C \vdash \neg(A \lor C)$ 　　　($\to_-$)(⑯㉑)

㉓ $(A \lor B) \land (A \lor C), \neg A, \neg C \vdash (A \lor B) \land (A \lor C)$ 　($\in$)

㉔ $(A \lor B) \land (A \lor C), \neg A, \neg C \vdash A \lor C$ 　　　　($\land_-$)(㉓)

㉕ $(A \lor B) \land (A \lor C), \neg A \vdash \neg\neg C$ 　　　　　　($\neg_+$)(㉒㉔)

㉖ $(A \lor B) \land (A \lor C), \neg A \vdash C$ 　　　　　　　　($\neg\neg_-$)(㉕)

㉗ $(A \lor B) \land (A \lor C), \neg A \vdash B \land C$ 　　　　　($\land_+$)(⑬㉖)

㉘ $(A \lor B) \land (A \lor C), \neg A \vdash A \lor (B \land C)$ 　　($\lor_+$)(㉗)

㉙ $(A \lor B) \land (A \lor C), A \vdash A$ 　　　　　　　　　　($\in$)

㉚ $(A \lor B) \land (A \lor C), A \vdash A \lor (B \land C)$ 　　　($\lor_+$)(㉙)

㉛ $(A \lor B) \land (A \lor C) \vdash A \lor (B \land C)$ 　　　　　($\in_-$)(㉘㉚)　□

最后，展示如何综合运用符号化、自然推理系统来对现实世界、数学问题进行推理的过程。

例 6.3.4　请用命题逻辑符号化下面的假设与结论，并用自然推理系统证明由假设能推理出结论。

假设：

(1) 今天下午没出太阳，并且比昨天冷；

(2) 我们去游泳仅当出太阳的时候；

(3) 如果我们没去游泳，我们就去划船；

(4) 如果我们去划船，则在太阳下山的时候到家。

结论：太阳下山的时候我们到家。

解：首先对简单命题进行符号化如下。

P：今天下午出太阳；

Q：比昨天冷；

R：我们去游泳；

S：我们就去划船；

U：在太阳下山的时候到家。

则 4 个假设分别符号化为

$$\neg P \wedge Q, R \to P, \neg R \to S, S \to U$$

结论符号化为 U。

因此，即要证明：$\neg P \wedge Q, R \to P, \neg R \to S, S \to U \vdash U$。

分析：如果前提的合式公式序列能推出 S，则立即可推出 U，而要前提合式公式序列推出 S，则需先能推出 $\neg R$，即看是否有 $\neg P \wedge Q, R \to P, \neg R \to S, S \to U \vdash \neg R$。运用右 A 策略，将 $\neg(\neg R)$ 移至前提，考查能否推出矛盾，矛盾选 P 与 $\neg P$。

证明过程如下：

①	$\neg P \wedge Q, R \to P, \neg R \to S, S \to U, R \vdash \neg P \wedge Q$	$(\in)$
②	$\neg P \wedge Q, R \to P, \neg R \to S, S \to U, R \vdash \neg P$	$(\wedge_-)(①)$
③	$\neg P \wedge Q, R \to P, \neg R \to S, S \to U, R \vdash R$	$(\in)$
④	$\neg P \wedge Q, R \to P, \neg R \to S, S \to U, R \vdash R \to P$	$(\in)$
⑤	$\neg P \wedge Q, R \to P, \neg R \to S, S \to U, R \vdash P$	$(\to_-)(③④)$
⑥	$\neg P \wedge Q, R \to P, \neg R \to S, S \to U \vdash \neg R$	$(\neg_+)(②⑤)$
⑦	$\neg P \wedge Q, R \to P, \neg R \to S, S \to U \vdash \neg R \to S$	$(\in)$
⑧	$\neg P \wedge Q, R \to P, \neg R \to S, S \to U \vdash S$	$(\to_-)(⑥⑦)$
⑨	$\neg P \wedge Q, R \to P, \neg R \to S, S \to U \vdash S \to U$	$(\in)$
⑩	$\neg P \wedge Q, R \to P, \neg R \to S, S \to U \vdash U$	$(\to_-)(⑧⑨)$　□

例 6.3.5　用自然推理系统证明：定义域是全域的对称且传递的二元关系是自反的。

证明：

令 $R(x, y)$ 表示 x 和 y 之间具有关系 R，则：

"对称" 可符号化为 $(\forall x)(\forall y)(R(x,y) \to R(y,x))$；

"传递" 可符号化为 $(\forall x)(\forall y)(\forall z)(R(x,y) \land R(y,z) \to R(x,z))$；

"定义域是全域" 可符号化为 $(\forall x)(\exists y)R(x,y)$；

"自反" 可符号化为 $(\forall x)R(x,x)$。

因此，定理可描述为

$$(\forall x)(\forall y)(R(x,y) \to R(y,x)), (\forall x)(\forall y)(\forall z)(R(x,y) \land R(y,z) \to$$
$$R(x,z)), (\forall x)(\exists y)R(x,y) \vdash (\forall x)R(x,x)$$

为缩短每一行的证明，令：

$$X = (\forall x)(\forall y)(R(x,y) \to R(y,x))$$
$$Y = (\forall x)(\forall y)(\forall z)(R(x,y) \land R(y,z) \to R(x,z))$$
$$Z = (\forall x)(\exists y)R(x,y)$$

则证明过程如下：

①	$X, Y, Z \vdash (\forall x)(\exists y)R(x,y)$	$(\in)$
②	$X, Y, Z \vdash (\exists y)R(x,y)$	$(\forall_-)(①)$
③	$X, Y, Z, R(x,a) \vdash R(x,a)$	$(\in)$
④	$X, Y, Z, R(x,a) \vdash (\forall x)(\forall y)(R(x,y) \to R(y,x))$	$(\in)$
⑤	$X, Y, Z, R(x,a) \vdash (\forall y)(R(x,y) \to R(y,x))$	$(\forall_-)(④)$
⑥	$X, Y, Z, R(x,a) \vdash (R(x,a) \to R(a,x))$	$(\forall_-)(⑤)$
⑦	$X, Y, Z, R(x,a) \vdash R(a,x)$	$(\to_-)(③⑥)$
⑧	$X, Y, Z, R(x,a) \vdash (\forall x)(\forall y)(\forall z)(R(x,y) \land R(y,z) \to R(x,z))$	$(\in)$
⑨	$X, Y, Z, R(x,a) \vdash (\forall y)(\forall z)(R(x,y) \land R(y,z) \to R(x,z))$	$(\forall_-)(⑧)$
⑩	$X, Y, Z, R(x,a) \vdash (\forall z)(R(x,a) \land R(a,z) \to R(x,z))$	$(\forall_-)(⑨)$
⑪	$X, Y, Z, R(x,a) \vdash R(x,a) \land R(a,x) \to R(x,x)$	$(\forall_-)(⑩)$
⑫	$X, Y, Z, R(x,a) \vdash R(x,a) \land R(a,x)$	$(\land_+)(③⑦)$
⑬	$X, Y, Z, R(x,a) \vdash R(x,x)$	$(\to_-)(⑪⑫)$
⑭	$X, Y, Z \vdash R(x,x)$	$(\exists_-)(②⑬)$
⑮	$X, Y, Z \vdash (\forall x)R(x,x)$	$(\forall_+)(⑭)$ □

习题 6.3

1. 请用命题逻辑符号化下面的假设与结论，并用自然推理系统证明由假设能推理出结论。

假设:

(1) 如果你给我发 E-mail, 我就将写完这个程序;

(2) 如果你不给我发 E-mail, 我就会早早上床睡觉;

(3) 如果我早点上床睡觉, 醒来时就会精力充沛。

结论: 如果我不写完这个程序, 醒来时就会精力充沛。

2. 请用命题逻辑符号化下面的假设与结论, 并用自然推理系统证明由假设能推理出结论。

假设:

(1) 张三在滑雪, 或没有下雪;

(2) 正在下雪或李四在打冰球。

结论: 张三在滑雪, 或李四在打冰球。

3. 用自然推理系统证明: $(\forall x)(P(x) \lor Q(x)) \vdash \neg(\forall x)P(x) \to (\exists x)Q(x)$。

可使用导出规则: $\neg(\forall x)P(x) \vdash (\exists x)(\neg P(x))$。

4. 符号化下列命题, 并构造推理证明:

每个自然数不是奇数就是偶数, 自然数是偶数当且仅当它能被 2 整除, 并不是所有的自然数都能被 2 整除, 因此, 有的自然数是奇数。

5. 给定谓词如下。

$A(x)$: x 是人;

$B(x)$: x 喜欢步行;

$C(x)$: x 喜欢乘汽车;

$D(x)$: x 喜欢骑自行车。

论域是全域 (即包含所有个体)。

用上述谓词表示下列各命题, 并用自然推理系统证明此推理的有效性。

"任何人, 如果他喜欢步行, 他就不喜欢乘汽车。每一个人或者喜欢乘汽车, 或者喜欢骑自行车。有的人不喜欢骑自行车。因此, 有的人不喜欢步行。"

6. 已知前提:

(1) 任何能阅读者都识字;

(2) 海豚不识字;

(3) 有些海豚是有智力的。

结论: 某些有智力者不能阅读。

试用自然推理系统证明之。

7. 用自然推理系统证明以下推理的正确性:

每个作家都写过作品。有的作家没有写过小说。因此, 有的作品不是小说。

8. 小王、小李和小张都是大学生艺术团的成员, 该艺术团的成员不是唱歌者就是跳舞者。没有唱歌者喜欢辣椒。所有的跳舞者都喜欢肉。凡是小王喜欢的小李都不喜欢。小李喜欢辣椒和肉。因此, 该艺术团有的成员是唱歌者而不是跳舞者。

给定谓词如下，用这些谓词表示上述诸命题，并且用自然推理系统证明此推理的有效性。

$M(x)$：x 是大学生艺术团成员；

$S(x)$：x 是唱歌者；

$D(x)$：x 是跳舞者；

$L(x,y)$：x 喜欢 y。

a, b, c 分别表示小王、小李和小张，d, e 分别表示辣椒和肉。

9. 将下列推理符号化并给出形式证明：

鸟会飞，猴子不会飞，所以，猴子不是鸟。

10. 请符号化以下命题，并用自然推理系统证明结论是有效的。

(1) 有理数、无理数都是实数；虚数不是实数。因此，虚数既不是有理数，也不是无理数。(论域为全域)

(2) 所有的舞蹈者都很有风度，万英是名学生并且是个舞蹈者。因此，有些学生很有风度。(论域为全域)

(3) 每个喜欢步行的人都不喜欢骑自行车。每个人或者喜欢骑自行车或者喜欢乘汽车。有的人不喜欢乘汽车。所以有的人不喜欢步行。(论域为全域)

(4) 每个旅客或者坐头等舱或者坐经济舱。每个旅客当且仅当他富裕时坐头等舱；有些旅客富裕但并非所有的旅客都富裕。因此有些旅客坐经济舱。(论域为全域)

6.4　小结

本章讨论利用自然推理方法来进行推理，这是一种形式推理方法，从给定的前提命题出发，根据演绎推理规则进行的推理，即依规则推演，而不考虑语义。本章介绍了一种自然推理系统，由 25 条规则构成。重点介绍了寻找证明思路的逆向分析法，以及与之相关的证明策略，通过大量例题展示了证明策略的应用方法，以及自然推理系统在实际问题推理上的应用。

第7章 图论基础

图论从创立，至今已有二百多年的发展历史，近 60 年来发展十分迅速，成为一个新兴的数学分支，在自然科学和社会科学中有很广泛的应用。例如社交网络、拍卖竞价等问题的研究，离不开图论的知识与相关工具。在计算机科学中，图论的地位与应用尤其重要，计算机科学中的许多概念、算法都需要图论支持 (例如计算机网络、二叉树等)，图论为计算机应用建模提供了基本的数学工具，网络、调度、流量优化、电路设计、路径规划、计算机游戏、程序编译、面向对象设计、表示各种关系等应用，都会涉及图论。

普通意义上的图是在坐标系中用点线表示的数据，而在离散数学中，图的含义是一种用于表示关系的特殊离散结构，具有网状表示形式。本章从抽象数学系统的角度来研究图，必然会涉及图上的定义、运算与操作，请注意和"数据结构与算法"等课程中相关知识的区别。作为一种抽象数学系统，图具有很多数学上的抽象性质、操作，而数据结构与算法研究的是如何从逻辑结构的角度来表示数学上的图及其之上的操作，以及如何从实现层面将逻辑表示的图及其操作变为计算机能处理的对象。因此，二者考查图的角度不一样，请注意区别。

7.1 图的基本概念

形象地说，图是由节点和连接节点的边构成的特殊离散结构，具有网状表示形式，如图 7.1所示，分别为无向图和有向图。在第 2 章中介绍的关系图、相容关系与等价关系的简化关系图分别就是有向图和无向图的例子。

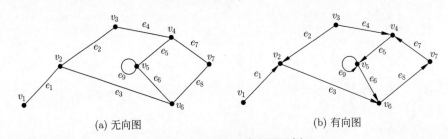

(a) 无向图   (b) 有向图

图 7.1   无向图及有向图示例

但是，作为一种数学结构，需给出形式化的定义，而不只是绘图展示。本章中将图定义为一个抽象数学系统。

定义 7.1.1 设 V 和 E 是有限集合，且 $V \neq \varnothing$。

(1) 如果 $\Psi : E \to \{\{v_1, v_2\} \mid v_1 \in V \text{且} v_2 \in V\}$，则称 $G = \langle V, E, \Psi \rangle$ 为无向图；

(2) 如果 $\Psi : E \to V \times V$，则称 $G = \langle V, E, \Psi \rangle$ 为有向图。

无向图和有向图统称为图，V 称为图 G 的节点集合，其中的元素称为节点。E 称为图 G 的边集合，其中的元素称为边。称 $|V|$ 为 G 的阶。

由 Ψ 的定义可知，有向图与无向图的区别在于边映射的节点对的组织方式。当节点对用集合组织时，表示这两个节点没有先后次序；而当用序偶组织节点对时，表示这两个节点是有先后次序的。如图 7.1 所示，无向图的边没有箭头，而有向图的边有箭头表示两个节点的次序。

例 7.1.1　图 7.1 中两个图示例的定义分别如下。

(1) 图 7.1(a)：

$$G_a = \langle \{v_1, v_2, v_3, v_4, v_5, v_6, v_7\}, \{e_1, e_2, e_3, e_4, e_5, e_6, e_7, e_8, e_9\},$$
$$\{\langle e_1, \{v_1, v_2\}\rangle, \langle e_2, \{v_2, v_3\}\rangle, \langle e_3, \{v_2, v_6\}\rangle, \langle e_4, \{v_3, v_4\}\rangle, \langle e_5, \{v_4, v_5\}\rangle,$$
$$\langle e_6, \{v_5, v_6\}\rangle, \langle e_7, \{v_4, v_7\}\rangle, \langle e_8, \{v_6, v_7\}\rangle, \langle e_9, \{v_5\}\rangle\}\rangle$$

(2) 图 7.1(b)：

$$G_b = \langle \{v_1, v_2, v_3, v_4, v_5, v_6, v_7\}, \{e_1, e_2, e_3, e_4, e_5, e_6, e_7, e_8, e_9\},$$
$$\{\langle e_1, \langle v_1, v_2\rangle\rangle, \langle e_2, \langle v_3, v_2\rangle\rangle, \langle e_3, \langle v_2, v_6\rangle\rangle, \langle e_4, \langle v_3, v_4\rangle\rangle, \langle e_5, \langle v_4, v_5\rangle\rangle,$$
$$\langle e_6, \langle v_5, v_6\rangle\rangle, \langle e_7, \langle v_7, v_4\rangle\rangle, \langle e_8, \langle v_6, v_7\rangle\rangle, \langle e_9, \langle v_5, v_5\rangle\rangle\}\rangle \qquad \square$$

此处为便于论述，先给出无向图和有向图的图形示例，再给出其数学结构描述。一般是基于图的代数结构表示讨论图论问题，图形化表示用于启发思考、寻求解题思路，或辅助表述解决方案的。

对定义 7.1.1 进一步解读，考虑一些边界情况，可知有：

- $V \neq \varnothing$，而 E 可以为空，若 $E = \varnothing$，则称图 G 为零图。
- Ψ 函数为全函数，所以每条边必须映射到一对节点。
- 节点对中的两节点，可以是相同的，也可以是不同的。若边 $e \in E$ 映射到同一个节点构成的节点对，即 $\Psi(e) = \{v\}$ 或 $\Psi(e) = \langle v, v\rangle$，则称 e 为自圈。
- Ψ 函数允许出现"多对一"，因此，当有多个 E 中元素映射到同一对节点对时，称这些边为平行边。即对边 $e_1, e_2 \in E$，有 $\Psi(e_1) = \Psi(e_2)$，则 e_1 与 e_2 为平行边。对于有向图，同一对节点对指的是两个节点的序偶相同，即除了节点名相同外，节点的次序也必须相同。

在有些书中，将允许有平行边的图 G 称为多重图，将允许有自圈的图 G 称为伪图。如果图 G 没有自圈，也没有平行边，则称 G 为简单图。将既有有向边，又有无向边的图 G 称为混合图。对混合图，将无向边用一对方向相反的有向边代替，就得到了简单图。本书中只讨论简单图。

图的应用范围很广，现实世界中的很多问题可建模成图。下面给出两个建模的示例，图 7.2 展示了迷宫的图模型，将迷宫中的十字路口和死胡同建模为节点，这些点间由墙围出来的道路建模为边。由于在该迷宫中沿着墙移动在方向上无限制，因此建模为无向图。图 7.3是蛇棋棋盘的图模型，每个格子建模为一个节点，根据规则，节点间的移动关系建模为边，因为规则规定了节点间允许移动的方向，因此建模为有向图。

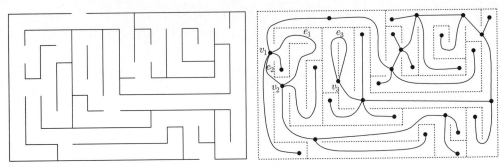

图 7.2　迷宫的图模型示例

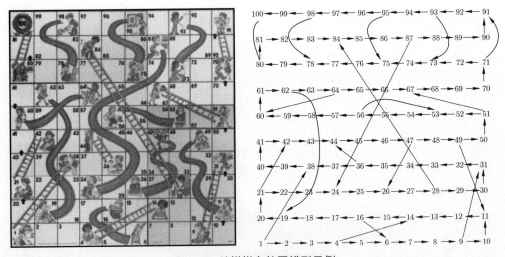

图 7.3　蛇棋棋盘的图模型示例

　　本章利用数学元素来建模图，即编程表示图时，只利用集合、序偶等数据结构来表示图，而不是利用矩阵等数据结构，目的是让读者体验基于数学概念的图的性质判定、图上的操作等。

　　以 Python 编程语言为例，可设计表示图的 Graph 类，如代码 7.1 所示。

代码 **7.1**　表示图的 Graph 类

```python
from typing import Optional

class Graph:
    nodes: set
    edges: set
```

```
6      psi: set
7      def __init__(self, nodes: set, edges: Optional[set] = set(),
8                  psi: Optional[set] = set()):
9          self.nodes = nodes
10         self.edges = edges
11         assert set([maps[0] for maps in psi]) == edges, " 每条边都必须关联节点"
12         self.psi = psi
13     def __repr__(self) -> str:
14         return '<'+ str(self.nodes) + ','+ str(self.edges) + ','+ str(self.psi) + '>'
15     def __eq__(self, other: object) -> bool:
16         return isinstance(other, Graph) and \
17     (self.nodes == other.nodes and \
18      self.edges == other.edges and \
19      self.psi == other.psi)
20     def __ne__(self, other: object) -> bool:
21         return not self == other
22     def graph_type(self) -> str:
23         if len(self.edges) == 0 :
24             return 'unknow graph type'
25         if isinstance(list(self.psi)[0][1], frozenset):
26             return 'undirected graph'
27         else:
28             return 'directed graph'
```

Graph 类中, 利用三个集合分别保存节点、边以及边与节点对映射集合。graph_type 函数通过判断 psi 集合中节点对的组织方式来判断图的类型 (有向或无向)。

以图 7.1为例创建两个 Graph 对象的程序如代码 7.2 所示。

代码 7.2 图 7.1的 Graph 对象

```
1  nodes = {'v1', 'v2', 'v3', 'v4', 'v5', 'v6', 'v7', 'v8'}
2  edges = {'e1', 'e2', 'e3', 'e4', 'e5', 'e6', 'e7', 'e8', 'e9'}
3  psi1 = {('e1', frozenset(['v1', 'v2'])), ('e2', frozenset(['v2', 'v3'])), \
4          ('e3', frozenset(['v2', 'v6'])), ('e4', frozenset(['v3', 'v4'])), \
5          ('e5', frozenset(['v4', 'v5'])), ('e6', frozenset(['v5', 'v6'])), \
6          ('e7', frozenset(['v4', 'v7'])), ('e8', frozenset(['v6', 'v7'])), \
7          ('e9', frozenset(['v5']))}
8  psi2 = {('e1', ('v1', 'v2')), ('e2', ('v3', 'v2')), ('e3', ('v2', 'v6')), \
9          ('e4', ('v3', 'v4')), ('e5', ('v4', 'v5')), ('e6', ('v5', 'v6')), \
10         ('e7', ('v7', 'v4')), ('e8', ('v6', 'v7')), ('e9', ('v5', 'v5'))}
11
12 g1 = Graph(nodes, edges, psi1)
13 g2 = Graph(nodes, edges, psi2)
```

图的核心要素是节点与边的对应关系, 在讨论这种关系前, 先给出一些定义。

定义 7.1.2 设无向图 $G = \langle V, E, \Psi \rangle$, $e, e_1, e_2 \in E$ 且 $v_1, v_2 \in V$。

(1) 如果 $\Psi(e) = \{v_1, v_2\}$, 则称 e 与 v_1(或 v_2) 互相关联, e 连接 v_1 和 v_2, v_1 和 v_2 既是 e 的起点, 也是 e 的终点, 也称 v_1 和 v_2 邻接;

(2) 如果两条不同边 e_1 和 e_2 与同一个节点关联，则称 e_1 和 e_2 邻接。

定义 7.1.3 设有向图 $G = \langle V, E, \Psi \rangle$，$e \in E$ 且 $v_1, v_2 \in V$。如果 $\Psi(e) = \langle v_1, v_2 \rangle$，则称 e 连接 v_1 和 v_2，e 与 v_1(或 v_2) 互相关联。分别称 v_1 和 v_2 是 e 的起点与终点，也称 v_1 和 v_2 邻接。

在图的边与节点的对应关系中，一个很重要的关系是数量关系，这就是度的概念。

定义 7.1.4 设 v 是图 G 的节点。

(1) 如果 G 是无向图，G 中与 v 关联的边的数目之和称为 v 的度，记为 $d_G(v)$。

(2) 如果 G 是有向图，G 中以 v 为起点的边的数目称为 v 的出度，记为 $d_G^+(v)$；G 中以 v 为终点的边的数目称为 v 的入度，记为 $d_G^-(v)$；v 的出度与入度之和称为 v 的度，记为 $d_G(v)$。

以图 7.1中无向图和有向图为例，例如无向图中，$d_G(v_6) = 3$，$d_G(v_5) = 4$。有向图中 $d_G^+(v_6) = 1$，$d_G^-(v_6) = 2$，而 $d_G(v_6) = 3$；$d_G^+(v_3) = 2$，$d_G^-(v_3) = 0$，而 $d_G(v_3) = 2$；$d_G^+(v_5) = 2$，$d_G^-(v_5) = 2$，而 $d_G(v_5) = 4$。

对图中的自圈，计算其关联的节点的度时，要计算两次，一次离开该节点，一次进入该节点。

可根据节点度的奇偶性对节点进行分类。

定义 7.1.5 度为奇数的节点称为奇节点；度为偶数的节点称为偶节点。

从图 G 所有节点的度总和角度考查节点度，可知，若从图 G 中去掉一条边，则该边关联的两个节点的度各减 1，即图 G 节点度总和减 2。反之，若向图 G 中新增一条边，则该边关联的两个节点的度各加 1，即图 G 节点度总和加 2。

利用该观察，可得到图中边与节点的对应关系关于数量的几个性质，又称为握手定理。

定理 7.1.1 设无向图 $G = \langle V, E, \Psi \rangle$ 有 m 条边，则：

$$\sum_{v \in V} d_G(v) = 2m$$

定理 7.1.2 设有向图 $G = \langle V, E, \Psi \rangle$ 有 m 条边，则：

$$\sum_{v \in V} d_G^+(v) = \sum_{v \in V} d_G^-(v) = m$$

且

$$\sum_{v \in V} d_G(v) = 2m$$

定理 7.1.1 和定理 7.1.2 的证明将利用前述观察，即向图 G 添加、删除一条边，对图中所有节点度之和的影响，来进行证明，以定理 7.1.1证明为例。

证明： 用第一归纳法对图 G 的边数进行归纳。

(1) 当 $|E| = 0$ 时，图 G 为零图，则对任意的 $v \in V$，$d_G(v) = 0$，所以 $\sum\limits_{v \in V} d_G(v) = 2m = 0$。

(2) 假设当 $|E| = k(k \geqslant 0)$ 时，命题成立。当 $|E| = k + 1$ 时，任选一条边 e 且有 $v_1, v_2 \in V$ 使得 $\langle e, \{v_1, v_2\} \rangle \in \Psi$，将 e 从 G 中删除，则 G 变为有 k 条边的无向图 G'。根据归纳假设有 $\sum\limits_{v \in V} d_{G'}(v) = 2k$，此时，再将 e 添加回去，则有 $d_G(v_1) = d_{G'}(v_1) + 1$ 且 $d_G(v_2) = d_{G'}(v_2) + 1$。即 $\sum\limits_{v \in V} d_G(v) = \sum\limits_{v \in V} d_{G'}(v) + 2 = 2k + 2 = 2(k+1)$。 □

由握手定理，立即可得定理 7.1.3。

定理 7.1.3 任何图都有偶数个奇节点。

证明： 设图 $G = \langle V, E, \Psi \rangle$，其中有 n_1 个奇节点，n_2 个偶节点，且 $n_1 + n_2 = |V|$。令所有奇节点构成的集合为 V_1，所有偶节点构成的集合为 $V_2 = V - V_1$。则有：

$$\sum_{v \in V} d_G(v) = \sum_{v_1 \in V_1} d_G(v_1) + \sum_{v_2 \in V_2} d_G(v_2) = 2|E|$$

设每个 $v_i \in V_1$ 有 $d_G(v_i) = 2c_i + 1$，其中 $1 \leqslant i \leqslant |V_1|$ 且 $c_i \in \mathbb{N}$。设每个 $v_j \in V_2$ 有 $d_G(v_j) = 2d_j$，其中 $1 \leqslant j \leqslant |V_2|$ 且 $d_j \in \mathbb{N}$。则：

$$\sum_{v_1 \in V_1} d_G(v_1) = \sum_{v \in V} d_G(v) - \sum_{v_2 \in V_2} d_G(v_2) = 2|E| - (2d_1 + 2d_2 + \cdots + 2d_{|V_2|})$$

$$= 2(|E| - d_1 - d_2 - \cdots - d_{|V_2|})$$

而

$$\sum_{v_1 \in V_1} d_G(v_1) = (2c_1 + 1) + (2c_2 + 1) + \cdots + (2c_{|V_1|} + 1) = 2(c_1 + c_2 + \cdots + c_{|V_1|}) + |V_1|$$

由上两式可得

$$|V_1| = 2(|E| - d_1 - d_2 - \cdots - d_{|V_1|} - c_1 - c_2 - \cdots - c_{|V_1|})$$

因此 $|V_1|$ 为偶数，即奇节点为偶数个。 □

根据节点度的一些特殊情况，还可对节点进行其他的分类。

定义 7.1.6 度为 0 的节点称为孤立点；度为 1 的节点称为端点。

根据节点度的概念，可为前述的一些特殊图利用度的概念重新定义，并定义一些新类型的图。

定义 7.1.7 以下定义一些特殊图：

(1) 节点都是孤立点的图称为零图。

(2) 一阶零图称为平凡图。

(3) 所有节点的度均为自然数 d 的无向图称为 d 度正则图。

(4) 设 $n \in \mathbb{I}_+$, 如果 n 阶简单无向图 G 是 $n-1$ 度正则图, 则称 G 为完全无向图, 记为 K_n。

(5) 设 $n \in \mathbb{I}_+$, 每个节点的出度和入度均为 $n-1$ 的 n 阶简单有向图称为完全有向图。

显然, 0 度正则图即为零图, 1 度正则图中, 任意两条边关联的节点无公共节点。图 7.4 给出了 $2 \sim 4$ 度正则图的示例。

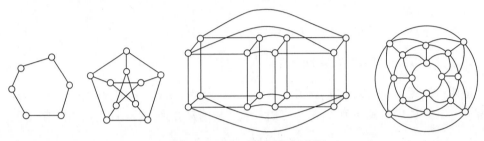

图 7.4 $2 \sim 4$ 度正则图示例

基于这些定义, 可继续在前面实现的 Graph 类中添加更多的与度相关的方法, 程序片段如代码 7.3 所示。其中 in_degree、out_degree、vertex_degree 分别计算节点的入度、出度和度, all_degree 根据握手定理计算节点度总和, odd_vertexs、even_vertexs 用于找出图中所有的奇节点、偶节点, is_isolated_vertex 与 is_endpoint 用于判断节点是否为孤立点和端点。

代码 7.3 Graph 类中与度相关的方法

```python
from typing import Optional

class Graph:
    ...
    def in_degree(self, node:object)->int:
        assert self.graph_type() == 'directed graph', '无向图无入度定义'
        assert node in self.nodes, "图中无节点"+str(node)
        return len([maps[0] for maps in self.psi if node==maps[1][1]])
    def out_degree(self, node:object)->int:
        assert self.graph_type() == 'directed graph', '无向图无出度定义'
        assert node in self.nodes, "图中无节点"+str(node)
        return len([maps[0] for maps in self.psi if node==maps[1][0]])
    def vertex_degree(self, node:object)->int:
        assert node in self.nodes, "图中无节点"+str(node)
        if self.graph_type() == 'directed graph':
            return self.in_degree(node) + self.out_degree(node)
        else:
            psi = list(self.psi) + [maps for maps in self.psi if len(maps[1])==1]
```

```
19          return len([maps[0] for maps in psi if node in maps[1]])
20      def all_degrees(self)->int:
21          return 2 * len(self.edges)
22      def is_zero_graph(self)->bool:
23          return self.all_degrees()==0
24      def is_isolated_vertex(self, node:object)->bool:
25          return self.vertex_degree(node)==0
26      def is_endpoint(self, node:object)->bool:
27          return self.vertex_degree(node)==1
28      def odd_vertexs(self)->set:
29          return set([node for node in self.nodes if self.vertex_degree(node) % 2==1])
30      def even_vertexs(self)->set:
31          #return self.nodes - self.odd_vertexs()
32          return set([node for node in self.nodes if self.vertex_degree(node) % 2==0])
```

图 7.5 与图 7.6 分别给出了一至七阶完全无向图以及一至三阶完全有向图的示例。可知，完全图中，每个节点都与剩余的 $n-1$ 个节点邻接。n 阶完全无向图 K_n 中有 $\dfrac{n(n-1)}{2}$ 条边，n 阶完全有向图中有 $n(n-1)$ 条边。

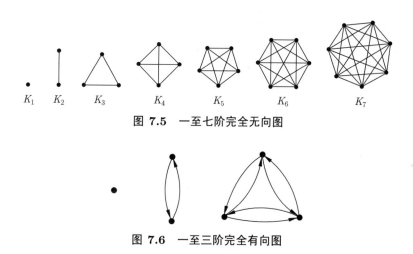

K_1 K_2 K_3 K_4 K_5 K_6 K_7

图 7.5 一至七阶完全无向图

图 7.6 一至三阶完全有向图

基于上述定义的 Graph 类及度相关的方法，可定义两个判断给定的图是否为完全无向或有向图的方法，分别为 is_complete_undigraph 与 is_complete_digraph，程序片段如代码 7.4 所示。

代码 7.4 完全图判定方法

```
1  from typing import Optional
2
3  class Graph:
4      ...
5      def is_complete_undigraph(self)->bool:
6          assert self.graph_type() == 'undirected graph', '不是无向图'
7          degree = len(self.nodes)-1
```

```
 8        return all([self.vertex_degree(v)== degree for v in self.nodes])
 9
10    def is_complete_digraph(self)->bool:
11        assert self.graph_type() == 'directed graph', '不是有向图'
12        degree = len(self.nodes)-1
13        return all([self.in_degree(v)==degree and self.out_degree(v)==degree \
14                    for v in self.nodes])
```

　　在现实世界中，完全图常常是需要避免的，因为完全图中边的数目以节点数的平方增长。例如，现实世界的计算机网络拓扑结构，不会出现每台计算机都与其他计算机直接连接，这在物理上是不现实的，意味着对每台计算机，都要有大量的端口供其轮询而进行通信。又例如，在任何大于 4 或 5 个成员的团队中，如果团队的每个成员都必须与其余每个成员交谈，交流开销将成为占比最大的开销。

　　在定理 7.1.1 的证明过程中，涉及对图中边的删除与添加的操作，对这些操作与操作的结果进行定义，就得到了子图、图的运算等概念。

　　定义 7.1.8　设图 $G = \langle V, E, \Psi \rangle$，$G' = \langle V', E', \Psi' \rangle$。

　　(1) 如果 $V' \subseteq V$，$E' \subseteq E$，$\Psi' \subseteq \Psi$，则称 G' 是 G 的子图，记为 $G' \subseteq G$，并称 G 是 G' 的母图；

　　(2) 如果 $V' \subseteq V$，$E' \subset E$，$\Psi' \subset \Psi$，则称 G' 是 G 的真子图，记为 $G' \subset G$；

　　(3) 如果 $V' = V$，$E' \subseteq E$，$\Psi' \subseteq \Psi$，则称 G' 是 G 的生成子图 (Spanning Subgraph)。

　　图 7.7 中，图 G' 与图 G'' 都是图 G 的子图，且都是真子图。此外，图 G'' 是图 G 的生成子图，图 G' 还是图 G'' 的子图，且是真子图。

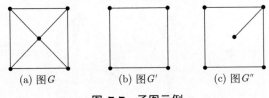

　　　　(a) 图 G　　　　　　　(b) 图 G'　　　　　　　(c) 图 G''

图 7.7　子图示例

　　在此基础上，还有两类特殊的子图，即分别由节点和边集合的子集决定的子图，称为导出子图 (Induced Subgraph)。

　　定义 7.1.9　设图 $G = \langle V, E, \Psi \rangle$。

　　(1) $V' \subseteq V$ 且 $V' \neq \varnothing$，以 V' 为节点集合，以所有起点和终点均在 V' 中的边为边集合的 G 的子图，称为由 V' 导出的 G 的子图，记为 $G[V']$。若 $V' \subset V$，导出子图 $G[V - V']$ 记为 $G - V'$。

　　(2) $E' \subseteq E$ 且 $E' \neq \varnothing$，令 $V' = \{v | v \in V$ 且有 $e \in E'$ 使 v 与 e 关联$\}$。以 V' 为节点集合，以 E' 为边集合的 G 的子图，称为由 E' 导出的 G 的子图，记为 $G[E']$。

　　图 7.7 中，图 G' 是图 G 的节点导出的子图，图 G'' 是图 G 的边导出的子图。

从图 7.7来看，图 G 的子图是图 G 的一部分，图 G 的真子图的边比图 G 的边少，图 G 的生成子图与图 G 有相同的节点，图 G 的导出子图 $G[V']$ 是图 G 以 V' 为节点集合的最大子图。此处所谓的最大子图，指的是包含图 G 中边最多的子图。$G - V'$ 是从图 G 中去掉 V 中的节点以及与这些节点关联的边而得到的图 G 的子图。

继续在前面实现的 Graph 类中添加子图判定方法，程序片段如代码 7.5 所示，定义的方法依次实现了是否为子图、真子图、生成子图、节点导出子图、边导出子图的判定。

代码 7.5　Graph 类中子图判定相关方法

```python
from typing import Optional

class Graph:
    ...
    def is_subgraph(self, other)->bool:
        return self.nodes.issubset(other.nodes) and \
               self.edges.issubset(other.edges) and \
               self.psi.issubset(other.psi)

    def is_proper_subgraph(self, other)->bool:
        return self.nodes.issubset(other.nodes) and \
               self.edges<other.edges and self.psi<other.psi

    def is_spanning_subgraph(self, other)->bool:
        return self.nodes==other.nodes and \
               self.edges<=other.edges and \
               self.psi<=other.psi

    def is_nodes_induced_subgraph(self, other)->bool:
        assert self.is_subgraph(other)
        nodes = self.nodes
        if self.graph_type() == 'undirected graph':
            all_pairs = frozenset([frozenset([a, b]) \
                                    for a in nodes for b in nodes])
            edges = set([maps[0] for maps in other.psi \
                        if maps[1] in all_pairs])
        else:
            all_pairs = set((a, b) for a in nodes for b in nodes)
            edges = set([maps[0] for maps in other.psi \
                        if maps[1] in all_pairs])
        return edges == self.edges

    def is_edges_induced_subgraph(self, other)->bool:
        assert self.is_subgraph(other)
        edges = self.edges
        if self.graph_type() == 'undirected graph':
            pairs = set([maps[1] for maps in other.psi \
                        for e in edges if e==maps[0]])
            vertexes = set()
            for pair in pairs:
                for v in pair:
                    vertexes.add(v)
            return vertexes == self.nodes
```

```
44    else:
45        start_vertexes = set([maps[1][0] for maps in other.psi \
46                        for e in edges if e == maps[0]])
47        end_vertexes = set([maps[1][1] for maps in other.psi \
48                        for e in edges if e == maps[0]])
49        return start_vertexes+end_vertexes == self.nodes
```

下面介绍图的运算，要解决的问题有两个：任意两幅图是否都能进行运算，若能，则可进行哪些运算。

首先，给出两幅图是否可运算的判定方法。

定义 7.1.10 设图 $G_1 = \langle V_1, E_1, \Psi_1 \rangle$ 和 $G_2 = \langle V_2, E_2, \Psi_2 \rangle$ 同为无向图或同为有向图。

(1) 若对任意的 $e \in E_1 \cap E_2$ 均有 $\Psi_1(e) = \Psi_2(e)$，则称 G_1 与 G_2 是可运算的；

(2) 若 $E_1 \cap E_2 = \varnothing$，则称 G_1 与 G_2 是边不相交的；

(3) 若 $V_1 \cap V_2 = E_1 \cap E_2 = \varnothing$，则称 G_1 与 G_2 是不相交的。

可见两幅图是可运算的，必须是同一种类型的图，此外还要求共有边在两幅图上关联的节点对是相同的。进一步可知，不相交和边不相交的两幅图是可运算的，因为根据可运算的定义，当"若对任意的 $e \in E_1 \cap E_2$"因为共有边为 $\varnothing$，而导致前提不成立，则整个命题成立，所以是可运算的。

例 7.1.2 考查图 7.8中的图 G 与图 G'，可知 $E_1 \cap E_2 = \{d\}$，但是 $\Psi_G(d) = \{3, 5\} \neq \Psi'_G(d) = \{5, 6\}$，因此这两幅图是不可运算的。但若将 G' 中原来的边 h 与 d 分别改为 d 与 h，则 G 与 G' 是可运算的。或将 G' 中原来的边 d 改为 i，则 G 与 G' 也是可运算的。

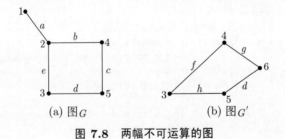

(a) 图 G (b) 图 G'

图 7.8　两幅不可运算的图

对可运算的两幅图，可以进行的运算有以下几种。

定义 7.1.11 设图 $G_1 = \langle V_1, E_1, \Psi_1 \rangle$ 和 $G_2 = \langle V_2, E_2, \Psi_2 \rangle$ 为可运算的。

(1) 称以 $V_1 \cap V_2$ 为节点集合，以 $E_1 \cap E_2$ 为边集合的 G_1 与 G_2 的公共子图为 G_1 与 G_2 的交，记为 $G_1 \cap G_2$；

(2) 称以 $V_1 \cup V_2$ 为节点集合，以 $E_1 \cup E_2$ 为边集合的 G_1 与 G_2 的公共母图为 G_1 与 G_2 的并，记为 $G_1 \cup G_2$；

(3) 称以 $V_1 \cup V_2$ 为节点集合，以 $E_1 \oplus E_2$ 为边集合的 $G_1 \cup G_2$ 的子图为 G_1 与 G_2 的环和，记为 $G_1 \oplus G_2$。

由定义 7.1.11可知有：

$$G_1 \cap G_2 = \langle V_1 \cap V_2, E_1 \cap E_2, \Psi_1 \cap \Psi_2 \rangle$$

$$G_1 \cup G_2 = \langle V_1 \cup V_2, E_1 \cup E_2, \Psi_1 \cup \Psi_2 \rangle$$

$$G_1 \oplus G_2 = \langle V_1 \cup V_2, E_1 \oplus E_2, (\Psi_1 \cup \Psi_2) \restriction_{E_1 \oplus E_2} \rangle$$

对图 7.8中的图 G 与图 G' 进行修改，使其变为可计算的两幅图，如图 7.9(a) 所示，则 $G \cup G'$、$G \cap G'$ 与 $G \oplus G'$ 运算的结果分别如图 7.9(b)~ 图 7.9(d) 所示。

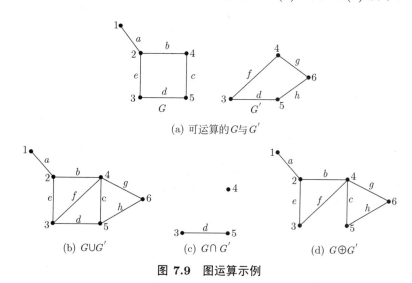

(a) 可运算的 G 与 G'

(b) $G \cup G'$ (c) $G \cap G'$ (d) $G \oplus G'$

图 7.9　图运算示例

定理 7.1.4 保证了图运算结果的唯一性。

定理 7.1.4 设图 $G_1 = \langle V_1, E_1, \Psi_1 \rangle$ 和 $G_2 = \langle V_2, E_2, \Psi_2 \rangle$ 为可运算的。

(1) 如果 $V_1 \cap V_2 \neq \varnothing$，则存在唯一的 $G_1 \cap G_2$；

(2) 存在唯一的 $G_1 \cup G_2$ 与 $G_1 \oplus G_2$。

对定理 7.1.4的 (1)，若 $V_1 \cap V_2 = \varnothing$，则 $G_1 \cap G_2$ 不存在，因此需要前提 $V_1 \cap V_2 \neq \varnothing$。

证明： 下面证明的前提是假设 G_1 与 G_2 同为无向图，同为有向图时也可同样证明。

(1) 定义 $\Psi : E_1 \cap E_2 \to (V_1 \cap V_2) \times (V_1 \cap V_2)$ 为若 $e \in E_1 \cap E_2$，则令 $\Psi(e) = \Psi_1(e)$，显然 $G = \langle V_1 \cap V_2, E_1 \cap E_2, \Psi \rangle = G_1 \cap G_2$。设图 G 与 $G' = \langle V_1 \cap V_2, E_1 \cap E_2, \Psi' \rangle$ 都为 G_1 与 G_2 的交，则只需证明 $\Psi = \Psi'$ 即可。因为 $G \subseteq G_1$，所以对任意的 $e \in E_1 \cap E_2$ 皆有 $\Psi(e) = \Psi_1(e)$。又因为 $G' \subseteq G_1$，所以对任意的 $e \in E_1 \cap E_2$ 皆有 $\Psi'(e) = \Psi_1(e)$。这表明 $\Psi = \Psi'$，因此 $G = G'$，即 $G_1 \cap G_2$ 是唯一的。

(2) 定义 $\Psi : E_1 \cup E_2 \to (V_1 \cup V_2) \times (V_1 \cup V_2)$ 为

$$\Psi(e) = \begin{cases} \Psi_1(e), & e \in E_1 \\ \Psi_2(e), & e \in E_2 - E_1 \end{cases}$$

显然，$G = \langle V_1 \cup V_2, E_1 \cup E_2, \Psi \rangle = G_1 \cup G_2$。设 G 与 $G' = \langle V_1 \cup V_2, E_1 \cup E_2, \Psi' \rangle$ 均为 G_1

与 G_2 的并, 则只需证明 $\Psi = \Psi'$ 即可。因为 $G_1 \subseteq G$ 且 $G_1 \subseteq G'$, 所以对任意的 $e \in E_1$, 皆有 $\Psi(e) = \Psi_1(e) = \Psi'(e)$。因为 $G_2 \subseteq G$ 且 $G_2 \subseteq G'$, 所以对任意的 $e \in E_2 - E_1$, 皆有 $\Psi(e) = \Psi_2(e) = \Psi'(e)$。这表明 $\Psi = \Psi'$, 因此 $G = G'$, 即 $G_1 \cup G_2$ 是唯一的。

其次, 定义 $\Psi : E_1 \oplus E_2 \to (V_1 \cup V_2) \times (V_1 \cup V_2)$ 为

$$\Psi(e) = \begin{cases} \Psi_1(e), & e \in E_1 - E_2 \\ \Psi_2(e), & e \in E_2 - E_1 \end{cases}$$

显然, $G = \langle V_1 \cup V_2, E_1 \oplus E_2, \Psi \rangle = G_1 \oplus G_2$。设 G 与 $G' = \langle V_1 \cup V_2, E_1 \oplus E_2, \Psi' \rangle$ 均为 G_1 与 G_2 的环和, 则只需证明 $\Psi = \Psi'$ 即可。对任意的 $e \in E_1 - E_2$, 皆有 $\Psi(e) = \Psi_1(e) = \Psi'(e)$。对任意的 $e \in E_2 - E_1$, 皆有 $\Psi(e) = \Psi_2(e) = \Psi'(e)$。这表明 $\Psi = \Psi'$, 因此 $G = G'$, 即 $G_1 \oplus G_2$ 是唯一的。 $\square$

定理 7.1.4的证明过程展示了两幅图进行并、交、环和运算时, 运算结果的图中, 节点与边关联关系除集合运算和函数的压缩运算之外的另一种计算方法。

又可知, 两幅图的环和是在两幅图的并运算基础上, 将共有边去除得到。与基于节点导出的子图所定义的 $G - V'$ 运算类似, 可定义在 G 上删除、添加边的运算。

定义 7.1.12 对图 G 与 G':

(1) 设图 $G = \langle V, E, \Psi \rangle$, 若 $E' \subseteq E$, 则记 $\langle V, E - E', \Psi \upharpoonright_{E-E'} \rangle$ 为 $G - E'$; 若 $e \in E$, 则记 $G - \{e\}$ 为 $G - e$。

(2) 设 $G = \langle V, E, \Psi \rangle$ 与 $G' = \langle V, E', \Psi' \rangle$ 同为无向图或同为有向图, 若 G 与 G' 边不相交且 G' 无孤立点, 则记 $G \cup G'$ 为 $G + E'_{\Psi'}$。$G + E'_{\Psi'}$ 是由 G 增加 E' 中的边所得到的图, 其中, Ψ' 指出 E' 中的边与节点的关联关系。

图 7.10(a) 所示为图 G, 图 7.10(b)~ 图 7.10(d) 给出了 $G[V]$、$G - V$、$G[E]$、$G - E$ 与 $G + E$ 的示例。

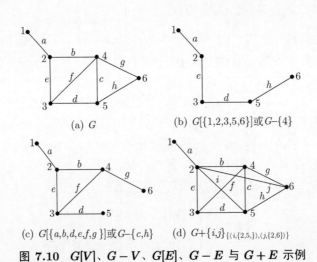

(a) G

(b) $G[\{1,2,3,5,6\}]$或$G-\{4\}$

(c) $G[\{a,b,d,e,f,g\}]$或$G-\{c,h\}$

(d) $G+\{i,j\}_{\{\langle i,\{2,5,\}\rangle,\langle j,\{2,6\}\rangle\}}$

图 7.10 $G[V]$、$G-V$、$G[E]$、$G-E$ 与 $G+E$ 示例

继续在前面实现的 Graph 类中添加图可计算判定方法，以及图的并、交、环和运算，程序片段如代码 7.6 所示。is_computable 用于判断图与另一幅图是否可运算，后续的方法依次实现图的并、交、环和、$G[V]$、$G-V'$、$G[E]$、$G-E'$ 与 $G+E'_\psi$ 运算。

代码 7.6 Graph 类中图运算相关方法

```python
from typing import Optional

class Graph:
    ...
    def is_computable(self, other)->bool:
        assert self.graph_type() == other.graph_type()
        common_edges = self.edges.intersection(other.edges)
        return all([p1[1]==p2[1] for e in common_edges \
                    for p1 in self.psi for p2 in other.psi \
                    if p1[0]==e and p2[0]==e])
    def union(self, other):
        assert self.is_computable(other)
        return self.__class__(self.nodes.union(other.nodes), \
                    self.edges.union(other.edges), \
                    self.psi.union(other.psi))
    def intersection(self, other):
        assert self.is_computable(other)
        return self.__class__(self.nodes.intersection(other.nodes), \
                    self.edges.intersection(other.edges), \
                    self.psi.intersection(other.psi))
    def ringsum(self, other):
        assert self.is_computable(other)
        edges = self.edges.union(other.edges) - \
                self.edges.intersection(other.edges)
        return self.__class__(self.nodes.union(other.nodes), edges, \
                        set(p for p in self.psi.union(other.psi) if p[0] in edges))
    def nodes_induced_graph(self, nodes:set):
        assert nodes<=self.nodes
        psi = set([p for p in self.psi if set(p[1])<=nodes])
        edges = set([p[0] for p in psi])
        return self.__class__(nodes, edges, psi)
    def remove_nodes(self, nodes:set):
        assert nodes<=self.nodes
        new_nodes = self.nodes-nodes
        psi = set([p for p in self.psi if nodes.isdisjoint(set(p[1]))])
        edges = set([p[0] for p in psi])
        return self.__class__(new_nodes, edges, psi)
    def edges_induced_graph(self, edges:set):
        assert edges<=self.edges
        psi = set([p for p in self.psi if p[0] in edges])
        nodes = reduce(lambda x, y:x.union(y), [set(p[1]) \
                                        for p in psi if p[0] in edges], set())
        return self.__class__(nodes, edges, psi)
    def remove_edges(self, edges:set):
        assert edges<=self.edges
        new_edges = self.edges-edges
        psi = set([p for p in self.psi if p[0] in new_edges])
```

```
48    return self.__class__(self.nodes, new_edges, psi)
49  def add_edges(self, edges:set, psi:set):
50    assert edges == set([p[0] for p in psi])
51    assert reduce(lambda x, y:x.union(y), \
52                  [set(p[1]) for p in psi], set())<=self.nodes
53    return self.__class__(self.nodes, \
54                          self.edges.union(edges), \
55                          self.psi.union(psi))
```

最后，借助 $G - E'$ 运算，立即可得补图的概念。

定义 7.1.13 设 n 阶无向图 $G = \langle V, E, \Psi \rangle$ 是 n 阶完全无向图 K_n 的生成子图，则称 $K_n - E$ 为 G 的补图，记为 $\overline{G}$。

图 7.11给出了一幅 10 阶图 G 及其补图 $\overline{G}$，以及与 10 阶完全图 K_{10} 关系的示例。

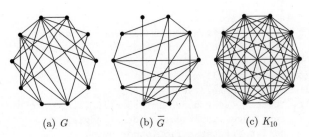

(a) G　　　　　　(b) $\overline{G}$　　　　　　(c) K_{10}

图 7.11　10 阶图及其补图示例

从定义 7.1.13可知，n 阶图 G 与 $\overline{G}$ 中的节点具有这样的性质：对任意的 $v_1, v_2 \in K_n$，若 v_1, v_2 在图 G 中邻接，当且仅当 v_1, v_2 在图 $\overline{G}$ 中不邻接；若 v_1, v_2 在图 $\overline{G}$ 中邻接，当且仅当 v_1, v_2 在图 G 中不邻接。

习题 7.1

1. 画出图 $G = \langle V, E, \Psi \rangle$ 的图示，指出其中哪些图是简单图。

(1) $V = \{v_1, v_2, v_3, v_4, v_5\}$

$E = \{e_1, e_2, e_3, e_4, e_5, e_6, e_7\}$

$\Psi = \{\langle e_1, \{v_2\}\rangle, \langle e_2, \{v_2, v_4\}\rangle, \langle e_3, \{v_1, v_2\}\rangle, \langle e_4, \{v_1, v_3\}\rangle, \langle e_5, \{v_1, v_3\}\rangle, \langle e_6, \{v_3, v_4\}\rangle, \langle e_7, \{v_4, v_5\}\rangle\}$

(2) $V = \{v_1, v_2, v_3, v_4, v_5\}$

$E = \{e_1, e_2, e_3, e_4, e_5, e_6, e_7, e_8, e_9, e_{10}\}$

$\Psi = \{\langle e_1, \langle v_1, v_3\rangle\rangle, \langle e_2, \langle v_1, v_4\rangle\rangle, \langle e_3, \langle v_4, v_1\rangle\rangle, \langle e_4, \langle v_1, v_2\rangle\rangle, \langle e_5, \langle v_2, v_2\rangle\rangle, \langle e_6, \langle v_3, v_4\rangle\rangle, \langle e_7, \langle v_5, v_4\rangle\rangle, \langle e_8, \langle v_5, v_3\rangle\rangle, \langle e_9, \langle v_5, v_3\rangle\rangle, \langle e_{10}, \langle v_5, v_3\rangle\rangle\}$

(3) $V = \{v_1, v_2, v_3, v_4, v_5, v_6, v_7, v_8\}$

$E = \{e_1, e_2, e_3, e_4, e_5, e_6, e_7, e_8, e_9, e_{10}, e_{11}\}$

$\Psi = \{\langle e_1, \langle v_2, v_1 \rangle \rangle, \langle e_2, \langle v_1, v_2 \rangle \rangle, \langle e_3, \langle v_1, v_3 \rangle \rangle, \langle e_4, \langle v_2, v_4 \rangle \rangle, \langle e_5, \langle v_3, v_4 \rangle \rangle,$

$\langle e_6, \langle v_4, v_5 \rangle \rangle, \langle e_7, \langle v_5, v_3 \rangle \rangle, \langle e_8, \langle v_3, v_5 \rangle \rangle, \langle e_9, \langle v_6, v_7 \rangle \rangle, \langle e_{20}, \langle v_7, v_8 \rangle \rangle, \langle e_{11}, \langle v_8, v_6 \rangle \rangle\}$

2. 写出图 7.12 中图的抽象数学定义。

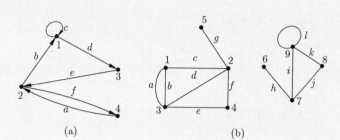

图 7.12　题 2 图

3. 设有向图 $G = \langle \{1, 2, 3, 4, 5, 6\}, E, \Psi \rangle$，定义图中边的情况为 $\langle i, j \rangle \in E$ 当且仅当 $i > j (i, j \in V)$。请给出集合 E 并绘制 G。

4. A 与 B 两支乒乓球队各有 3 名队员，其中 $A = \{x, y, z\}$，$B = \{u, v, w\}$。现两队进行友谊赛，每队每位队员必须与另一队每位队员进行 1 局比赛，且不允许有平局，直至分出胜负为止。比赛结束后，据报道：

(a) x 赢了所有比赛；

(b) y 只被 w 打败了；

(c) A 队仅以一局的优势击败了 B 队。

请根据上述报道，完成下列问题：

(1) 构建一幅有向图 $D = \langle V, E, \Psi \rangle$ 来模拟这种情况，其中 V 是所有队员的集合，$\langle a, b \rangle \in E$ 当且仅当队员 a 击败了选手 b。

(2) z 赢过比赛吗？

(3) B 队中哪位队员赢得的比赛最多？

5. 证明在 n 阶简单有向图中，完全有向图的边数最多，其边数为 $n(n-1)$。

6. 证明 3 度正则图必有偶数个节点。

7. 在一次集会中，相互认识的人会彼此握手。试证明与奇数个人握手的人数是偶数。

8. 证明：在任意 6 个人中，若没有 3 个人彼此都认识，则必有 3 个人彼此都不认识。

9. 张先生夫妇参加了一个仅限受邀者参加的聚会，除了他们自己，还有另外 4 对夫妇。通常情况下，一些人会和其他人握手。没有人会和同一个人握手超过一次，也没有人和自己的配偶握手。在所有的握手结束后，张先生问每个人 (包括他的妻子) 握了多少次手。令所有人感到有趣的是，每个人的答案都不一样。那么，张太太握了多少次手？

10. 证明: 任何阶大于 1 的简单无向图必有两个节点的度相等。

11. 设 n 阶无向图 G 有 m 条边, 其中 n_k 个节点的度为 k, 其余节点的度为 $k+1$, 证明 $n_k = (k+1)n - 2m$。

12. 令 G 为一个有 $2k+1$ 个节点的简单无向图, 其中 $k \neq 1$。假设对于任意的 k 个节点的子集 A, 都存在一个不在 A 中的节点 v, 使得 v 与 A 中的每个节点相邻。证明 G 中存在一个节点 z, 使得 $d_G(z) = 2k$。

13. 设 $G = \langle V, E, \Psi \rangle$ 是完全有向图。证明: 对于 V 的任意非空子集 V', $G[V']$ 是完全有向图。

14. 画出图 7.13 中两幅图的交、并和环和。

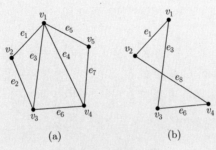

图 7.13 题 14 图

15. 画出图 7.12 与图 7.13 中 4 幅图的补图。

16. 设 G 是任意 6 阶简单无向图。证明 G 或 $\bar{G}$ 必有一幅子图是 3 阶完全无向图。

17. 证明: 没有子图是 3 阶完全无向图的 n 阶简单无向图最多有 $[n^2/4]$ 条边。

18. 设 G 为 n 阶图, 其中 $n \geqslant 2$。证明其节点集可以被分成两个不相交的子集, 使得一个子集中的每个节点 v 在另一个子集中至少有 $\left\lceil \dfrac{1}{2} d_G(v) \right\rceil$ 个邻接节点。

19. 设图 H 是图 $G = \langle V, E, \Psi \rangle$ 的子图, 请证明: H 是 G 的生成子图, 当且仅当 $H = G - F$, 其中 $F \subseteq E$。

20. 如果 $S_1, S_2, \cdots, S_n$ 是集合 U 的子集, 则集合 $F = \{S_1, S_2, \cdots, S_n\}$ 的交集图有节点 $v_1, v_2, \cdots, v_n$, 并且在 $i \neq j$ 且 $S_i \cap S_j \neq \varnothing$ 时, 存在一条连接 v_i 和 v_j 的边。

(1) 绘制小于或等于 10 的正整数集合的交集图, 这些整数具有小于 10 的公共除数, 即:

$$\{\{i \mid 1 \leqslant i \leqslant 10 \text{ 且 } k|i\} | 1 \leqslant k \leqslant 10\}$$

(2) 绘制小于 10 的素数的自然数区间集合 $\{[p, 3p] | p < 10 \text{ 是素数}\}$ 的交集图, 其中 $[a, b]$ 表示 $\{x | a \leqslant x \leqslant b\}$ 的数集合。

(3) 证明任一简单无向图都是交集图 (提示: 考虑每个节点上的边)。

7.2 图同构

至此已看到，图的本质不是图如何画的，即节点的位置、边的弧度等，而是节点与边的关系，这些关系包括节点与边的名称、节点与边的关联关系等。

考查下面的问题。

例 7.2.1 请画出图 $G = \langle \{w,x,y,z\}, \{a,b,c,d\}, \{\langle a,\{w,x\}\rangle, \langle b,\{x,y\}\rangle, \langle c,\{y,z\}\rangle, \langle d,\{z,w\}\rangle\}\rangle$ 的图示。

解: 不同的人绘制出的图示可能会不同。首先，绘制 4 个节点，其布局可以如图 7.14(a)、图 7.14(b) 与图 7.14(c) 所示。其次，绘制 4 条边，根据不同的节点布局，可以得到最终的绘制结果，分别如图 7.14(d)、图 7.14(e) 与图 7.14(f) 所示。

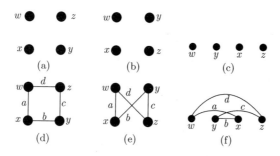

图 7.14 绘制图的图示

从例 7.2.1 可知，同一幅图可能有不同的"绘制"方法，由此有不同的图示。虽然这三幅图在"几何学上"看起来非常不同。但是，作为数学结构，它们是"本质上"相同的。

进一步，考查图 7.15 中的两幅图，分别为

$$G = \{\{v_1, v_2, v_3, v_4\}, \{e_1, e_2, e_3, e_4, e_5\},$$
$$\{\langle e_1, \{v_1, v_2\}\rangle, \langle e_2, \{v_2, v_3\}\rangle, \langle e_3, \{v_3, v_4\}\rangle, \langle e_4, \{v_1, v_4\}\rangle, \langle e_5, \{v_1, v_3\}\rangle\}\}$$
$$G' = \{\{w_1, w_2, w_3, w_4\}, \{f_1, f_2, f_3, f_4, f_5\},$$
$$\{\langle f_1, \{w_1, w_2\}\rangle, \langle f_2, \{w_2, w_3\}\rangle, \langle f_3, \{w_3, w_4\}\rangle, \langle f_4, \{w_1, w_3\}\rangle, \langle f_5, \{w_4, w_2\}\rangle\}\}$$

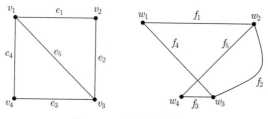

图 7.15 两幅同构的图

这两幅图有很多共同的性质，例如都有 4 个节点和 5 条边，度为 2 和度为 3 的节点都有 2 个，等等。实际上，若将 w_1 与 w_2 互换位置，同时将与其关联的边也进行相应的调整，可将图 G' 调整为与图 G 一样的形状。

也就是说，图 G 与图 G' 在某种意义上其实是相同的图，区别只是节点、边的命名。而命名的不同可通过换名来达到一致，定义换名函数 $f : V \to W$ 与 $g : E \to F$ 如表 7.1 所示。

表 7.1　$f : V \to W$ 与 $g : E \to F$ 的定义

v	$f(v)$	e	$g(e)$
v_1	w_2	e_1	f_5
v_2	w_4	e_2	f_3
v_3	w_3	e_3	f_4
v_4	w_1	e_4	f_1
		e_5	f_2

从另一个角度看，图的实际用途是为信息建模，上面的 G 与 G' 分别对节点和边名称中包含的虚拟信息进行建模。这些名称是不同的，所以从这个意义上说，是不同的两幅图。但是，去除名字这些虚拟信息上的不同，可以看到两幅图具有相同的结构。

我们将图 7.14 与图 7.15 的现象称为图同构，下面给出其定义。

定义 7.2.1　设图 $G = \langle V, E, \Psi \rangle$ 与 $G' = \langle V', E', \Psi' \rangle$。若存在双射 $f : V \to V'$ 与 $g : E \to E'$，使得对于任意 $e \in E$ 及 $v_1, v_2 \in V$ 都有：

$$\Psi'(g(e)) = \begin{cases} \{f(v_1), f(v_2)\}, & \Psi(e) = \{v_1, v_2\} \\ \langle f(v_1), f(v_2) \rangle, & \Psi(e) = \langle v_1, v_2 \rangle \end{cases}$$

则称 G 与 G' 同构，记作 $G \cong G'$，并称 f 和 g 为 G 与 G' 之间的同构映射，简称同构。

同构关注图之间结构上的一致性。图 7.15 中 G 与 G' 在表 7.1 定义的双射 f 与 g 下是同构的。例如，可验证 $\Psi'(g(e_1)) = \{w_2, w_4\} = \{f(v_1), f(v_2)\}$，类似地，可验证 $e_2 \sim e_5$ 都满足同构定义。

由定义 7.2.1 可知，两幅同构的图有同样多的节点与边，并且双射 f 保持节点间的邻接关系，即两个节点在图 G 中是邻接的，则它们在 f 下的像在图 G' 中也是邻接的；当两个节点在图 G 中不邻接时，它们在 f 下的像，在图 G' 中也不邻接。类似地，双射 g 保持边之间的邻接关系。

同构定义了图之间的一种关系，根据第 2 章的定义探讨这种关系的性质，可知其是一种等价关系。

定理 7.2.1　设 $\mathbb{G}$ 为所有图的集合，则 $\cong$ 为 $\mathbb{G}$ 上的等价关系。

证明：即要证明关系 $\cong$ 是自反、对称和传递的。

(1) 对任意的图 $G = \langle V, E, \Psi \rangle \in \mathbb{G}$，定义 $f: V \to V$ 与 $g: E \to E$ 分别为集合 V 与 E 上的恒等函数，即 $f = I_V$ 且 $g = I_E$，则 f 与 g 都为双射，对任意的 $e \in E$，设有 $v_1, v_2 \in V$ 使得 $\langle e, \{v_1, v_2\} \rangle \in \Psi$，则 $\Psi(g(e)) = \Psi(e) = \{v_1, v_2\} = \{f(v_1), f(v_2)\}$，因此 f 与 g 为 G 与 G 之间的同构映射，因此有 $G \cong G$，即 $\langle G, G \rangle \in \cong$，由此可得 $\cong$ 是自反的。

(2) 对任意的 $G = \langle V, E, \Psi \rangle, G' = \langle V', E', \Psi' \rangle \in \mathbb{G}$，若 $\langle G, G' \rangle \in \cong$，则 G 与 G' 之间存在同构映射，分别设为 $f: V \to V'$ 与 $g: E \to E'$。因为 f 与 g 都为双射，则 $f^{-1}: V' \to V$ 与 $g^{-1}: E' \to E$ 也是双射。对任意的 $e' \in E'$，设有 $v_1', v_2' \in V'$ 使得 $\langle e', \{v_1', v_2'\} \rangle \in \Psi'$，则必分别有 $e \in E$ 与 $v_1, v_2 \in V$，使得 $\Psi'(g(e)) = \Psi'(e') = \{v_1', v_2'\} = \{f(v_1), f(v_2)\}$ 成立。则 $\Psi(g^{-1}(e')) = \Psi(e) = \{v_1, v_2\} = \{f^{-1}(v_1), f^{-1}(v_2)\}$。所以可知 f^{-1} 与 g^{-1} 为 G' 与 G 之间的同构映射，因此有 $G' \cong G$，即 $\langle G', G \rangle \in \cong$，由此可得 $\cong$ 是对称的。

(3) 对任意的 $G = \langle V, E, \Psi \rangle, G' = \langle V', E', \Psi' \rangle, G'' = \langle V'', E'', \Psi'' \rangle \in \mathbb{G}$，若 $\langle G, G' \rangle$，$\langle G', G'' \rangle \in \cong$，则必有双射 $f: V \to V'$ 与 $g: E \to E'$ 为 G 与 G' 间的同构映射，双射 $f': V' \to V''$ 与 $g': E' \to E''$ 为 G' 与 G'' 间的同构映射。由此可得有双射 $f' \circ f: V \to V''$ 与 $g' \circ g: E \to E''$。对任意的 $e \in E$，设有 $v_1, v_2 \in V$ 使得 $\langle e, \{v_1, v_2\} \rangle \in \Psi$，则必有 $e' \in E'$ 且 $v_1', v_2' \in V'$ 使得 $\Psi'(g(e)) = \Psi'(e') = \{v_1', v_2'\} = \{f(v_1), f(v_2)\}$。且也必有 $e'' \in E''$ 且 $v_1'', v_2'' \in V''$ 使得 $\Psi''(g'(e')) = \Psi''(e'') = \{v_1'', v_2''\} = \{f'(v_1'), f'(v_2')\}$。因此有 $\Psi''(g' \circ g(e)) = \Psi''(g'(e')) = \Psi''(e'') = \{v_1'', v_2''\} = \{f'(v_1'), f'(v_2')\} = \{f' \circ f(v_1), f' \circ f(v_2)\}$。所以 $f' \circ f$ 与 $g' \circ g$ 为 G 与 G'' 间的同构映射，因此有 $G \cong G''$，即 $\langle G, G'' \rangle \in \cong$，由此可得 $\cong$ 是传递的。 □

同构是一种很重要的关系，体现了两幅图的本质特征的相同性，即性质的保持性。指的是若某幅图上具有某种性质，则与其同构的图上也一定具有该性质。这种通过同构保持性质的现象称为同构不变量。

定义 7.2.2 对任意的图 G 与 G'，若 $G \cong G'$ 且 P 为 G 上的某个性质，即图上的谓词 P 使得 $P(G) = \mathrm{T}$ 时，则有 $P(G') = \mathrm{T}$，则称 P 为同构不变量。

例 7.2.2 对任意的 $k \in \mathbb{N}$，试证明命题"图 G 有一个度为 k 的节点"是同构不变量。

证明： 根据同构不变量的定义，即要证明，设 $k \in \mathbb{N}$，$G = \langle V, E, \Psi \rangle$，有 $v \in V$ 且 $d_G(v) = k$，则若 $G' = \langle V', E', \Psi' \rangle \cong G$，则必有 $v' \in V'$ 且 $d_{G'}(v') = k$。

根据节点度的定义，对节点 $v \in V$，有 $e_1, e_2, \cdots, e_n \in E$ 共 n 条边，以及 $c_1, c_2, \cdots, c_m \in E$ 共 m 个自圈与节点 v 关联，因此有 $k = n + 2m$。因为 $G \cong G'$，则有同构映射 $f: V \to V'$ 与 $g: E \to E'$，使得对任意的与 v 关联的边 $e_i, 1 \leqslant i \leqslant n$，有 $f(v)$ 与 $g(e_i)$ 关联，对任意的与 v 关联的自圈 $c_j, 1 \leqslant j \leqslant m$，有两个 $f(v)$ 与 $g(c_j)$ 关联。除此之外，再无其他的 $e \in E$ 有 $g(e)$ 与 $f(v)$ 关联。此外，$g(e_i)$ 与 $g(c_j)$ 两两互不相同，因为 g 是双射。因此有：

$$d_{G'}(f(v)) = n + 2m = k$$

因此，图 G' 有一个节点，即 $f(v)$，与图 G 中节点 v 度相同，都为 k。 □

理论上，要找出一个判断图同构的充分必要条件是很困难的，目前仍未有该问题的高效判定算法。算法上，判断两幅图 G 与 G' 是否同构的简单方法，可取 G' 节点的所有可能排列来检查这些排列中的任何一个是否能导致同构。显然，这种方法的复杂度是节点数的指数。目前还没有多项式时间算法来判断两幅图是否同构；也没有任何证据证明不存在这样的多项式时间算法。

但是，可以给出一些两幅图同构的必要条件，例如，两幅同构的图节点数目和边数目必相同；度数为 d 的节点数目必相同；对应节点的度必相等；等等。由此可知，不满足这类必要条件的图，必不同构。

例 7.2.3 判断图 7.16 中的两幅图是否同构，如是，标出对应节点；否则，说明两图的差异。

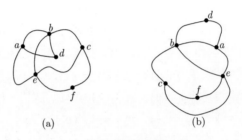

(a)　　　　　(b)

图 7.16 判断两幅图是否同构 (1)

解： 通过分析可知，两幅图的节点数、边数相同，都分别有两个度为 4、度为 3、度为 2 的节点，因此，可尝试先映射两个度为 4 的节点，再根据与度为 4 的节点邻接节点的特征进行映射。最后，可将图 7.16(a) 的节点映射到图 7.16(b) 的节点上，如图 7.16(b) 中节点标识所示。因此，这两幅图是同构的。□

例 7.2.4 判断图 7.17 中的两幅图是否同构，如是，标出对应节点；否则，说明两图的差异。

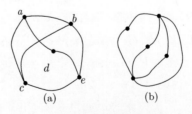

(a)　　　　　(b)

图 7.17 判断两幅图是否同构 (2)

解： 通过分析可知，两幅图的节点数、边数相同，但度为 2 的节点数不同，左边为 1 个，右边为 3 个。因此，这两幅图是不同构的。□

例 7.2.5 图 7.18中的两幅图互为补图，同时，两幅图又是同构的，称一幅与其补图同构的图为自补图 (Self-Complimentary)，即 $G \cong \overline{G}$。

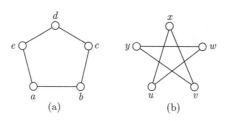

图 7.18 自身互补图示例

定理 7.2.2 设 f 和 g 为图 $G = \langle V, E, \Psi \rangle$ 与 $G' = \langle V', E', \Psi' \rangle$ 之间的同构映射。

(1) 若 $v \in V$ 且 $v' = f(v)$，则 $d_G(v) = d_{G'}(v')$；

(2) 若 $S \subseteq V$ 且 $S' = f[S]$，则 $G[S] \cong G'[S']$ 且 $G - S \cong G' - S'$；

(3) 若 $K \subseteq E$ 且 $K' = g[K]$，则 $G[K] \cong G'[K']$ 且 $G - K \cong G' - K'$；

(4) $\overline{G} \cong \overline{G'}$，即 G 的补图与 G' 的补图仍同构。

证明： 设 G 与 G' 同为无向图，同为有向图的证明过程是类似的。

由 f 和 g 为图 G 与 G' 之间的同构映射，可知有 $G \cong G'$。

(1) 由例 7.2.2可知，因为 $G \cong G'$，则当 $v \in V$ 时，必有 $v' \in V'$ 且 $v' = f(v)$，使得 $d_G(v) = d_{G'}(v')$。

(2) 因为 $S \subseteq V$，可定义 $f' : S \to f[S]$ 为 $f' = f \cap (S \times V')$。令 $E_S = \{e | e \in E$ 且 e 关联的节点 $v_1, v_2 \in S\} \subseteq E$，则可定义 $g' : E_S \to g[E_S]$ 为 $g' = g \cap (E_S \times E')$，易知 f' 与 g' 为双射，且有 $f' \subseteq f$ 与 $g' \subseteq g$。对任意的 $e \in E_S$，设 $\Psi(e) = \{v_1, v_2\}, v_1, v_2 \in S$，则 $\Psi'(g'(e)) = \Psi'(g(e)) = \Psi'(e') = \{v_1', v_2'\} = \{f(v_1), f(v_2)\} = \{f'(v_1), f'(v_2)\}$，其中 $e' \in g[E_S]$ 且 $g(e) = e'$，$v_1', v_2' \in f[S]$ 且 $f(v_1) = v_1', f(v_2) = v_2'$。即 f' 与 g' 为 $G[S]$ 与 $G'[S']$ 间的同构映射，所以 $G[S] \cong G'[S']$。

因为 $G - S = G[V - S]$，且 $V - S \subseteq V$。令 $f[S] = S' \subseteq V'$，当以 V' 为全集时，则 $f[V - S] = f[V \cap \sim S] = f[V] \cap f[\sim S] = V' \cap \sim f[S] = V' \cap \sim S' = V' - S'$。由上述已证明的 $G[S] \cong G'[S']$ 可得 $G[V - S] = G - S \cong G'[V' - S'] = G' - S'$。

(3) 因为 $K \subseteq E$，可定义 $g' : K \to K'$ 为 $g' = g \cap (K \times E')$。令 $V_K = \{v | v \in V$ 且 $v \in \bigcup(\text{ran}\Psi \upharpoonright_K)\} \subseteq V$，则可定义 $f' : V_K \to f[V_K]$ 为 $f' = f \cap (V_K \times V')$。易知 f' 与 g' 为双射，且有 $f' \subseteq f$ 与 $g' \subseteq g$。对任意的 $e \in K$，设 $\Psi(e) = \{v_1, v_2\}, v_1, v_2 \in V_K$，则 $\Psi'(g'(e)) = \Psi'(g(e)) = \Psi'(e') = \{v_1', v_2'\} = \{f(v_1), f(v_2)\} = \{f'(v_1), f'(v_2)\}$，其中 $e' \in g[K]$ 且 $g(e) = e'$，$v_1', v_2' \in f[V_K]$ 且 $f(v_1) = v_1', f(v_2) = v_2'$。即 f' 与 g' 为 $G[K]$ 与 $G'[K']$ 间的同构映射，所以 $G[K] \cong G'[K']$。

因为 $G - K = G[E - K]$，且 $E - K \subseteq E$。令 $g[E - K] = K' \subseteq E'$，当以 E' 为全集时，则 $g[E - K] = g[E \cap \sim K] = g[E] \cap g[\sim K] = E' \cap \sim g[K] = E' \cap \sim K' = E' - K'$。由上述已证明的 $G[K] \cong G'[K']$ 可得 $G[E - K] = G - K \cong G'[E' - K'] = G' - K'$。

(4) 设 G 为 n 阶无向图，因为 $\cong$ 是自反的，所以有 $K_n \cong K_n$。令 f 与 g 为 K_n 与 K_n 间的同构映射，则有 $E' = g[E]$，且有 $\overline{G} = K_n - E$ 与 $\overline{G'} = K_n - E'$。由 (3) 的结论可知，$K_n - E \cong K_n - E'$，即 $\overline{G} \cong \overline{G'}$。□

例 7.2.6 令无向图 $G = \langle V, E, \Psi \rangle$，其中 $V = \{v_1, v_2, v_3, v_4\}$，且：

(1) $G - \{v_1\} \cong H_1$;

(2) $G - \{v_2\} \cong H_2$;

(3) $G - \{v_3\} \cong H_1$;

(4) $G - \{v_4\} \cong H_2$

其中 H_1 与 H_2 如图 7.19(a) 与图 7.19(b) 所示。请给出图 G 的图形化表示。

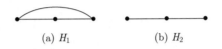

(a) H_1 (b) H_2

图 7.19 H_1 和 H_2

解: 由条件 (1) 可知，G 必有形如图 7.20(a) 的子图，进一步，由条件 (3)，G 必有形如图 7.20(b) 的子图。最后，可验证图 7.20(b) 的图也满足条件 (2) 与 (4)。因此可知，图 G 的图形化表示就是图 7.20(b)。

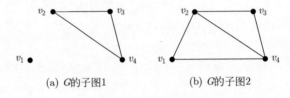

(a) G 的子图1   (b) G 的子图2

图 7.20 G 的子图

□

习题 7.2

1. 画出 K_4 的所有不同构的子图，说明其中哪些是生成子图，并找出互为补图的生成子图。

2. 证明图 7.21所示的两幅图同构。

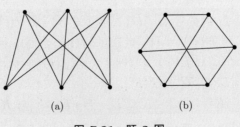

(a)   (b)

图 7.21 题 2 图

3. 证明图 7.22 所示的两幅图不同构。

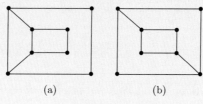

图 7.22 题 3 图

4. 判断图 7.23 所示的两幅图是否同构，并说明理由。

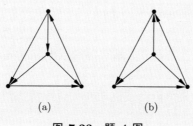

图 7.23 题 4 图

5. 请画出阶分别为 2、3、4 的自补图。

6. 试判断图 7.24 中所示的各对无向图中，哪些对是同构的，哪些对不是同构的。

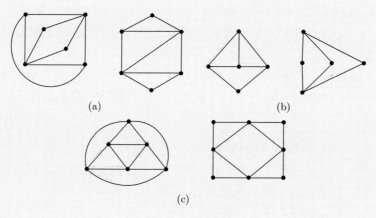

图 7.24 题 6 图

7. 设图 G 为 n 阶 d 度正则图，$1 \leqslant d < n$，请问 $\overline{G}$ 是否仍是正则图？若是，请问度是多少？

8. 证明每幅简单无向自补图的阶能被 4 整除或被 4 除余数为 1。

9. 定义图 $G = \langle V, E, \Psi \rangle$ 上节点 $v \in V$ 的邻接集为

$$E(v) = \{u|u \in V \text{且有} e \in E \text{使得} \Psi(e) = \{u,v\} \text{或} \Psi(e) = \langle u,v \rangle\}$$

设 f 与 g 为图 G 与 H 间的同构映射，请证明：对任意的 $v \in V$，$f(E(v)) = E(f(v))$。

7.3 图上漫游

图最早是由数学家欧拉在研究哥尼斯堡七桥问题时提出来的。因此，将图中节点想象成地点，边想象成地点之间的桥或路，并进一步想象我们自己或某个物体在图上漫游，从一个节点到另一个节点，那么，就会出现很多有意思的值得研究的问题。例如，从任意一个节点能否到其他任意节点；从一个节点到另一个节点，怎么走步数最短；等等。本节将对相关的问题展开介绍与讨论。

从本节开始，本章讨论的大部分图上的定义、性质具有共同的一些特点。

- "存在性"，即考查"某个概念或性质在任意图上是否都存在？存在的前提条件有哪些？如果在任意图上不存在，那么添加或删除哪些约束能保证该性质的存在？"等问题。
- "唯一性"，即考查"某个概念或性质在任意或特殊图上存在时，是否唯一存在？"等问题。

读者可以这两个特点所考查的问题为纲，来梳理各知识点相关的内容，从而引申出相关的定义、定理和算法。

围绕图上漫游问题，首先给出路径及其相关概念的定义。

定义 7.3.1 设 n 为自然数，$v_0, v_1, \cdots, v_n$ 是图 G 的节点，$e_1, e_2, \cdots, e_n$ 是图 G 的边，并且 v_{i-1} 和 v_i 分别是 e_i 的起点和终点 $(i = 1, 2, \cdots, n)$，则称序列 $v_0 e_1 v_1 e_2 \cdots v_{n-1} e_n v_n$ 为图 G 中从 v_0 至 v_n 的路径，n 称为该路径的长度，v_0 与 v_n 分别称为路径的起点与终点。

如果 $v_0 = v_n$，则称该路径为闭的，否则称为开的。如果 $e_1, e_2, \cdots, e_n$ 互不相同，则称该路径为简单的。如果 $v_0, v_1, \cdots, v_n$ 互不相同，则称该路径为基本的。

由定义 7.3.1可知：

(1) 路径是一个节点与边交替出现的序列，起于节点，终于节点。

(2) 序列中不是任意节点与边的交替出现，而是边的前后节点必须是其关联的两个节点。对有向图，边的前后节点必须分别是该边的起点与终点。

(3) 路径的长度 n 为序列中边的数量。当 $n = 0$ 时，是一条长度为 0 的路径，此时路径由一个节点构成，称为平凡路径。可见，图上任何节点到自身总存在路径。

(4) 路径仍是图，且是其所在图的子图。更进一步，路径是由其上的边导出的子图。

例 7.3.1 在图 7.25 所示的无向图中，$uavfyfvgyhwbv$ 是长度为 6、从节点 u 到节点 v 的路径。$wcxdyhwbvgy$ 是长度为 5、从节点 w 到节点 y 的简单路径，但不是基本路径。$xcwhyeuav$ 是长度为 4，从节点 x 到节点 v 的路径，既是简单路径，也是基本路径。上述三条路径都是开路径。$uavfygvbwhyeu$ 与 $uavbwhyeu$ 分别是长度为 6 和 4 的闭路径。

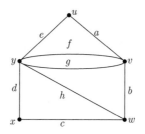

图 7.25 无向图及其上路径

例 7.3.2 在图 7.26 所示的有向图中，$1a2e3d5$ 是长度为 3、从节点 1 到节点 5 的的路径，既是简单路径，又是基本路径。$2e3f4b2$ 是长度为 3 的闭路径。$1a2b4$ 不是路径。

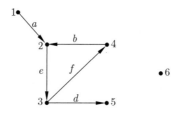

图 7.26 有向图及其上路径

由例 7.3.1 和例 7.3.2 可知，基本路径必定是简单路径，反之则不成立。图 7.25 中路径 $wcxdyhwbvgy$ 是简单路径，而不是基本路径，原因是在路径的中间有一段闭路径，导致节点 w 出现了多次。但是，当去掉涉及 w 的闭路径后，就可得到一条基本路径 $wbvgy$，仍是一条从节点 w 到节点 y 的路径。基于这个观察，可得如下的定理。

定理 7.3.1 设图 $G = \langle V, E, \Psi \rangle$，$v, v' \in V$。如果存在从 v 至 v' 的路径，则存在从 v 至 v' 的基本路径。

在证明该定理前，先定义路径上的拼接运算。设路径 $P_1 = v_0 e_1 v_1 e_2 \cdots v_{n-1} e_n v_n$ 且 $P_2 = v_n e_1' v_1' e_2' \cdots v_{m-1}' e_m' v_m'$，则 P_1 与 P_2 的拼接为 $P_1 P_2 = v_0 e_1 v_1 e_2 \cdots v_{n-1} e_n v_n e_1' v_1' e_2' \cdots v_{m-1}' e_m' v_m'$。

证明：对路径长度 n 进行归纳，用第二归纳法证明。

(1) 当 $n = 0$ 时，从 v 到 v' 的路径为 v，为基本路径。命题成立。

(2) 假设当从 v 到 v' 的路径长度 $0 \leqslant n < k(k \geqslant 0)$ 时，从 v 到 v' 必存在基本路径。当从 v 到 v' 的路径长度为 k 时，设为 $v e_1 v_1 e_2 \cdots v_{k-1} e_k v'$，且不是基本路径，则必存在

$i, j \in \mathbb{N}$ 满足 $0 \leqslant i < j \leqslant k$ 且 $v_i = v_j$，则可将从 v 到 v' 的路径分为 $P_1 = v e_1 v_1 e_2 \cdots v_i$、$P_2 = v_i e_{i+1} v_{i+1} e_{i+2} \cdots v_{j-1} e_j v_j$ 与 $P_3 = v_j e_{j+1} v_{j+1} e_{j+2} \cdots v_{k-1} e_k v'$ 三段，其中 P_2 为闭路径，可去除，因此可得 $P_1 P_3 = v e_1 v_1 e_2 \cdots v_i e_{j+1} v_{j+1} e_{j+2} \cdots v_{n-1} e_n v'$，仍是从 v 到 v' 的路径，且路径长度为 $k - j + i < k$。根据归纳假设，存在从 v 到 v' 的基本路径。　□

根据定理 7.3.1，显然有以下定理。

定理 7.3.2　n 阶图中的基本路径的长度小于 n。

证明：　n 阶图中最长的基本路径为包含所有节点的路径，设为 $v_1 e_1 v_2 e_2 \cdots v_{n-1} e_{n-1} v_n$，长度为 $n - 1$，所以，设其他基本路径的长度为 l，则有 $l \leqslant n - 1 < n$。　□

由图上两个节点间的路径可以进一步引申出更多的相关概念。

定义 7.3.2　设图 $G = \langle V, E, \Psi \rangle$，$v, v' \in V$。如果在 G 中存在从 v 至 v' 的路径，则称在 G 中从 v 可达 v'，否则称在 G 中从 v 不可达 v'。对于图 G 的节点 v，用 $R(v)$ 表示从 v 可达的全体节点的集合，称为节点 v 的可达集。

无向图中，若从 v 可达 v'，则从 v' 必可达 v。而有向图中，从 v 可达 v' 不能保证从 v' 必可达 v。

例 7.3.3　在图 7.25 中，任意两个节点之间都是互相可达的，因此对任意的节点 $n \in \{u, v, w, x, y\}$，有 $R(n) = \{u, v, w, x, y\}$。在图 7.26 中，$R(1) = \{1, 2, 3, 4, 5\}$，$R(2) = R(3) = R(4) = \{2, 3, 4, 5\}$，$R(5) = \{5\}$，$R(6) = \{6\}$。　□

请注意，对任意的节点 v，有 $v \in R(v)$，在计算 $R(v)$ 时，不要遗漏长度为 0 的路径。

回顾第 2 章中传递闭包的相关知识，可利用求传递闭包的方法来求图中任意节点 v 的可达集 v。对任意的图 $G = \langle V, E, \Psi \rangle$：

(1) 获得所有节点的邻接关系 $\mathrm{Rel}(G)$。

- 对有向图，$\mathrm{Rel}(G) = \{\langle v, v' \rangle | v, v' \in V \text{ 且有 } e \in E \text{ 使得} \langle e, \langle v, v' \rangle \rangle \in \Psi\}$；
- 对无向图，$\mathrm{Rel}(G) = \{\langle v, v' \rangle, \langle v', v \rangle | v, v' \in V \text{ 且有 } e \in E \text{ 使得} \langle e, \{v, v'\} \rangle \in \Psi\}$。

(2) 求 $\mathrm{Rel}(G)$ 传递闭包 $t(\mathrm{Rel}(G))$。

(3) 求任意节点的可达集 $R(v) = \{v' | v' \in V \text{ 且} \langle v, v' \rangle \in t(\mathrm{Rel}(G))\}$。

结合定理 7.3.1 与可达的定义，立即可得到如下的定理。

定理 7.3.3　设图 $G = \langle V, E, \Psi \rangle$，$v, v' \in V$，则从 v 可达 v' 当且仅当存在从 v 至 v' 的基本路径。

证明：首先，若存在从 v 至 v' 的基本路径，根据可达的定义，显然从 v 可达 v'。

其次，若从 v 可达 v'，则必存在从 v 到 v' 的路径，根据定理 7.3.1，必存在从 v 至 v' 的基本路径。　□

在图 G 中，从节点 v 到 v' 可达，代表从 v 到 v' 存在路径，一般而言，这样的路径可能有多条。这种情况下，更关心的是长度最短的那条或那些路径，因为在现实世界中，这样的路径更有现实意义。

定义 7.3.3 设图 $G = \langle V, E, \Psi \rangle$, $v, v' \in V$. 若 v 可达 v', 则称从 v 至 v' 的路径中长度最短者为从 v 至 v' 的测地线, 并称测地线的长度为从 v 至 v' 的距离, 记为 $d(v, v')$. 如果从 v 不可达 v', 则称从 v 至 v' 的距离 $d(v, v')$ 为 ∞. 并且规定 $\infty + \infty = \infty$, $n + \infty = \infty + n = \infty$, 其中 $n \in \mathbb{N}$ 且 $\infty > n$.

所谓长度最短的路径, 指的是边数最少的路径, 且必为基本路径. 由节点间距离的定义可得图直径的定义.

定义 7.3.4 图 $G = \langle V, E, \Psi \rangle$ 的直径 $\text{diam}(G)$ 定义为 $\max\limits_{v, v' \in V} d(v, v')$.

可见, 图的直径指的是所有节点间距离最大者. 图 7.25 所示图的直径为 $\max\limits_{v, v' \in \{u, v, w, x, y\}} d(v, v') = 2$, 而图 7.26 所示图的直径为 $\max\limits_{v, v' \in \{1, 2, 3, 4, 5, 6\}} d(v, v') = \infty$.

至此, 介绍了路径相关的一些重要概念和性质. 进一步, 从存在性角度, 需要关注的是任意图上的任意两个节点是否一定会存在从某个节点到另一个节点的路径, 以及什么样的图上任意两个节点间存在路径, 等等. 这些问题的回答, 将借助路径引申出图上的更多概念和性质, 其中重要的一个性质是图的连通性.

定义 7.3.5 如果无向图 G 的任意两个节点都互相可达, 则称 G 是连通的, 否则称 G 是非连通的.

根据前面的定义, 还可将连通性表达为: 无向图 $G = \langle V, E, \Psi \rangle$ 是连通的, 当且仅当对任意的 $v \in V$, 皆有 $R(v) = V$.

由此可知, 连通的无向图 G 上, 任意两个节点间存在路径. 而不连通的无向图 G 上, 不能保证任意两个节点间都存在路径.

此外, 连通无向图上节点间距离的概念具有以下的一些性质.

定理 7.3.4 设无向图 $G = \langle V, E, \Psi \rangle$ 是连通的, $v_1, v_2, v_3 \in V$ 为任意的 3 个节点, 则:
(1) $d(v_1, v_1) = 0$;
(2) 若 $v_1 \neq v_2$, 则 $d(v_1, v_2) > 0$;
(3) $d(v_1, v_2) = d(v_2, v_1)$;
(4) $d(v_1, v_2) + d(v_2, v_3) \geqslant d(v_1, v_3)$.

证明: 由无向图 G 是连通的可知, 图上任意两个节点之间是互相可达的, 因此对任意的 $v_1, v_2 \in V$, $d(v_1, v_2) \neq \infty$.

(1) 由定义 7.3.1 可知, 每个节点到自身的路径长度为 0, 这已是最小的自然数了, 因此有 $d(v_1, v_1) = 0$.

(2) 若 $v_1 \neq v_2$, 则从 v_1 到 v_2 的最短路径至少要经过 1 条边, 所以 $d(v_1, v_2) > 0$.

(3) 因为图 G 是无向图, 且为连通的, 因此, 从 v_1 到 v_2 的最短路径 P_1 也必为从 v_2 到 v_1 的最短路径. 否则, 假设 P_1 不是从 v_2 到 v_1 的最短路径, 设 P_2 为从 v_2

到 v_1 的最短路径，则 P_2 也是从 v_1 到 v_2 的路径，且长度小于 P_1，这与 P_1 是从 v_1 到 v_2 的最短路径矛盾，因此假设不成立，即 P_1 也是从 v_2 到 v_1 的最短路径。所以有 $d(v_1, v_2) = d(v_2, v_1)$。

（4）设从 v_1 到 v_2 的最短路径为 $P_1 = v_1 e_1 v_2' e_2 \cdots v_n' e_n v_2$，从 v_2 到 v_3 的最短路径为 $P_2 = v_2 e_1' v_2'' e_2' \cdots v_m'' e_m' v_3$，长度分别为 n 与 m。$P_1 P_2$ 为一条长度为 $n + m$ 的从 v_1 到 v_3 的路径。由最短路径必为基本路径可知，从 v_1 到 v_3 的最短路径长度必不会超过 $P_1 P_2$ 的长度，即 $n + m$。所以 $d(v_1, v_3) \leqslant n + m = d(v_1, v_2) + d(v_2, v_3)$。　　　　□

对于有向图，由于可达性的非对称性，即从节点 v 至 v' 存在路径，不能保证一定存在从节点 v' 至 v 存在路径，由此也可得从节点 v 到 v' 的距离一般不等于从节点 v' 至 v 的距离。所以有向图的连通性要更复杂，在讨论有向图的连通性之前，先引入基础图的概念。

定义 7.3.6 设有向图 $G = \langle V, E, \Psi \rangle$，定义 $\Psi' : E \to \{\{v_1, v_2\} | v_1 \in V \text{ 且 } v_2 \in V\}$ 为对任意 $e \in E$ 和 $v_1, v_2 \in V$，若 $\Psi(e) = \langle v_1, v_2 \rangle$，则 $\Psi'(e) = \{v_1, v_2\}$。称无向图 $G' = \langle V, E, \Psi' \rangle$ 为有向图 G 的基础图。

有向图的基础图即把每条有向边改为无向边而得到的无向图。基于基础图定义，可逐级定义有向图的连通性。

定义 7.3.7 设 $G = \langle V, E, \Psi \rangle$ 为有向图。

（1）如果 G 中的任意两个节点都互相可达，则称 G 是强连通的；

（2）如果对于 G 的任意两个节点，必有一个节点可达另一个节点，则称 G 是单向连通的；

（3）如果 G 的基础图是连通的，则称 G 是弱连通的。

定义 7.3.7中的三个概念是逐步降低强度的，从互相可达、单向可达到基础图上互相可达。

例 7.3.4 图 7.27中给出了三幅有向图，分别为强连通的、单向连通的，以及弱连通的。

(a) 强连通　　　　(b) 单向连通　　　　(c) 弱连通

图 7.27　有向图连通性示例

　　　　□

强连通有向图是一种常用的重要模型，很有必要给出判断有向图是否为强连通的充分必要条件。先给出节点集合可达集的定义。对有向图 $G = \langle V, E, \Psi \rangle$，$W \subseteq V$，则 W

的可达集 $R(W)$ 为

$$R(W) = \bigcup_{v \in W} R(v)$$

定理 7.3.5 有向图 $G = \langle V, E, \Psi \rangle$ 是强连通的, 当且仅当不存在 $W \subset V$ 使得 $R(W) \subseteq W$。

证明: 充分性。若 G 不是强连通的, 则存在 $v, v' \in V$ 且 v 不可达 v', 即有 $v \in R(v)$ 且 $v' \notin R(v)$。因此, $R(v) \subset V$。下面证明 $R(R(v)) \subseteq R(v)$。设 $u \in R(R(v))$, 则 u 可由 $R(v)$ 中某些节点, 例如 x, 到达。根据可达集的定义, 可知 v 可达 x, 即 v 可达 u, 即 $u \in R(v)$, 因此有 $R(R(v)) \subseteq R(v)$。即证明了"若 G 不是强连通的, 则存在 $W \subset V$ 使得 $R(W) \subseteq W$"。该命题的逆否命题"若不存在 $W \subset V$ 使得 $R(W) \subseteq W$, 则 G 是强连通的"也成立。

必要性。假设存在 $W \subset V$ 使得 $R(W) \subseteq W$, 则有 $V' = V - W \neq \varnothing$。又因为 $R(W) \subseteq W$, 因此有 $V' \subseteq V - R(W)$。而 $V - R(W)$ 包含了所有无法由 W 中节点到达的节点。由此可得 V' 中任一节点都不可由 W 中节点到达。这与 G 是强连通的矛盾, 因此, 假设不成立, 即不存在 $W \subset V$ 使得 $R(W) \subseteq W$。 $\qquad\square$

对不连通的图, 进一步考查其上的特征与性质。

定义 7.3.8 设 G' 是图 G 的具有某性质的子图, 并且对于 G 的具有该性质的任意子图 G'', 只要 $G' \subseteq G''$, 就有 $G' = G''$, 则称 G' 相对于该性质是 G 的极大子图。

此处"极大"的概念源自第 2 章中的"极大元", 通俗地说, 在该性质上, 没有其他子图比 G' "大", 但又可能存在"平级"的子图。

将极大子图定义中的性质设定为连通性, 就得到了极大连通子图, 下面分别讨论无向图与有向图上的极大连通子图。

定义 7.3.9 无向图 G 的极大连通子图称为 G 的分支。

定义 7.3.10 设 G 是有向图。
(1) G 的极大强连通子图称为 G 的强分支;
(2) G 的极大单向连通子图称为 G 的单向分支;
(3) G 的极大弱连通子图称为 G 的弱分支。

所谓极大连通子图, 指的是若向子图中再添加一个节点就会破坏子图的连通性, 而若从子图中去除一个节点则会破坏子图的极大性。

图 7.28 所示为一个含 3 个分支的无向图。图 7.29 所示的有向图中有 4 个强分支, 分别为 $\langle \{v_1, v_2, v_3\}, \{e_1, e_2, e_3\}, \{\langle e_1, \langle v_1, v_2 \rangle \rangle, \langle e_2, \langle v_2, v_3 \rangle \rangle, \langle e_3, \langle v_1, v_3 \rangle \rangle\} \rangle$, $\langle \{v_4\}, \varnothing, \varnothing \rangle$, $\langle \{v_5\}, \varnothing, \varnothing \rangle$, $\langle \{v_6\}, \varnothing, \varnothing \rangle$; 有两个单向分支, 分别为 $G - \{v_6\}$ 与 $G[\{v_5, v_6\}]$; 有 1 个弱分支, 即 G 本身。

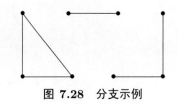

图 7.28 分支示例

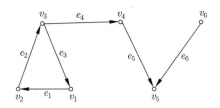

图 7.29 强分支、单向分支、弱分支示例

对于无向图，可知每个节点恰处于一个分支中。而对于有向图，每个节点恰处于一个强分支中，但每个节点可处于多个单向分支中。

由定义 7.3.9 与定义 7.3.10 可得下面的定理。

定理 7.3.6 连通无向图恰有一个分支。非连通无向图有一个以上分支。

定理 7.3.7 强连通 (单向连通、弱连通) 有向图恰有一个强分支 (单向分支、弱分支)。非强连通 (非单向连通、非弱连通) 有向图有一个以上强分支 (单向分支、弱分支)。

此外，可从关系角度看有向图的强分支：定义有向图 $G = \langle V, E, \Psi \rangle$ 节点集合 V 上的节点间"互相可达"关系 R。首先，节点 v 与自己是互相可达的。其次，若节点 v 与 v' 是互相可达的，那么 v' 与 v 也是互相可达的。最后，若节点 v 与 v' 是互相可达的，v' 与 v'' 是互相可达的，则 v 与 v'' 是互相可达的。因此，"互相可达"关系是一个等价关系。基于该等价关系，可得到集合 V 上的一个划分，以每个划分块 Π 为节点的导出子图 $G[\Pi]$ 即为一个强分支。

对于连通无向图，常常更加关注图上的一些特殊边和特殊节点，如桥 (Bridge)、割点或关节点 (Articulation Point)。

定义 7.3.11 设 $G = \langle V, E, \Psi \rangle$ 为连通无向图，若有边 $e \in E$ 使得 $G - \{e\}$ 为非连通的，则称这样的边为桥。若有节点 $v \in V$ 使得 $G - \{v\}$ 为非连通的，则称这样的节点为割点或关节点。

在图 7.30 中，节点 a、b、c 都是关节点，起点和终点为 a 与 b 的边是桥。桥与关节点常用来分析连通图的薄弱点，在实际应用中，常用来分析网络、社会关系、交通网的薄弱点或关键点。例如，给定一个计算机网络，如果有一个计算机坏掉了，那么任何两台计算机之间是否仍然能够通信？

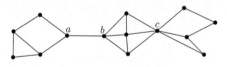

图 7.30　桥与关节点示例

目前为止，讨论的路径主要是开路径，接下来介绍与闭路径相关的一些概念与性质。

定义 7.3.12　设 G' 是有向图 $G = \langle V, E, \Psi \rangle$ 的基础图，G' 中的路径称为 G 中的半路径。

设 $v_0 e_1 v_1 \cdots v_{m-1} e_m v_m$ 是图 G 中的半路径。对每个 $i(1 \leqslant i \leqslant m)$，若 $\Psi(e_i) = \langle v_{i-1}, v_i \rangle$，则称 e_i 为该半路径中的正向边；若 $\Psi(e_i) = \langle v_i, v_{i-1} \rangle$，则称 e_i 为该半路径中的反向边。

有向图 G 中的路径一定是 G 中的半路径，但 G 中的半路径未必是 G 中的路径，因为半路径中有些边可能是反向边，在 G 中是无法从边的终点到达起点的。但是可以证明，有向图的半路径是路径，当且仅当该半路径中的边都是正向边。至此，可定义一些特殊的闭路径。

定义 7.3.13　存在一条包含图中所有边和节点恰好一次的闭路径的无向图称为回路。基础图是回路的有向图称为半回路。每个节点的出度和入度均为 1 的弱连通有向图称为有向回路。回路 (半回路、有向回路) 中边的数量称为回路 (半回路、有向回路) 的长度。

我们用 C_n 来表示 n 阶回路，图 7.31展示了 $C_3 \sim C_8$。可见，回路既是一种特殊的图，又是一种特殊的闭路径：包含图中所有边和节点恰好一次 (除了起点与终点出现两次外) 的闭路径。

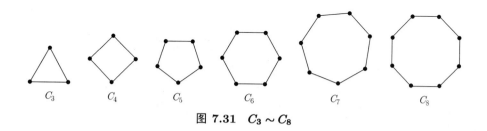

图 7.31　$C_3 \sim C_8$

图 7.27(a) 是有向回路，图 7.27(b) 和 图 7.27(c) 是半回路。在定义有向回路时，"弱连通" 性质就足够了，虽然有向回路是强连通有向图。因为有向回路的强连通性可由其他几个条件推导出来。

从图 7.31所示的示例猜测：连通的 2 度正则图与回路间具有一定的联系。该联系即下面的定理。

定理 7.3.8 若无向图 $G = \langle V, E, \Psi \rangle$ 是连通的，且对每个节点 $v \in V$ 有 $d_G(v) = 2$，则 G 是一个回路。

证明：要证明 G 是回路，只需要根据回路定义，证明图 G 上有一条闭路径，包含了 G 所有的节点与边，且每条边、每个节点 (除起点与终点外) 都只出现了 1 次。

分情况证明：

(1) 当 $|V| = 1$ 时，只有一个节点 v 且 $d_G(v) = 2$，那么图中只会有一个自圈 $\Psi = \{\langle e, \{v\} \rangle\}$，因此 vev 为一回路，且包括了图 G 的所有节点与边，且都只出现了 1 次 (除起点与终点外)。

(2) 当 $|V| > 1$ 时，因为 G 为连通的，且每个节点的度为 2，所以图中没有自圈。假设某个节点有自圈，则其度已为 2，再无其他边与其他节点关联，与 G 是连通的矛盾。

从任一节点设为 v_1 开始构造一条路径：沿着与 v_1 关联的任一条边到达下一个新节点，设为 v_2。首先，因为 $d_G(v_1) = 2$，所以一定有边从 v_1 出发；其次，因为图中无自圈，所以一定有 $v_1 \neq v_2$；最后，"下一个新节点"指的是该过程到目前为止，还未出现过的节点。

因为 $d_G(v_2) = 2$，除了从 v_1 到达的边外，必有另一条边与 v_2 关联，经过这条边可到达下一个节点。

该过程如图 7.32 所示。持续该过程，每次都到达一个新节点，直到下一节点为一个已在该路径中的节点时，停止该过程。至此，构造了一条路径 $C = v_1 e_1 v_2 e_2 \cdots v_i e_i \cdots e_{m-1} v_m$，其中 $v_m = v_i (1 \leqslant i < m)$。

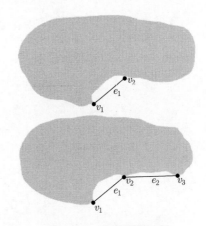

图 7.32 构造路径过程

因为 V 为有限集合，该过程一定会终止。此外，该过程终止时，只有一个节点 v_m 在路径中出现 2 次，因此，C 是简单路径，且除了 v_m 与 v_i 外，其他节点只出现了 1 次。

此外，根据构造路径 P 的方法，到达 v_m 的边是新的边，因此 e_{m-1} 未在前面的过程中出现过，即可保证 $i \neq m-1$。

假设 $i \neq 1$，因为其他节点在 P 中都只出现 1 次，因此 $v_{i-1}, v_{i+1}, v_{m-1}$ 互不相同，因此存在边 $\Psi(e_{i-1}) = \{v_{i-1}, v_i\}$，$\Psi(e_i) = \{v_i, v_{i+1}\}$ 与 $\Psi(e_{m-1}) = \{v_{m-1}, v_i\}$。则

$d_G(v_i) \geqslant 3$，与 $d_G(v_i) = 2$ 矛盾，因此必有 $i = 1$。则证明了 C 是简单闭路径，为一个回路。

假设图 G 中有某个节点 $v \in V$ 不在 C 中，设 v' 为任一 C 中的节点，因为 G 是连通的，所以必存在从 v' 到 v 的路径，设为 $C' = v'e_0'v_1'e_1'\cdots e_n'v$。设 C' 中第一条不在 C 中的边为 e'，则与 e' 关联的一个节点，设为 v'' 必在 C 上，因此有 $d_G(v'') \geqslant 3$。这与图中每个节点的度为 2 矛盾。因此，图 G 中的所有节点都在 C 中。

假设图 G 中有某条边 $e \in E$ 不在 C 中，设其关联的一个节点为 v，则由前面的证明可知 v 在 C 中，而 v 还关联着 2 条在 C 中的边，立即可得 $d_G(v) \geqslant 3$，这与图中每个节点的度为 2 矛盾。因此，图 G 中的所有边都在 C 中。 □

根据定理 7.3.8可知，连通的 2 度正则图是回路。

进一步观察回路与有向回路的示例，如图 7.27(a) 与图 7.31所示，还可发现有向回路具有与回路类似的性质，如节点的度都为 2，图中存在一条闭路径，每个节点和边都在该闭路径上恰出现 1 次。这些性质可由定理 7.3.9 保证。

定理 7.3.9 设图 $G = \langle V, E, \Psi \rangle$，$v \in V$ 是任意节点。G 是回路或有向回路当且仅当 G 的阶与边数相等，并且在 G 中存在这样一条从 v 到 v 的闭路径，使得除了 v 在该闭路径中出现两次外，其余节点和每条边都在该闭路径中恰出现一次。

证明： 充分性。若图为无向图，在 G 中存在一条从 v 到 v 的闭路径，使得除了 v 在该闭路径中出现两次外，其余节点和每条边都在该闭路径中恰出现一次。则该闭路径经过 G 的每个节点时，一定是从与该节点关联的某条边进入，再从另一条与该节点关联的边离开。因此，G 中每个节点的度都为 2。此外，该闭路径包含 G 中的所有节点，因此 G 为连通图，根据定义，连通的 2 度正则图是回路，即 G 为回路。

若为有向图，在 G 中存在这样一条从 v 到 v 的闭路径，使得除了 v 在该闭路径中出现两次外，其余节点和每条边都在该闭路径中恰出现一次，则该闭路径经过每个节点时，一定是从一条边进入，从另一条边离开，因此，图中每个节点的出度与入度分别为 1。又因该闭路径包含图中所有的节点，所以其基础图是连通的。综上，满足上述条件的有向图是有向回路。

必要性。设 $G = \langle V, E, \Psi \rangle$ 为无向图，若 G 为回路，则首先 G 为连通的，其次，由回路的定义可知，G 中存在包含图中所有边与节点恰好一次的闭路径，即一条从任意节点 v 到 v 的闭路径，使得除了 v 在该闭路径中出现两次外，其余节点和每条边都在该闭路径中恰出现一次。此外，对任意的 $v \in V$ 有 $d_G(v) \geqslant 2$。若 G 中存在节点 v' 使得 $d_G(v') > 2$，则为了将所有的边包含进该闭路径，节点 v' 在该闭路径中将出现 2 次，若 $v' = v$，则将出现 3 次，与除 v 之外的节点都恰好出现一次矛盾。因此，不存在度大于 2 的节点，即所有的节点度都为 2。由握手定理可得 $\sum_{v \in V} d_G(v) = 2|E| = 2|V|$，即 G 的阶与边数相等。

若 $G = \langle V, E, \Psi \rangle$ 为有向回路，则由握手定理及有向回路定义可得 $\sum\limits_{v \in V} d_G(v) = 2|E| = 2|V|$，即 G 的阶与边数相等。下面对 G 的阶用第一归纳法。

(1) 当 $|V| = 1$ 时，G 只有一个自圈，设为 e，则 vev 即为满足要求的闭路径。

(2) 设当 $|V| = n$，且 $n \geqslant 1$ 时，必要性成立。当 $|V| = n+1$ 时，设 $v \in V$，由 $d_G^+(v) = d_G^-(v) = 1$ 知，存在 $v_1, v_2 \in V$ 与 $e_1, e_{n+1} \in E$ 使得 $\Psi(e_1) = \langle v, v_1 \rangle$ 且 $\Psi(e_{n+1}) = \langle v_n, v \rangle$。如图 7.33 所示，设 $e \notin E$ 且 $\Psi' = \{\langle e, \langle v_n, v_1 \rangle\rangle\}$，若令 $G' = (G - \{v\}) + \{e\}_{\Psi'}$，则 G' 是 n 阶有向回路。根据归纳假设 G' 中存在 $v_1 e_2 v_2 \cdots v_{n-1} e_n v_n e v_1$，其中 $v_1, v_2, \cdots, v_n$ 互不相同。因为 $V = \{v, v_1, v_2, \cdots, v_n\}$ 且 $E = \{e_1, e_2, \cdots, e_n, e_{n+1}\}$。所以 $v e_1 v_1 e_2 v_2 \cdots v_{n-1} e_n v_n e_{n+1} v$ 即为 G 中满足要求的闭路径。

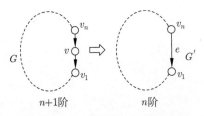

图 7.33　有向回路归纳证明示意

$\square$

最后介绍当某幅图包含回路 (有向回路、半回路) 时作为子图的情形。

定义 7.3.14　如果回路 (有向回路、半回路)C 是图 G 的子图，则称 G 有回路 (有向回路、半回路)C。没有回路的无向图和没有半回路的有向图称为非循环图。

非循环图的应用非常广泛。例如计算机科学问题求解中经常用到的分解策略，要将一个大任务分解为多个子任务。这些子任务之间有完成顺序上的依赖关系。分解时不能出现某个子问题 A 是另一个子问题 B 的前置任务，同时 B 又是 A 的前置任务的循环依赖关系。此时以子任务为节点、依赖关系为有向边的有向图，必须是非循环的。

因此，判断某幅图是否为非循环的，即要判断图中是否有回路/半回路。由于回路与半回路都是无向图上的概念，下面，先讨论有向图上是否有有向回路的判定问题，再总结任意图是否为非循环图的判定方法。

定理 7.3.10　如果有向图 G 有子图 G' 满足：对于 G' 的任意节点 v，$d_{G'}^+(v) > 0$，则 G 有有向回路。

证明： 设 $G' = \langle V', E', \Psi' \rangle$，与定理 7.3.8证明过程中构造路径的方法类似，从 V' 中任选一节点设为 v_0，因为 $d_{G'}^+(v_0) > 0$，所以至少有一条起点为 v_0 的有向边 e_0，经过 e_0 可到达下一个节点 v_1。若 $v_0 = v_1$，则 $v_0 e_0 v_0$ 即为有向回路。

若 $v_0 \neq v_1$，则从 v_1 沿着以 v_1 为起点的边到达下一个节点。该过程持续下去，每次都尽量到达一个未出现在路径中的新节点，直到将要到达的下一节点为路径中已出现过的节点时，该过程停止。设此时的路径 $P = v_0 e_0 v_1 \cdots v_{n-1} e_n v_n$。

首先 P 为 G' 中最长的基本路径, 因为按照其构造规则, 每次经过一条边到达一个新节点, 当该过程停止时, 路径中的所有节点都是恰好出现一次。其次, 因为对任意的 $v \in V'$, $d_{G'}^+(v) > 0$, 因此在构造 P 时, 每到达一个新节点 v_i, 必可找到 $e_{i+1} \in E'$ 与 $v_{i+1} \in V'$, 使得该过程能持续下去。因此, 当该过程停止时, 所有能包含进来的节点已被到达过了。因此, P 为 G' 中最长的基本路径, 同时, P 也是简单路径。

当构造 P 的过程停止时, 因为 $d_{G'}^+(v_n) > 0$, 必可找到 $e_{n+1} \in E'$ 与 $v_{n+1} \in V'$, 使得 $P' = P e_{n+1} v_{n+1}$ 是 G' 中的简单路径。又由于构造 P 停止的原因, 因此必有 $v_{n+1} = v_j (0 \leqslant j \leqslant n)$。因此, $v_j e_{j+1} \cdots e_n v_n e_{n+1} v_j$ 即为 G 上的有向回路。　　□

定理 7.3.11　如果有向图 G 有子图 G' 满足: 对于 G' 的任意节点 v, $d_{G'}^-(v) > 0$, 则 G 有有向回路。

证明: 与定理 7.3.10 的证明类似, 区别是构造路径 P 的过程是逆向的, 即沿着以节点 v 为终点的边逆向到达该边的起点。直到将要到达的节点在 P 中出现过时停止。

请读者自行完成证明。　　□

从定理 7.3.10 与定理 7.3.11 可知, 构成 G 中有向回路的节点, 必有出度大于 0 或入度大于 0 的特点。因此, 依据这两个定理可得到判断有向图 G 是否有有向回路的计算过程。

设有向图 $G = \langle V, E, \Psi \rangle$:

(1) 在 G 中搜索是否有节点 v 满足条件 $d_G^+(v) = 0(d_G^-(v) = 0)$。

(2) 若有满足条件的 v, 则令 $G = G - \{v\}$, 然后返回到第 (1) 步。

(3) 否则, 若 G 为平凡图, 则可判定 G 无有向回路; 否则, G 有有向回路。

这个从 G 中去掉 v 和与之关联的边得到有向图 $G - \{v\}$ 的过程 (其中 v 是有向图的节点且 $d_G^-(v) = 0$ 或 $d_G^+(v) = 0$) 称为 W 过程。由定理 7.3.10 与定理 7.3.11 可知, G 有有向回路当且仅当 $G - \{v\}$ 有有向回路。

图 7.34 展示了 W 过程判断有向图是否有有向回路的过程:

(1) 如图 7.34(a) 所示, 在初始图 G 中, 入度为 0 和出度为 0 的节点分别为 1 和 5, 可任选一个节点删除。此处先选择节点 1, 得到图 $G = G - \{1\}$。此时只有出度为 0 的节点 5, 选择该节点, 得到 $G = G - \{5\}$。此时, 图中没有出度或入度为 0 的节点了, 且不是平凡图, 因此, 初始图不是非循环图。

(2) 如图 7.34(b) 所示, 在初始图 G 中, 入度为 0 和出度为 0 的节点分别为 1 和 5, 可任选一个节点删除。此处先选择节点 1, 得到图 $G = G - \{1\}$。此时出度为 0 的节点为 4 与 5, 入度为 0 的节点有节点 2。任选上述一节点 (假设为 5), 得到 $G = G - \{5\}$。此时, 图中出度或入度为 0 的节点分别为节点 4 与 2, 任选上述一节点 (假设为 4), 得到 $G = G - \{4\}$。此时, 图中出度或入度为 0 的节点分别为节点 3 与 2, 任选一节点删除, 都会得到平凡图, 即 $G - \{3\}$ 得到节点为 2 的平凡图; $G - \{2\}$ 得到节点为 3 的平凡图。因此, 初始图是非循环图。

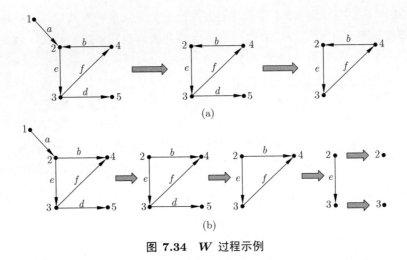

图 7.34 W 过程示例

至此，可将无向图与有向图是否为非循环图的判定方法综合起来，得到定理 7.3.12。

定理 7.3.12 图 G 不是非循环图当且仅当 G 有子图 G' 满足：对于 G' 的任意节点 v，$d_{G'}(v) > 1$。

证明： 即要证明包含子图 G'，且对于 G' 的任意节点 v，$d_{G'}(v) > 1$ 时，G 必有回路 (半回路)。

当 G 为无向图且包含满足上述条件的子图 G' 时，则有对于 G' 的任意节点 v，$d_{G'}(v) \geqslant 2$。根据定理 7.3.8，G' 中必有回路。

当 G 为有向图时，其基础图为无向图，且满足包含子图 G'，且对于 G' 的任意节点 v，$d_{G'}(v) \geqslant 2$，可知 G' 中必有回路，即 G 包含半回路。

在有向图 G 上，当 G' 的任意节点 v 有 $d_G(v) > 1$ 时，不外乎有三种情形：都是入度、都是出度、有入度也有出度。无论哪种情形，都有 $d_G^+(v) > 0$ 或 $d_G^-(v) > 0$，根据定理 7.3.10 与定理 7.3.11 可知，必有有向回路。

综上，G 不是非循环图。 □

与 W 过程类似，有判断 n 阶图 G 是否为非循环图的过程：在图中寻找满足 $d_G(v) \leqslant 1$ 的节点 v，令 $G = G - \{v\}$。重复这个过程，直到图中无满足 $d_G(v) \leqslant 1$ 的节点。若此时图为平凡图，则原图是非循环图，否则不是非循环图。

习题 7.3

1. 考虑图 7.35。

(1) 从 A 至 F 的路径有多少条？找出所有长度小于 6 的从 A 至 F 的路径；

(2) 找出从 A 至 F 的所有简单路径；

(3) 找出从 A 至 F 的所有基本路径；

(4) 求出从 A 至 F 的距离;

(5) 求出该图的直径;

(6) 找出该图的所有回路。

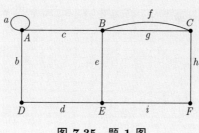

图 7.35 题 1 图

2. 证明图中的基本路径必为简单路径。

3. 证明: 若无向图 $G = \langle V, E, \Psi \rangle$ 是连通的，则 $|E| \geqslant |V| - 1$。

4. 证明: 若无向图 $G = \langle V, E, \Psi \rangle$ 是连通的，$|V| \geqslant 2$ 且 $|V| > |E|$，则图 G 中有一个节点的度为 1。

5. 假设 G 是一个 k 度正则连通图但不是完全图。证明对于 G 中的每个节点 x，存在一个节点 w 使得 $d(x, w) = 2$。

6. 在有向图 $G = \langle V, E, \Psi \rangle$ 中，$k = \min\{d_G^+(v) | v \in V\}$。请证明 G 有一条长度至少为 k 的基本路径。若 $k = \min\{d_G^-(v) | v \in V\}$，是否仍有该结论?

7. 考虑图 7.36。

(1) 对于每个节点 v，求 $R(v)$;

(2) 找出所有强分支、单向分支、弱分支。

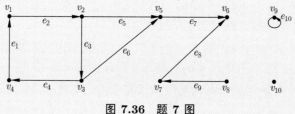

图 7.36 题 7 图

8. n 阶 $(n \geqslant 2)$ 有向图 $G = \langle V, E, \Psi \rangle$ 是强连通的，则对每个 $v \in V$ 有 $d_G^-(v) \geqslant 1$ 且 $d_G^+(v) \geqslant 1$。

9. 设 v_1, v_2, v_3 是任意无向图 (有向图) G 的三个任意节点，以下三公式是否成立? 如果成立给出证明，如果不成立则举出反例。

(1) $d(v_1, v_2) \geqslant 0$, 并且等号成立当且仅当 $v_1 = v_2$;

(2) $d(v_1, v_2) = d(v_2, v_1)$;

(3) $d(v_1, v_2) + d(v_2, v_3) \geqslant d(v_1, v_3)$。

10. 证明有向图的每个节点和每条边恰处于一个弱分支中。

11. 证明：在 n 阶 $(n \geqslant 2)$ 有向图 $G = \langle V, E, \Psi \rangle$ 中，任意两个不相同节点 $u, v \in V$，若 u 不邻接到 v（没有从 u 到 v 的有向边），皆有 $d_G^+(u) + d_G^-(v) \geqslant n$，则 G 是强连通的。

12. 有向图的每个节点（每条边）是否恰处于一个强分支中？是否恰处于一个单向分支中？

13. 证明无向图是连通的当且仅当 G 的直径是自然数。

14. 证明同阶的回路必同构。

15. 请证明每个自补图都是连通的。

16. 设图 $G = \langle V, E, \Psi \rangle$，其中 $V = \{1, 2, 3, 4, 5, 6, 7, 8\}, E = \{a, b, c, d, e, f, g, h, i, j, k, l, m, n, p\}$，$\Psi = \{\langle a, \langle 1, 6 \rangle \rangle, \langle b, \langle 1, 8 \rangle \rangle, \langle c, \langle 1, 7 \rangle \rangle, \langle d, \langle 7, 6 \rangle \rangle, \langle e, \langle 8, 7 \rangle \rangle, \langle f, \langle 6, 4 \rangle \rangle, \langle g, \langle 7, 5 \rangle \rangle, \langle h, \langle 8, 3 \rangle \rangle, \langle i, \langle 5, 8 \rangle \rangle, \langle j, \langle 4, 5 \rangle \rangle, \langle k, \langle 5, 3 \rangle \rangle, \langle l, \langle 4, 3 \rangle \rangle, \langle m, \langle 4, 2 \rangle \rangle, \langle n, \langle 5, 2 \rangle \rangle, \langle p, \langle 3, 2 \rangle \rangle\}$。

判断 G 是否有有向回路。

17. 设 G 是弱连通有向图。如果对于 G 的任意节点 v 皆有 $d_G^+(v) = 1$，则 G 恰有一条有向回路。试证明之。

18. 证明有 k 个弱分支的 n 阶简单有向图至多有 $(n - k)(n - k + 1)$ 条边。

19. 证明非连通简单无向图的补图必连通。

20. 设无向图 G 是非连通的，请证明 $\mathrm{diam}(\overline{G}) \leqslant 2$。

21. 设 G 为 n 阶简单无向图，若 G 的任意节点 v 皆有 $d_G(v) \geqslant (n-1)/2$，则 G 是连通的。

22. 证明：对于小于或等于 n 的任意正整数 k，n 阶连通无向图有 k 阶连通子图。

23. 设 G 为 n 阶无向图，请证明：

(1) 如果 $\mathrm{diam}(G) \geqslant 4$，则 $\mathrm{diam}(\overline{G}) \leqslant 2$。

(2) 如果 $\mathrm{diam}(G) \geqslant 3$，则 $\mathrm{diam}(\overline{G}) \leqslant 3$。

24. 对给定的整数 n 和 k，其中 $n \geqslant 1$ 且 $1 \leqslant k \leqslant n$。定义图 $S_{n,k}$ 为节点为集合 $\{1, 2, \cdots, n\}$ 的子集，每个子集元素的个数为 k，对任意两个节点，如果节点所代表的子集之间有 $k - 1$ 个公共元素，则这两节点间有一条无向边。

(1) 请画出 $S_{4,1}$ 和 $S_{4,2}$；

(2) 试证明图 $S_{n,k}$ 是连通的。

7.4　特殊图

在前述图论基础上，本节介绍一些常用的特殊图。

在 7.3 节中，路径长度指的是路径中边的数目，即每条边的长度都是 1。但是，当用图建模城市间的交通情况时，边只能表达城市间经某种交通方式可达，但是这种交通方式的代价，如所需时间、路程长短、票价多少等信息无法建模出来。因此，在用图建模现实世界问题时，仅仅表示某个集合上元素之间的联系是不够的，我们常常想建模进来更多的信息。一种常用的方法是为图上每条边赋上一个权值。得到加权图的概念。

定义 7.4.1 设图 $G = \langle V, E, \Psi \rangle$ 且 $W : E \to \mathbb{R}_+$，则称 $\langle G, W \rangle$ 为加权图。对任意的 $e \in E$，$W(e)$ 称为边 e 的加权。若 $H \subseteq G$，则 $\sum_{e \in E_H} W(e)$ 称为图 H 的加权。

边的加权在不同的应用场景下，名称会有细微差别。例如，在衡量路径长度时，加权称为加权长度，路径上所有边的加权长度之和称为路径的加权长度。

在加权图上，有很多典型问题，此处先介绍最短路径问题及其解法。在后续将结合不同类型的图展开介绍。

定义 7.4.2 设图 $G = \langle V, E, \Psi \rangle$ 且 $\langle G, W \rangle$ 为加权图，$v, v' \in V$。$\langle G, W \rangle$ 中路径 P 中所有边的加权长度之和，记为 $W(P)$，称为该路径的加权长度。从节点 v 至节点 v' 的路径中加权长度最小的称为从 v 至 v' 的最短路径，记为 $d_W(v, v')$。

若从 v 可达 v'，则称从 v 至 v' 的最短路径的加权长度为从 v 至 v' 的加权距离；若从 v 不可达 v'，则称从 v 至 v' 的加权距离为 ∞。

加权图上的一个典型问题是求从一个节点到另一个节点的加权距离。Dijkstra 在 1959 年给出了求从任一节点，例如 v_1 到图中所有其他节点，即 $V - \{v_1\}$ 加权距离的算法。假设 $V - \{v_1\} = \{v_2, v_3, \cdots, v_n\}$，算法如下所示。

(1) 为节点 v_1 标记永久标签 $[-, 0]$，为 $\{v_2, v_3, \cdots, v_n\}$ 中所有节点标记临时标签 $(-, \infty)$。令 $z \leftarrow 1$。

(2) 令 $A_z \leftarrow \{v_k \in V | v_k$ 与 v_z 邻接且 v_k 的标签是临时标签$\}$。

(3) 对每个 $v_k \in A_z$，用 e_{zk} 表示连接节点 v_z 与节点 v_k 的边。若 $L(v_z) + W(e_{zk}) \geqslant L(v_k)$，则不修改 v_k 的标签；否则，将 v_k 的标签修改为 $(v_k, L(v_z) + W(e_{zk}))$。

(4) 令 $T \leftarrow \{v_j \in V | v_j$ 的标签是临时标签$\}$，从集合 T 中任选一节点 $v_r \in T$ 且 $L(v_r) = \min\{L(v_j) | v_j \in T\}$。将节点 v_r 的标签修改为永久标签。

(5) 若 V 中所有节点的标签都是永久标签，则结束；否则，跳转到步骤 (2)。

算法中永久标签和临时标签分别用 $[\ ]$ 与 $(\ )$ 区分，标签中第二维分量 $L(v_i)$ 表示的是，到目前为止，从节点 v_1 到节点 v_i 的加权距离。第一维分量 v_k 表示到目前为止，从节点 v_1 到节点 v_i 的最短加权路径上，节点 v_i 的前一个节点是 v_k。

例 7.4.1 以图 7.37(a) 中加权图为例，应用 Dijkstra 算法求 $d_W(v_1, v_j)(j = 2, 3, \cdots, 8)$，图中每条边上的整数值为该边的加权长度。

根据 Dijkstra 算法，表 7.2 展示了每个节点标签的变化过程。表的每一行表示 Dijkstra 算法执行过程中，在返回到算法第 (2) 步之前的一次迭代时，算法中各数据的值的变化情况。最后一列展示了每一次迭代中，标签变为永久标签的节点。一旦某个节点的标签变为永久标签，其标签将不再修改，在表中以黑色方框表示。

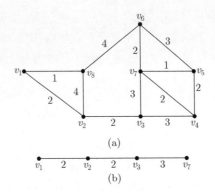

(a)

(b)

图 7.37　Dijkstra 算法示例

表 7.2　节点标签变化过程示例

v_1	v_2	v_3	v_4	v_5	v_6	v_7	v_8	变化
$[-,0]$	$(-,\infty)$	$(-,\infty)$	$(-,\infty)$	$(-,\infty)$	$(-,\infty)$	$(-,\infty)$	$(-,\infty)$	v_1
■	$(1,2)$	$(-,\infty)$	$(-,\infty)$	$(-,\infty)$	$(-,\infty)$	$(-,\infty)$	$[1,1]$	v_8
	$[1,2]$	$(-,\infty)$	$(-,\infty)$	$(-,\infty)$	$(8,5)$	$(-,\infty)$	■	v_2
	■	$[2,4]$	$(-,\infty)$	$(-,\infty)$	$(8,5)$	$(-,\infty)$		v_3
		■	$(3,7)$	$(-,\infty)$	$[8,5]$	$(3,7)$		v_6
			$[3,7]$	$(6,8)$	■	$(3,7)$		v_4
			■	$(6,8)$		$[3,7]$		v_7
				$[6,8]$		■		v_5
			■					结束

从表 7.2可知有：

$$d(v_1,v_2)=2;\quad d(v_1,v_3)=4;\quad d(v_1,v_4)=7;\quad d(v_1,v_5)=8;$$
$$d(v_1,v_6)=5;\quad d(v_1,v_7)=7;\quad d(v_1,v_8)=1$$

基于表 7.2，利用回溯，可得到从节点 v_1 到其他节点的最短加权路径。例如，要得到从节点 v_1 到 v_7 的最短路径，可先找到节点 v_7 的永久标签 $[3,7]$，从该标签可知在最短加权路径上，v_7 的前序节点为 v_3。接下来看节点 v_3 的永久标签 $[2,4]$，则在最短加权路径上，v_3 的前序节点为 v_2。依次可得到在最短加权路径上，v_2 的前序节点为 v_1。即从 v_1 到 v_7 的最短路径如图 7.37(b) 所示，加权长度为 7。 □

在回路 C_n 的基础上，可引申出几类特殊图。轮 (Wheel) 是在 C_n 的基础上添加一个节点，以及该节点与其余节点关联的边得到的，记为 W_n，其中 n 是 C_n 的阶，即 W_n 的阶为 $n+1$。图 7.38示出了 $W_3 \sim W_8$ 的轮图。

可见，W_n 的边数为 $2 \times n$，中心节点的度为 n，其余节点的度为 3。

轮图通常用于表达有一个对象与所有其他对象都有联系的情形。例如活动的召集人、项目经理。即有对象与其他所有对象都有关系。在犯罪调查、反恐行动中，通常可利用图来建模人物间的关系，通过发现这类度非常高的节点来寻找侦破的关键点。

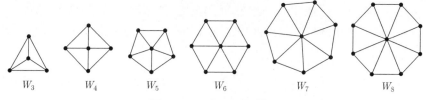

图 7.38 $W_3 \sim W_8$ 图示

在前面定义回路时，将其定义为包含图中所有节点与边恰好一次的闭路径 (除起点与终点出现两次外)。若将上述条件进行一些弱化，就得到了其他类型的特殊回路。

若不要求回路中图中所有的节点恰好出现一次，只要求图中所有边恰好只出现一次，就得到了欧拉回路。

历史上图论的创立是从对路径的研究开始的。18 世纪初东普鲁士的小城哥尼斯堡，有一条名叫普雷格尔的河穿过该城，河上有两个小岛，有 7 座桥把两个岛与河岸联系起来 (见图 7.39)。有个人提出一个问题：一个步行者怎样才能不重复、不遗漏地一次走完 7 座桥，最后回到出发点？

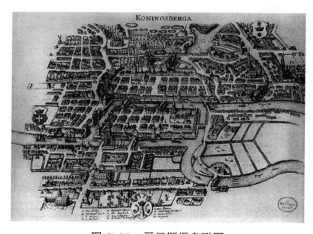

图 7.39 哥尼斯堡鸟瞰图

数学家欧拉对地图进行了抽象，将陆地抽象成了一个点，桥抽象成了连接点的边，如图 7.40 所示。通过这种抽象解决了哥尼斯堡桥问题，由此开创了数学的一个新的分支——图论与拓扑。

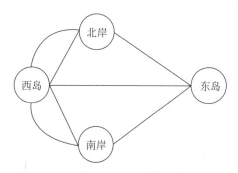

图 7.40 哥尼斯堡七桥问题的图模型

在抽象出来的图模型上，哥尼斯堡桥问题变为了：是否存在包含图上所有边的简单闭路径。欧拉解决了该问题，证明哥尼斯堡桥图模型上不存在这样的简单闭路径。下面介绍欧拉的解决方法，引出欧拉图的概念。

定义 7.4.3 图 G 中包含其所有边的简单开路径称为 G 的欧拉路径。图 G 中包含其所有边的简单闭路径称为 G 的欧拉闭路。

定义 7.4.4 每个节点都是偶节点的无向图称为欧拉图。每个节点的出度和入度都相等的有向图称为欧拉有向图。

基于这些概念，哥尼斯堡七桥问题变为了哥尼斯堡桥图模型是否有欧拉闭路。欧拉找到了连通无向图有欧拉闭路的充分必要条件，即欧拉定理。

定理 7.4.1 设 G 是连通无向图，G 是欧拉图当且仅当 G 有欧拉闭路。

定理 7.4.1 的充分性是显然的，必要性的证明思路如图 7.41 所示。根据非循环图判定定理，连通的欧拉图每个节点度为偶数，都大于 1。因此，欧拉图上必有回路作为其子图。假设找到一条，如图 7.41 中虚线所示。那么，将该回路的边擦除后，原图可能不再是连通的，假设分为多个分支。那么，每个分支都是欧拉图，因为擦除回路的边，对分支与回路的公共节点度的影响是减 2，不破坏其奇偶性。这启发我们运用第二归纳法来证明，并可归纳假设边数少于原图边数的各分支一定有欧拉闭路。最后，从任意一个公共节点出发，先沿着回路的一条边进入一个分支，再拼接上分支中的欧拉闭路，再从进入的公共节点离开该分支。依次进入分支、拼接欧拉闭路，如图 7.41 中序号所示，即可得到原图上的欧拉闭路。

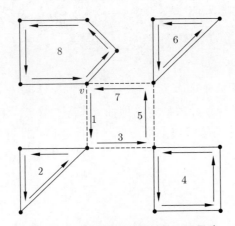

图 7.41 欧拉定理必要性的证明思路

对必要性的证明，就是将上述思路中自然语言描述的动作用数学的形式化的定义、定理与操作表达的过程。

证明：充分性。因为 G 为连通的，且存在欧拉闭路，即从任意节点 v 出发，存在一条包含所有边恰好一次，并以 v 结束的简单闭路 O。

对 G 中任意节点 v'，若 $v' \neq v$，即 v' 不是欧拉闭路的起点与终点。则每次沿着 O 经过节点 v' 时，则必有两条 O 中边与 v' 关联，从一条边进入 v'，并经过另一条边离开 v'。由于与 v' 关联的边都在 O 中，因此，每经过一次 v'，$d_G(v')$ 增 2，所以 $d_G(v')$ 为偶数。

对于 O 的起点与终点 v。O 的第一条边为与 v 关联的边，且经过该边离开 v。O 的最后一条边也为与 v 关联的边，且经过该边到达 v，即 $d_G(v)$ 为 2。除此之外，若沿着 O 还会经过 v，则与前述 v' 一样，每经过一次，$d_G(v)$ 增 2，因此，$d_G(v)$ 也为偶数。

综上，每个节点的度都为偶数，即图 G 为欧拉图。

必要性。用第二归纳法证明，对 $G = \langle V, E, \Psi \rangle$ 的边数 $|E|$ 进行归纳。

(1) 若 $|E| = 0$，即 G 为平凡图，必要性显然成立。

(2) 设当 $|E| < n (n > 0)$ 时，必要性成立，即边数少于 n 的连通欧拉图有欧拉闭路。当 $|E| = n$ 时，由 G 为连通欧拉图可知，任意的 $v \in V$ 有 $d_G(v) > 1$，则由定理 7.3.12可知，G 有子图为回路 C，令 $C = v_0 e_1 v_1 \cdots v_{m-1} e_m v_0$，其中 $v_0, v_1, \cdots, v_{m-1} \in V$，$e_1, e_2, \cdots, e_m \in E$，且 $v_0, v_1, \cdots, v_{m-1}$ 互不相同，$e_1, e_2, \cdots, e_m$ 互不相同。令 $G' = G - \{e_1, e_2, \cdots, e_m\}$ 且有 k 个分支 $G_1, G_2, \cdots, G_k$ 且 $|E_{G_i}| < n$，其中 $E_{G_i} (1 \leqslant i \leqslant k)$ 表示分支 G_i 的边集合。由于 G 是连通的，因此 C 与 $G_1, G_2, \cdots, G_k$ 都有公共节点，设分别为 $v'_i, 1 \leqslant i \leqslant k$。由归纳假设，每个分支 G_i 都有从 v'_i 到 v'_i 欧拉闭路 $O_i (1 \leqslant i \leqslant k)$。因此：

$$v_0 e_1 v_1 \cdots e_{v'_1} O_1 e_{v'_1 + 1} \cdots e_{v'_k} O_k e_{v'_k + 1} \cdots v_{m-1} e_m v_0$$

即为 G 的一条欧拉闭路。　　　　　　　　　　　　　　　　　　　　　　□

定理 7.4.1必要性的证明为在欧拉图上寻找欧拉闭路提供了方法。在加权图上寻找加权长度最小的欧拉闭路 (添加必要的边) 的问题，就是典型的中国邮递员问题，由中国数学家管梅谷提出，并给出了相应算法。

对存在欧拉路径的图的特点，根据定理 7.4.1可知有如下的充分必要条件。

定理 7.4.2　设 $G = \langle V, E, \Psi \rangle$ 为连通无向图，$v_1, v_2 \in V$ 且 $v_1 \neq v_2$。则 G 有一条从 v_1 至 v_2 的欧拉路径当且仅当 G 恰有两个奇节点 v_1 和 v_2。

证明：任取 $e \notin E$ 且令 $\Psi' = \{\langle e, \{v_1, v_2\}\rangle\}$，则 G 有一条从 v_1 至 v_2 的欧拉路径当且仅当 $G' = G + \{e\}_{\Psi'}$ 有一条欧拉闭路。由定理 7.4.1可知，当且仅当 G' 是欧拉图，即 G' 中每个节点都是偶节点，当且仅当 G 恰有两个奇节点 v_1 和 v_2。　　　□

至此，可知哥尼斯堡七桥问题没有解。欧拉图常用来判断某个图是否可一笔画，如图 7.42所示，都是可一笔画的图。

对有向图也有类似的定理。

定理 7.4.3　设 G 为弱连通的有向图。G 是欧拉有向图当且仅当 G 有欧拉闭路。

定理 7.4.3 的证明与定理 7.4.1的证明思路是类似的。充分性的证明，通过考查欧拉

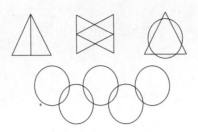

图 7.42 可一笔画的图

闭路经过每个节点对节点出度与入度分别增 1 的现象来证明。必要性的证明思路类似，可参考图 7.41中带箭头边运用第二归纳法得到。

定理 7.4.4 设 $G = \langle V, E, \Psi \rangle$ 为弱连通有向图，$v_1, v_2 \in V$ 且 $v_1 \neq v_2$。则 G 有一条从 v_1 至 v_2 的欧拉路径当且仅当 $d_G^+(v_1) = d_G^-(v_1) + 1$，$d_G^+(v_2) = d_G^-(v_2) - 1$，且对 G 的其他节点 v，均有 $d_G^+(v) = d_G^-(v)$。

定理 7.4.4 与定理 7.4.2的证明思路类似，通过添加一条起点为 v_2、终点为 v_1 的边，得到欧拉有向图，必有欧拉闭路。再将添加的边删除，得到欧拉路径，从而得证。

最后，给出欧拉图上环和运算结果仍是欧拉图的定理。通过环和运算，可以从已有的欧拉图构造新的欧拉图。

定理 7.4.5 如果 G_1 和 G_2 是可运算的欧拉图，则 $G_1 \oplus G_2$ 是欧拉图。

证明思路上，对标欧拉图的定义，只需证明 $G_1 \oplus G_2$ 上每个节点的度仍为偶数即可。请注意，该定理并不要求 G_1、G_2 与 $G_1 \oplus G_2$ 是连通的。

证明： 设 $G_1 = \langle V_1, E_1, \Psi_1 \rangle$，$G_2 = \langle V_2, E_2, \Psi_2 \rangle$，$G_1 \oplus G_2 = \langle V, E, \Psi \rangle$。设 $v \in V$，则有以下三种可能情况。

(1) $v \in V_1$ 但 $v \notin V_2$；

(2) $v \in V_2$ 但 $v \notin V_1$；

(3) $v \in V_1$ 且 $v \in V_2$。

在 (1) 与 (2) 两种情况下，与 v 关联的边在 $G_1 \oplus G_2$ 中不变，v 仍是 $G_1 \oplus G_2$ 中的偶节点。在情况 (3) 中，设 G_1 和 G_2 有 k 条公共边与 m 个公共自圈与 v 关联，则：

$$d_{G_1 \oplus G_2}(v) = d_{G_1}(v) + d_{G_2}(v) - 2(k + 2m)$$

故 v 仍是 $G_1 \oplus G_2$ 中的偶节点。综上，$G_1 \oplus G_2$ 中的所有节点均为偶节点，故仍是欧拉图。 □

1857 年，爱尔兰数学家哈密顿 (Hamilton) 发明了一款游戏——环游世界游戏 (Icosian Game)，如图 7.43(a) 所示。游戏的主体是一个正十二面体，如图 7.43(b) 所示，正十二面体上的 20 个顶点用世界上其中的 20 个城市名进行命名。游戏的目标是：找一条从某城市出发，经过每个城市恰好一次，并且最后回到出发点的路线。

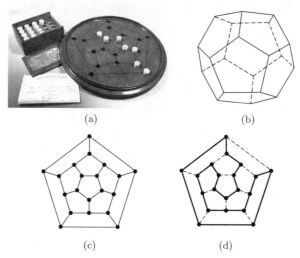

图 7.43　哈密顿的环游世界游戏

正十二面体可平面化为一个 20 阶的 3 度正则图，正十二面体的 30 条棱为图中的边，如图 7.43(c) 所示。因此，游戏目标转变为：在图中找出一条包含所有节点的闭路，并且，除始点和终点重合外，这条闭路所含节点是互不相同的。根据定理 7.3.9，这条闭路的所有节点和边组成了一个回路。由此可得定义 7.4.5。

定义 7.4.5　如果回路 (有向回路)C 是图 G 的生成子图，则称 C 为 G 的哈密顿回路 (哈密顿有向回路)。图 G 中包含它的所有节点的基本路径称为 G 的哈密顿路径。有哈密顿回路 (哈密顿有向回路) 的图称为哈密顿图 (哈密顿有向图)。

显然哈密顿图必定是连通的，前述的哥尼斯堡七桥问题的图是哈密顿图。而哈密顿环游世界游戏的解如图 7.43(d) 中的黑色粗线所示。

要给出一幅图是哈密顿图的充分必要条件仍是一个未解决的问题，只能给出一些充分条件或必要条件，本书不再展开论述，仅介绍一些常用而有效的判断一幅图是否为哈密顿图的规则。

图中度为 2 的节点 (如果存在的话) 在该规则中发挥着重要的作用。这是因为如果 C 是 G 的哈密顿回路，v 是 G 中的 2 度节点，那么为了沿着 C 经过 v，与 v 关联的两条边必须都包含在 C 中，一条用于进入 v，一条用于离开 v。基于该考虑，寻找哈密顿回路的构造规则如下。

(1) 如果 v 是 G 中度为 2 的节点，则与 v 关联的两条边必包含在 G 的任何哈密顿回路；

(2) 在构造哈密顿回路过程中，如果由步骤 (1) 中边构成的回路不是 G 的生成子图，那么 G 中无哈密顿回路，G 不是哈密顿图；

(3) 在构造哈密顿回路过程中，如果与某节点关联的两条边是必须包含在哈密顿回路中的，那么，与该节点关联的其他所有边都需删除。

下面结合几个示例展示哈密顿图判断规则的应用。

例 7.4.2　考查图 7.44(a) 中的图, 按照规则, 先找到所有度为 2 的节点, 分别为 a, d, v, y。根据规则 (1), 若该图有哈密顿回路, 则这些 2 度节点必在回路中, 与之关联的 8 条边也必在回路中, 分别为 $ab, ax, cd, dz, uv, vw, xy, yz$, 如图 7.44(b) 中标粗的边所示。此时, 显然可知, 将 bu, cw 边加入后, 立即可得一条哈密顿回路, 因此, 图 7.44(a) 中的图是哈密顿图。

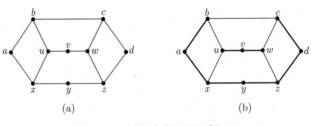

图 7.44　判断哈密顿图示例 (1)　　　□

例 7.4.3　考查图 7.45(a) 中的图, 按照规则, 先找到所有度为 2 的节点, 分别为 b, t, w, y。根据规则 (1), 若该图有哈密顿回路, 则这些 2 度节点必在回路中, 与之关联的 8 条边也必在回路中, 分别为 $ab, bc, at, tx, cw, wz, xy, yz$, 如图 7.45(b) 中标粗的边所示。此时, 这些标粗的边已构成一条回路, 但该回路不是该图的生成子图, 因此, 图 7.45(a) 中的图不是哈密顿图。

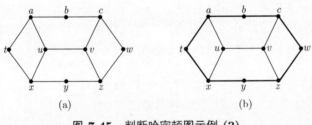

图 7.45　判断哈密顿图示例 (2)　　　□

例 7.4.4　考查图 7.46(a) 中的图, 按照规则, 先找到所有度为 2 的节点, 分别为 a, u。根据规则 (1), 若该图有哈密顿回路, 则这些 2 度节点必在回路中, 与之关联的 4 条边也必在回路中, 分别为 ab, va, vu, ud, 如图 7.46(b) 中标粗的边所示。

考查与这 4 条边关联的其他节点。首先是节点 v, 度为 4, 由于与其关联的边 va, vu 一定会包括在哈密顿回路中, 因此, 根据规则 (3), 将删除其余的两条边, 为 vx, vy, 如图 7.46(c) 所示。此时, 节点 x 的度也变为 2, 根据规则 (1), x 及其关联的边也将包含进哈密顿回路, 为 xb, xz, 如图 7.46(d) 所示。

其次, 考查节点 b, 度为 4, 由于与其关联的边 va, vu 一定会包括在哈密顿回路中, 因此, 根据规则 (3), 将删除其余的两条边, 为 bc, by, 如图 7.46(e) 所示。

最后发现, 节点 c(或 y) 度变为 2, 根据规则 (1), cz, cd 两条边将包含在哈密顿回路中, 如图 7.46(f) 所示。此时, 这些标粗的边已构成一条回路, 但该回路不是该图的生成子图, 因此, 图 7.46(a) 中的图不是哈密顿图。　　　□

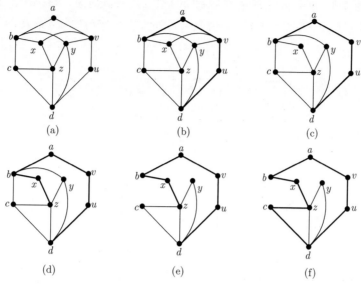

图 **7.46** 判断哈密顿图示例 **(3)**

下面给出一些判断 n 阶图 $G = \langle V, E, \Psi \rangle$ 为哈密顿图的必要或充分条件。

(1) 必要条件：若 G 是哈密顿图，则对任意的 $S \subset V$，$c(G-S) \leqslant |S|$，其中 $c(G')$ 表示图 G' 的分支数目；

(2) 充分条件：设 $n \geqslant 3$，对任意的 $v \in V$ 若有 $d_G(v) \geqslant \dfrac{n}{2}$，则 G 是哈密顿图；

(3) 充分条件：设 $n \geqslant 3$，对任意的 $u, v \in V$ 且 u 与 v 不相邻，若有 $d_G(u) + d_G(v) \geqslant n$，则 G 是哈密顿图。

与哈密顿回路密切相关的问题就是著名的旅行商问题，此处不再展开介绍。

习题 7.4

1. 图 7.47 给出了一幅加权图，旁边的数字是该边的加权长度，求出从 v_1 到 $V - \{v_1\}$ 中所有节点的加权距离。

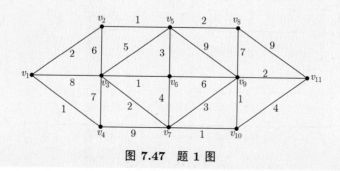

图 **7.47** 题 **1** 图

2. 确定图 7.48 中的 6 幅图中哪幅是欧拉图、欧拉有向图、哈密顿图、哈密顿有向图? 并找出其中的一条欧拉闭路、哈密顿回路和哈密顿有向回路 (如果存在的话)。

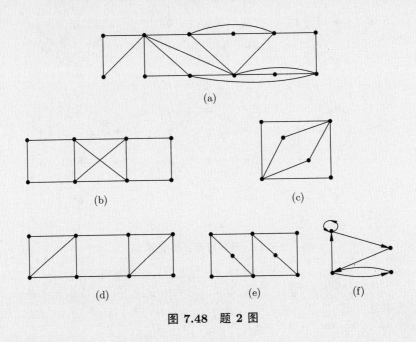

图 7.48　题 2 图

3. 如果 G_1 和 G_2 是可运算的欧拉有向图，则 $G_1 \oplus G_2$ 仍是欧拉有向图。这句话对吗? 如果对，给出证明; 如果不对，举出反例。

4. 请问哪些轮图有欧拉闭路?

5. 请解释为什么每幅轮图都有哈密顿回路。

6. 有人说轮图 W_3 中，每个节点都可看作中心点。请问这个说法正确吗? 请解释你的回答。

7. 某单位想将一个大房间改造为成果陈列室，设计公司给出了两种设计方案，如图 7.49所示。在这两个设计方案中，都是从 A 门进展厅，从 B 门离开。图中线段为用于分隔并布置展示物品的墙，开口为各小展厅的门，可双向通行。

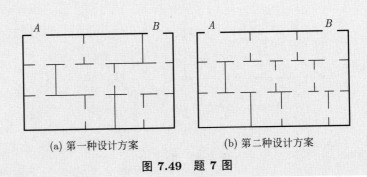

(a) 第一种设计方案　　　　　(b) 第二种设计方案

图 7.49　题 7 图

(1) 若想将展厅布置成从 A 口进，在参观过程中，展厅内每个门经过且仅经过一次，并在参观完后从 B 口离开，那么，图 7.49中的哪个设计方案能满足该要求？

(2) 若没有方案能满足 (1) 的要求，请问该如何改造设计方案，使其能满足该要求。改造只涉及将展厅内的门堵上。

8. 设 n 是大于 2 的奇数，证明 n 阶完全无向图有 $(n-1)/2$ 条边不相交的哈密顿回路。

9. 设 $n \geqslant 3$，对于 n 阶简单无向图 G 的任意两个不同节点 v 和 v'，只要它们不邻接就有 $d_G(v) + d_G(v') \geqslant n$。试证 G 是哈密顿图。

10. 基础图是完全无向图的有向图有哈密顿路径，试证明之。

11. 设 G 是非平凡的连通无向图，证明 G 是欧拉图当且仅当 G 是若干边不相交的回路之并。

12. 设 G 是非平凡的弱连通有向图，证明 G 是欧拉有向图，当且仅当 G 是若干边不相交的有向回路之并。

7.5 树

树是计算机科学中应用最广泛的一类图，树的最大特点是无回路，即非循环图。本节对无向树与有向树分别进行介绍。

7.5.1 无向树

无向树是一种特殊的图，定义如下。

定义 7.5.1 非循环的连通无向图称为树。

无向树的示例如图 7.50所示，图中给出了 5 棵树的示例。

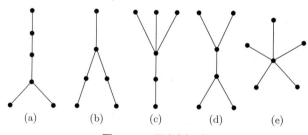

图 7.50 无向树示例

作为一种特殊的无向图，树上有一些其他图没有的性质，陈述为定理 7.5.1。

定理 7.5.1 设 $G = \langle V, E, \Psi \rangle$ 是 n 阶无向图，则以下条件是等价的：

(1) G 是连通的，又是非循环的；

(2) G 没有自圈，并且对于 G 的任意两节点 v 和 v'，在 G 中存在唯一的一条从 v 至 v' 的基本路径；

(3) G 是连通的, 如果 v 和 v' 是 G 的两节点, e 不是 G 的边, 当令 $\Psi' = \{\langle e, \{v, v'\}\rangle\}$ 时, 则 $G + \{e\}_{\Psi'}$ 有唯一的一条回路;

(4) G 是连通的, 并且对于 G 的任意边 e, $G - e$ 非连通;

(5) G 是连通的, 并且有 $n - 1$ 条边;

(6) G 是非循环的, 并且有 $n - 1$ 条边。

证明:

① (1)⇒(2): 因为 G 是非循环的, 所以 G 无自圈。又因为 G 是连通的, 则对于 G 的任意两节点 v 和 v', 必存在从 v 至 v' 的路径, 根据定理 7.3.1可知, 必存在基本路径。下面只需证明基本路径的唯一性即可。

按照唯一性证明的常用方法, 假设从 v 至 v' 的基本路径不唯一, 不妨设 $v e_1 v_1 \cdots v_{p-1} e_p v'$ 与 $v e_1' v_1' \cdots v_{q-1}' e_q' v'$ 为两条不同的基本路径。设 G_1 是 G 的以 $\{v, v_1, \cdots, v'\}$ 为节点集合且以 $\{e_1, e_2, \cdots, e_p\}$ 为边集合的子图, G_2 是 G 的以 $\{v, v_1', \cdots, v'\}$ 为节点集合且以 $\{e_1', e_2', \cdots, e_q'\}$ 为边集合的子图。

任取 $e \notin E$, 当令 $\Psi' = \{\langle e, \{v, v'\}\rangle\}$ 时, $G_1 + \{e\}_{\Psi'}$ 和 $G_2 + \{e\}_{\Psi'}$ 显然都是回路。因此 $G' = (G_1 + \{e\}_{\Psi'}) \oplus (G_2 + \{e\}_{\Psi'})$ 是欧拉图且 $G' \subseteq G$, 且不是零图。因为若为零图, 则 $G_1 + \{e\}_{\Psi'}$ 和 $G_2 + \{e\}_{\Psi'}$ 是同一条回路, 与 $v e_1 v_1 \cdots v_{p-1} e_p v'$ 和 $v e_1' v_1' \cdots v_{q-1}' e_q' v'$ 为两条不同的基本路径矛盾。

所以 G' 必有非平凡分支 $G'' \subseteq G' \subseteq G$。对 G'' 的每个节点 u 显然皆有 $d_{G''}(u) > 1$。根据定理 7.3.12可知, G 不是非循环图。这与 G 是非循环图矛盾。因此假设不成立, 即从 v 至 v' 的只有一条基本路径。

② (2)⇒(3): 由已知条件 G 的任意两节点 v 和 v', 在 G 中存在唯一的一条从 v 至 v' 的基本路径, 可知 G 是连通的。

对任意的 $e \notin G$, 当令 $\Psi' = \{\langle e, \{v, v'\}\rangle\}$ 时, $G + \{e\}_{\Psi'}$ 必有回路。假如 $G + \{e\}_{\Psi'}$ 中的回路不唯一, 不妨设 C_1 和 C_2 为它的两条不同回路。显然 e 是 C_1 和 C_2 的公共边。

若 e 不是 C_1 和 C_2 的公共边, 则 C_1 与 C_2 中必有一条回路仅由 E 中边构成。则该回路上, 任意两节点间有两条不同的路径, 即有 2 条不同的基本路径, 与已知矛盾。

因为 C_1 和 C_2 不同, 因此 $C_1 \oplus C_2 \subseteq G$ 不为零图, 且还是欧拉图。因此 $C_1 \oplus C_2$ 的非平凡分支 G'' 必是欧拉闭路, 故而对 G'' 中每个节点 u 皆有 $d_{G''}(u) > 1$。根据定理 7.3.12可知, G 必有回路 C。对 C 中任意两个节点 u 和 u', 必有两条不同的从 u 到 u' 的基本路径, 这与条件 (2) 矛盾。

因此假设不成立, 即对任意的 $e \notin G$, 当令 $\Psi' = \{\langle e, \{v, v'\}\rangle\}$ 时, $G + \{e\}_{\Psi'}$ 有唯一的一条回路。

③ (3)⇒(4): 假定 $G - e$ 仍是连通的, 设 $\Psi(e) = \{v, v'\}$, 则 G 中必有两条不同的从 v 到 v' 的基本路径, 则按照前面的论述, G 必有回路。这时任取 $e \notin E$ 及 $u \in V$, 当令 $\Psi' = \{\langle e', \{u\}\rangle\}$ 时, $G + \{e'\}_{\Psi'}$ 显然有两条不同的回路, 这与条件 (3) 矛盾。因此, 假设不成立, 即对任意的 $e \in E$, $G - e$ 是非连通的。

④ (4)⇒(5): 只需证明有 $n - 1$ 条边即可。用第二归纳法对 n 进行归纳。

(a) 当 $n=1$ 时，G 显然无边，因此有 $|E|=0=1-1$。

(b) 假设当 $n<k(k\geqslant 2)$ 时，皆有 $|E|=n-1$。当 $n=k$ 时，任取 $e\in E$，设 $\Psi(e)=\{v,v'\},v,v'\in V$。由前述论述可知，$e$ 是 v 到 v' 的唯一基本路径。因此，$G-e$ 是非连通的，且 $G-e$ 恰有两个分支 G_1 与 G_2。设 G_1 有 n_1 个节点，G_2 有 n_2 个节点，且 $n_1+n_2=k$。根据归纳假设，G_1 有 n_1-1 条边，G_2 有 n_2-1 条边，因此，有 $|E|=n_1-1+n_2-1+1=k-1$。

⑤ (5)⇒(6)：只需证明 G 是非循环的即可，用第一归纳法对 n 进行归纳。

(a) 当 $n=1$ 时，G 为平凡图，是非循环的。

(b) 假设当 $n=k(k\geqslant 1)$ 时，G 有 $k-1$ 条边且为非循环的。当 $n=k+1$ 时，由 $|E|=n-1=k$ 得 $\sum\limits_{v\in V}d_G(v)=2|E|=2k$。但是由于 G 是连通的，因此对任意的 $v\in V$ 皆有 $d_G(v)\geqslant 1$。若对每个 $v\in V$ 皆有 $d_G(v)\geqslant 2$，则 $\sum\limits_{v\in V}d_G(v)\geqslant 2n=2(k+1)$，与 $\sum\limits_{v\in V}d_G(v)=2k$ 矛盾，因此必有 $v'\in V$ 使得 $d_G(v')=1$，即 v' 为端点。删除与 v' 关联的边将得到两个分支，一个为只包含节点 v' 的平凡图，另一个包含其余所有节点。因此，$G-\{v'\}$ 显然是连通的，且阶为 $n-1=k$，边数为 $|E|-1=k-1$。根据归纳假设，$G-\{v'\}$ 必是非循环的。因此，G 也必是非循环的。

⑥ (6)⇒(1)：只需证明 G 是连通的即可。假设 G 非连通，有 k 个分支 $G_1,G_2,\cdots,G_k$。设 $G_i(1\leqslant i\leqslant k)$ 为 n_i 阶且有 m_i 条边。因为每个 $G_i(1\leqslant i\leqslant k)$ 是非循环的且连通的，由前述条件的等价性证明 (1)⇒(5) 可知 $m_i=n_i-1(1\leqslant i\leqslant k)$，从而得到 $n-1=\sum\limits_{i=1}^{k}m_i=\sum\limits_{i=1}^{k}(n_i-1)=n-k$，即 $k=1$，所以 G 只有一个分支，即 G 必为连通的。 □

定理 7.5.1 中的 6 种陈述是等价的，都可作为无向树的定义。

由这 6 个定义的等价性证明，可知树节点度上，有下述性质。

定理 7.5.2 阶大于 1 的树至少有两个端点。

证明： 设 $T=\langle V,E,\Psi\rangle$ 为 n 阶树。由定理 7.5.1 可知，T 的总度数为 $2|E|=2(n-1)=2n-2$。假设 T 中最多只有 1 个端点，其余节点的度大于 1，则 $\sum\limits_{v\in V}d_T(v)\geqslant 2(n-1)+1=2n-1>2n-2$，即最多只有 1 个端点的假设不成立。因此，阶大于 1 的树至少有两个端点。 □

定理 7.5.2 的证明方法有很多，例如可通过构造树中最长基本路径来证明该基本路径的起点与终点必为端点。又例如根据树是连通图，则每个节点的度至少为 1，因此可将 n 阶树的度数和 $2n-2$ 中的 n 分配到每个节点，剩余的 $n-2$ 度要分配到 n 个节点上，至少有两个节点无新增的度，即为端点。

在树的基础上，可扩展出森林的概念。树是非循环连通无向图，如果去掉对连通性的要求，就得到森林的概念。

定义 7.5.2 每个分支都是树的无向图称为森林。

将图 7.50 视为一个整体，就是一个由 5 棵树构成的森林。

与树类似，森林的阶与边数有以下关系。

定理 7.5.3 如果森林 F 有 n 个节点、m 条边和 k 个分支，则 $m = n - k$。

证明：设分支 C_i 有 n_i 个节点，m_i 条边 $(1 \leqslant i \leqslant k)$。因为每个分支都是一棵树，因此有 $m_i = n_i - 1(1 \leqslant i \leqslant k)$，可得 $\sum\limits_{i=1}^{k} m_i = m = \sum\limits_{i=1}^{k}(n_i - 1) = n - k$。 □

从树的定义可知，要确保 n 阶无向图是连通的，最少需要 $n-1$ 条边。也就是说，每个连通的 n 阶无向图都可以派生出一棵树。将上述观察正式给出下述定义与定理。

定义 7.5.3 如果树 T 是无向图 G 的生成子图，则称 T 为 G 的生成树。如果森林 F 是无向图 G 的生成子图，则称 F 为 G 的生成森林。

定理 7.5.4 每幅无向图都有生成森林。无向图 G 有生成树当且仅当 G 是连通的。

证明：先证明无向图 G 有生成树当且仅当 G 是连通的，则每幅无向图都有生成森林立即可证得。

充分性：假设 G 是连通的，若 G 不包含回路为子图，则根据定义连通的非循环无向图是树，可知 G 即为自己的生成树。若 G 有子图是回路，令 C 为该回路，e 为 C 中的一条边，则 $G-e$ 仍是连通的，且存在生成树。若 $G-e$ 不连通，根据定理 7.5.1 可知，G 为非循环无向图，与 G 有回路矛盾，因此 $G-e$ 必连通。

若 $G-e$ 是非循环的，则 $G-e$ 即为 G 的生成树。否则，重复上述找到回路、删除回路中一条边的过程，直到若干步后的结果为连通的非循环无向图，即为 G 的生成树。

必要性：假设 G 有生成树 T，假设 v 与 v' 为 G 中任意两个节点，则 v 与 v' 也必是 T 上的节点，因为 T 是连通的，所以存在从 v 到 v' 的路径，也存在从 v' 到 v 的路径，即 v 与 v' 是互相可达的。又因为 $T \subseteq G$，所以在 G 中，v 与 v' 也是互相可达的。

最后，根据上述结论，任意的无向图，其每个分支都存在生成树，这些生成树就构成了无向图的生成森林。 □

图 7.51 示出了无向图生成树示例，其中图 7.51(a) 为连通无向图，图 7.51(b)～图 7.51(d) 为其 3 棵不同的生成树。

由此可见，连通无向图的生成树不唯一。而定理 7.5.4 充分性的证明，为构造生成树提供了方法，即通过寻找图中回路，删除回路中的一条边来破除图中的回路。目的是使图变为非循环的，这种方法称为"破圈法"。也可逆向地构造：先将图中所有边移除，然后逐条边添加到图中，在添加过程中应避免回路的产生，即只能添加与已添加的边不构成回路的边，这种方法称为"避圈法"。

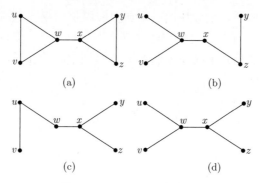

图 **7.51** 无向图生成树示例

但是这两种方法的效率非常低，因为用算法判断图中是否有回路是非常困难的。此处介绍一种高效的，称为深度优先搜索的算法，来构造给定图的生成树。

设图 $G = \langle V, E, \Psi \rangle$，$|V| = n$，深度优先搜索构造生成树的方法如下。

(1) 随机地选择一个节点 $v \in V$，为其标记 "1"。$i \leftarrow 1, j \leftarrow 1, X \leftarrow \{1\}, E_T \leftarrow \varnothing$，$\Psi_T = \varnothing$。

(2) 若 $i = n$，输出 n 个做了标记的节点，以及 E_T，即为 G 的生成树。否则，转到步骤 (3)。

(3) 若与标记为 "j" 的节点相邻的节点还有未标记的，随机选择一个，将其标记为 "$i + 1$"，设关联 "j" 与 "$i + 1$" 的边为 $e_{j(i+1)}$。$E_T \leftarrow E_T \cup \{e_{j(i+1)}\}, \Psi_T = \Psi_T \cup \{\langle e_{j(i+1)}, \{j, i+1\} \rangle\}, j \leftarrow i+1, i \leftarrow i+1$，并跳转到第 (2) 步；否则跳转到第 (4) 步。

(4) 若与标记为 "j" 的节点相邻的节点都已被标记了，$X \leftarrow X - \{j\}, j \leftarrow \max\{k | k \in X\}$，跳转到第 (3) 步。

以图 7.52(a) 的无向图为例，按照深度优先搜索算法构造的生成树如图 7.52(b) 所示，算法的执行过程如图 7.52(c) 所示。

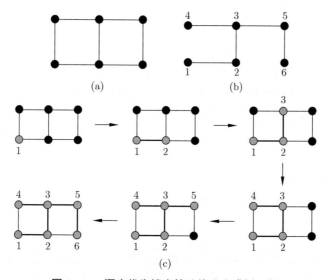

图 **7.52** 深度优先搜索算法构造生成树示例

当与实际应用相结合时，生成树的一个典型应用是加权图上的最小生成树问题。如图 7.53 所示，假设要在 7 个城市之间修建高铁，方案有多个，但每条线路的建造开销是不一样的。那么，要修建哪几条线路才能保证 7 个城市间的互通，并且开销最小？这就是典型的最小生成树问题。

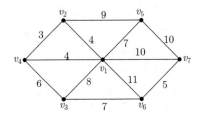

图 7.53　最小生成树问题示例

定义 7.5.4　设 $\langle G, W \rangle$ 是加权图，$G' \subseteq G$。G' 中所有边的加权长度之和称为 G' 的加权长度。设 G 是连通无向图，$\langle G, W \rangle$ 是加权图，G 的所有生成树中加权长度最小者称为 $\langle G, W \rangle$ 的最小生成树。

可基于前述的"破圈法"或"避圈法"得到最小生成树的构造方法。在"破圈法"中，将所有边按照其加权长度从大到小排序，每次寻找回路时，都寻找包含了当前加权长度最大边的那条回路，并将这条边从回路中删除。在"避圈法"中，将所有边按照其加权长度从小到大排序，每次向图中添加边时，都添加当前加权长度最小，且不会与已有边构成回路的边。这个过程持续到图中有 $n-1$ 条边为止，其中 n 为图的阶。

下面给出普里姆算法 (Prim 算法)，这是 1957 年由普里姆提出的一种求最小生成树的算法。设图 $G = \langle V, E, \Psi \rangle$，$|V| = n$，对加权图 $\langle G, W \rangle$。

(1) $i \leftarrow 1, V_{\text{new}} \leftarrow \{x\}, E_{\text{new}} \leftarrow \varnothing$，其中 x 为 V 中任意一个节点；

(2) 在 E 中选取边 e 使得 $\Psi(e) = \{u, v\}$，其中 $u, v \in V$ 且 $v \notin V_{\text{new}}$ 且 $u \in V_{\text{new}}$，且对任意的 $e' \in E$ 有 $W(e) \leqslant W(e')$(如果存在有多条满足条件即具有相同权值且一端与 V_{new} 中节点关联的边，则可任意选取其中之一)；

(3) $V_{\text{new}} \leftarrow V_{\text{new}} \cup \{v\}, E_{\text{new}} \leftarrow E_{\text{new}} \cup \{e\}$；

(4) 若 $V_{\text{new}} = V$，则输出 $\langle V, E_{\text{new}}, \Psi \restriction_{E_{\text{new}}} \rangle$；否则跳转到第 (2) 步。

对图 7.53 中的示例应用 Prim 算法时，最小生成树的构造过程如图 7.54 所示。请注意，起始点选择不同，或图中有多条加权长度相同的边等因素，有可能使得构造出来的最小生成树会不同，但无论如何，各最小生成树的加权长度一定是一样的。图 7.53 中示例的最小生成树加权长度为 32。

最后，结合生成树介绍图中边在不同出现中的性质。

定义 7.5.5　设 T 是连通无向图 G 的生成树，称 T 的边为枝，而 G 的不属于 T 的边称为弦。

由定义 7.5.5 可知，连通图 G 的边 e 是枝还是弦与给定的生成树密切相关。对于 G 的某个生成树，边 e 是枝；而对于 G 的另一个生成树，e 却可能是弦。但是，对于 G 的

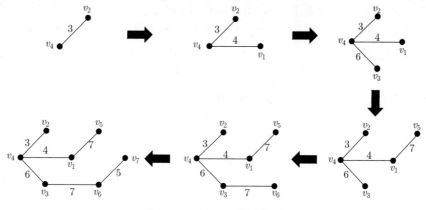

图 7.54 Prim 算法示例

任何生成树，枝的数目和弦的数目都是固定的。

定理 7.5.5 设 G 是有 m 条边的 n 阶连通无向图，则对于 G 的任何生成树，都有 $n-1$ 个枝和 $m-n+1$ 个弦。

证明：对 G 的任何生成树 T，T 中有 $n-1$ 条边，不在 T 中的边数为 $m-(n-1)=m-n+1$。因此，对于 G 的任何生成树都有 $n-1$ 个枝和 $m-n+1$ 个弦。 □

定义 7.5.6 设 n 阶无向图 G 有 m 条边和 k 个分支，定义 G 的余圈秩 $r=n-k$，圈秩 $\mu=m-n+k$。

显然，如果 G 是连通图，G 的余圈秩 r 是枝的数目，圈秩 μ 是弦的数目。

回顾树的定义可知，向生成树中添加一条弦，就恰产生了一条回路。那么，如果图中有回路，这条回路上枝和弦的情形可由下面的定义与定理给出。

定义 7.5.7 设 T 是连通无向图 G 的生成树，对于 T 和 G 只包含一条弦的回路称为基本回路。

因为枝和弦是相对于生成树而言的，因此，某回路对一棵生成树是基本回路，而对另一棵生成树却未必是基本回路。此外，对于给定连通图的任何生成树，基本回路的数目都是相同的。

定理 7.5.6 设 T 是连通无向图 G 的任意生成树。

(1) 基本回路的数目等于 G 的圈秩 μ；

(2) 对于 G 的任意回路 C，总可以找到若干基本回路 $C_1, C_2 \cdots, C_k$，使 C 与 $C_1 \oplus C_2 \oplus \cdots \oplus C_k$ 的差别仅在于孤立点。

证明：

(1) 因为向 T 中添加一条弦，就恰出现一个基本回路。且添加的弦不同，构成的基本回路也不相同。因此，基本回路的数目即为弦的数目，即等于 G 的圈秩 μ。

(2) 设 C 是 G 的任意回路且 C 包含 k 条弦。显然 $k > 0$，设这 k 条弦是 $e_1, e_2 \cdots, e_k$，C_i 是包含 e_i 的基本回路 $(i = 1, 2, \cdots, k)$。令 $C' = C_1 \oplus C_2 \oplus \cdots \oplus C_k$，则 C' 包含的弦也是 $e_1, e_2 \cdots, e_k$。因此 $C \oplus C'$ 中的边都是枝。故 $C \oplus C'$ 是非循环的。若 $C \oplus C'$ 不是零图，必有一个分支是阶大于 1 的树，根据定理 7.5.2可知，$C \oplus C'$ 有端点。此外，因为 C 和 C' 都是欧拉图，所以 $C \oplus C'$ 是欧拉图。这与 $C \oplus C'$ 有端点矛盾。故 $C \oplus C'$ 必为零图，即 C 与 C' 的差别仅在于孤立点。$\qquad\square$

定理 7.5.6表达的是这样一个事实：图 G 中的回路，可由相对于某生成树的若干基本回路构成。

7.5.2 有向树

另一种树是有向树，图示上类似于一棵倒着长的树，即根在上，枝叶向下生长。定义如下。

定义 7.5.8 一个节点的入度为 0，其余节点的入度均为 1 的弱连通有向图称为有向树。

在有向树中，入度为 0 的节点称为根，出度为 0 的节点称为叶，出度大于 0 的节点称为分支节点，根节点也是分支节点。从根至任意节点的距离称为该节点的级，所有节点的级的最大值称为有向树的高度。

图 7.55给出了有向树的示例，其中，v_0 是根，$v_0, v_1, v_2, v_3, v_4, v_5$ 是分支节点，$v_6, v_7, v_8, v_9, v_{10}$ 是叶。v_0 的级是 0，v_1, v_2 的级是 1，v_3, v_4, v_5 的级是 2，$v_6, \cdots, v_{10}$ 的级是 3。树的高度是 3。

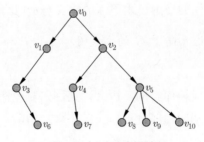

图 7.55 有向树示例

对图 7.55所示的示例进行分解，可知 v_5, v_8, v_9, v_{10} 与 v_4, v_7 分别构成两棵树，其中 v_4, v_5 为根，其余节点为叶。从节点 v_2 向下一级，可知 v_2, v_4, v_5 构成一棵树，v_2 为根，v_4, v_5 为叶，而以 v_4, v_5 为根的树的细节被屏蔽了。因此，又可用归纳法定义有向树。

定义 7.5.9 有向树可归纳定义如下。

(1) 平凡图是有向树，其节点称为该有向树的根。

(2) 设 $k \in \mathbb{I}_+$，$D_1, D_2, \cdots, D_k$ 分别是以 $r_1, r_2, \cdots, r_k$ 为根的有向树，并且两两不相交。设 V_i, E_i 分别为有向树 D_i 的节点与边集合 $(i = 1, 2, \cdots, k)$。节点 $r_0 \notin \bigcup_{i=1}^{k} V_i$，边 $e_1, e_2, \cdots, e_k \notin \bigcup_{i=1}^{k} E_i$，并且 $\Psi : \{e_1, e_2, \cdots, e_k\} \to \{r_0, r_1, r_2, \cdots, r_k\}^2$ 定义为 $\Psi(e_i) = \langle r_0, r_i \rangle (i = 1, 2, \cdots, k)$。若 $G = \langle \{r_0, r_1, r_2, \cdots, r_k\}, \{e_1, e_2, \cdots, e_k\}, \Psi \rangle$，则 $D = G \bigcup (\bigcup_{i=1}^{k} D_i)$ 是有向树，r_0 是 D 的根，并且称 $D_1, D_2, \cdots, D_k$ 为 D 的子树。

有向树的归纳定义图示如图 7.56 所示。

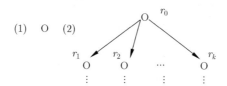

图 7.56　有向树归纳定义图示

因为有向树上只有根节点的入度为 0，因此，根节点与其他节点间的路径有其特殊性，并可用这种特殊性来表达有向树概念。

定理 7.5.7　设 v_0 是有向图 D 的节点。D 是以 v_0 为根的有向树当且仅当从 v_0 至 D 的任意节点恰有一条路径。

证明：必要性： 设 $D = \langle V, E, \Psi \rangle$ 是有向树，v_0 是 D 的根。因为 D 是弱连通的，取 $v' \in V$，从 v_0 至 v' 存在半路径，设为 $v_0 e_1 v_1 \cdots v_{p-1} e_p v_p$，其中 $v_p = v'$，因为 $d_D^-(v_0) = 0$，所以 e_1 是正向边。因为半路径中其余节点有 $d_D^-(v_i) = 1 (1 \leqslant i \leqslant p)$，所以 e_2 是正向边，且半路径中剩余边 $e_j (2 \leqslant i \leqslant p)$ 皆为正向边。若从 v_0 至 v' 有两条路径 P_1 和 P_2，则 P_1 和 P_2 至少有一个公共点的入度大于 1，与 D 是有向树矛盾。

充分性： 因为从 v_0 至 D 的任意节点恰有一条路径，则 D 的基础图上任意两个节点一定可通过 v_0 互相可达，因此 D 是弱连通的。若 $d_D^-(v_0) > 0$，则存在边 e 以 v_0 为终点，设 v' 是 e 的起点，P 是从 v_0 至 v' 的路径，则在 D 中存在两条从 v_0 至 v_0 的路径 $P v' e v_0$ 与 v_0，与已知条件矛盾，所以 $d_D^-(v_0) = 0$。若对任意的 $v \in V - \{v_0\}$ 有 $d_D^-(v) > 1$，则至少存在两条边 e_1 和 e_2 以 v 为终点。设 e_1 和 e_2 的起点分别是 v_1 与 v_2，从 v_0 至 v_1 与从 v_0 至 v_2 的路径分别是 P_1 与 P_2，则 $P_1 e_1 v$ 与 $P_2 e_2 v$ 是两条不同的从 v_0 至 v 的路径，与已知条件矛盾。即对任意的 $v \in V - \{v_0\}$ 有 $d_D^-(v) = 1$。这就证明了 D 是有向树，且 v_0 是 D 的根。　　□

下面给出更多的有向树上的概念，并介绍一些应用场景。

与树中森林的概念类似，可定义有向森林概念。

定义 7.5.10　每个弱分支都是有向树的有向图称为有向森林。

有向树的定义中，只对每个节点的入度进行了约束。当考虑每个节点出度的不同情形时，得到以下定义。

定义 7.5.11 设 $m \in \mathbb{N}$，D 为有向树。

(1) 如果 D 的所有节点出度的最大值为 m，则称 D 为 m 元有向树。

(2) 如果对于 m 元有向树 D 的每个节点 v 皆有 $d_D^+(v) = m$ 或 $d_D^+(v) = 0$，则称 D 为完全 m 元有向树。

(3) 完全二元有向树称为二叉树。

图 7.57 示例了 4 棵 m 元有向树，其中图 7.57(a) 为三元有向树，图 7.57(b) 为完全二元有向树，即二叉树。

完全 m 元有向树节点数量上有一些较为规律的性质。

定理 7.5.8 若 D 是完全 m 元有向树，其叶数量为 t，分支节点数量为 i，则 $(m-1)i = t-1$。

证明： 在 D 的分支节点中，除根节点的度为 m 外，其余节点的度为 $m+1$，而叶的度为 1，而 D 共有 $i-1+t$ 条边，由握手定理可得 D 中节点度的总和为边数的两倍，即 $2(i-1+t) = m + (i-1)(m+1) + t$，可得 $(m-1)i = t-1$。　　　　□

为方便起见，可借助家族树的名称来称呼有向树的节点。例如图 7.57(a) 中，v_2 是 v_3、v_4 与 v_5 的"父亲"，v_3 是 v_2 的"长子"，v_3 是 v_4 的"哥哥"，v_5 是 v_4 的"弟弟"，v_3 是 v_6 的"伯父"，等等。对于图 7.57(b) 中二叉树，称 v_1 与 v_2 是 v_0 的"儿子"，v_1 是 v_0 的"左儿子"，v_2 是 v_0 的"右儿子"，等等。

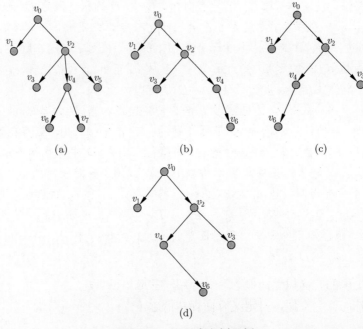

图 7.57　m 元有向树示例

定义 7.5.12　为每一级上的节点规定了次序的有向树称为有序树。为每个分支节点的儿子规定了位置的有序树称为定位有序树。

当不考虑同一级上节点的次序时，图 7.57(b) 与图 7.57(c) 中的二叉树是相同的。但是，在图 7.57(b) 中，v_3 在 v_4 的左边。在图 7.57(c) 中，v_3 在 v_4 的右边。因此，作为有序树，这两棵二叉树是不同的。

对于图 7.57(c) 与图 7.57(d) 中的有序树，因为每一级上节点的次序是相同的，所以是相同的有序树。但是，当考虑节点间的相对位置时，在图 7.57(c) 中，v_6 位于 v_4 的左下方（"左儿子"），而在图 7.57(d) 中，v_6 位于 v_4 的右下方（"右儿子"）。因此，它们是不同的定位有序树。

作为一种常用的图模型和数据结构，二叉树的应用非常广泛，可用于研究算法的效率、最优编码等，这些应用涉及叶加权二叉树。下面结合叶加权二叉树的定义，结合具体实例介绍相关应用。

定义 7.5.13　设 V 是二叉树 D 的叶的集合，$W : V \to \mathbb{R}_+$，则称 $\langle D, W \rangle$ 为叶加权二叉树。

对于 D 的任意叶 v，称 $W(v)$ 为 v 的权，$\displaystyle\sum_{v \in V}(W(v) \times L(v))$ 称为 $\langle D, W \rangle$ 的叶加权路径长度，其中 $L(v)$ 为 v 的级。

定义 7.5.14　设 $\langle D, W \rangle$ 是叶加权二叉树。如果对任一叶加权二叉树 $\langle D', W' \rangle$，只要对于任意正实数 r，D 与 D' 中权等于 r 的叶的数目相同，就有 $\langle D, W \rangle$ 的叶加权路径长度不大于 $\langle D', W' \rangle$ 的叶加权路径长度，则称 $\langle D, W \rangle$ 为最优的。

例 7.5.1　生物学家用 A、C、G 和 T 这 4 个字符构成的字符串来表示 DNA。假设有一条由 1 亿个字符组成的 DNA，其中 45% 是字符 A，5% 是字符 C，5% 是字符 G，45% 是字符 T，这些字符在这条 DNA 中乱序出现。现需编写一个程序，逐个读入该条 DNA 的字符，并判断读入的字符是什么，请判断代码 7.7 和代码 7.8 中哪段程序的 DNA 符号识别效率高？若要存储该 DNA，如何编码使得存储开销最小？

代码 7.7　识别 DNA 符号程序-1

```python
def identify_dna(ch):
    if ch=='A' or ch=='T':
        if ch=='A':
            return 'DNA symbol: A'
        else:
            return 'DNA symbol: T'
    else:
        if ch=='C':
            return 'DNA symbol: C'
        else:
            return 'DNA symbol: G'
```

代码 **7.8** 识别 DNA 符号程序-2

```python
def identify_dna(ch):
    if ch=='A':
        return 'DNA symbol: A'
    elif ch=='T':
        return 'DNA symbol: T'
    elif ch=='C':
        return 'DNA symbol: C'
    else:
        return 'DNA symbol: G'
```

解: 用叶表示字母或符号,用分支节点表示判断,用权表示字母或符号出现的频率。对两个程序进行建模,分别得到如图 7.58(a) 与图 7.58(b) 所示的两个叶加权二叉树,则叶加权路径长度就表示程序的平均比较次数,分别为

$$0.45 \times 2 + 0.05 \times 2 + 0.05 \times 2 + 0.45 \times 2 = 2$$

与

$$0.45 \times 1 + 0.45 \times 2 + (0.05 + 0.05) \times 3 = 1.65$$

可见,"识别 DNA 符号程序-2"的平均比较次数少,识别效率更高。当需要识别的符号为 1 亿个时,该程序相比程序-1 少比较 3500 万次。

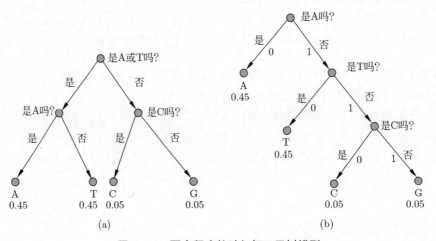

图 **7.58** 两个程序的叶加权二叉树模型

存储该 DNA 时,可以利用字符出现的相对频率进行更好的改进,编码原则是出现越多的字符占用位越少。再考虑到 DNA 的还原时的解码问题,编码必须是无前缀编码。即若 A 的编码为 0,则不能有其他符号的编码以 0 开始,否则,解码时遇到 0,就无法判断这个该解码成 A,还是要多读几个编码将其解码成其他符号。该编码问题可归结为求最优二叉树的问题。方法如下。

(1) 对于未编码的字符，每一个字符对应一个节点，节点上标记为该字符及其频率。此时，这个节点也可看作一棵二叉树，该二叉树只有一个根节点。

(2) 将所有的节点放入一个集合，设为 V。

(3) 选择两棵根节点为最小频率的二叉树，同时将这两棵树从集合 V 删除。创建一个以这两个根节点为子节点的二叉树，将这两个根节点的频率之和赋给新创建的树的根节点，并将新创建的二叉树放入集合 V。

(4) 重复做第 (3) 步的动作，直到集合中只有一棵二叉树时停止。

(5) 对该二叉树的边进行标记，指向左边子节点的边为 0，指向右边子节点的边为 1。

基于该 DNA 中各符号的频率构建的最优二叉树如图 7.58(b) 所示，沿着从根节点到各叶节点的路径，每次到达一个节点，如果从左边到达，则在编码后拼接一个 0；如果从右边到达，则在编码后拼接一个 1。因此，该 DNA 上各符号的编码为

$$A:0,\ T:10,\ C:110,\ G:111$$

□

习题 7.5

1. 画出所有不同构的 1、2、3、4、5、6 阶树。

2. 对 15 阶树 T，若每个节点 v 的度为 $1 \leqslant d_G(v) \leqslant 4$。假设 T 恰有 9 个端点，3 个 4 度节点，请问 T 有多少个 3 度节点，并画出一个 T 的图示。

3. 对 n 阶树 T，请证明：T 仅有两个端点，当且仅当 T 是一条路径。

4. 对 n 阶树 T，$n \geqslant 3$：

(1) 请证明 $2 \leqslant \mathrm{diam}(T) \leqslant n-1$；

(2) 请描述 $\mathrm{diam}(T) = 2$ 的树的特性；

(3) 请描述 $\mathrm{diam}(T) = n-1$ 的树的特性。

5. 图 G 为连通无向图，请证明 G 是树，当且仅当 G 中每条边都是桥。

6. 设 v 和 v' 是树 T 的两个不同节点，从 v 至 v' 的基本路径是 T 中最长的基本路径。证明：

$$d_T(v) = d_T(v') = 1$$

7. 找出图 7.59的连通无向图的一棵生成树，并求出它的圈秩和余圈秩。

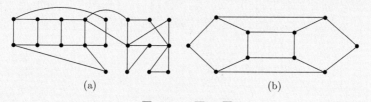

(a)   (b)

图 7.59　题 7 图

8. 证明或以反例反驳以下命题：任意连通无向图的任何一条边都是它的某棵生成树的枝，并且也是另一棵生成树的弦。

9. 求图 7.60 的最小生成树。

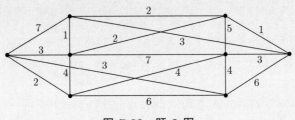

图 7.60　题 9 图

10. 若图 G 为连通无向图，e 是 G 中的桥，请问 G 的任意生成树是否必须包含 e? 为什么?

11. 设计一个用"破圈法"求最小生成树的算法。

12. 设 D 为完全 m 元有向树，请证明：

(1) 若 D 有 n 个节点，则有 $(n-1)/m$ 个分支节点和 $((m-1)n+1)/m$ 个叶;

(2) 若 D 有 i 个分支节点，则有 $mi+1$ 个节点和 $(m-1)i+1$ 个叶;

(3) 若 D 有 l 个叶，则有 $(ml-1)/(m-1)$ 个节点和 $(l-1)/(m-1)$ 个分支节点。

13. 证明：任何二叉树有奇数个节点。

14. 证明：n 阶二叉树有 $\dfrac{n+1}{2}$ 个叶，其高度 h 满足 $\log_2(n+1)-1 \leqslant h \leqslant \dfrac{n-1}{2}$。

15. 设有 28 盏电灯，拟公用一个电源插座，问需要多少块具有 4 插座的接线板?

16. 找出叶的权分别为 $2,3,5,7,11,13,17,19,23,29,31,37,41$ 的最优叶加权二叉树，并求其叶加权路径长度。

17. 设树 T 中各节点度最大为 k，且度为 i 的节点分别有 n_i 个，$i=1,2,\cdots,k$，请证明：

$$n_1 = 2 + n_3 + 2n_4 + 3n_5 + \cdots + (k-2)n_k$$

7.6　二部图

现实世界有一类涉及配对的问题，例如，工作分配问题、婚姻匹配问题、多处理机上任务分配问题，等等。这类可用图进行建模与研究，如图 7.61 所示，节点 A,B,C,D 表示申请工作的人员，J_1,J_2,J_3 表示三个工作，节点间的连线表示某人申请了哪些工作。

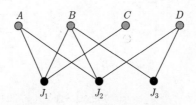

图 7.61　工作分配问题图模型

这类问题的图模型中，代表不同类型对象的节点分成不相交的节点集合，且图上的边只关联不同集合间的节点，同一集合内的节点不邻接。

这类图称为二部图，本节主要讨论这类图上的问题，例如，什么样的图是二部图，二部图上有哪些匹配，什么样的二部图会有什么类型的匹配，等等。下面，先给出二部图的定义。

定义 7.6.1 设无向图 $G = \langle V, E, \Psi \rangle$，$|V| \geqslant 2$，如果存在 V 的划分 $\{V_1, V_2\}$，使得 V_i 中的任何两个节点都不邻接 $(i = 1, 2)$，则称 G 为二部图，V_1 与 V_2 称为 G 的互补节点子集。

显然，二部图没有自圈。与二部图任一条边关联的两个节点一定分属不同的互补节点子集。

例 7.6.1 考查图 7.62(a) 中的图，节点集合 $V = \{u, v, w, x, y, z\}$ 上的划分 $\{\{u, v\}, \{w, x, y, z\}\}$ 不是互补节点子集，因为有边关联 u 与 v，而 u 与 v 在同一个集合中。

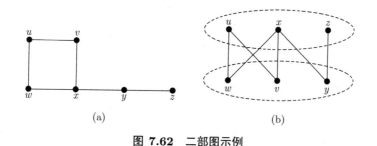

(a)   (b)

图 7.62 二部图示例

考查 V 上的划分 $\{\{u, x, z\}, \{w, v, y\}\}$，可知图中的边关联的节点分属于 V 不同的子集，因此 $\{u, x, z\}$ 与 $\{w, v, y\}$ 是互补节点子集。根据这个划分重新组织图的绘制，可得到如图 7.62(b) 所示的二部图。□

例 7.6.2 考查图 7.63中 C_5 是否为二部图。假设 $a \in V_1$，因为与其邻接的节点不能在同一个子集中，因此 $b \in V_2$，按逆时针方向，依次可得 $c \in V_1, d \in V_2, e \in V_1$。但是，$C_5$ 中 a 与 e 邻接，因此，C_5 不是二部图。

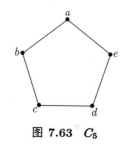

图 7.63 C_5

□

从 C_5 不是二部图能否猜测：图 G 是二部图，当且仅当 G 中不含长度为奇数的回路。这个猜测可由定理 7.6.1 保证正确性。

定理 7.6.1 设 G 是阶大于 1 的无向图。G 是二部图，当且仅当 G 的所有回路的长度为偶数。

证明： 必要性：设 V_1 和 V_2 是二部图 G 的互补节点子集，C 是 G 的长度为 m 的回路。若 v_0 为 C 的某一节点，则在 C 中存在从 v_0 至 v_0 的长度为 m 的路径，设为 $v_0 e_1 v_1 \cdots v_{m-1} e_m v_0$。不妨设 $v_0 \in V_1$，则对于一切 $i < m$，$v_i \in V_2$ 当且仅当 i 为奇数。因为 v_{m-1} 与 v_0 邻接，故 $v_{m-1} \in V_2$，因此 $m-1$ 是奇数，所以 m 为偶数。

充分性：不失一般性，设 $G = \langle V, E, \Psi \rangle$ 是连通的。任取 $v_0 \in V$，构造集合 $V_1 = \{v_i | v_i \in V \text{ 且 } v_i \text{ 到 } v_0 \text{ 的距离为偶数}\}$，$V_2 = V - V_1$。显然由于 G 是连通的，因此有 $V_1, V_2 \neq \varnothing$，$V_1 \cap V_2 = \varnothing$，且 $V_1 \cup V_2 = V$。即 $\{V_1, V_2\}$ 是 V 的划分。

下证每个 $e \in E$ 必连接 V_1 中的一个节点和 V_2 中的一个节点。因为若 $u, v \in V_1(u, v \in V_2$ 证明类似$)$ 且 e 连接 u 和 v，则 v_0 到 u 的测地线 P_1 与 v_0 到 v 的测地线 P_2 长度都为偶数。当 P_1 和 P_2 无公共点时，$P_1 e P_2$ 为长度为奇数的回路，与题设矛盾。当 P_1 和 P_2 有公共点时，设最后一个公共点为 v'，v' 将 P_1 分成 P_1' 和 P_1''，将 P_2 分成 P_2' 和 P_2''，且 P_1' 与 P_2' 均为 v_0 到 v' 的测地线，长度相等。因为 P_1 和 P_2 的长度均为偶数，故 P_1'' 和 P_2'' 的长度有相同的奇偶性，$P_1'' e P_2''$ 构成长度为奇数的回路，与题设矛盾。因此，每个 $e \in E$ 必连接 V_1 中的一个节点和 V_2 中的一个节点。即 G 为二部图。

若 G 不是连通的，可用以上办法证明 G 的每个分支是二部图，则 G 也是二部图。
$\square$

由定理 7.6.1立即可得到的结论如推论 7.6.1 所示。

推论 7.6.1 阶大于 1 的树是二部图。

由定理 7.6.1的证明也可得到求连通无向图 G 的互补节点子集的方法 (若 G 不含长度为奇数的回路)。

(1) 选择任一节点，将其标记为 1。

(2) 重复下述过程直到所有节点都被标记。

- 若某个节点被标记为 1，则将其邻接节点全部标记为 2;
- 若某个节点被标记为 2，则将其邻接节点全部标记为 1。

(3) 标记为 1 与 2 的节点构成两个集合，即为图 G 的互补节点子集。

二部图中有一类特殊的图，称为完全二部图，定义如下。

定义 7.6.2 设 V_1, V_2 是二部图 G 的互补节点子集，如果 V_1 中的每个节点与 V_2 中的每个节点邻接，则称 G 为完全二部图。

若 $|V_1| = m, |V_2| = n$，则将完全二部图 G 记为 $K_{m,n}$。

图 7.64依次给出了 $K_{1,5}$(或 $K_{5,1}$)、$K_{3,3}$ 与 $K_{3,4}$(或 $K_{4,3}$) 的图示。

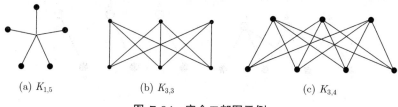

(a) $K_{1,5}$ (b) $K_{3,3}$ (c) $K_{3,4}$

图 7.64 完全二部图示例

在二部图上，一个很重要的问题是匹配问题，首先给出定义。

定义 7.6.3 设无向图 $G = \langle V, E, \Psi \rangle$，$E' \subseteq E$。

(1) 如果 E' 不包含自圈，且 E' 中的任何两条边都不邻接，则称 E' 为 G 中的匹配；

(2) 如果 E' 是 G 中的匹配，并且对于 G 中的一切匹配 E''，当 $E' \subseteq E''$ 时皆有 $E' = E''$，则称 E' 为 G 中的极大匹配；

(3) G 中的边数最多的匹配称为 G 中的最大匹配；

(4) G 中的最大匹配所包含的边的数目称为 G 的匹配数。

例 7.6.3 在图 7.65 中，$\{a, f, h\}$、$\{a, d, g\}$、$\{e, c\}$、$\{b, d\}$ 都是匹配，且都是极大匹配。其中 $\{a, f, h\}$ 与 $\{a, d, g\}$ 是最大匹配，因此图的匹配数是 3。

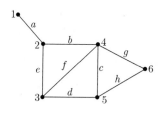

图 7.65 图中的匹配

通俗来说，匹配就是"边的集合"，也就是在二部图中找出一些边，使得它们中没有公共点。显然最大匹配一定是极大匹配，但反之未必。此外，极大匹配与最大匹配的个数不一定唯一。

具体到本节的二部图，其上的匹配种类较多，下面集中讨论二部图上的匹配理论。

定义 7.6.4 设 V_1 与 V_2 是二部图 $G = \langle V, E, \Psi \rangle$ 的互补节点子集。

(1) 如果 G 的匹配数等于 $|V_1|$，则称 G 中的最大匹配为从 V_1 到 V_2 的完全匹配；

(2) 如果 G 的匹配数等于 $|V_1|$ 且等于 $|V_2|$，则称 G 中的最大匹配为从 V_1 到 V_2 的完美匹配。

图 7.66 给出了完全匹配与完美匹配的示例。图 7.66(a) 中二部图有完全匹配，如图 7.66(b) 所示。图 7.66(c) 中二部图有完美匹配，如图 7.66(d) 所示，当然，图 7.66(d) 也是完全匹配。

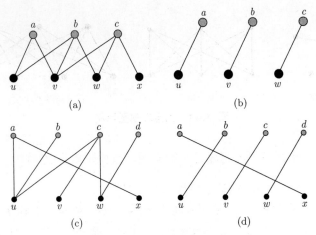

图 7.66　完全匹配与完美匹配示例

通过观察图 7.66，可初步得出以下一些结论。

(1) 若二部图 G 有从 V_1 到 V_2 的完全匹配，则 $|V_1| \leqslant |V_2|$，反之不成立；

(2) 若二部图 G 有从 V_1 到 V_2 的完美匹配，则 $|V_1| = |V_2|$，反之不成立；

(3) 若二部图 G 有从 V_1 到 V_2 的完全匹配，该完全匹配也是完美匹配，当且仅当 $|V_1| = |V_2|$。

接下来需要解决的问题是在何种条件下，二部图 G 有从 V_1 到 V_2 的完全匹配。先定义一个后续要用到的符号，设 V_1 与 V_2 是二部图 $G = \langle V, E, \Psi \rangle$ 的互补节点子集，$S \subseteq V_1$，则

$$N_G(S) = \{v \mid v \in V_2 \text{且有} v' \in S \text{使得} v \text{与} v' \text{邻接}\}$$

以图 7.66(a) 所示的二部图为例，V_1 的各子集及其 $N_G(S)$ 如表 7.3 所示。

表 7.3　$S \subseteq V_1$ 及其 $N_G(S)$

S	$N_G(S)$
$\{a\}$	$\{u, v\}$
$\{b\}$	$\{u, v, w\}$
$\{c\}$	$\{v, w, x\}$
$\{a, b\}$	$\{u, v, w\}$
$\{a, c\}$	$\{u, v, w, x\}$
$\{b, c\}$	$\{u, v, w, x\}$
V_1	$\{u, v, w, x\}$

定理 7.6.2　设 V_1 与 V_2 是二部图 $G = \langle V, E, \Psi \rangle$ 的互补节点子集。存在从 V_1 到 V_2 的完全匹配，当且仅当对每个 $S \subseteq V_1$ 皆有 $|S| \leqslant |N_G(S)|$。

证明： 必要性。假设有 $S \subseteq V_1$ 使得 $|S| > |N_G(S)|$，显然不存在从 V_1 到 V_2 的完全匹配。因此，假设不成立，即对每个 $S \subseteq V_1$ 皆有 $|S| \leqslant |N_G(S)|$。

充分性。用第二归纳法对 $|V_1|$ 进行归纳。

(1) 当 $|V_1| = 1$ 时，显然有从 V_1 到 V_2 的完全匹配。

(2) 假设当 $|V_1| < k (k \geqslant 2)$ 时命题成立。当 $|V_1| = k$ 时，分情况讨论如下。

(a) 对所有的 $S \subset V_1$ 且 $S \neq \varnothing$ 皆有 $|S| + 1 \leqslant |N_G(S)|$。

设 $u \in V_1$，则有 $v \in V_2$ 使得有 $e \in E$ 且 $\Psi(e) = \{u, v\}$。令 $G' = G - e$，显然，G' 满足对每个 $S \subseteq V_1 - \{u\}$ 皆有 $|S| \leqslant |N_{G'}(S)|$。由归纳假设，$G'$ 中有一个从 $V_1 - \{u\}$ 到 $V_2 - \{v\}$ 的完全匹配，设为 E'。则 $E' \cup \{e\}$ 为从 V_1 到 V_2 的完全匹配。

(b) 存在 $S_0 \subset V_1$ 且 $S_0 \neq \varnothing$ 使得 $|S_0| = |N_G(S_0)|$。

首先，考查 G 的子图 $G_0 = G[S_0 \cup N_G(S_0)]$，可知 G_0 也是二部图，且满足对每个 $S' \subseteq S_0$ 皆有 $|S'| \leqslant |N_{G_0}(S')|$。由归纳假设，$G_0$ 中有从 S_0 到 $N_G(S_0)$ 的完全匹配，记为 E_0。

其次，考查 $G'' = G - (S_0 \cup N_G(S_0))$。显然，$G''$ 满足对每个 $S'' \subseteq V_1 - S_0$ 皆有 $|S''| \leqslant |N_{G''}(S'')|$。否则若不满足，则 G'' 中存在 $S_1 \subseteq V_1 - S_0$ 使得 $|S_1| > |N_{G''}(S_1)|$，由此在 G 中有 $|S_0 \cup S_1| > |N_{G''}(S_0 \cup S_1)|$，与已知矛盾。因此 G'' 满足对每个 $S'' \subseteq V_1 - S_0$ 皆有 $|S''| \leqslant |N_{G''}(S'')|$。

由此，由归纳假设，G'' 有一个从 $V_1 - S_0$ 到 $V_2 - N_{G''}(S_0)$ 的完全匹配，记为 E''。

综上，得到一个 G 上从 V_1 到 V_2 的完全匹配 $E_0 \cup E''$。　　□

例 7.6.4　以图 7.66(a) 所示的二部图为例，由表 7.3 可知，对任意的 $S \subseteq \{a, b, c\}$，皆有 $|S| \leqslant |N_G(S)|$，所以图上存在从 $\{a, b, c\}$ 到 $\{u, v, w, x\}$ 的完全匹配，如图 7.66(b) 所示。

图 7.67 所示的二部图无完全匹配，因为有 $S = \{x_1, x_2, x_4\} \subseteq \{x_1, x_2, x_3, x_4\}$，使得 $|S| > |N_G(S)|$。

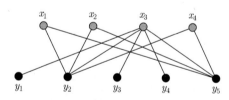

图 7.67　无完全匹配的二部图

　　　　　　　　　　　　　　　　　　　　　　　　　　　　　□

由定理 7.6.2 立即可得到以下一些推论。

推论 7.6.2　设 V_1 与 V_2 是二部图 $G = \langle V, E, \Psi \rangle$ 的互补节点子集，$|V_1| = |V_2|$。G 有从 V_1 到 V_2 的完美匹配当且仅当对每个 $S \subseteq V_1$ 皆有 $|S| \leqslant |N_G(S)|$。

推论 7.6.3　每个 $k (k \geqslant 1)$ 度正则二部图必有完美匹配。

推论 7.6.4　设 V_1 与 V_2 是二部图 $G = \langle V, E, \Psi \rangle$ 的互补节点子集。若存在 $k \in \mathbb{I}_+$，使得对任意的 $u \in V_1, v \in V_2$ 皆有 $d_G(v) \leqslant k \leqslant d_G(u)$，则 G 中存在从 V_1 到 V_2 的完全匹配。

推论 7.6.4 的证明如下。

证明：任取 $S \subseteq V_1$，设 $|S| = n$ 且 $|N_G(S)| = m$。若 $e \in E$ 与 S 中的节点关联，则必有 $N_G(S)$ 中节点与 e 关联。所以 $\sum\limits_{v \in S} d_G(v) \leqslant \sum\limits_{v' \in N_G(S)} d_G(v')$，因此有 $k \times n \leqslant \sum\limits_{v \in S} d_G(v) \leqslant$

$\sum\limits_{v' \in N_G(S)} d_G(v') \leqslant k \times m$，由此可得 $n \leqslant m$，由定理 7.6.2 可知，G 中存在从 V_1 到 V_2 的完全匹配。 □

当二部图的节点数目比较大时，定理 7.6.2 的运用不太方便，下面给出存在完美匹配的一个充分条件。

定理 7.6.3 设 V_1 和 V_2 是二部图 G 的互补节点子集，t 是正整数。若对 V_1 中的每个节点，在 V_2 中至少有 t 个节点与其邻接；对 V_2 中的每个节点，在 V_1 中至多有 t 个节点与其邻接，则存在 V_1 到 V_2 的完全匹配。

证明：因为去掉平行边不会影响 V_1 到 V_2 的完全匹配的存在性，所以不妨假设 G 是简单图。任取 $S \subseteq V_1$，设 $|S| = n$，$|N_G(S)| = m$。如果边 e 与 S 中的某节点关联，则必有 $N_G(S)$ 中的节点与 e 关联，所以 $\sum\limits_{v \in S} d_G(v) \leqslant \sum\limits_{v \in N_G(s)} d_G(v)$。故 $t \times n \leqslant \sum\limits_{v \in S} d_G(v) \leqslant$

$\sum\limits_{v \in N_G(s)} d_G(v) \leqslant tm$，因此 $n \leqslant m$。根据定理 7.6.3 可知，存在 V_1 到 V_2 的完全匹配。 □

习题 7.6

1. 请找出图 7.50中 5 棵树的互补节点子集，并据此将树绘制为二部图形式。

2. 图 7.68 是不是二部图？如果是，找出其互补节点子集。

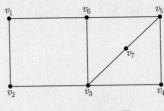

图 7.68 题 2 图

3. 假设有一组代码字 $X = \{ab, abc, cd, bcd, de\}$，在传输由该组代码字构成的消息时，为节省传输时间，不会传输完整的代码字，而是仅传输每个代码字所包含的字母中的一个，代表该代码字。请问能不能实现上述设想，即从每个代码字各自的代表中，唯一地恢复出这 5 个码字？

4. 请证明：若图 G 为二部图，则 G 中没有长度为奇数的回路。

5. M 为树 T 的极大匹配，则 $|M|$ 的最大和最小可能值分别是多少？并说明理由。

6. 设图 G 为 n 阶二部图，其互补节点集合分别为 X 与 Y，若图 G 是一回路，请给出 $|X|$ 与 $|Y|$ 的关系。

7. 设图 $G = \langle V, E, \Psi \rangle$ 为二部图，$|V| = |E|$，其互补节点集合为 X 与 Y。对每个 $x \in X$ 有 $d_G(x) \leqslant 5$，请证明 $|Y| \leqslant 4|X|$。

8. 设图 $G = \langle V, E, \Psi \rangle$ 为二部图，$|E| \leqslant 2|V|$，其互补节点集合为 X 与 Y。对每个 $x \in X$ 有 $d_G(x) \geqslant 3$，请证明 $|X| \leqslant 2|Y|$。

9. 定义图 G 如图 7.69所示，请问需要至少去掉几条边就能使该图成为一幅二部图？请给出去掉边后的图，并证明你的结论。

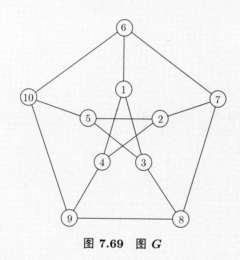

图 7.69 图 G

10. 举出一个二部图，它不满足定理 7.6.3的条件，但存在完美匹配。

11. 证明 n 阶简单二部图的边数不能超过 $[n^2/4]$。

12. 有 6 个人 $p_1, p_2, p_3, p_4, p_5, p_6$ 出席某学术报告会，他们的情况是：

p_1 仅会讲汉语、法语和日语；

p_2 仅会讲德语、日语和俄语；

p_3 仅会讲英语和法语；

p_4 仅会讲汉语和西班牙语；

p_5 仅会讲英语和德语；

p_6 仅会讲俄语和西班牙语。

欲将这 6 个人分成两组，可能发生同一组内任何两人都不能相互交谈的情况吗？

13. 有 4 名教师：张明、王同、李林和赵丽。分配他们去教 4 门课程：数学、物理、电工和计算机科学。张明懂物理和电工，王同懂数学和计算机科学，李林懂数学、物理和电工，赵丽只懂电工。

应如何分配，才能使每个人都教一门课，每门课都有人教，并且不使任何人去教他不懂的课程？

14. 图 7.70 是否存在 $\{v_1, v_2, v_3, v_4\}$ 到 $\{u_1, u_2, u_3, u_4, u_5\}$ 的完全匹配？如果存在，求出它的一个完全匹配。

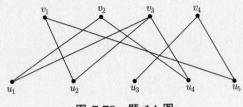

图 7.70　题 14 图

15. 图 G 如图 7.71所示。

(1) 请问 G 是否有完美匹配；

(2) 写出 G 中的 6 个最大匹配；

(3) 请问是否有包含连接节点 e 与 g 这条边的最大匹配。

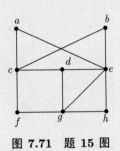

图 7.71　题 15 图

7.7　平面图

在平面上绘制图的图示时，不同的边在其关联的公共节点处相交，也会在非公共节点处相交。对某些图来说，若不允许在非节点处相交，则无法在一个平面上绘制它的图示。

但在很多应用中，不允许边在非节点处相交。例如，在集成电路设计的布局布线阶段，要用导线连接各逻辑单元的引脚，为了避免短接，不允许导线在非引脚处相交。将引脚视为图的节点，导线视为图的边，即不允许边在非节点处相交。

这些问题都涉及平面图概念及其理论，平面图的应用非常广泛，例如非常著名的四色问题就与平面图有非常强的联系。

定义 7.7.1　如果能够在平面上画出图 G 的图形，而使边不在非节点处相交，则称 G 为平面图；否则称 G 为非平面图。

定义 7.7.1 是描述性的，对平面图的本质揭示不够充分。以如图 7.72 所示的平面图为参考，可知平面图将平面分为了多个区域，称为面，每个区域由无重叠的回路包围，回路由图中不与度为 1 的节点关联的边构成，如图 7.72 中 R_1, R_2 等所示。

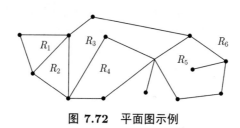

图 7.72　平面图示例

据此，可递归地定义平面图。在给出定义前，先定义一些相关的概念。

定义 7.7.2　在平面上画出的边不在非节点处相交的平面图 G 的图形称为 G 的平面表示。在平面图 G 的一个平面表示中，以 G 的边为边界的连通区域称为 G 的该平面表示的面。

平面图递归定义如下：

(1) 只有一条边的图 G 是平面图；

(2) 若 G 是平面图，则对每条边 e 及其关联的节点 u, v，$G_1 = G - e$ 是平面图且 u, v 互不可达，或者存在 G_1 上的若干面 $R_i (i = 1, 2, \cdots, n)$，使得 u, v 在包围某个面 $R_k (1 \leqslant k \leqslant n)$ 的回路上。

注意对该定义的理解，即能否保证 u, v 在包围同一个面的回路上，是由这些面决定的。即对有些面集合，u, v 在同一个面的回路上，而对另一些面集合，不在同一个面的回路上。

如图 7.73 所示，两个图示中实线表示定义中的 G_1，虚线为关联 c, f 的边 e。若 G_1 的面集合如图 7.73(a) 所示，则 c, f 不在同一个面的回路上，无法添加 e。但是当 G_1 的面集合如图 7.73(b) 所示时，则 c, f 在同一个面的回路上，可以添加 e，仍得到平面图。

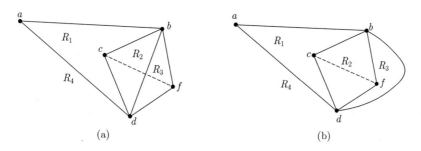

图 7.73　不同面集合对边的影响

可见当在平面上图示图模型，发生了边在非节点处相交情形时，并不能断定图 G 是非平面图，因为可能找到图 G 的另一个平面图形，使得边不在非节点处相交。图 7.74 示例了更多的图的平面表示，每对图中，右边的图是左边图的平面表示。

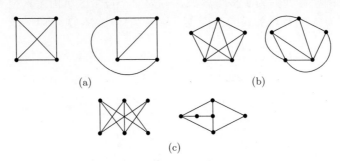

(a)　　　　　　　　　　　　(b)

(c)

图 7.74　图的平面化示例

波兰数学家库拉托夫斯基研究发现 $K_{3,3}$ 与 K_5 是最简单的非平面图，并且其他任何非平面图与它们存在某种联系。本节中，将 K_5 与 $K_{3,3}$ 分别称为库拉托夫斯基第一图和库拉托夫斯基第二图。

定理 7.7.1　K_5 与 $K_{3,3}$ 是非平面图。

证明：首先画出以节点 v_1, v_2, v_3, v_4, v_5 为顶点的五边形，它把整个平面分成两个区域：内部和外部。v_1 和 v_3 的连线可画在内部，也可画在外部，不妨将其画在内部。v_2 和 v_4，v_2 和 v_5 的连线只能画在外部，否则它们就要与 v_1 和 v_3 的连线交于非节点处。v_3 和 v_5 的连线只能画在内部。v_1 和 v_4 的连线不论画在内部，还是画在外部，均要与已画好的边交于非节点处，因此，K_5 是非平面图。绘制图的过程如图 7.75(a) 所示。

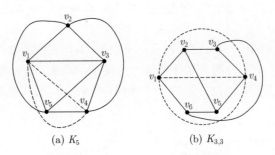

(a) K_5　　　　　　　　　(b) $K_{3,3}$

图 7.75　K_5 与 $K_{3,3}$ 是非平面图

$K_{3,3}$ 是非平面图可参考图 7.75(b) 所示绘制过程进行证明，当绘制好实线边后，虚线边无论是绘制在内部还是外部，都会与其他边相交于非节点。　　　　　　　□

基于定理 7.7.1的结论，可得到判断图 G 是否为平面图的方法。先给出同胚的定义。

定义 7.7.3　设图 $G = \langle V, E, \Psi \rangle$，$e \in E$，$\Psi(e) = \{v_1, v_2\}$，$v \notin V$，$e_1, e_2 \notin E$，若图 $G' = \langle \{v, v_1, v_2\}, \{e_1, e_2\}, \{\langle e_1, \{v, v_1\} \rangle, \langle e_2, \{v, v_2\} \rangle\} \rangle$。则 $(G - e) \cup G'$ 同胚于 G。

同胚关系是等价关系。

形象地说，两幅图 G_1 与 G_2 同胚，指的是 G_2 能通过不断地选择 G_1 的边，并在所选的边上插入度为 2 的节点而得到。如图 7.76 所示，中间的图可得到左右两个与其具有同胚关系的图。

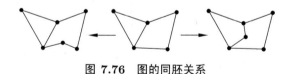

图 7.76 图的同胚关系

如图 7.77 所示的 4 幅图，首先，根据同胚定义，可知图 7.77(a) 与图 7.77(b) 中图是同胚的。由同胚关系是等价关系可知，图 7.77 中 4 幅图是互相同胚的。

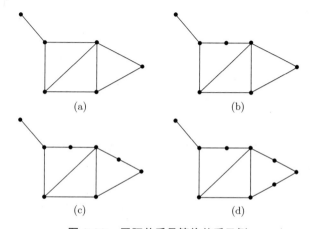

图 7.77 同胚关系是等价关系示例

由上述最简单非平面图与同胚概念，立即可得到判断一幅图是否为平面图的方法。

定理 7.7.2 (库拉托夫斯基定理) 图 G 是平面图当且仅当 G 没有同胚于 K_5 或 $K_{3,3}$ 的子图。

图 7.78 中的两幅图都是非平面图，因为它们分别与 K_5 和 $K_{3,3}$ 同胚。

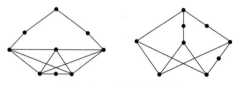

图 7.78 非平面图示例

绘制平面图时，会将平面划分成多个面，如图的内部面、外部面等。显然，无论划分成多少个面，恰有一个面是无界的，其余的面是有界的 (见图 7.79)。欧拉发现了平面图的阶、边数与面的关系，即一个连通平面图的任何平面表示的面的数目是一样的，它是图本身固有的性质。

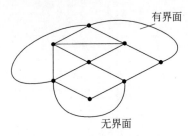

有界面

无界面

图 7.79　平面图中的面

定理 7.7.3 (欧拉公式)　若 n 阶连通平面图 G 有 m 条边，它的一个平面表示有 f 个面，则

$$f = m - n + 2$$

证明：用第二归纳法，对 G 的边数 m 进行归纳。

(1) 当 $m = 0$ 时，因为 G 连通，因此有 $n = 1$，此时 $f = 0 - 1 + 2 = 1$，命题成立。

当 $m = 1$ 时，若 $n = 1$，则边为自圈，将平面分成两个面，即 $f = 1 - 1 + 2 = 2$，若 $n = 2$，则仍是一个面，即 $f = 1 - 2 + 2 = 1$，命题成立。

(2) 假设当 $m < k(k \geqslant 2)$ 时，命题成立。下面考虑 $m = k$ 时的情形。

- 若 G 是树，即无回路。考查 G 中任一度为 1 的节点，$G - v$ 仍是连通的，且只有 $k - 1$ 条边和 k 个节点，根据归纳假设，$G - v$ 有 $f = k - 1 - k + 2 = 1$ 个面。将节点 v 及关联该节点的那条边添加回 $G - v$ 后，边和节点数各增 1。因此 $f = k - (k + 1) + 2 = 1$，命题成立。

- 若 G 不是树，则 G 中有回路，设为 C。对 C 上的任一条边 e，显然 $G - e$ 仍是连通的，阶仍为 n，边数为 $k - 1$，面数为 $f - 1$。根据归纳假设有 $f - 1 = k - 1 - n + 2$，可得 $f = k - n + 2$，命题成立。　□

这个定理可推广到一般的平面图。

定理 7.7.4　若 n 阶连通平面图 G 有 m 条边和 k 个分支，它的一个平面表示有 f 个面，则

$$f = m - n + k + 1$$

证明：设 G 的 k 个分支分别为有 m_i 条边的 n_i 阶平面图 $(1 \leqslant i \leqslant k)$。因为每个分支的无界面是共用的，根据欧拉公式计算每个分支的面数时，这个无界面都被计算了 1 次，但只能计算 1 次。因此有 $f = \sum_{i=1}^{k}(m_k - n_k + 2) - k + 1 = m - n + 2k - k + 1 = m - n + k + 1$。

□

根据欧拉公式和定理 7.7.4 可知,对于一个平面图的任意平面表示,面的数目是一样的。我们约定,若平面图 G 的一个平面表示有 f 个面,就直接说 G 有 f 个面,而不再区分是哪个平面表示。

根据欧拉公式,可以得到一系列判断一个连通图是平面图的必要条件,以推论形式给出。

推论 7.7.1 若 n 阶简单连通图平面图 G 有 m 条边且 $n \geqslant 3$,则 $m \leqslant 3n-6$。

证明:若 G 没有回路,则 G 是树,所以有 $m = n-1 \leqslant (n-1)+(2n-5) = 3n-6$。

若 G 有回路,设 G 有 f 个面,因为 G 为简单图,所以每个面至少需 3 条边包围而成,且每条边至多是两个面的边界,因此 $3f \leqslant 2m$,根据欧拉公式,有 $f = m-n+2$,代入可得 $3(m-n+2) \leqslant 2m$,即 $m \leqslant 3n-6$。 □

推论 7.7.2 若 n 阶简单连通图平面二部图 G 有 m 条边且 $n \geqslant 3$,则 $m \leqslant 2n-4$。

证明:若 G 没有回路,则 G 是树,所以有 $m = n-1$。因为 $n \geqslant 3$,可得 $m = n-1 \leqslant (n-1)+(n-3) = 2n-4$。

若 G 有回路,设 G 有 f 个面,因为 G 为简单二部图,所以每个面至少需 4 条边包围而成,且每条边至多是两个面的边界,因此 $4f \leqslant 2m$,根据欧拉公式,有 $f = m-n+2$,代入可得 $4(m-n+2) \leqslant 2m$,即 $m \leqslant 2n-4$。 □

推论 7.7.3 设图 G 为平面图,则 G 中节点的度的最小值不超过 5。

证明:当 G 的阶小于或等于 6 时,显然成立。当 G 的阶大于 6 时,设 G 有 m 条边,假设每个节点的度至少为 6,则有 $6n \leqslant 2m$,即 $3n \leqslant m$。由推论 7.7.1 可知有 $m \leqslant 3n-6$,代入可得 $3n \leqslant 3n-6$,该式显然不成立,因此假设不成立,即 G 中节点的度的最小值不超过 5。 □

定义 7.7.4 给定平面图 G 的一个平面表示,在其每个面内取一点,如果两个面有 m 条公共边,则用 m 条线连接这两个面内取定的点,并使其分别与 m 条公共边相交,由这些点和线组成的图形称为 G 的该平面表示的对偶图,记为 G^*。

图 7.80 示例了对偶图的构造方法。图 G 的平面表示用实线和实心点绘制,G 的对偶图用空心点及虚线绘制。图 7.80(a) 与图 7.80(b) 为两幅平面图及其对偶图的示例,其中图 7.80(b) 中的图与其对偶图同构。

显然,平面图的对偶图仍是平面图,且具有下面的性质。

定理 7.7.5 若 n 阶简单连通图平面图 G 有 m 条边及 f 个面,其对偶图 G^* 为 n^* 阶,有 m^* 条边及 f^* 个面,则有 $n^* = f$,$m^* = m$,$f^* = n$。

借助对偶图,可将图着色问题变为图的节点着色问题。如图 7.81 所示,图 7.81(a) 为待着色的地图,图 7.81(b) 为其用 4 种颜色着色的一种方案;图 7.81(c) 借助对偶图构建

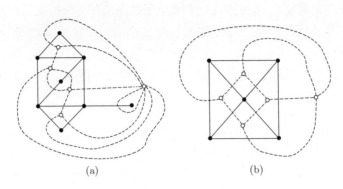

图 7.80 对偶图示例

了地图对应的图模型，将地图上区域内的着色问题，变为了图模型上节点着色问题，描述如下。

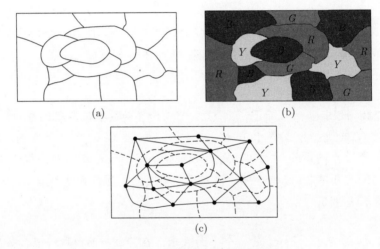

图 7.81 图着色问题及其图模型

设无向图 $G = \langle V, E, \Psi \rangle$，为 G 着色指的是为每个 $v \in V$ 赋一种颜色，使得邻接节点具有不同的颜色。即定义一个函数 $f : V \to C$，使得对任意的 $u, v \in V$，若有 $e \in E$ 且 $\Psi(e) = \{u, v\}$，则 $f(u) \neq f(v)$，其中 C 为颜色集合。当限定 $|C|$ 时，如限定为 k，则着色问题又被称为 k 着色问题，即能否用至多 k 种颜色对图的节点着色。

图着色问题最有名的是 4 色问题，该猜想已被证明，即可用 4 种颜色对任何平面图形的区域着色。对应到上述图节点着色问题，即 $|C|$ 的最小值为 4。

图节点着色也可以为各种调度问题建模。假设节点代表事件，每条边关联的两个节点表示对应的两个事件不能同时发生。找到安排每个事件所需的最少时间段的问题可转换成为节点找到最小着色的问题。

编译器将高级程序编译为机器代码时，需用到 CPU 内的寄存器进行运算结果的保存，由于寄存器数量有限，因此尽可能有效地使用它们对程序的性能很重要。如果我们在程序的不同部分使用两个程序变量，每个变量的活跃期都不重叠，那么可以使用同一个寄存器来存储这两个变量。编译器构造一个由节点表示变量的图，每条边关联的节点表示哪两个变量具有重叠活跃范围。用颜色表示寄存器，则寄存器分配问题转换为图节点着色问题。

一般图节点的着色问题可通过求图的着色数 (Chromatic Number) 来求解。一般情况下，计算图的着色数是非常困难的，目前还没有"高效"的方法来计算其确切值。然而，借助一种称为"贪心着色算法"的启发式算法，往往可以获得图着色数的较好近似值。

设图 $G = \langle V, E, \Psi \rangle$ 为 n 阶简单无向图，$V = \{v_1, v_2, \cdots, v_n\}$。贪心着色算法如下所列：

(1) 将节点 v_1 着色为颜色"1"，并令 $i \leftarrow 1$；

(2) 如果 $i = n$，停止并输出图的着色。否则，考虑 v_{i+1}。找到未用于与 v_{i+1} 相邻的节点着色的最小颜色号，使用此颜色号为 v_{i+1} 着色。令 $i \leftarrow i+1$，并返回到步骤 (2)。

以 5 阶图的着色为例，假设该图的一种节点排序 $V = \{v_1, v_2, \cdots, v_5\}$，如图 7.82 所示，则应用贪心着色算法对其着色的过程如图 7.82(a)~图 7.82(e) 所示，需 4 种颜色。

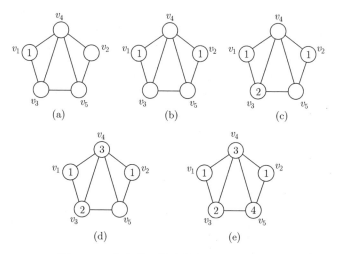

图 7.82 贪心着色算法着色过程示例 (1)

但是，若节点排序 $V = \{v_1, v_2, \cdots, v_5\}$，如图 7.83 所示，则应用贪心着色算法对其着色的过程如图 7.83(a)~图 7.83(e) 所示，需 3 种颜色。

从该示例可以看出，首先，应用贪心着色算法生成的颜色数量取决于图节点的顺序。其次，生成的颜色数量仅提供了图的着色数的上限。因此，按照图 7.82 中的顺序，着色数上限为 4；而按照图 7.83 中的顺序，着色数上限为 3。最后，因为 G 包含一个三角形，着色数下限为 3。因此，结合上述结果，可以得出该图的着色数为 3。

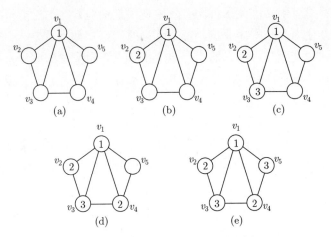

图 **7.83**　贪心着色算法着色过程示例 **(2)**

习题 7.7

1. 画出所有不同构的 6 阶非平面图。

2. 图 $G = \langle V, E, \Psi \rangle\}$ 为 n 阶简单连通平面图，有 f 个面，$n \geqslant 3$ 且 $|E| = m$，请证明：

(1) 当 G 中节点度最小为 5 时，G 至少有 12 个度为 5 的节点；

(2) 当 $n \leqslant 11$ 时，G 中节点度的最小值不超过 4;

(3) 若 $n \geqslant 4$，则 $|\{v \mid v \in V \text{且} d_G(v) \leqslant 5\}| \geqslant 4$。

3. 用库拉托夫斯基定理证明图 7.84 是非平面图。

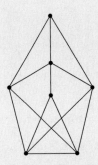

图 **7.84**　题 **3** 图

4. 请证明：完全图 K_n 是平面图当且仅当 $n \leqslant 4$。

5. 若 $n(n \geqslant 11)$ 阶图 G 是平面图，则 $\overline{G}$ 是非平面图。

6. 设 $k \geqslant 3$，$n \geqslant (k+2)/2$，n 阶连通平面图 G 有 m 条边，在它的一个平面表示中，每个面的边界至少包含 k 条边，证明 $m \leqslant k(n-2)/(k-2)$。

7. 设图 G 的节点有两种排序方法，如图 7.85所示，请用贪心着色算法对这两种排序的图进行着色，并指出每种着色方案的着色数。

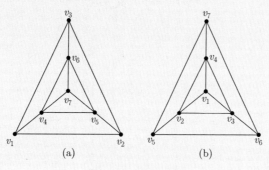

图 7.85 题 7 图

8. 某学期数学系开出来 5 门研究生课，有 $A \sim J$ 共 10 名学生选修了这些课。A、B 和 I 选择了概率论；A、D、I 和 J 选择了图论；C、D、F 和 H 选择了偏微分方程；E 和 F 选择了李群；B、E 和 G 选择了非线性动力系统；D 和 J 选择了拓扑学。

学期末，学生们需要参加他们所选课程的考试。当然，考试安排必须确保没有学生需要同时参加两场考试。此外，为了提高效率，学校希望尽量减少考试的时间段。请问能否安排一个最少考试时间段的考试时间表？

9. 某化工厂希望使用尽可能少的容器运输化学品 A、B、C、D、W、X、Y、Z。某些化学品不能在同一个容器中运输，因为它们会相互反应。特别是以下 6 组中的任意两种化学品都会发生反应：

$$\{A,B,C\} \{A,B,D\} \{A,B,X\} \{C,W,Y\} \{C,Y,Z\},\{D,W,Z\}$$

(1) 请绘制图来建模这些化学品之间的关系；

(2) 使用绘制的图找到运输这些化学品所需的最小容器数量；

(3) 是否有可能分配化学品，使得使用最小数量的容器，并且每个容器中最多有两种化学品？

7.8 小结

本章介绍了离散数学中一个很重要的分支——图论。介绍了图的代数结构及其图示表示、子图及图的运算。借助图上的漫游问题，介绍了路径、可达、回路，以及连通图、分支等概念及其性质。针对不同应用对应的图模型，介绍了欧拉图、哈密顿图、树、二部图、平面图等特殊图及其特点。给出了相关数学概念的程序表达。图论的内容非常庞杂，本章的介绍只涉及一部分，可作为继续学习图论高级主题的基础。

参 考 文 献

[1] 王兵山, 张强, 毛晓光. 离散数学 [M]. 长沙：国防科技大学出版社, 2016.

[2] KENNETH H R. 离散数学及其应用 [M]. 徐六通, 杨娟, 吴斌, 译. 7 版. 北京：机械工业出版社, 2012.

[3] 耿素云. 集合论与图论——离散数学第二分册 [M]. 北京：北京大学出版社, 1998.

[4] 耿素云. 屈婉玲. 离散数学 (修订版)[M]. 北京：高等教育出版社, 2004.

[5] 耿素云. 屈婉玲, 王捍贫. 离散数学教程 [M]. 北京：北京大学出版社, 1997.

[6] 刘铎. 离散数学及其应用 [M]. 2 版. 北京：清华大学出版社, 2018.

[7] 左孝凌, 李为鑑, 刘永才. 离散数学 [M]. 上海：上海科学技术文献出版社, 1982.

[8] 石纯一, 王家廞. 数理逻辑与集合论 [M]. 2 版. 北京：清华大学出版社, 2000.

[9] 屈婉玲. 耿素云, 张立昂. 离散数学 [M]. 2 版. 北京：清华大学出版社, 2008.

[10] DANIEL J V. 怎样证明数学题 (影印版)[M]. 2 版. 北京：人民邮电出版社, 2009.

[11] THOMAS V. Discrete mathematics and functional programming[M]. Oregon: Franklin, Beedle & Associates, 2013.

图书资源支持

感谢您一直以来对清华版图书的支持和爱护。为了配合本书的使用，本书提供配套的资源，有需求的读者请扫描下方的"书圈"微信公众号二维码，在图书专区下载，也可以拨打电话或发送电子邮件咨询。

如果您在使用本书的过程中遇到了什么问题，或者有相关图书出版计划，也请您发邮件告诉我们，以便我们更好地为您服务。

我们的联系方式：

清华大学出版社计算机与信息分社网站：https://www.shuimushuhui.com/

地　　址：北京市海淀区双清路学研大厦 A 座 714

邮　　编：100084

电　　话：010-83470236　010-83470237

客服邮箱：2301891038@qq.com

QQ：2301891038（请写明您的单位和姓名）

资源下载： 关注公众号"书圈"下载配套资源。

资源下载、样书申请

书 圈

图书案例

清华计算机学堂

观看课程直播